I0036879

规划和控制
ORACLE® PRIMAVERA® P6 应用
版本 8.1-15.1 PPM 专业版

在已建立的
存在和不存在资源与角色的数据库内
规划和发展项目进度

作者
保罗·哈里斯
(Paul E. Harris)

译者
孙然
(Ran Sun)

© *Eastwood Harris Pty Ltd*

i

免责声明

这本书所包含的信息为作者最高水平知识，是真实及正确的。作者尽自己最大努力确保本书的准确性，但不承担由本书信息所造成的任何损失或损害的责任。此外，甲骨文公司保留在他们的任何产品的文件中修改的权力以增强可靠性、功能或设计；因此，此软件服务包或升级软件的使用可造成软件操作与本书所述不同。

作者及出版商

Paul E Harris （保罗·哈里斯）
Eastwood Harris Pty Ltd
PO Box 4032
Doncaster Heights, 3109
Victoria, Australia

e-mail: harrispe@eh.com.au
网址: http://www.eh.com.au
电话: +61 (0) 4 1118 7701

请告知作者关于本书的任何意见和建议。

ISBN 978-1-925185-22-5 (1-925185-22-2) – B5 平装本
ISBN 978-1-925185-23-2 (1-925185-23-0) – A4 螺旋活页

2015 年 9 月 6 号

介绍

本书为 *Project Planning & Control Using Primavera P6 Version 7* 的升级版本，用于使新用户学习使用 Primavera 8.1 至 15.1 版本的规划和进度计划功能。请注意没有 9 至 14 版，甲骨文从 15.1 版本开始改变了他们的命名规则，与发行的年份相同。由于此版本菜单系统的改变，本书不太可能与此软件的早期版本配套使用。

很多用户有之前使用 SureTrak、P3、Asta Powerproject 或 Microsoft Project 的经验，作者解释了在此产品中这些软件功能上的不同。

作者十分感谢任何关于如何改进本书的建议性意见。

总结

本书可用作：

> ➤ 三天培训课程的手册，或

> ➤ 自学书籍，或

> ➤ 参考手册。

本书中的截图都来自于 Primavera 8.1，8.2 或 8.3，8.4 及 15.1 版本。

一天，两天或三天的培训课程可使用本书进行，在每章最后包含用于学生练习的自测题。在课程结束后，学生可用本书为参考书籍。教员幻灯片可在 Eastwood Harris 网站上找到。

本书对想快速掌握如何操作软件的人来说是十分理想的，它介绍了此软件为何与 Primavera P3，SureTrak 和 Microsoft Project 不同，因此对从这些产品转换过来的用户来说很理想。

自定义培训课程

希望开展自主培训的培训机构或公司可根据需要订制本书，这可通过本书内容的移除，重新排序或添加新内容，及加入其他人的经验达到预期要求。请联系作者讨论此服务。

作者评论

作为一名项目控制顾问，我使用过很多规划和进度计划软件用于管理各种类型和大小的项目。我出版的第一本书为 Primavera SureTrak，P3 和 Microsoft Project 用户使用的用户指南/培训手册，获得了专业项目经理和进度师的一致好评。因此我决定着眼于 Primavera 企业版，现在称为 Primavera P6。此书沿用此前版本的一样的视图，我坚信本书将帮助你了解如何把 Primavera P6 用于你的项目。

作者致谢

我在此感谢孙然（Ran Sun）和周帅（Joe）在书写本书过程中提供的帮助。

EASTWOOD HARRIS 目前的出版书籍

99 Tricks and Traps for Microsoft Office Project - Including Microsoft Project 2000 to 2007
Planning Using Primavera Project Planner P3 Version 3.1 - Revised 2006
Planning Using Primavera SureTrak Project Manager Version 3.0 - Revised 2006
Project Planning and Scheduling Using Primavera Contractor Version 6.1 - Including Versions 4.1, 5.0 and 6.1
Planning and Scheduling Using Microsoft Office Project 2007 - Including Microsoft Project 2000 to 2003 - Revised 2009
Planning and Control Using Microsoft Project and *PMBOK® Guide* Fourth Edition
Planning and Control Using Microsoft Project 2010 and *PMBOK® Guide* Fourth Edition
Project Planning & Control Using Primavera P6 Version 7 - For all industries including Versions 4 to 7 Updated 2012
Planning and Scheduling Using Microsoft Project 2010 - Updated 2013 Including Revised Workshops
Planning and Control Using Microsoft Project 2010 & *PMBOK® Guide* Fifth Edition
Planning and Control Using Microsoft Project 2013
Planning and Control Using Microsoft Project 2013 & *PMBOK® Guide* Fifth Edition - No Subtitle
Planning and Control Using Oracle Primavera P6 - Versions 8.2 & 8.3 EPPM Web
99 Tricks and Traps for Microsoft Project 2013
Oracle Primavera P6 EPPM Web Administrators Guide
Planning and Control Using Oracle Primavera P6 Versions 8.1 to 15.1 PPM Professional
Planificación y Control Usando Oracle Primavera P6 Versiones 8.1 a 15.1 PPM Profesional
规划和控制 Oracle Primavera P6 应用 版本 8.1-15.1 PPM 专业版
Planning and Control Using Oracle Primavera P6 - Versions 8.2 to 15.1 EPPM Web

作者过去出版的书籍

Planning and Scheduling Using Microsoft® Project 2000
Planning and Scheduling Using Microsoft® Project 2002
Planning and Scheduling Using Microsoft® Project 2003
Planning and Scheduling Using Microsoft® Office Project 2007
PRINCE2™ Planning and Control Using Microsoft® Project
Planning and Control Using Microsoft® Project and *PMBOK® Guide* Third Edition
Project Planning and Scheduling Using Primavera Enterprise® – Team Play Version 3.5
Project Planning and Scheduling Using Primavera Enterprise® – P3e & P3e/c Version 3.5
Project Planning and Scheduling Using Primavera® Version 4.1 for IT Project
Project Planning and Scheduling Using Primavera® Version 4.1 or E&C
Planning and Scheduling Using Primavera® Version 5.0 – For IT Project Office
Planning and Scheduling Using Primavera® Version 5.0 – For Engineering & Construction
Project Planning & Control Using Primavera® P6 – Updated for Version 6.2
Planning Using Primavera Project Planner P3® Version 2.0
Planning Using Primavera Project Planner P3® Version 3.0
Planning Using Primavera Project Planner P3® Version 3.1
Project Planning Using SureTrak® for Windows Version 2.0
Planning Using Primavera SureTrak® Project Manager Version 3.0
Planning and Control Using Oracle Primavera P6 - Version 8.1 Professional Client & Optional Client
Planning & Control Using Primavera® P6™ For all industries including Versions 4 to 7
Planning and Control Using Oracle Primavera P6 - Versions 8.2 EPPM Web
Planning and Control Using Oracle Primavera P6 - Versions 8.2 & 8.3 EPPM Web
Planning and Control Using Oracle Primavera P6 - Version 8.1 & 8.2 Professional Client & Optional Client
Planning and Control Using Oracle Primavera P6 - Version 8.1, 8.2 & 8.3 Professional Client & Optional Client
Project Planning and Control Using Oracle Primavera P6 - Versions 8.1, 8.2 & 8.3 Professional Client & Optional Client
Planificación y Control de Proyectos Usando Oracle Primavera P6 - Versiones 8.1, 8.2 y 8.3 Cliente Profesional y Opcional
项目规划和控制 ORACLE PRIMAVERA P6 应用 - 版本 8.1, 8.2 & 8.3 专业&可选客户端
Project Planning and Control Using Oracle Primavera P6 - Versions 8.1 to 8.4 Professional Client & Optional Client
Planning and Control Using Oracle Primavera P6 - Versions 8.2 to 8.4 EPPM Web
Planificación y Control de Proyectos Usando Oracle Primavera P6 Versiones 8.1 a 8.4 Cliente Profesional & Cliente Opcional
规划和控制 ORACLE® PRIMAVERA® P6 应用 版本 8.1-8.4 专业&可选客户端

1 介绍

1.1 *目的*

　　本书的目的是为使用 Primavera P6 版本 8.1 至 15.1 专业和可选客户端的用户提供项目规划、进度计划及控制的方法，使其在已建立的企业项目数据库或者是空白数据库内达到中级水平。请注意没有 9 至 14 版，甲骨文从 15.1 版本开始改变了他们的命名规则，与发行的年份相同。虽然专业客户端和可选客户端的使用有一些差异，但是这些差异都会在书中涉及。

　　因为菜单系统有所改变，所以不太可能使这本书的目录与早期的 Primavera P6 版本相对应。但是使用早期版本的用户仍然可以使用此书，因为 一旦熟悉菜单指令后大部分的功能都是一样的。

　　此书包括以下内容：

- 熟悉创建一个项目计划和监控项目进展的所需步骤
- 熟悉 Primavera P6 环境
- 创建一个项目并调整设置
- 定义日历
- 创建工作分解结构（Work Breakdown Structure-WBS）及增加作业
- 调整显示格式
- 增加逻辑和限制条件
- 使用过滤器、分组、排序及视图
- 打印报表
- 记录和追踪一个无资源进度的进展
- 用户和管理员设置及进度计划选项
- 创建和分配角色和资源
- 资源最优化包括平衡
- 更新一个包括资源的项目
- 其他组织数据的方法和全局更新
- 管理企业环境包括计算多个项目进度

　　本书并未打算覆盖 Primavera P6 的所有方面，但它覆盖了创建及升级项目进度所需的主要功能。它会为你打下一个坚实的基础，从而帮你通过使用帮助文件和查看其他资料来使用 Primavera ，以达到学习这个软件其他特性的目的。

　　本书以最精简的文字写成，使得用户可以尽快的定位和理解其中的信息。在任何时候，如果用户不能理解书中的主题，都建议使用 Primavera 6.0 版本帮助菜单或用户手册，这些都在软件下载中以 pdf 格式存在；抑或登录甲骨文网站获得更多相关信息。

1.2 背景知识要求

本书并不是教你如何使用电脑或是如何做项目管理，而是教你如何在项目环境中使用 Primavera。因此，你需要具备以下背景知识才能读懂这本书。

- 使用个人电脑的能力及懂得操作系统的基本原理。
- 使用应用软件的经验，如 Microsoft Office 这些让你使用 Windows 菜单系统和典型 Windows 功能（如复制粘贴）的软件。
- 对项目如何管理有全面的了解，如一个项目生命周期中的阶段和进程。

1.3 规划的目的

规划的终极目的是建立一个模型，该模型可以让你预测哪些作业（Activity）和资源（Resource）对于按时完成项目是至关重要的，然后才可能实施战略保证这些作业和资源妥善管理，以保证这个项目可以**按时**并**在预算内**交付。

规划的目标是：

- 确定整个项目范围并规划交付，
- 评估不同的项目交付方法，
- 确定在逻辑分解下交付一个项目的产品/可交付成果，
- 识别和最优化使用资源，评估是否可达到目标日期，
- 确定风险，计划最小化风险，确立优先项，
- 根据所衡量的进展提供目标计划书，
- 协助各方干系人沟通，确定应该做什么、什么时候做并且谁来做。
- 协助管理层提前考虑并做出明智的决定。

规划可以在评估中避免或产生：

- 增加的项目成本或减低范围和(或)质量，
- 额外的转换（changeover）和（或）运营成本，
- 工期延长对客户的索赔，
- 客户的收入损失，
- 合约纠纷和相关的解决费用，
- 与项目相关的名誉损失及，
- 项目完全失败带来的设施或资产损失。

1.4 *项目规划测量指标*

以下要素通常使用规划和进度计划软件进行衡量和控制:

- 范围 – Scope
- 时间 – Time
- 资源效用/工作（Primavera P6 中称为数量）–
- 成本 – Cost（P6 中称为费用）

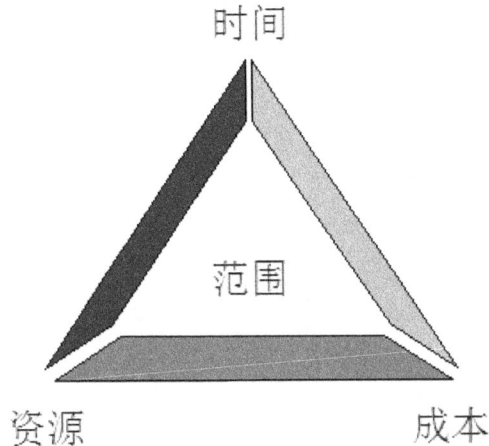

改变这些要素中的任一一个通常都会导致某一要素或者多个其他要素发生改变。

其他没有使用传统的规划和进度计划软件管理，但在进度中反映出的项目管理功能包括:

- 文件管理和控制,
- 质量管理
- 合同管理
- 事项管理
- 风险管理
- 劳资管理
- 会计事务

企业项目管理系统的发展使得许多项目规划和进度计划软件都包含很多这方面的功能。Primavera 包括了以下模块:

- 事项管理
- 风险管理，及
- 文件管理

1.5 规划周期

规划周期是管理项目中的一个完整部分，类似 Primavera 这样软件可以使得这项工作相对容易。

当原定方案通过，**目标计划**（**Baseline**）或**目标**（**Target**）设立。此**目标计划**是原定方案的一份备份，用于比较升级进度的进展。早期版本**目标计划**上限数设为50，而此限制已经在稍后的版本中移除了。

在项目规划结束和项目开始执行后，项目实际进展会被监控、记录并与**目标计划**日期相比较。

该进度之后会被报告及根据目标计划评估。

根据增加或删除作业和尚需工期、逻辑和资源的调整，该方案可能会加以修改。如果项目继续进行，就会发布修订后的方案；如果项目范围在方法或过度延迟上发生改变，原定的目标计划因为这些改变而不再相关，那么可能会建立一份修订的目标计划。

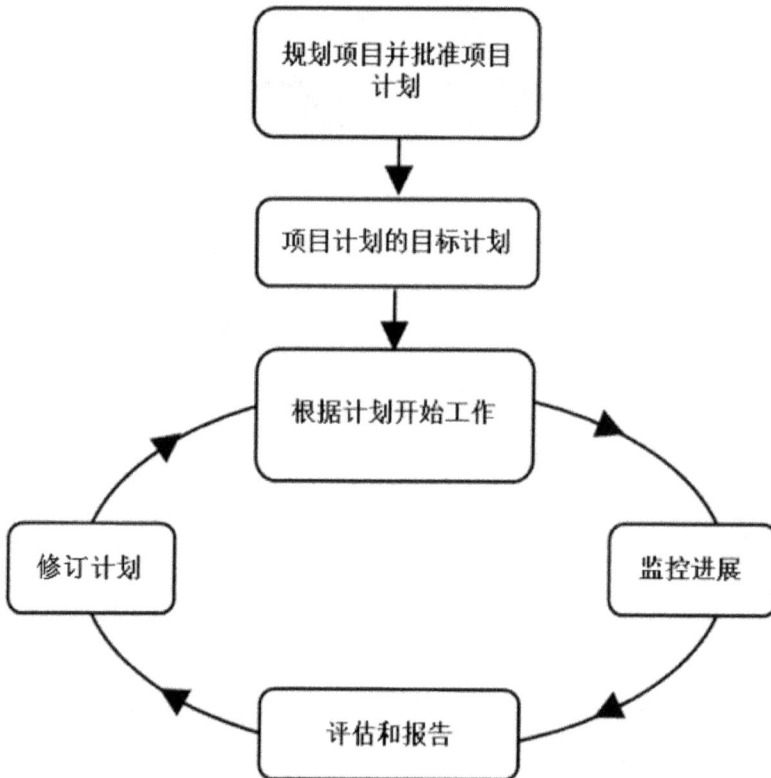

更新进度推动了项目的管理，这通过记录和显示：

- 随着项目进行的进展和项目范围改变和延迟所造成的影响，
- 修订后的竣工日期和项目的最终成本预测，
- 可以用于支持工期延长索偿和纠纷解决的历史记录，及
- 可以用于有相似属性的未来项目的历史记录。

1.6 规划的级别

在工作开始前，项目通常先规划为摘要级，接下来再进行细节规划。较小的项目可以在项目规划时进行细节安排，但大型和复杂项目可能就需要在项目方案细节化之前进行反复规划。

不将项目过早细节化的主要原因如下：

- 在此阶段没有足够的信息，
- 准备详细的进度会浪费时间，因为未知的变化可能造成计划的冗余。

用户也可考虑以下的规划方法，这些技术在其他知名项目管理书籍中有所探讨如：

项目管理知识体系®指南 (PMBOK® Guide)

项目管理知识体系®指南是由项目管理协会，（Project Management Institute-PMI）出版的一本项目管理参考书籍，其中讨论了以下方法：

- **滚动式规划法**。这种方法包括随着工作的进行添加细节至进度中。这通常都有效，因为随着工作的实施，得到的关于项目范围的信息就越多。初始的规划工作可以在**工作分解结构**（**Work Breakdown Structure-WBS**）这样的高层次上完成。随着工作的推进，规划可以在 **WBS 组成部分**中完成，继而在**工作包**级别完成。

- **子项目**的使用。某些大型项目在项目进度中有多于一个的实体，子项目的使用在进行此类工作时非常有用。这种情况可能存在于当部分项目外包，子项目可以在工作转给承包商时细节化。

- **阶段**（**Phases**）的使用。阶段不同于 PRINCE2 的时段（Stage），因为阶段可能会在时间上重叠，而时段不会。阶段可以被定义，如设计、采购和安装。这些阶段可以重叠，像采购可以在设计完成之前开始。对于一个阶段的开始，进度计划的阶段发展包括将与相关联的 WBS 成分细节化。

- **项目管理知识体系®指南**对规划级别没有严格的定义，但是假定了在分解**工作分解结构**（**WBS**）之时这一进程就启动了。此外还有其他作为指南使用的模型，如PMI（项目管理协会）的"工作分解结构（WBS）实施标准 – Practice Standard for Work Breakdown Structures."

PRINCE2 Plans PRINCE2 规划

PRINCE2 是一种在英国开发的项目管理方法学。它定义了一个项目小组需要考虑的计划方案类型。

时段（Stages）在 PRINCE2 中被定义为项目中的时间段，它不能在时间上重叠并且被认为是管理时段。时段的结束可能表示一个重要事件，例如签订一份主要合同。项目阶段（Phases）可以在时间上重叠，而时段不行。在 PRINCE2 下，一个项目计划被划分为不同时段，而时段计划的细节规划优先于其实施。PRINCE2 定义了以下计划级别：

- **项目组计划 –** 包括项目计划或一个或多个项目组合

- **项目计划–** 这是一个强制性规定并且要随着项目的持续更新。

- **时段计划 –** 包含最少两个时段计划（Stage Plans）：**初始时段计划（Initiation Stage Plan）和第一时段计划（First Stage Plan）**。一般在每个时段都有一个时段计划，

- **异常情况处理计划–** 它的级别和细节与时段计划相同，当一个时段可以预见会超出容忍值，异常处理计划会在项目委员会的要求下替代时段规划（应急时间），

- **团队计划 –** 此为可选项，应使用在较大的项目中，在团队交付的产品需要细节性规划时使用。典型例子为需要在投标过程中交付的承包商计划。

Jelen 的成本与最优化工程– *Jelen's Cost and Optimization Engineering*

此书定义了以下级别的计划：

- 0 级：这是一个完整的项目，实际上，单一栏覆盖了从开始到结束的时间。

- 1 级：其主要组成部分计划了项目进度。例如一个加工计划的 1 级计划可以被分为加工区域、储存与处理区域、工地和服务以及设施。其显示为栏图表格式。

- 2 级：每一个 1 级组成部分都被进一步细分。例如，公共设施系统可以细分为水、电、气、排污等。在大多数情况下，这个进度级别只可以栏图表格式显示，尽管栏图表可能会有一些关键的限制条件。

- 3 级：继续细分。这可能是做出一个有意义的关键路径网络的第一级，这也是项目整体控制进度的不错的级别，因为它既不是很概括也不是很详细。

- 4-? 级：继续细分至任意一级用户所需的细节。当在这些更细节的级别操作时，规划人员的工作量一般比总进度计划时要小。大多数情况下这些"有预见性"的计划需要 30 至 180 天。用户可以使用栏图表或 CPM 格式来做进度计划。

本段从 Jelen's Cost and Optimization Engineering 改写得出，作者 F. Jelen，版权-1983，ISBN 0-07-053646-5，已从出版商 McGraw-Hill 得到授权。

1.7 监控和控制项目

在一个计划产生以后，就需要根据计划书相应的执行和授权工作。如果计划有变，那么此计划书应该作正式变更。如果必要应当通知客户，如合同要求，则需要取得许可。

当进度跟不上计划时，可能会很难获得延长时间的许可，而且这也会使纠纷的解决变得更加困难。

监控最新的项目记录进展：

- 记录整个作业的开始和完成日期，

- 确认质量是否达到要求，

- 因此确认已产出的可交付成果/产品，

- 确认可交付成果/产品是否按时产出，并且未超出计划内的资源和预算，

- 记录已开始的作业进展，

- 将迄今的生产力应用到未来相似作业中，

- 添加或修改反映变化的进度，以及

- 用作未来项目规划的已记录的历史数据。

项目控制给下一级的管理提供了能让他们管理项目及在问题发生时作出明智决定的信息：

- 保证项目按照计划执行，

- 将项目进度与原定计划相比较，

- 审核迄今的生产力以及当前生产力会对未来作业起到什么影响，

- 尽早预测问题，可以尽早进行修正工作，

- 审核选项以改进进度，

- 为准备延长时间的要求和纠纷解决获取所需数据。

2 创建项目计划

此章的目的是让读者理解什么是计划和对进度如何创建以及在项目周期中的更新给出一些实际指导。

2.1 *了解规划和进度计划软件*

规划与进度计划软件可使用户:

- 将项目可交付成果或产品的分解结构输入软件,这通常被称为工作分解结构(WBS)或产品分解结构(Product Breakdown Structure-PBS);
- 将项目分解至所需工作中以创建可交付成果,并在软件合适的 WBS 下输入为作业;
- 分配作业的工期、限制条件、紧前作业和后续作业,然后计算所有作业的开始和结束日期;
- 分配代表人力、设备或材料的资源和/或费用到作业中,计算项目必需资源和/或现金流;
- 优化项目计划;
- 设置目标计划日期和预算以比较进展;
- 使用计划批准工作的开始;
- 记录实际作业进程并与目标计划比较,从而在需要的时候修改计划,允许范围的变化;
- 记录资源消耗和/或费用,重新评估完成项目所需的资源和/或费用,
- 制作管理报告。

规划和进度计划软件可用的四种模式或级别:

	规划	追踪
无资源	1级 无资源规划	2级 无资源追踪进展
有资源	3级 有资源规划	4级 有资源追踪进展

随着级别的增加,维持进度所需的信息也会相应增加,更重要的是,用户使用软件的技能和知识也会相应增加。此书指导用户从1级学习到4级。

2.2 *企业项目管理*

Primavera 是一个企业项目管理软件包,可以在一个数据库内进行多个项目管理。这些项目会在名为企业项目结构(Enterprise Project Structure-EPS)的分级结构下被汇总。这项功能与工作分解结构(WBS)下的项目汇总作业类似。

企业项目结构（EPS）用于以下目的：

- 在数据库中管理用户的可存取项目；
- 管理有共同利益的多个项目作业，如一个共享的关键资源；
- 由上而下的为项目和资源作预算，可能之后会用作与自下而上或细节化的项目预算作对比；
- 允许数据库中所有项目的标准化报告。

个人项目必须在 EPS 中创建。Primavera 还没有设计成一个单一项目规划和应用软件包，而且在 EPS 数据库内做项目管理有行政许可费用。用户可以考虑使用 Primavera Contractor 进行单一项目管理，这样没有企业数据库的管理费用，但是会有一些作业限制。

有一项名为**项目组合**的功能，可以同时浏览一定数量的项目。例如，项目组合可以浏览某一实际区域的的项目，亦或是特定的种类或客户。

2.3 明白你的项目

当你开始创建项目计划之前，对项目和项目如何运行要有一个认识。在大型复杂项目中，可以通过以下文件获得此类信息：

- 项目章程或商业论证
- 项目范围或合同文档
- 功能说明
- 所需目标计划
- 计划和图纸
- 项目执行计划
- 合同与采购计划
- 设备清单
- 安装计划
- 测试计划

许多项目经理会在项目开始时做一个**干系人分析**。该流程会列出项目中所有有共同利益的个人和组织，以及他们的利益和预期结果。

- 关键成功因素可以从有影响力的干系人利益中识别出。
- 用干系人分析来识别所有干系人活动以及将其纳入进度非常的重要。

在输入任何数据到软件之前，对于项目如何执行有一个良好的认识至关重要，这被认作是在任何规划和项目进度软件中创建进度前的良好练习。这些文件被很多的术语涉及到，如项目执行计划（Project Execution Plan）或项目方法论说明（Project Methodology Statement）。你还应该知道项目团队需要什么级别的报告，因为无论提供过少或过多的细节都经常会导致计划报废。

以下为创建或维持四个级别中任一级别的计划所需的三步骤：

- 收集相关项目数据，
- 输入和在软件中操作数据，
- 分配、审查和修订计划，

计划人员收集数据的能力与使用软件输入和操作信息的能力同样重要。在较大的项目中，为保证准确的从不同人群、部门、干系人/公司和地点收集数据，可能会需要撰写相关规章和规程。

2.4 1级 – 无资源规划

此为最简单的规划模式。

2.4.1 创建项目

在 Primavera 数据库中创建项目需以下信息：

- 数据库中用以分配项目的 EPS 节点和 OBS 节点，
- 项目代码（分配给项目的代码）和项目名称，
- 项目开始日期（也可能是完成日期），
- 单价类型。Primavera 的每个资源有五个单价，你可以选择一个单价作为默认资源单价，

知道其他信息也很有用，譬如：

- 客户名称，
- 地点，项目编号和干系人之类的信息。

2.4.2 定义日历

在将作业输入进度之前，建议先设置日历。这用于模拟项目中每个作业的工作时间。例如，一个 6 天日历是为那些需要一周工作六天的作业而创建。日历应当包括所有公共假期和工作日的例外时间，如法定节假日。

Primavera 有三种类型的日历：

- **全局**–可以分配给任何项目的作业和资源的日历，
- **项目**– 分配给作业的项目专用日历，
- **资源**– 分配给资源的日历。

项目和资源日历可与全局日历关联，使相关的项目和资源日历继承对全局日历做出的节假日的修改。

2.4.3 定义项目分解结构

项目分解结构(PBS)是一种将一个项目的作业分类为与项目相关的众多代码的方法，这些代码为每个项目的标签或属性。

在作业被添加到进度时或添加之后，可以分配给它们已定义的 PBS，这样就可以以分组、汇总、过滤的方式决定是否显示这些作业了。

Primavera 在为项目分配 PBS 上有两种主要方法：

- 工作分解结构（WBS）功能，与 P3 和 SureTrak 的 WBS 功能类似，
- 作业分类码功能，与 P3 和 SureTrak 操作方法类似。

在创建项目前，你需要根据以下问题来设计你的 PBS：

- 项目包含哪些阶段（如设计、采购、安装和测试）？
- 其中包含了哪些学科（如土木、机械和电子）？
- 项目包括哪些部门（如销售、采购和安装）？
- 哪些工作可以外包以及哪些承包商可用？
- 项目包括多少地点或地区？

根据这些问题的答案或其他类似问题来创建 PBS。

2.4.4　增加作业

作业在输入到进度前需要被定义，仔细考虑以下因素是很重要的：

- 作业的范围是什么？（包括什么和不包括什么？）
- 该作业需要进行多长时间？
- 由谁来完成？
- 每个作业的可交付成果或产出是什么？

项目预算通常是寻找将项目分解为作业、资源和费用的良好开始，它甚至可以为工作需要进行多久提供信息。

根据资源分配的数量，作业会有不同的工期。你会发现一个需要 4 个工人做 4 天的作业可以让 8 个工人做两天，也可以由让两个工人做 8 天。

一般项目报表会定期发布，如每周或每月发布。如果可能，建议一个作业跨度不要超过两个报表期，就是说作业应当只在一个报表中为**进行中**。 当然，这在长工期作业中是不可行的，如采购和交付作业，可能跨度为很多报表期。

好的项目的每组作业都有一个可测量完成点，在进度中确定为零工期的**里程碑**。你可以发布文件以正式标明一个作业的完成和另一个的开始，从而增加进度的透明度。典型的透明度文件有：

- 图纸包的发布
- 规格的完成
- 订单的确定
- 材料收据（交付记录、票据或摘要）
- 设备或系统的测试完成证明

2.4.5　增加逻辑连接

增加加逻辑至进度可以给需要执行的作业排序。逻辑被设计用于指示每个作业的紧前或后续活动。软件有两种方法用来排列作业顺序：

- 紧前关系绘图法（Precedence Diagramming Method-PDM）
- 箭头绘图法（Arrow Diagramming Method-ADM）

大多数现行的项目规划与进度计划软件，包括 Primavera，都使用 PDM。你可以使用网络图功能创建 PDM 图表。

有几种形式的依赖关系可能会被用到：

1. **强制性依赖关系**，也叫做**硬逻辑**或**主要逻辑**，是作业间不可被分解的关系。例如，一个洞要先被挖开，才能填入混凝土；又或是电脑必须先送到才能装软件。

2. **可支配依赖关系**，也叫做**排序逻辑**、**软逻辑**或**次级逻辑**，是当计划改变后，作业间可以改变的关系。例如，有五个洞要挖而只有一台机器可用，或是有五台电脑需要装机而只有一个人可用，那么这些作业的顺序就需要设置为排序逻辑，当然也可在之后更改。

    强制性依赖关系和**可支配依赖关系**都作为作业关系或逻辑连接输入到 Primavera 里。软件并不提供识别关系类型的方法，因为关系可能不附带注释或代码。**注释**可以被添加到紧前活动或后续作业中来解释关系。

3. **外部依赖关系**通常是超出项目团队控制的并会对进度产生影响的事件。一个典型例子就是工地是否可以开始工作，这在 Primavera 里通常为有一个带有限制条件的里程碑。此内容会在下一部分做更深入的讨论。

此软件会计算每个作业的开始和完成日期。项目的结束日期的计算从项目开始日期、作业的逻辑、应用于逻辑的任何**时间提前**（常被称为**负滞后/负延时**）或**时间滞后**（**延时**）及作业的工期。下图显示了在后续作业开始时的延时和时间提前的影响：

一个正延时的**完成到开始（Finish to Start）**的例子：　　　　一个负延时的**完成到开始（Finish to Start）**的例子：

2.4.6　制作一个闭合网络

用逻辑创建一个**闭合网络**是很好的。在一个**闭合网络**中，所有作业都有一个或更多的紧前活动和后续活动，除非：

*   这个项目的开始里程碑或第一个作业，没有紧前活动，及
*   完成里程碑或完成作业，没有后续活动。

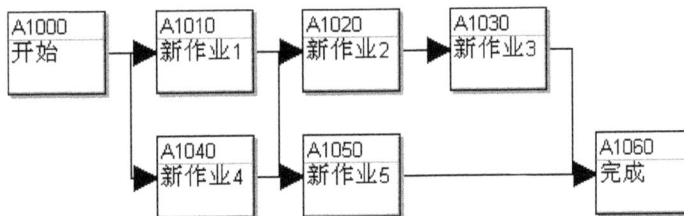

注释：如果闭合网络没有建立，那么关键路径，总浮时和自由浮时就无法正确计算。

项目的逻辑不应循环回自身。如果逻辑为 A 先于 B，B 先于 C，而 C 又先于 A，循环就会发生。这不是一个符合逻辑的项目情况，这会使软件在网络运算是产生错误。

因此，当这个逻辑正确运行，一个作业的延期会导致其所有后续作业的延期，而且当没有足够的可用延误时间去适应这个延期时，这个项目的完成日期也会被推迟。这部分可用时间一般被称作**浮时**，但请注意，Microsoft Project 使用**可宽延时间**（**Slack**）而非**浮时**。

2.4.7　计算项目进度

软件会计算项目完成所需的最短时间，作业会被适时的向前推进直到其符合逻辑关系、限制条件或日历非工作时间。没有逻辑或限制的未开始作业会被安排到项目开始日期或日历非工作时间所允许的时间开始。

当有**闭合网路**时计算项目项目会识别**关键路径**需要最长时间完成的作业链，作业链中任何作业的延期都会推迟项目的完成日期。计算得出的完成日期取决于关键作业是否按时开始和完成。如果任一作业延期，那么整个项目也会被推迟。

2.4.8　关键路径

关键路径是一个项目完成所需的最短时间，任一作业的延期都会导致项目结束日期的延迟，下图的作业 A1000 到 A1030，及 1060 以红色显示部分在关键路径上：

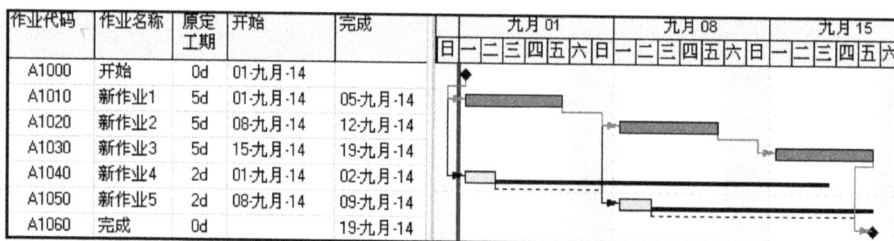

2.4.9　总浮时

总浮时是作业在不推迟项目完成日期的情况下，可以延长的时间量。

- 有总浮时的作业可能会推迟另一个作业；
- 可能在栏位或甘特图显示，如下图中的黑色细栏；
- 有可能为负值。

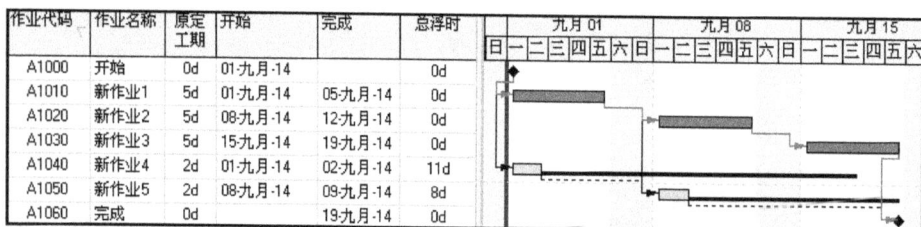

2.4.10 自由浮时

自由浮时是在不推迟另一作业的情况下，一个作业可以延长的时间量。

- 仅在栏位显示；
- 绝无可能为负值。

作业代码	作业名称	原定工期	开始	完成	总浮时	自由浮时
A1000	开始	0d	01-九月-14		0d	0d
A1010	新作业1	5d	01-九月-14	05-九月-14	0d	0d
A1020	新作业2	5d	08-九月-14	12-九月-14	0d	0d
A1030	新作业3	5d	15-九月-14	19-九月-14	0d	0d
A1040	新作业4	2d	01-九月-14	02-九月-14	11d	3d
A1050	新作业5	2d	08-九月-14	09-九月-14	8d	8d
A1060	完成	0d		19-九月-14	0d	0d

i P6 不以栏形式显示自由浮时。

2.4.11 逻辑关系颜色

P6 中的逻辑关系颜色不能像其他多数软件一样调整格式：

- 实心红色为关键，一般没有总浮时；
- 实心黑色为驱控非关键（Driving Non-Critical），其后续作业有总浮时。
- 点状黑色为非驱控非关键（Non-Driving Non-Critical），其紧前活动有自由浮时。

作业代码	作业名称	原定工期	开始	完成	总浮时	自由浮时
A1000	开始	0d	01-九月-14		0d	0d
A1010	新作业1	5d	01-九月-14	05-九月-14	0d	0d
A1020	新作业2	5d	08-九月-14	12-九月-14	0d	0d
A1030	新作业3	5d	15-九月-14	19-九月-14	0d	0d
A1040	新作业4	2d	01-九月-14	02-九月-14	11d	3d
A1050	新作业5	2d	08-九月-14	09-九月-14	8d	8d
A1060	完成	0d		19-九月-14	0d	0d

2.4.12 限制条件类型

有两种类型的限制条件：

- **项目限制条件**，包括**项目开始日期**和**项目完成日期。**
- **作业限制条件**，最常见的两种为**开始不早于**（最早开始）和**完成不晚于**（最晚完成）。

外部依赖关系会应用到使用**限制条件**的进度中，这些可以在作业的逻辑顺序之外模拟某些事件产生的影响。一个限制条件会被强加到一个特定日期，如一个设备是否可以开始工作或一个项目需要完成的日期。限制条件应当与辅助文件相互参照，如使用**记事本主题**功能的合同文件中的里程碑日期。

2.4.13 项目限制条件

项目开始日期在 P6 中被称为**项目计划开始**，此为任何作业计划开始的最早日期。作业将会从**项目开始日期**开始，除非有以下之一的因素阻止作业从**项目开始日期**开始：

- 有一个日历非工作时间，或
- 一个限制条件，或
- 一个逻辑关系。

项目必须完成日期是可选的，但是一旦设定了就会控制总浮时（常在 P6 中称作浮时）。

一旦分配了**项目必须完成日期**限制条件，总浮时就会计算至这一日期。

- 该图显示了一个项目必须完成日期为九月 26 日星期五、产生了 5 天总浮时的项目。

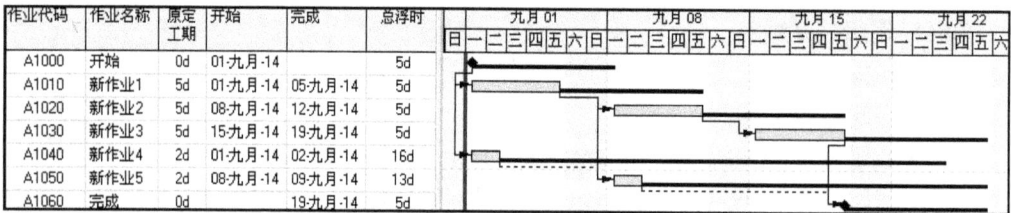

- 该图显示了一个项目完成日期为 12 号星期五的进度。
- 这个早于计算出的完成时间，因此产生了 5 天的负浮时：

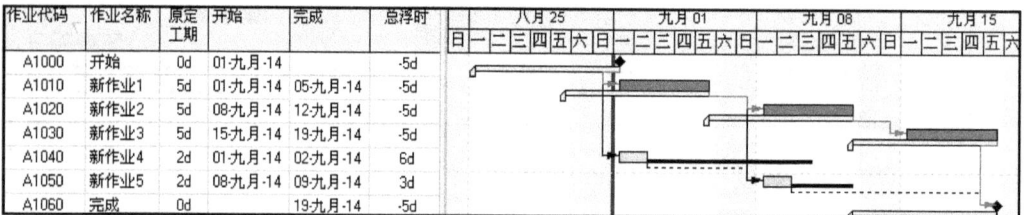

2.4.14 作业限制条件

作业限制条件的典型例子为：

- **开始不早于**用于工地是否可以开始进行工作，
- **完成不晚于**用于总项目必须完成或交接的日期。

作业最早开始限制条件

- 当分配了**开始不早于**限制条件时，作业将不再在数据日期开始，
- 这更多时候被称为**最早开始**限制条件。

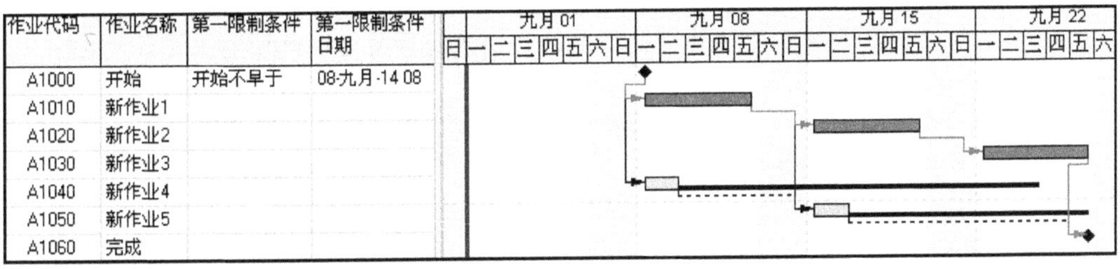

作业代码	作业名称	第一限制条件	第一限制条件日期	九月 01 / 九月 08 / 九月 15 / 九月 22
A1000	开始	开始不早于	08·九月-14 08	
A1010	新作业1			
A1020	新作业2			
A1030	新作业3			
A1040	新作业4			
A1050	新作业5			
A1060	完成			

注释：在 P6 中必须显示时间，因为 P6 经常将限制条件设在 00:00 点，这是午夜并且通常不是一个设定限制条件的适当时间。

作业最晚完成限制条件

- 下图显示了一个分配了**完成不晚于**限制条件的进度，此限制条件比计算完成日期早了 4 天，
- 因此产生了负浮时，代表这部分时间需要被补上，
- 这通常被称为**最晚完成**限制条件。

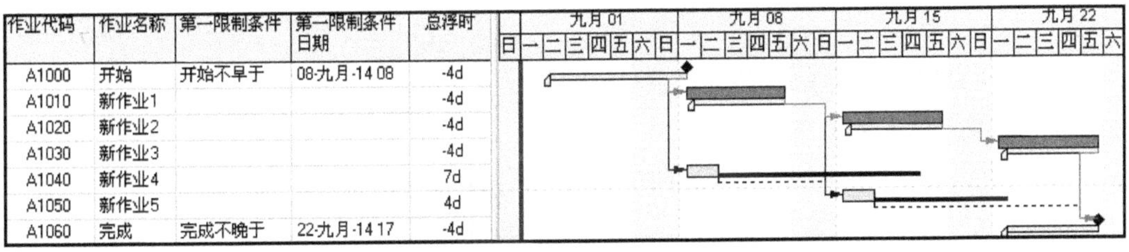

作业代码	作业名称	第一限制条件	第一限制条件日期	总浮时	九月 01 / 九月 08 / 九月 15 / 九月 22
A1000	开始	开始不早于	08·九月-14 08	-4d	
A1010	新作业1			-4d	
A1020	新作业2			-4d	
A1030	新作业3			-4d	
A1040	新作业4			7d	
A1050	新作业5			4d	
A1060	完成	完成不晚于	22·九月-14 17	-4d	

- 下图显示了分配了一个比计算完成日期还晚的**完成不晚于**限制条件的进度，
- 当限制条件日期**晚于**计算出的最早完成时间时，总浮时**不会**计算至限制条件日期，
- 正的总浮时**不会**产生并且维持了一个浮时为 0 天的关键路径。

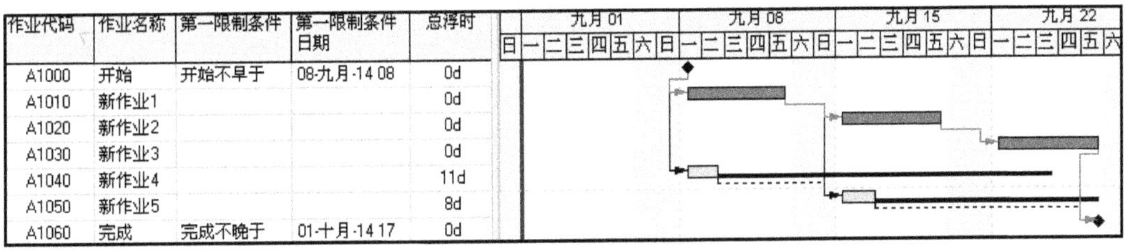

作业代码	作业名称	第一限制条件	第一限制条件日期	总浮时	九月 01 / 九月 08 / 九月 15 / 九月 22
A1000	开始	开始不早于	08·九月-14 08	0d	
A1010	新作业1			0d	
A1020	新作业2			0d	
A1030	新作业3			0d	
A1040	新作业4			11d	
A1050	新作业5			8d	
A1060	完成	完成不晚于	01·十月-14 17	0d	

2.4.15 风险分析

项目规划的过程可识别风险，所以应当考虑做一个正式的风险分析。风险分析可识别风险缓解作业，这应在报批之前增加到进度中去。

2.4.16 应急时间

报请批准进度时应当考虑添加应急时间。预算常有意外开支，如果这部分资金用完了的话，就需要得出花费应急资金所需的时间是多久。应急时间可以通过几种方式加入进度：

- 在项目中插入一个或多个时间应急作业。这些可随项目的发展调整其长度以维持计划结束日期。
- 在日历非工作日中分配工作日。例如，一个建筑项目可以计划为一周五天的标准，即便周六也会需要工作。
- 按某一要素增加作业工期，这会影响单位时间周期资源用量或总资源数量，不应在有资源进度中使用。
- 在作业间分配正延时，尽管作者不建议这样做。

2.4.17 调整显示格式– 视图和过滤器

有些工具可以操作和显示作业以达到项目报表的要求，这些功能在**分组、排序及视图**及**过滤器**章节有涉及到。

2.4.18 打印和报表

某些软件功能可以帮你以简明清晰的形式将信息展示出来用以与所有项目成员交流项目要求。这些功能在**打印和报表**章节有涉及到。

2.4.19 发布计划

所有项目团队成员都应审查项目计划以：

- 将采用的流程和方法最优化。
- 与团队成员在项目逻辑、工期和项目分解结构上取得共识。

团队成员应经常就项目的期望值进行交流，同时提供每人为进度做出贡献的机会从而进一步的改善所得成果。

2.5 2级 – 无资源进度监控

2.5.1 设定目标计划

最优化和都认可 的计划作为一个衡量进度与监控变化的目标计划。软件可以记录每个作业的目标计划日期用作与项目周期中的实际进度的比较。

2.5.2 跟踪进展

进度应该定期的**更新**（进展），并且同时记录进展。进展被报告的日期可以用不同的术语来形容，如**数据日期**、**更新日期**、**当前时间**及**状态日期**。**当前数据日期**为 Primavera 所用的记录这一日期的术语。**数据日期**并**不是**报表打印出的日期，而是反映什么时候收集最新信息的日期。

无论更新的频率是什么，你都应该收集以下作业信息来更新进度：

- 已完成的作业
  - ➢ 实际开始日期
  - ➢ 实际完成日期
- 进行中的作业
  - ➢ 实际开始日期
  - ➢ 完成百分比
  - ➢ 工期或作业的期望完成日期
- 未开始的作业
  - ➢ 对未开始作业的任何修订
  - ➢ 代表范围变化的新作业
  - ➢ 代表项目变化的逻辑修订

在收集数据之后进度可被更新。记录的进展会与**目标计划完成差值**日期作比对，可通过图形或使用数据栏位，例如栏位。

作业代码	作业名称	尚需工期	总浮时	自由浮时	差值 - 目标项目完成日期	九月 01	九月 08	九月 15	九月 22
□ 7个作业的...		9	0	0	-4				
A1000	开始	0	0	0	-10				
A1010	新作业1	0			-1				
A1020	新作业2	4	0	0	-4				
A1030	新作业3	5	0	0	-4				
A1040	新作业4	0			-3				
A1050	新作业5	4	5	5	-7				
A1060	完成	0	0	0	-4				

2.5.3 纠正措施

到了这一步，与合适的项目组成员讨论进度，进一步优化进度从而使项目回到正轨是很有必要的。可选项为：

- 减少应急时间限额。

- 分配一个负延时至完成到开始逻辑关系，可使后续作业在紧前作业完成之前开始。

- 改变逻辑关系以使作业平行执行。

- 减少作业工期。在有资源进度中，可通过增加分配至作业的资源数量达成。

- 编辑日历使每天工作小时或每周工作天数增加，

- 降低范围并删除作业。

2.6 3级-有资源、角色和预算的进度计划

2.6.1 预估或控制规划

第3级软件可使用两个方法。

- **预估**。这个模式下，目的是为了建立一个仅用于预测的有费用进度，此进度永不会更新。可能会有很多资源分配给作业从而得到一个准确的费用预测，而且会包括许多进度更新过程中永不会更新的项目。

- **控制规划**。这个模式下，目的是为了分配实际数量（小时）和费用到资源，接着计算到完成所需的数量和费用，也许会有一个赢得值（挣值-**项目管理知识体系®指南**）分析。在这个情况下，一定要确保最少数量的资源分配至作业，最好一个作业仅有一个资源。否则如果进度每个作业有很多资源时，更新进度的过程将十分困难和耗时间，进度人员也许会成为计时人员，会忽略其他重要的功能，比如计算尚需预估和项目完成日期。

2.6.2 作业和资源数量的平衡

当计划控制大型或复杂进度时，维持计划和追踪的作业数量和资源数量的平衡是十分重要的。基本准则为，进度的作业越多，创建和分配至作业的资源应越少。

当进度包含大量作业及分配至每个作业的大量资源时，可能导致项目组中无人能明白进度，那么进度也无法维持。

为了避免以名字进行个人资源的分配，不如使用"技能"或"职业"进行分配，在超大型项目中可使用"组"或"队伍"。

当你使用进度预估项目直接费用（通过分配费用到资源）或你并没有用进度追踪项目进展时（比如说为了支持书面提议书），这个方法并不是那么重要。

因此，最小化经常更新的大型进度的资源数量就显得更为重要，因为为每个进度更新分配到每个作业的每个资源是非常耗时间的一件事。

2.6.3 创建和使用资源

首先，用户通常需要在软件中输入所有项目所需资源至一个层级表中，以建立一个资源库。每个资源所需的工程量分配给不同的作业。当然在企业环境下，这些资源可能已经被定义了。

为每个资源输入费用单价可使你进行资源费用分析，比如说比较超载资源的补充费用和延长项目的结束时间费用的区别。

预估和时间阶段性（Time-phased）现金流也可从这种资源/费用数据中得出。

2.6.4　创建和使用角色

Primavera 的额外功能名为**角色**，用来规划和管理资源。

- 角色为一个技能或职业或工作描述，可在项目规划时期用做资源的别称。
- 角色在层级结构中定义且拥有**熟练级别**。
- 角色可用与资源分配的类似方式分配至作业，可在决定谁被分配做某项工作之后用资源替换。
- Primavera 5.0 版引入了允许角色分配单价的功能。

2.6.5　资源和角色的关系

Primavera 可定义角色并使其与资源相连，角色为一个工作名称、职业或技术且可能有许多资源，一个多技术的资源也可能会有很多角色。比如说，一个角色可能为一名文员，一个公司可能有五个文员会被分配文员的角色。如果其中一位文员也同时为数据输入人员的话，那么这个资源就会被分配两个角色：文员和数据输入员。

2.6.6　作业类型和工期类型

作业可被分配一个**作业类型**和**工期类型**，会影响资源如何计算。软件的额外功能可使用户更准确的模拟实际情况，这些功能将在**分配角色、资源和费用**章节讲到。

2.6.7　预算

预算功能可在每个 EPS 节点的汇总级别有一个会计样式的使从上到下的预算编制，预算可与资源分配至作业后计算出的详细预估进行比较，本书并没有详细的介绍预算功能。

2.6.8　资源使用直方图和表格

这些特性可以通过显示表格和图形来分析项目资源需求。

数据可以导出至 Excel，报表也可以做进一步的分析和演述。

2.6.9 资源最优化

现在进度应该将资源最优化用以：

* 减少峰值及缓和资源需求，或

* 在可用资源数量内减少资源需求，或

* 当项目由客户赞助时，减少对可用现金流的需求。

资源平衡定义为直到资源可用之前作业都会被推迟。推迟作业有几种方法并从而平衡进度，这会在**资源最优化**章节概述。

2.7 4 级 – 监控与控制有资源的进度

2.7.1 监控有资源的项目

当你更新一个有资源的项目，你需要收集以下额外信息：

* 每种资源在每个项目至今使用的数量和/或花费。

* 完成每个作业所需要的每种资源的数量和/或花费。

然后你可以根据这些数据更新有资源的进度。

在进度更新之后，接着才可审核未来的资源需求、项目完成日期和现金流。

更新有资源的项目很耗时间，并要求相关经验和对如何使用软件计算进度有深入了解。最好是由熟手单独完成或者是由熟手指导下的新手完成。

2.7.2 有资源的项目控制

在这时，可能需要进行大量的分析，会经常应用到挣值绩效评估技术。

3 启动和导航

3.1 登录

当你在电脑上点击图标或者从开始菜单运行 Primavera 时，**登录**窗口将会出现。

如果你有一个以上的数据库供你选择的话，你可以点击**数据库**下面的 ⋯ 图标，**编辑数据库连接**小窗口将被打开，你可以从这里选择其他的数据库：

- 从数据库列表中选择所需数据库，

- 点击 ✓ 选择 图标

- 输入你的登录名和密码，注意区分大小写，最后

- 点击 ✓ 确定 打开所选数据库

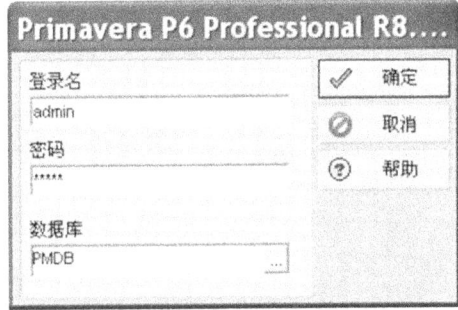

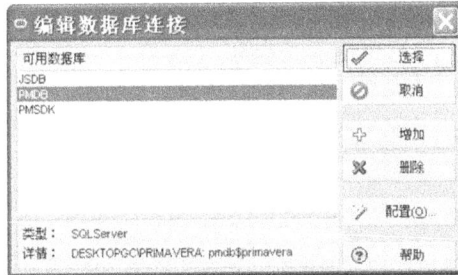

你的屏幕应如下图所示，根据软件版本（EPPM 可选客户端或 专业项目经理版），系统设置和行业设置的区别而略有不同，这里我们使用专业项目经理版打开企业菜单。

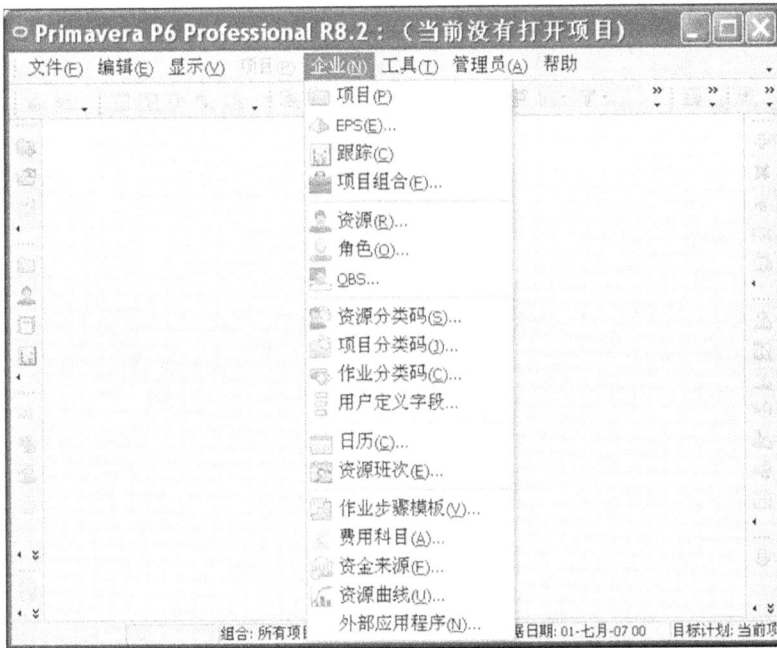

建议从 **编辑(E)**，**用户设置(R)**，**应用程序**标签下 进行选择。如果你一直有不同的项目，请选**项目**；如果你一直在做一个项目，请选择**作业**。

3.2 项目窗口

我们将使用 Primavera 自带的数据库来进行演示。点击**企业(N)**，**项目(P)**打开**项目窗口**。

3.2.1 项目窗口顶部窗格

上端的窗口显示**企业项目结构**（EPS）：

- EPS 名称左边的 ⊞ 和 ⊟ 图标用于显示或隐藏 EPS 的层级。此图显示了 **All Initiatives** EPS 节点下有两类项目：
  - ➢ Engineering & Construction, 及
  - ➢ Energy Services.
- 从菜单中选择**企业(N)**，**EPS(E)**打开**企业项目结构**（EPS）窗口。

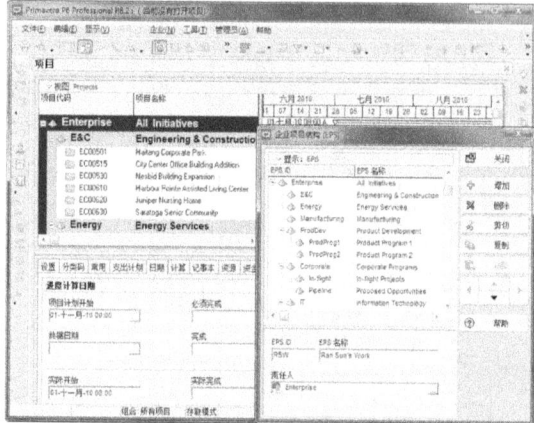

- 这样就可以很清楚的看出哪些是 EPS 节点，哪些是项目。
- 菜单上的命令**显示(V)**，**全部展开(E)**，**全部折叠(C)**和**折叠到**…可以用作调整 EPS 的显示级别

3.2.2 项目窗口底部窗格详情标签页

窗口下端**详情**标签页可通过点击 图标，或选择**显示(V)**，**显示于底部(H)**，**无底端视图**隐藏起来，如果再次显示标签页，可点击 图标或选择**显示(V)**，**显示于底部(H)**，**详情**。

通过选择 EPS 节点或项目和下方窗口的标签页，某个 EPS 节点或分配至 EPS 节点项目的信息将会显示在屏幕下方。

字段成灰色的部分说明这部分信息从其他数据中计算或总结而来，或是由于项目没有被打开且数据不能进行编辑。

右键点击标签页名将会出现一个菜单，选择**自定义项目详情(Z)**…可允许你打开**项目详情**窗口，你可在此选择你所希望显示的标签页。

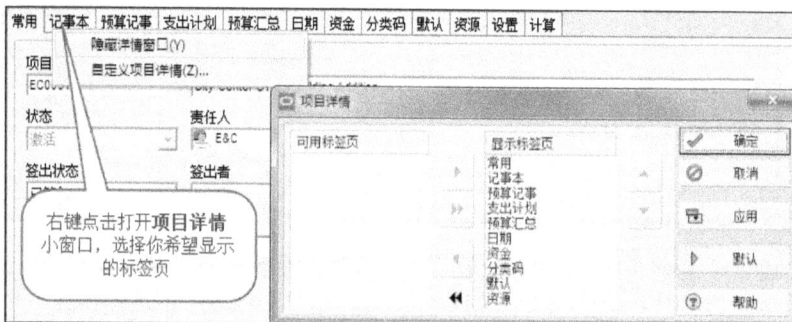

3.3　打开单个或多个项目

你可以通过**项目窗口**看到企业和项目数据。

如果你想存取项目作业信息例如作业，资源和关系，必须先打开一个项目从而显示**作业窗口**。

你可以同时打开多个项目：

- 选择：
  - ➢ 一个或多个项目，可同时选择
  - ➢ 一个或多个 EPS 节点，
- 接着右键点击并选择**打开项目(O)**，或
- 快捷键 **Ctl+O**。

你也可以通过选择**文件(F)**，**打开(O)**...来打开窗口：

窗口会显示打开一个项目的存取模式，这包括**独占**，**共享**或**只读**，**只读**在使用其他方法打开项目时将不可用：

8.1 版本的新功能，最近打开过的项目可通过**文件(F)**，**最近的项目(J)**...打开。

i　**独占**（只有当前用户可编辑）模式的项目只可通过**文件(F)**，**打开(O)**...途径打开。其他的方法将会在**共享**模式下打开项目并且所有有权存取的用户都可以同时打开和编辑项目。根据项目存储人的不同和存储时间的不同，**共享**模式可导致一名用户的编辑被另外一名用户覆盖。在**共享**模式下当有多名使用不同用户设置，时区和单位的用户打开同一项目时，将会导致在计算作业，项目分解结构节点和项目工期上的不同。

⚠　如果需要在同时打开多于一个项目，**务必**要读懂**计算多个项目进度**的章节。

3.4 显示作业窗口

打开**作业窗口**:

* 选择**项目(P)**,**作业(A)**,或

* 点击 ☐ 图标:

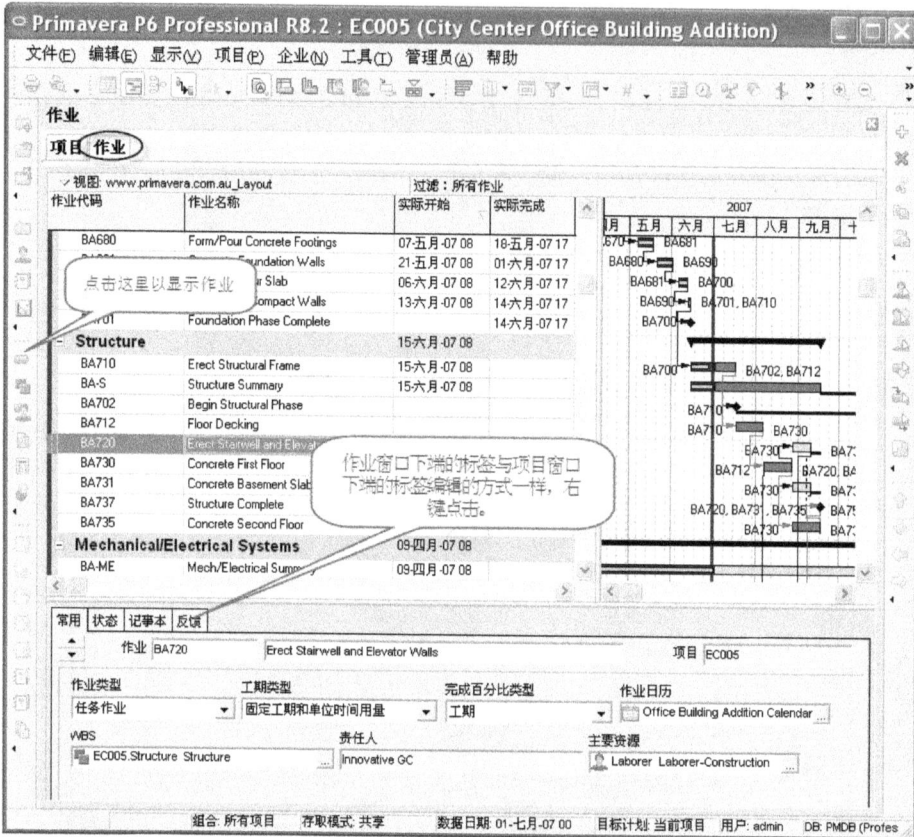

* 顶端现在有两个标签,点击项目标签将会显示**项目窗口**。

3.5 打开项目组合

项目组合功能可减少项目窗口中显示的项目数量:

* 创建一个**项目组合**可选择**企业(N)**,**项目组合(F)**...打开**项目组合**窗口。

* 创建一个项目组合并通过**项目组合**窗口添加项目。

* **项目组合**可以是**全局**的为所有用户共用,或仅限于某一个**用户**使用的。

* 通过**文件(F)**,**打开(O)**...(项目)打开的窗口可使用户选择某一个**项目组合**从而减少在**打开** (项目)窗口时显示的项目数量。

* 通过**文件(F)**,**选择项目组合(L)**...选择一个**项目组合**后,**项目窗口**将只会显示这个项目组合内的项目。

3.6 窗口顶部和底部窗格

如**项目**，**WBS**，**资源**和**资源**分配之类的窗口都有**顶部窗格**和**底部窗格**，其中有些可以根据用户需要布局调整。

大多数窗口的底部窗格都可以从视图中隐藏。

下面的命令可以帮助你隐藏和显示窗口底部窗格，这与之前介绍的**项目窗口**相同。

- 底部窗格的**详情**标签页可通过点击⊠图标隐藏，或选择**显示(V)**，**显示于底部(H)**，**无底端视图**。

- 底部窗格的**详情**标签页可通过点击⊠图标显示，或选择**显示(V)**，**显示于底部(H)**，**详情**。

- 右键点击甘特图区中选择**作业详情(V)**可以显示**底端视图**，或

- 在**底部窗格**右键单击并从菜单选择**隐藏详情窗口(Y)**可隐藏**底部窗格**，或

- 选择**显示(V)**，**显示于顶部(W)**或**显示于底部(H)**将会有一些顶部和底部窗格的其他显示选项。

下面的命令将帮助你调整顶部和底部窗格的格式。

- 进度人员可以通过调整某些**详情**窗口来显示那些对其有用的标签页。

- 如果需要调整显示格式，在详情视图顶端右键单击，选择**自定义项目详情(Z)**...这些箭头可以隐藏和显示标签页并对其重新排序。

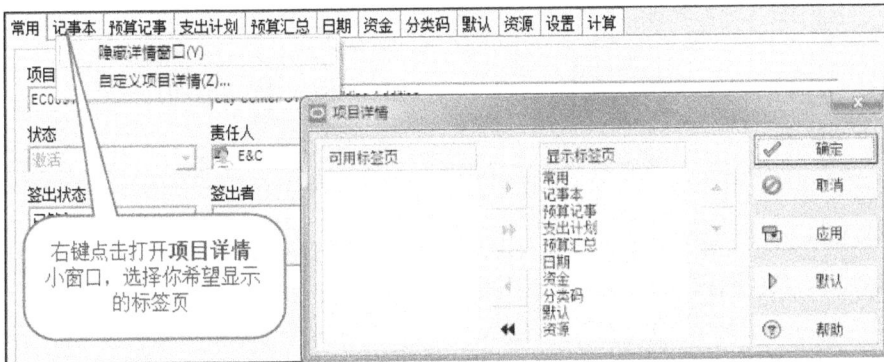

右键点击打开**项目详情**小窗口，选择你希望显示的标签页

建议你移除不需要的标签页以使桌面简洁并便于查找命令。

3.7 用户界面的升级

两个客户端的用户界面都大幅度的升级，现在可使用户定义工具栏和菜单。

3.7.1 新的自定义工具栏

老版本 P6 的所有工具栏都被移除。新的工具栏与 Microsoft Office 2003 类似，很多工具栏图标都做了修改。

在这里不会对工具栏做详细的介绍，但可以肯定工具栏中的常用功能将大幅度得提高效率。

- Primavera P6 有许多内置的工具栏，可通过以下方式显示或隐藏：
  - ➢ 使用命令**显示(V)**，**工具栏(T)**，或在工具栏区域右键单击并勾选所需的功能以显示或隐藏工具栏，或
  - ➢ 使用命令**显示(V)**，**工具栏(T)**，**自定义(C)...**，**工具栏**标签，勾选所需的功能以显示或隐藏工具栏。

- 工具栏图标可通过选择**显示(V)**，**工具栏(T)**，**自定义(C)...**，点击 重置(R)... 来进行重置，

- 工具栏也可添加图标，选择**显示(V)**，**工具栏(T)**，**自定义(C)...**，**工具栏**标签，**命令**标签，**工具栏图标**从对话框中选取并拖拽入任意工具栏。

- 在**自定义**(工具栏)打开的情况下，图标也可从工具栏移除：左键选取图标并从工具栏中拽出。当工具栏被拽入窗口中时，也可添加或移除图标，编辑图标的新菜单将会出现：

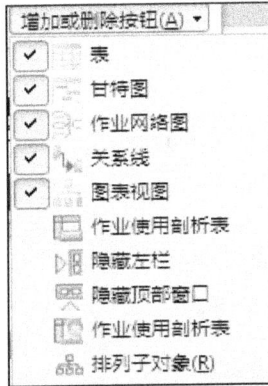

- 图标可通过点击工具栏右侧的向下箭头添加和移除：

- 所有工具栏图标可重置为默认，选择**显示(V)**，**重置所有工具栏**。
- 如果不想拖拽工具栏，可通过选择**显示(V)**，**锁定所有工具栏**。
- 工具栏的其他显示选项在**显示(V)**，**工具栏(T)**，**自定义(C)**...选择**选项**标签。

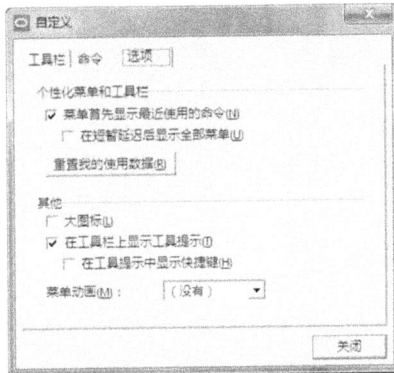

显示(V)，**工具栏(T)**，**自定义(C)**...选择**选项**标签后，建议**不要勾选在短暂延迟后显示全部菜单**选项，确保所有菜单一直都显示，节省了显示菜单项目等待的时间。作者发现在创作本书时此功能无法使用。

3.7.2 自定义菜单

菜单也可进行编辑：

* 打开**自定义**小窗口，
* 当**自定义**小窗口打开时，鼠标移动至屏幕左上方的菜单，
* 右键点击菜单名称：

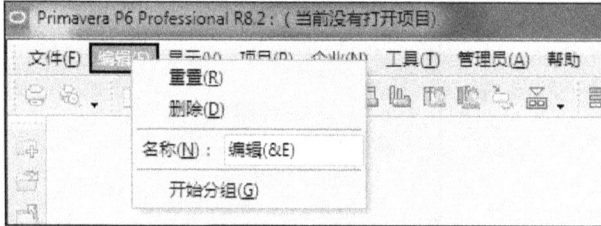

* 右键点击菜单项目可编辑或拖拽命令的上下排列顺序：

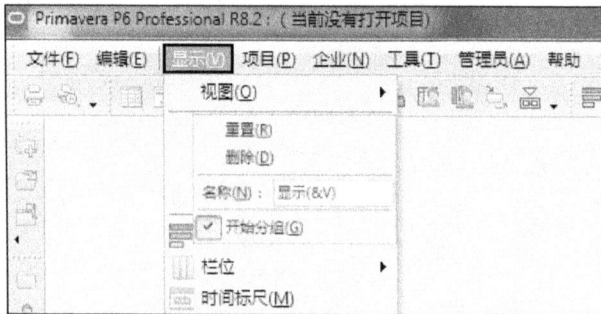

3.7.3 状态栏

状态栏在屏幕的底端，可通过选择**显示(V)**，**状态栏(S)**隐藏或显示，它显示了一些已打开项目的有用信息：

3.8 用户设置

3.8.1 时间单位格式

用户设置可使用户选择信息显示和计算的方法，这在用户和**管理设置及进度计算选项**一节有详细介绍。

调整日期和时间的显示方式：

* 选择**编辑(E)**，**用户设置(R)**，

* 选择**时间单位(U)**标签，

* **工期格式**下可调整作业工期的显示方式，

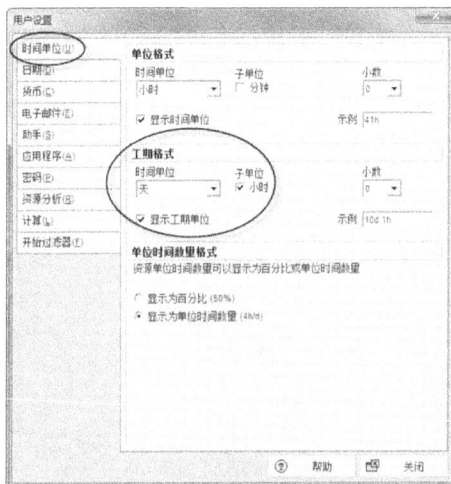

> ⚠ 选择**显示工期单位**和**子单位**是十分重要的，因为当非整天工期被创建时你会立刻发现。

3.8.2 日期格式

这里你可以决定是否显示时间：选择**日期(D)**标签，

* 调整**日期格式**，调整**选项**，

* 调整**时间**选项。

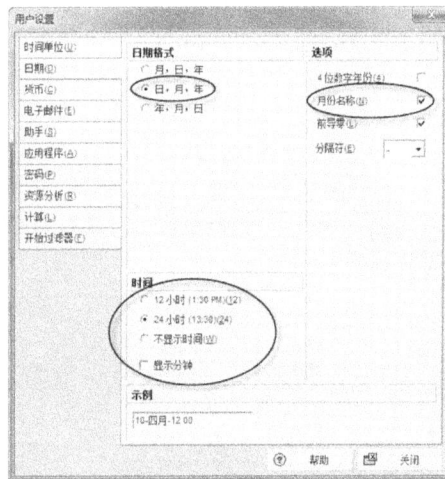

> ⚠ **日期格式**。强烈建议在国际项目上使用**月份名称(N)**选项，这样不会造成美国格式 月份/日期/年份 和 其他地区各式 日期/月份/年份 的混淆**时间单位**。**强烈**建议时间显示格式**一直**为 24 小时制，这样用户可知道任意所选日期的时间，因为此软件在分配日期时总会选择 00:00，每天的第一秒。作者为了使日期栏宽度略窄而没有选择显示分钟。

3.9 *每周起始日*

默认的**每周起始日**总为星期日。许多人更愿意选择周一作为一周的第一天因为在周视图下日历日期为周一且为工作日，如下图所示：

在专业客户端中，**每周起始日**可通过选择**管理员(A)**，**管理设置(P)...**，**常用(G)**标签页来进行设置：

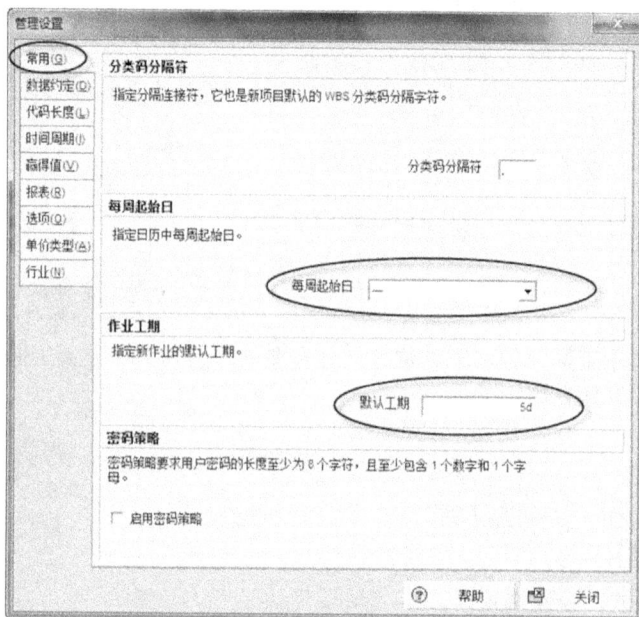

在可选客户端中，每周起始日可通过数据库管理员在**管理员，应用程序设置，常用**下进行设置：

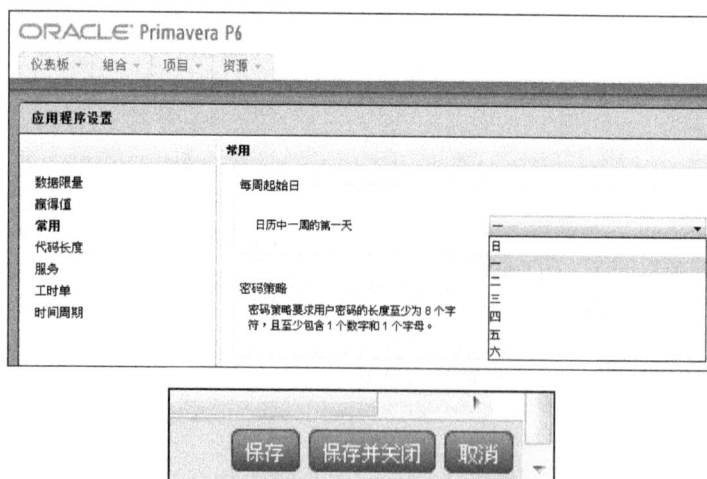

3.10 *管理设置 – 设置行业类型*

行业类型决定了在某些字段应用的术语，在早期的版本中随着软件加载而自动设置。在 P6 专业版中可通过选择**管理员(A)，管理设置(P)…，行业(N)**标签来进行设置：

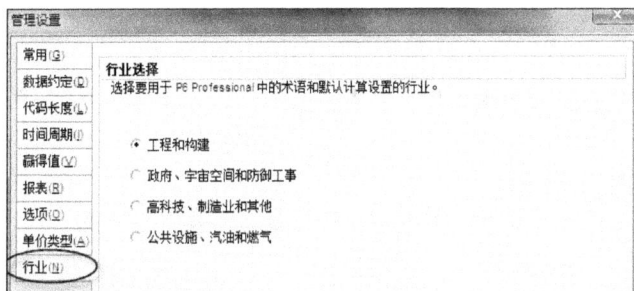

下表显示了不同的术语类别：

行业类型	术语	项目比较工具名称
工程和构建	预算数量和费用 原定工期	Claim Digger
政府、宇宙空间和防御工事	计划数量和费用 计划工期	Schedule Comparison
高科技、制造业和其他	计划数量和费用 计划工期	Schedule Comparison
公共设施、汽油和燃气	预算数量和费用 原定工期	Claim Digger
其他行业	计划数量和费用 计划工期	Schedule Comparison

工程和构建：

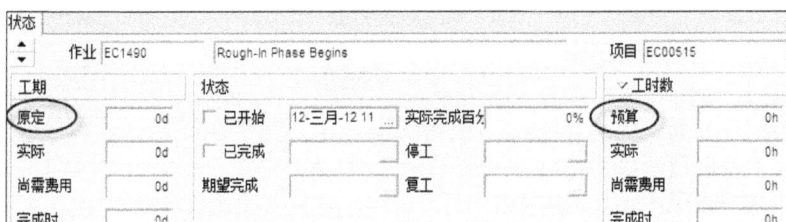

政府、宇宙空间和防御工事：

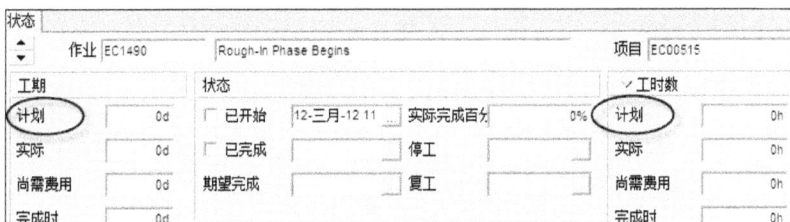

如果选择其他的行业类型，则需要重启 P6 才能生效。

3.11 小窗口内的选项应用

Primavera 小窗口内的数据可进行分组，排序和过滤。在理解了基本内容之后，你会发现当在小窗口中使用这些功能后这款软件会变得容易许多。

在选择了格式或选项例如栏，过滤器，分组和排序之后：

- 点击 ✓ 确定 应用设置并关闭小窗口，或

- 点击 应用 应用设置不关闭小窗口。

这可在关闭小窗口前确认选项显示是否合适。

通常情况下显示栏会有一个箭头 ▽ 表明点击箭头可打开菜单，菜单小窗口内的数据可以进行调整和过滤。

右图的小窗口可从**企业 (N)，用户定义字段...**打开：

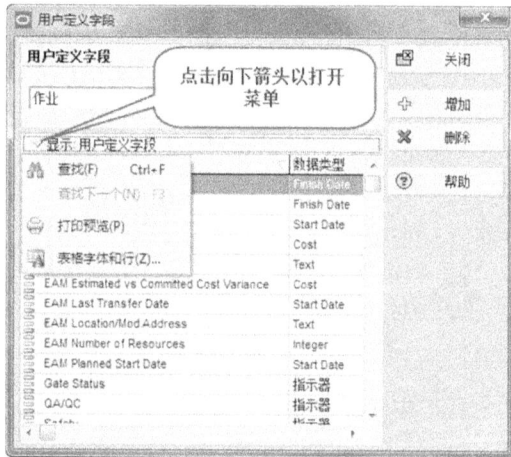

窗口和小窗口的数据例如作业，资源，OBS 可通过点击第一项数据上方的名称来进行排序。点击**资源代码**框将使排序从层级到字母顺序再到逆向字母顺序排列。

如果有过滤器选项，那么数据可能不能被排序。

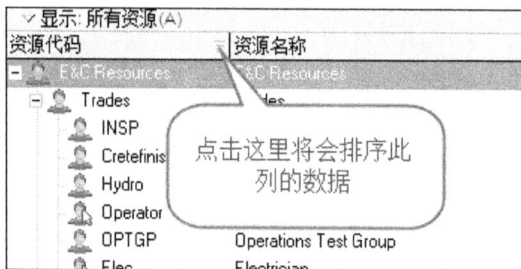

3.12 *不再向我询问该问题*

许多小窗口都会有**不再向我询问该问题**选项

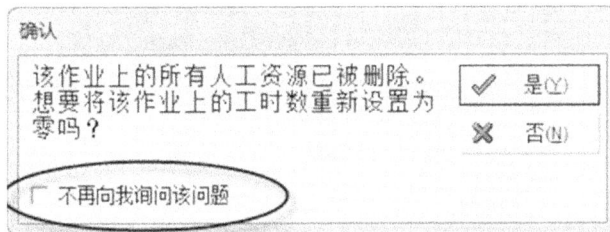

此选项会在下次使用此功能时禁用小窗口。在 P6 的早期版本中用户不会再看见这个窗口，但在第 8 版中可在下次运行程序时重新设置。

3.13 *鼠标右键*

熟练使用鼠标右键因为这通常比使用菜单要迅速。

右键功能通常会显示一个菜单，根据所选视图和当前视图而有所不同。建议熟悉每个视图从而熟悉菜单。.

3.14 *寻求帮助*

帮助系统可通过:

* 按下 F1 键,

* 选择**帮助, 内容(C)**...

* 在视图工具栏点击 图标。

选择**显示(V), 帮助提示(H)** 可使鼠标移动至某项标题时显示相关信息, 如下图所示。这对理解字段如何计算很有帮助。

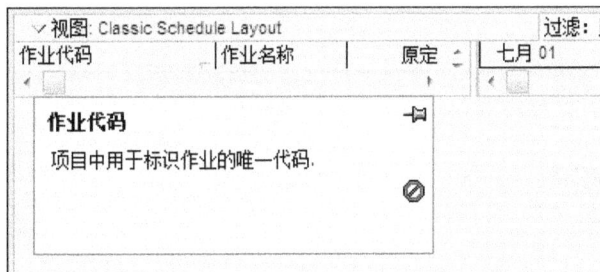

更多文章可从作者网站 **www.primavera.com.au** 及 **www.eh.com.au** 找到。

你也可登陆甲骨文支持网站，可从 www.primavera.com.au 获取连接，找到甲骨文支持数据库。

从 8.1 版本开始，帮助菜单有一个名为**联机帮助**的新菜单选项，可以 HTLM 格式显示信息从而帮助有障碍的用户使用额外的浏览器功能。

管理设置，选项(O)标签页有一个新的 P6 联机帮助功能，可设置 F1 键的默认，URL 设置为甲骨文技术中心网络（Oracle Technology Network）（OTN）：

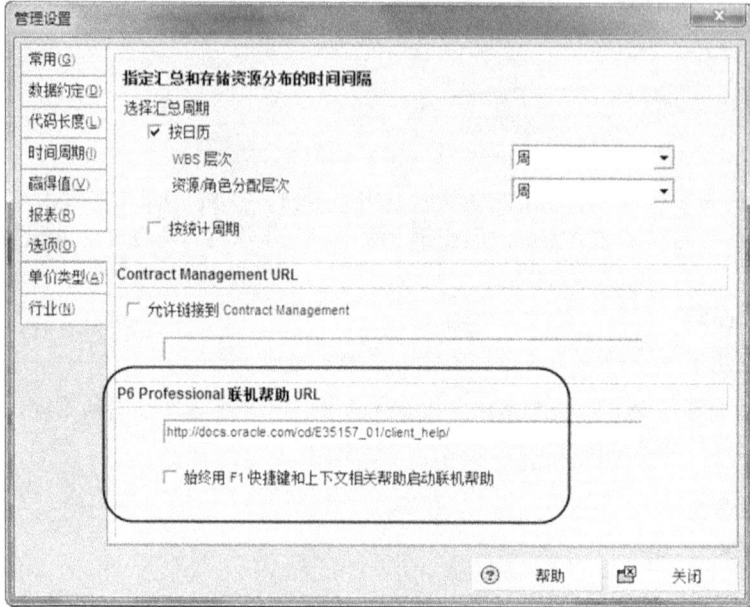

3.15 *刷新数据 – F5 键*

作者发现在一处做出的更改有时并不能在别处反映出来，例如添加了关系但在栏位中不可见或在 WBS 窗口中编辑了 WBS 节点但在当前窗口却看不出来。

如果出现这种情况，选择**文件(F)**，**刷新数据(R)**或点击 F5 键可使：

- 数据写入数据库，

- 看到其他用户在你进度上做的改变，

- 把数据日期置于正确的位置，

- 更改上面讨论过的显示问题。

3.16 *提交修改–F10 键*

文件(F)，**提交修改(M)**命令可记录你对数据库进行的任何改动，其他用户可以使用刷新数据命令查看这些改动。

3.17 *发送项目*

选择**文件(F)**，**发送项目(D)**...将会自动生成一个 XER 文件(导出文件)并添加至邮件附件。

3.18 *关闭*

关闭选项为：

- 选择**文件(F)**，**关闭全部(C)**或 **Ctrl+W** 以关闭所有**项目**。

- 选择**文件(F)**，**退出(X)**或点击 Primavera 窗口右上角的 ▨ 图标关闭所有项目和退出 Primavera。

> *i* 如果你退出系统时还有项目没有关闭，下次登录时这些项目将会自动打开。选择**编辑(E)**，**用户设置(R)**...，**应用程序(A)**标签，在**应用程序启动窗口**下选择**作业**，这样软件在下次打开时将会显示你最后一个项目**作业窗口**。

3.19 *自测题1 – 窗口浏览*

背景

想要熟练使用 Primavera 你要会打开你的数据库并熟练浏览各种窗口。

注释：由于这本书使用的是 Primavera 公司提供的演示数据库，你的窗口也许会跟这本书里的看起来有所不同。

任务

1.　打开你的数据库。 如果已经有一个项目，选择**文件(F)**，**关闭全部(C)**来关闭项目。

2.　选择**编辑(E)**，**用户设置(R)**，选择**应用程序(A)**标签，在**应用程序启动窗口**选择**项目**，这样每次启动 Primavera 时数据库都会在**项目窗口**打开。

3.　关闭**用户设置**小窗口。

4.　使用**显示(V)**，**状态栏(S)**菜单隐藏或显示**状态栏**。

5.　选择**企业(N)**，**项目(P)**以打开**项目窗口**。

6.　上下滚动并查看企业项目结构和项目。

7.　使用项目说明左边的 + 和 - 按钮扩展和关闭企业项目结构。.

8.　点击**显示(V)**，**显示于底部(H)**，**无底端视图**，或**显示(V)**，**显示于底部(H)**，**详情**从**项目窗口**隐藏和显示底端视图**项目详情**小窗口，

9.　使用**底端视图**工具栏的 和 按钮隐藏和显示底端的**项目详情**小窗口，你可能需要显示工具栏或添加按钮到工具栏上。

10.　在甘特图区域与某项目平行处双击可查看此项目的项目栏。

11.　点击 按钮打开**栏**小窗口，在**显示栏**位勾除所有栏，点击 ⊡ 应用 ，栏不需要关闭小窗口将会不显示。

12.　现在勾选**栏**小窗口内的所有栏并点击 ✓ 确定 ，栏将重新显示且小窗口会关闭。

13.　打开**项目详情**小窗口，在**项目详情**小窗口右键点击一个标签，选择**自定义项目详情(Z)...**，隐藏和显示某些标签页，仅留下**常用**，**日期**，**默认**和**记事本**标签页，余下的可在需要的时候显示：

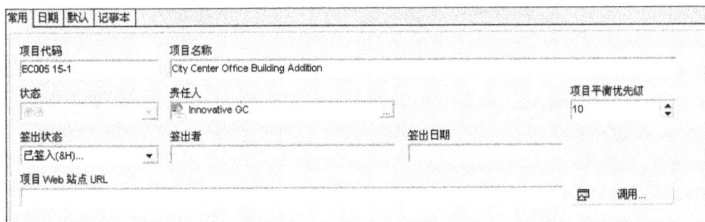

14.　选择一个项目（如果你使用的是 Primavera 演示数据库建议选择 City Center Office Building Addition 项目）右键点击项目并选择**打开项目(O)**以打开**作业窗口**。

15.　如果**作业窗口**没有自动打开的话，点击作业标签或 图标以显示项目的作业。

16.　在甘特图区域与某作业平行处双击可查看此作业。

17.　在作业代码栏位处多次点击可使作业排序，再点击其他栏位标题可使作业根据此栏位的数据排序。此处根据作业代码排序作业。

18.　使用 调整时间标尺、

19.　检查作业代码栏位并使其显示**视图：Classic WBS Layout**。如果不是，选择**显示(V)，视图(O)，打开视图...**，不保存视图的变革，选择 Classic WBS Layout 并点击 ：

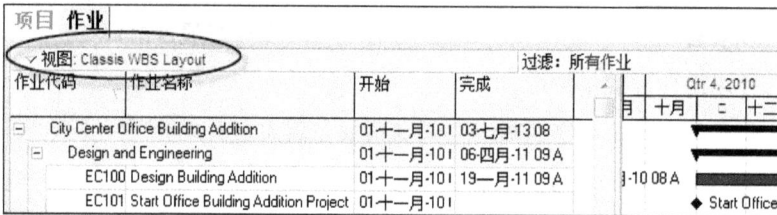

20.　使用窗口顶端的标签返回**项目窗口**再回到**作业窗口**。

21.　在**作业窗口**，选择**显示(V)，显示于底部(H)，详情**在底部显示作业详情小窗口；如需隐藏则选择**显示(V)，显示于底部(H)，无底端视图**。

22.　在**作业窗口，底端视图**工具栏点击 和 按钮隐藏或显示底部**作业详情**小窗口。

23.　打开**作业详情**小窗口，在小窗口内右键点击一个标签并选择**自定义作业详情表(C)...**以隐藏和显示一些标签页。仅显示**常用**和**状态**标签页，余下的将会在需要时显示：

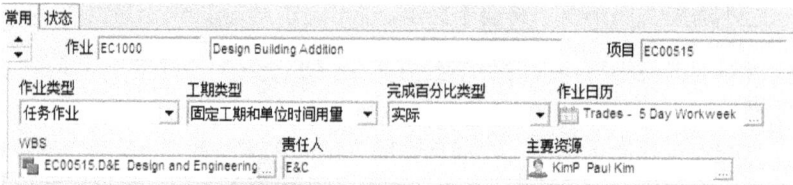

24.　选择**文件(F)，关闭全部(C)**以关闭项目并返回**项目窗口**。在**项目窗口**，在栏区域双击确保栏正确显示。

25. 选择**编辑(E)，用户设置(R)**打开**用户设置**小窗口，在**日期(D)**标签页下选择你希望日期显示的方式，把你的选项按如下调整使时间以小时显示：

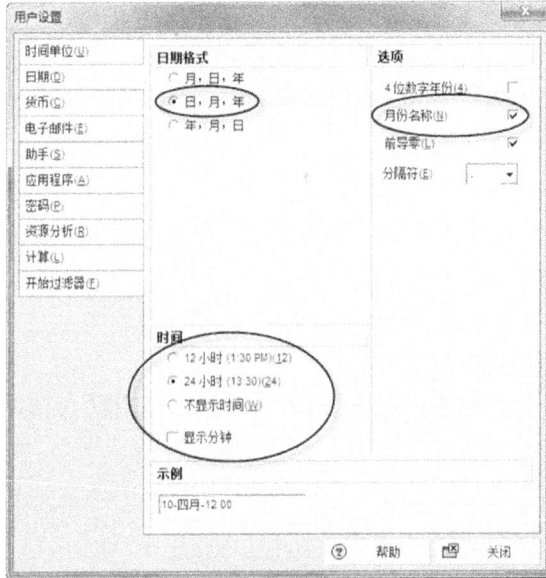

注释：强烈建议时间按照上图所示设置，这样用户知道当应用*实际开始，实际完成，限制条件*的时间。因为此软件在分配日期时总会选择 00:00，每天的第一秒

26. 选择**编辑(E)，用户设置(R)**打开**用户设置**小窗口，选择**时间单位(U)**标签,按下图所示设置你的选项：

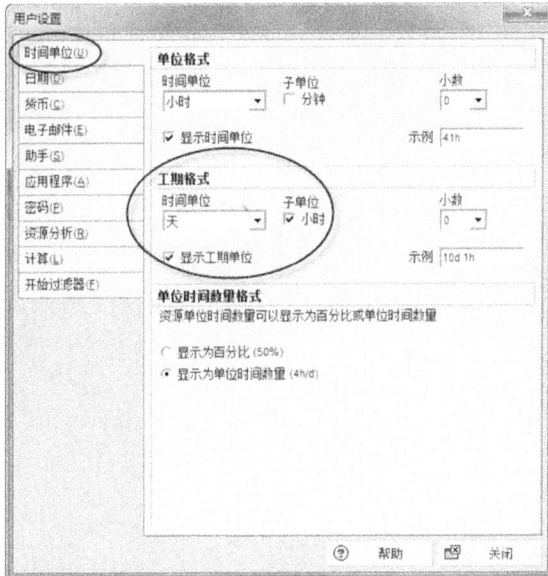

27. 关闭**用户设置**小窗口。

28. 选择**文件(F)，关闭全部(C)**以关闭所有项目。

培训课程指导及/或数据库管理员的注意事项：

1. 培训课程教员和/或管理员可从 **www.primavera.com.au** 或 **www.eh.com.au** 网站购买教员幻灯片展示文件，此幻灯片可进行完全编辑，pdf 展示版可从网站下载供参考。

2. 完全版自测题和视图可从 **www.primavera.com.au** 或 下载。**www.eh.com.au**

3. 如果您是培训机构并希望使用一个数据库对多名用户进行培训，请联系作者获取如果设置数据库的文件。

4. 总结，当有多名用户使用同一数据库时，数据库管理员或课程教员应：

    - 为每个学生建立 EPS 节点，
    - 为每个学生分配独立的项目代码，
    - 为每个学生创建独立的资源，
    - 分配给每个学生创建项目代码和资源的协议，使他们的项目和资源都有唯一的名字。

4 创建一个新的项目

在**项目窗口**有几种创建一个新项目的方法：

- 运行**创建一个新的项目**向导，或

- 复制一个已存在的项目并编辑，或

- 从其他 Primavera 数据库或使用其他软件例如 P3，SureTrak 或 Microsoft Project，或 Asta Powerproject 创建的项目导入。

Primavera P6 企业项目集管理版本 8 网络版引入了项目模版，丢弃了 Methodology Manager/Project Architect。

4.1 创建一个空白项目

你可以在任何时候通过选择菜单的**文件(F)**，**新建(N)**...创建一个新的项目，或点击**编辑**工具栏的 图标。你将会使用**创建一个新的项目**向导并需要以下信息：

- 项目分配到的 **EPS** 节点。

- **项目代码**，代表项目的编码(最多 20 字)，和**项目名称**。

- 项目**计划开始**日期，即为任一未开始作业的最早计划开始的日期和可选的**项目必须完成**日期。

   注释： 确认检查开始时间

- 当设置**项目必须完成日期**时，项目浮时将计算至这一天而不是最晚作业完成日期。

   ⚠ 更重要的是检查完成时间，因为默认设置为 00:00 是完成那天的午夜，比计划的少一天：

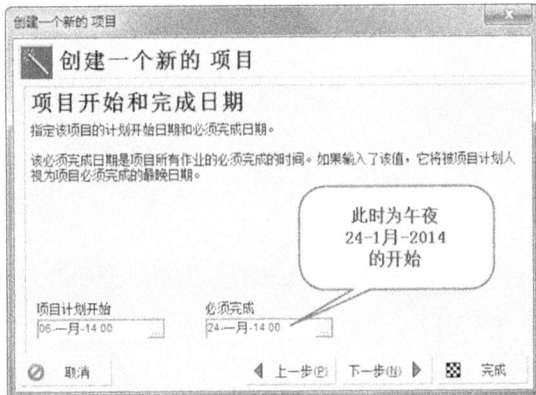

- **责任人**在组织分解结构（OBS）选择。如果没有定义 OBS 或没有分配责任，那么企业可被选为责任人。

- **分配单价类型**。每种资源有五个不同的单价，这里可选择默认单价也可在资源分配至作业时进行修改。

   ℹ 在项目特定阶段复制和粘贴项目以保留备份是很正常的，大多在每次更新之后。当复制项目时，你应该考虑使用 Primavera 默认设置为项目重新编排代码。

4.2 复制一个已存在的项目

单个或多个项目可在**项目窗**口进行复制：

- 勾选你希望复制的项目，选择**编辑(E)**，**复制(C)**或 **Ctrl+C**，
- 勾选你希望与新项目相关联的 EPS 节点，选择**编辑(E)**，**粘贴(P)**或 **Ctrl+V**，

第一个**复制项目选项**小窗口将会出现，你可以选择你希望随项目复制的数据项，点击 ✓ 确定

- 第二个**复制 WBS 选项**小窗口将会出现，你可以选择你希望随项目复制的 WBS 数据项，

- 选择之后，点击：✓ 确定

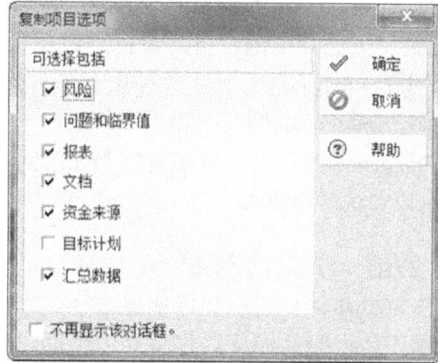

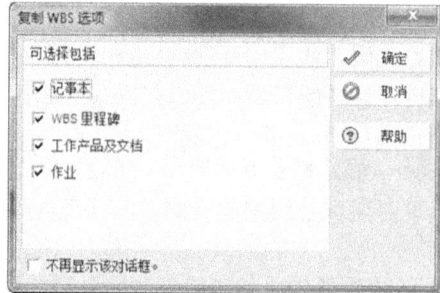

- 第三个**复制作业选项**小窗口将会出现，你可以选择你希望随项目复制的作业数据项，点击 ✓ 确定，

- 打开并编辑新的项目。

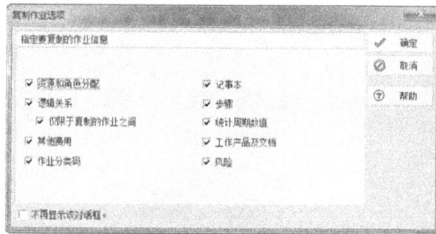

新的代码将会分配至复制的项目和 EPS 节点，这些代码将在原定代码基础上按数字顺序增加。

EPS 节点也可在**项目窗口**内选择和复制，并粘贴至别处，这将复制项目并增加另一个 EPS 节点。

4.3 导入一个项目

根据 Primavera 版本的不同数据库也有所不同包括 Oracle 数据库和 Microsoft 数据库，Primavera 只能在已安装和设置的数据库格式下运行。

Primavera 不能打开一个独立项目文件，不提供读取器，且所有数据在打开之前必须导入一个数据库。

你可能被要求导入一个已被你公司内或公司外的某人使用其他程序创建的项目，Primavera 的一些工具可以帮助你从其他地方导入项目。

4.3.1 Primavera 文件类型

有几种你需要注意的 Primavera 主要文件格式：

- **XER –** 用于在 Primavera 数据库之间交换一个和多个项目，无论在何种数据库类型下创建，并导出所有项目数据。早期版本的 **XER** 文件可被导入更新版本的数据库。视图(格式)不属于 XER 文件的一部分。
- **PLF –** 用于在 Primavera 数据库之间交换**视图**，无论在何种数据库类型下创建。在 15.1 版本中，**PLF** 文件可以导入进 Visualizer 了。
- **ANP –**用于保存一个**作业网络**中作业的位置。
- **ERP –** 用于在 Primavera 数据库之间交换**报告**，无论在何种数据库类型下创建。
- **XML –** Primavera 6.0 版本出现的格式，用于在项目经理模块下导入数据。这与 Microsoft Project XML 是同一种软件语言但为不同的格式。15.1 版本可以导入及导出目标计划项目了。
- **PCF –** 用于在 Primavera 数据库交换**全局更新**。
- **VLF –** Visualizer 视图文件可在用户之间导入和导出 Visualizer 视图。

4.3.2 非 Primavera 文件类型

选择**文件(F)，导入(I)**...打开把项目导入你的数据库的向导。

Project (*.mpp).这是 Microsoft Project 使用的创建和存储文件的默认文件类型。Microsoft Project 2010, Microsoft Project 2007 和 Microsoft Project 2000 – 2003 使用三种不同的格式。

i 在 Microsoft Project 2007 或 Microsoft Project 2010 安装的情况下 Primavera 将不能导入任何 mpp 文件，因为它禁用了 mpp 导入功能。

使用菜单命令**文件(F)，导入(I)**...和**文件(F)，导出(E)**...可通过向导使 Primavera 导入或导出以下的非 Primavera 文件类型

- 这是 Microsoft Project 2000,2002 和 2003 使用地创建和存储文件的默认文件类型，需要电脑上安装 Microsoft Project 2000,2002 或 2003 才可导入文件。
- **MPX (*.mpx)**。这是 Microsoft Project 98 和早期版本创建的文本格式，这个格式可被其他很多项目进度软件导入和导出。
- Microsoft Project **XML** 格式支持 6.2 及之后版本。这可在不安装 Microsoft Project 的情况下导入由 Microsoft Project 2010，2007，或 2000 创建的文件至 2003 XML。
- **Primavera Project Planner P3** 和 **SureTrak** 文件使用 **P3** 格式存储。SureTrak 格式的 SureTrak 项目应在导入前以 Concentric (P3)格式进行保存。

i 你需要在电脑上加载 Btrieve 以导入 **P3** 格式保存的文件，P3 安装时 Btrieve 即加载。P3 演示版将在你电脑上加载 Btrieve 并使 P3 文件可被导入。P3 可能不能在较新的操作系统上加载，如 Windows 7，如果没有旧的操作系统将会很难使用此功能。

- **XLS**. Primavera 5.0 版的新功能允许在 Excel 格式下导入和导出数据。

⚠ 导入项目前请仔细阅读管理员指南，这个过程很复杂也许会导入很多不需要的数据至你的数据库中。建议在项目导入处建立一个可丢弃的数据库，以防止公司数据库充满不需要的数据。

4.4 设置一个新的项目

为了审查或更改当一个项目创建时输入的基本项目或 EPS 信息，**项目详情**小窗口需在屏幕下方显示：

- 点选一个项目或 EPS 节点，

- 编辑项目数据时项目必须被打开，

- 你必须有适当的权限以编辑数据，

- 选择**显示(V)**，**显示于底部(H)**，**详情**并点击**常用**标签：

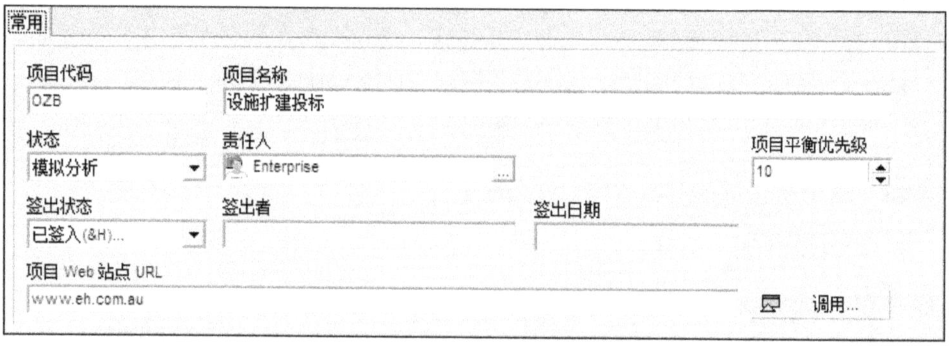

常用

项目代码	项目名称
OZB	设施扩建投标

状态	责任人	项目平衡优先级
模拟分析	Enterprise	10

签出状态	签出者	签出日期
已签入 (&H)...		

项目 Web 站点 URL
www.eh.com.au   调用...

- **项目平衡优先级**用于减少资源需求的峰值从而平衡项目。1 为最高，100 为最低。

- **签出状态**可使用户决定项目是签入还是签出（4.1 版新功能）。**签出者**和**签出日期**可使用户知道项目目前是否签出。

4.5 项目日期

在这时，项目通常还未开始，你可能在将来某时使用**计划开始**项，从**项目窗口**，**详情**小窗口，**日期**标签页设置。打开这个小窗口：

- 点选你的新项目，

- 选择**显示(V)**，**显示于底部(H)**，**详情**并点击**日期**标签页：

日期		
进度计算日期		**预期日期**
项目计划开始	必须完成	预期开始
02-十二月-13 08		02-十二月-13 08
数据日期	完成	预期完成
02-十二月-13 08	27-一月-14 16	27-一月-14 16
实际开始	实际完成	

- **进度计算日期**
  - **计划开始**为无作业计划开始的前一天。
  - **必须完成**日期为可选日期。当输入这个日期时，通常是计算作业的**最晚完成**，所以所有的**总浮时**将会被计算至这一天。在**增加逻辑关系**章节有详细介绍。
  - **完成日期**为计算得出的完成最后作业的日期。
  - **数据日期**用于更新项目时，这在**追踪进展**章节进行了介绍。与 Microsoft Project 不同的是，所有未完成的工作计划在这一天之后进行。
  - **实际开始**日期从最早开始的作业而来。
  - **实际完成**日期从当所有作业完成时最晚完成作业的日期而来。
- **预期日期**
  - **预期开始**和**预期完成**日期可在工作分解结构（WBS）或作业创建前进行分配。EPS 级别下的开始和完成日期栏位和栏将在当没有作业时使用这些日期。作业创建之后，它们可能仅作为记录存在并不显示也不对其他部分产生影响。
  - **预期日期**也可在 WBS 窗口下分配给 WBS 节点。

4.6 保存额外的项目和 EPS 信息-记事本主题

通常关于项目或 EPS 节点的额外信息例如地点，客户和项目类型都会要求随项目一起保存，这些数据可在**项目窗口，详情**小窗口，**记事本**标签页下保存。

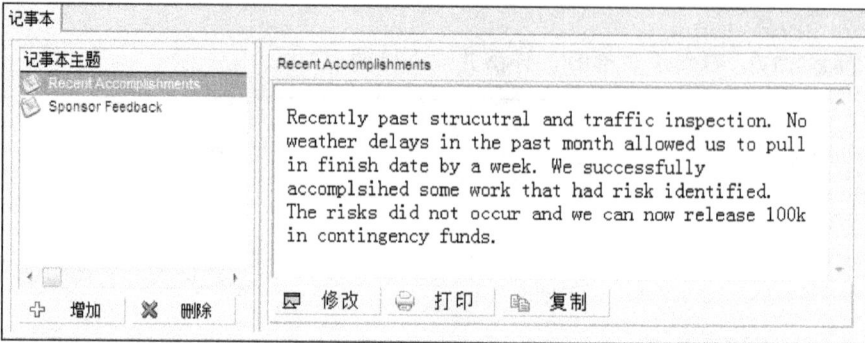

为项目增加记事：

- 点击 ⊕ 增加 打开**分配记事本主题**小窗口。

- 从列表中点击你想选择的**记事本主题**选择一个**主题**，再点击图标增加此主题到记事本。

- 点击图标关闭小窗口。

- 你现在可在所选的**项目记事本主题**下增加记事了。

- 记事可如项目般增加到 **EPS** 节点，作业和 **WBS** 节点。

- Primavera 6.0 版在分配记事时引入了搜索功能。

    创建一个新的**记事本主题：**

- 选择**管理员(A)，管理类别(C)**...打开**管理类别**小窗口并选择**记事本(N)**标签。

- 勾选应用于 EPS 节点和/或项目的类别。

4.7 自测题2 – 创建你的项目

背景

你是 Wilson 国际公司的一名员工，负责准备投标书以保证 OzBuild 公司的报价邀请书（Request For Quoto）能按时递交。通过初审后，你被告知报价邀请书能在 2015 年 12 月 7 日的 8:00 hrs（早上 8:00）做好，你需要在 2016 年 1 月 27 日的 16:00 hrs（下午 4:00）之前提交三份装订后的建议书。

注释： 当有多名用户在同一个专业数据库下工作或使用可选客户端时：

- 数据库管理员或教员应为每个学生建立 EPS 节点来创建他们的项目。
- 在创建项目时每个学生都应被分配一个独立的项目代码。

任务

1. 根据信息创建一个项目，选择**文件(F)**，**新建(N)...**打开**创建一个新的项目**向导：

- 在数据库中选择合适的 EPS 节点以创建项目或当在共享数据库下工作时选择所分配的节点。
- 项目代码-OZB

  注释： 当你在共享数据库下工作时，如果另外一个项目有同样的项目代码，你的代码将不能使用。这时你可能需要使用其他项目代码，例如 OZB 加上你名字的缩写。

- 项目名称-设施扩建投标
- 计划开始日期-07 十二月 2015 年 08:00。

  注释： 保证在这一步添加 08:00（早上 8 点）。否则将可能导致计算进度时日期分配出错。

- 必须完成-不填
- 责任人-默认
- 单价类型-接受默认，通常为 Price/Unit（价格/单位）或 Standard Rate（标准单价）。
- 点击 [■■ 完成] 创建项目。

2. 项目应该已经打开，在屏幕左上角进行检查，项目名称应该已经显示了。

3. 确认你在**项目窗口**。

4. 点击项目确认选择。

5. 在**底部窗格**的**项目详情**中增加如何项目信息：

- 在**项目窗口**点击你的项目以选择。
- 在**常用**标签下设置**状态**为**模拟分析**，更改**状态**需要打开项目。
- **日期**标签
  - ➢ 设置数据日期为 07 十二月 15 08:00
  - ➢ 预期开始 07 十二月 15 08:00
  - ➢ 预期完成 27 一月 16 16:00

  你现在应在图标区看到以上这些日期的栏，此时进度表中并没有作业。如果没有栏显示，在甘特图区域与项目平行处双击鼠标。

- 添加适当的记事本主题例如项目状态记录："2015 年 12 月 7 号之前拿不到报价。"

6. 你的项目将看起来像这样：

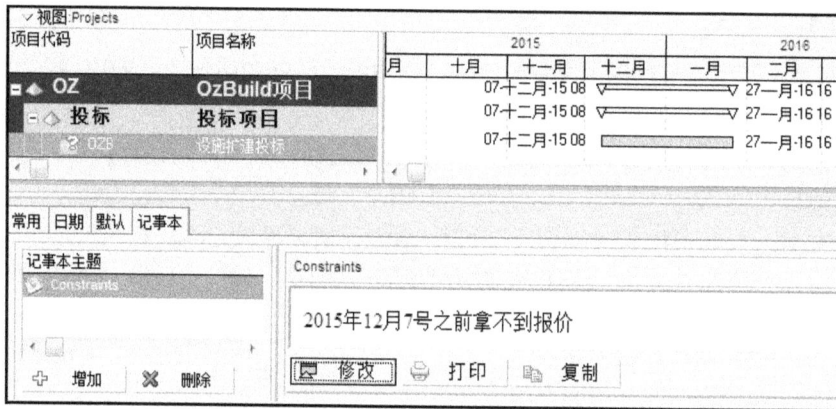

注释： 日期格式的显示方式将根据**用户设置**而有所不同，选择**编辑(E)**，用户设置**(R)** 并选择**日期(D)**标签页。

5 定义日历

一个作业的完成日期(及时间)为开始日期(及时间)加上相关作业工期的日历时间，因此从工作日周三开始的一个工期为 5 天的作业，应用一周五天工作日的日历（周六和周日放假）将在下周二完时完成。

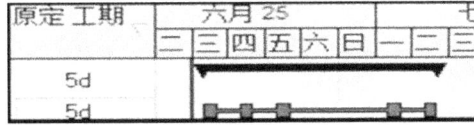

原定工期	六月 25								七
	二	三	四	五	六	日	一	二	三
5d									
5d									

Primavera 有三种日历类别：

- **全局**-可用于所有项目和资源
- **项目**-仅用于被创建的项目内部，仅在项目打开时才能建立。
- **资源**-有两种资源日历：**个人**，8.1 版的新功能，和**共享**，与早期版本的资源日历一样：

  ➢ **个人**日历是为特定个人资源创建的。

  ➢ **共享**资源日历可被分配给一个或多个资源，也可被分配给任意项目的作业。

当**作业类型**设置为**独立式作业**（资源作业—Resource Dependent）时，资源将根据资源日历计算进度；否则作业将根据作业日历计算进度。

⚠️ 当作业设置为**独立式作业**时，与其它软件不同，它仍旧认可作业日历以计算资源工作的开始时间。有些软件在作业设置为资源驱控时会忽略作业日历并仅认可资源日历。在当资源日历的开始时间比作业日历开始时间早的情况下，你可能会考虑将资源驱控型作业的日历设置为每天 24 小时，每周 7 天。这样可以避免开始一个在作业日历下资源驱控作业的延期。

你可以根据你的项目要求创建一个新的，或编辑一个已有的日历，例如添加节假日或添加工作日或调整工作时间。比如说，有些作业有 1 周 5 天工作日的日历，而有一些则为 1 周 7 天。

这一章覆盖了以下主题：

主题	菜单命令
• 数据库**默认日历**	选择**企业(N)**, **日历(C)**...并从**默认**栏位选择数据库**默认日历**。
• 分配**默认作业/项目日历**	日历分配给新作业，在**项目窗口**，**详情**小窗口里点击**默认**标签。
• 创建，复制，编辑或删除日历	**企业(N)**, **日历(C)**...，选择**全局**，**项目**，或**资源**按钮，点击 ⊞ 增加 （复制一个已有的日历来创建新日历）或 ☒ 修改... 或 ✖ 删除 。
• 重命名已有日历	**企业(N)**, **日历(C)**...，选择**全局**，**项目**，或**资源**按钮，点击说明并修改。

5.1 *数据库默认日历*

打开**企业(N)**，**日历(C)**...小窗口小窗口选择**数据库默认日历**，这被用于显示数据库的所有视图和项目的非工作时间：

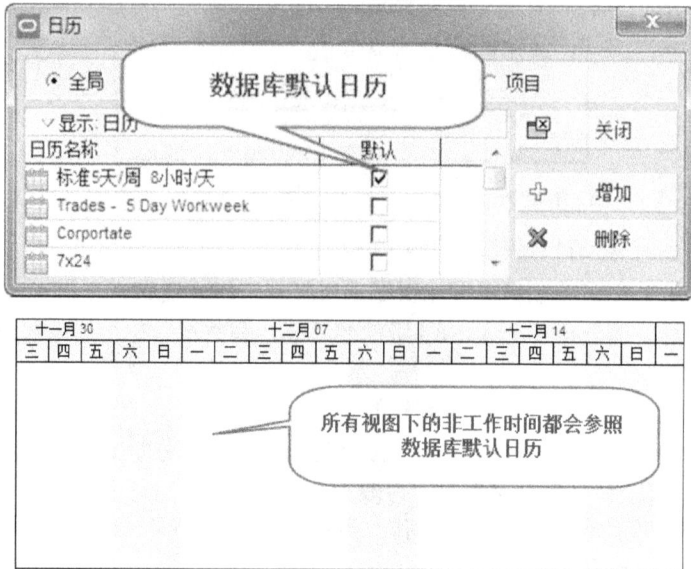

用户无法在不影响数据库其他项目的情况下，显示不同项目或视图下不同的非工作时间。这将会对拥有不同工作时间的项目造成麻烦，这个问题可通过创建一个拥有不同**数据库默认日历**数据库解决。

5.2 *使用全局和项目日历*

选择**企业(N)**，**日历(C)**...打开**日历**小窗口以复制，编辑和删除日历。

当使用日历时注意以下规则：

- **全局**和**资源日历**在项目打开或不打开时都可使用。
- **项目日历**仅当项目打开时可被复制，编辑和删除。
- 在同一时间排列、创建和编辑超过一个已有的**项目日历**时，所有的相关项目都必须打开。

5.3 *项目默认日历*

5.3.1 熟悉项目默认日历

项目可被分配**全局**或**项目日历**为**默认项目日历**：

- 所有新作业在创建时都会被分配项目**默认项目日历**。与 Microsoft Project 不同的是，改变**默认项目日历**将**不会**影响已分配给作业的日历。
- **默认项目日历**可通过选择**工具(T)**, **进度计算(S)**...，**选项**...小窗口计算超时（Leads）和延时（Lags）。

5.3.2 分配一个默认项目日历

分配或更改**默认项目日历**时，项目必须被打开：

- 选择**企业(N)**，**项目(P)**打开**项目窗口**并点选项目，
- 点击**详情**小窗口内的**默认**标签页，你将在**日历**项内看到当前的**默认项目日历**。
- 点击**日历**名称右侧的 ⃞ 图标打开**选择默认项目日历**小窗口：

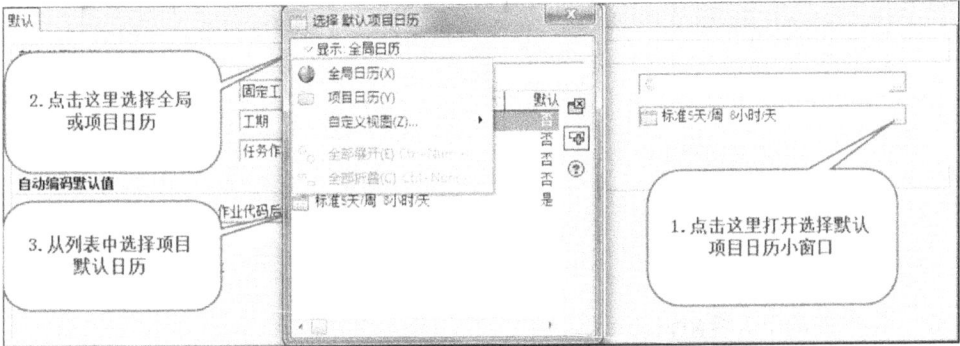

- 从 ✓ 显示:项目日历 标题下选择**全局日历**或**项目日历**菜单项。
- 选择**默认项目日历**的日历，
- 点击 图标或**双击**日历以分配新的日历。

5.4 创建一个新的全局或项目日历

创建**项目日历**时此项目必须已激活，你可以复制一个已有的全局日历来创建一个新的**项目日历**。你**不能**复制一个已有的项目或个人资源日历来创建一个**项目日历**。

创建一个新的日历：

- 选择**企业(N)**，**日历(C)**...，
- 根据所需日历的类型选择**全局**或**项目**按钮，
- 点击 ⊕ 增加 图标以创建新的日历，或
- 选择一个已有日历进行复制，你不能复制一个已有的项目或个人资源日历来创建一个项目日历。
- 命名日历，尽量简短以便在栏位中可以显示。

5.5 共享资源日历

资源或全局日历可分配给一个或多个资源，这与 Microsoft Project, P3 和 SureTrak 的不同，这些软件的每个资源都有在项目日历基础上的独立日历且很多资源不能共享同一个日历。

> ⓘ 当**作业类型**设置为**独立式作业**时，资源将基于所分配的**资源日历**计算进度；否则作业将根据**作业日历**计算进度。

可用资源在**资源使用直方图**显示，甚至当分配至一个**任务作业**的类型时也基于资源日历显示。

5.5.1　创建一个新的共享资源日历

创建一个新的共享资源日历：

- 选择**企业(N)**，**日历(C)...**，
- 选择**资源**按钮，
- 点击一个已有的共享资源日历
- 点击 增加 图标创建一个新的日历，或
- 复制一个已有的全局或共享日历，你不能复制一个已有的项目或个人资源日历。
- 命名日历，尽量简短以便在栏位中可以显示。

个人日历可转为共享日历中：

- 打开**日历**小窗口，**资源**按钮，
- 选择一个已有的**个人日历**并点击 转为共享 图标。

5.5.2　创建新的个人资源日历

可从**日历**小窗口创建：

- 选择**企业(N)**，**日历(C)...**，
- 点击**个人资源日历**，
- 点击 增加 打开**选择资源**小窗口并选择分配日历的资源，
- 点击 修改... 正常修改日历。

共享日历也可转为个人日历：

- 打开**日历**小窗口，**资源**按钮，
- 选择一个已有的**共享日历**并点击 转为个人 图标。

或从**资源窗口**

- 打开**资源窗**口，**详情**标签，
- 选择资源
- 点击 ｜ 创建个人日历 ｜ 图标打开**资源日历**小窗口并正常编辑日历。

5.5.3 个人和共享日历计算和显示

下面的图片显示了 3 个每个为期 5 天的作业：

- A1000 为认可一周 5 天作业日历的**任务作业，忽略所有资源日历的任务作业**
- A1010 和 A1020 都认可各自的个人或共享资源日历计划进度，但是
- A1010 和 A1020 都忽略资源日历的栏局部收缩。

⚠ 栏局部收缩基于作业日历而非资源工作时间。

5.6 移动、复制、重命名和删除一个日历

5.6.1 移动一个项目日历到全局

一个**项目日历**可移动从而成为一个**全局日历**：

- 打开日历所在的项目，
- 选择**企业(N)**，**日历(C)**...，
- 选择**项目**按钮并点选需复制的日历，
- 点击 [转为全局日历] 图标。
- 此日历将不再为一个项目日历因此此功能并不是一个复制功能。

5.6.2 从一个项目复制日历到另一个项目

复制日历从一个项目到另一个：

- 如上所述把**项目日历**转为**全局日历**，
- 复制新的**全局日历**以在两个项目中创建一个新的项目日历。

5.6.3 重命名日历

重命名日历：

- 选择**企业(N)**，**日历(C)**...，
- 与编辑浏览器书签相同，双击日历说明进行编辑。

5.6.4 删除日历

删除日历：

- 选择**企业(N)**，**日历(C)**...，
- 选择日历并点击 [删除] 图标。

5.7 *编辑日历工作日*

在编辑一个日历前，特别是如果是一个全局日历，点击 ▢ 使用者… 图标打开日**历使用于**小窗口以选择其他使用这个日历的项目和资源。

编辑一个日历：

- 选择**企业(N)**，**日历(C)**...，

- 选择**全局**，**项目**，或**资源**按钮，

- 点击 ▢ 修改… 打开**日历**小窗口和修改已有日历：

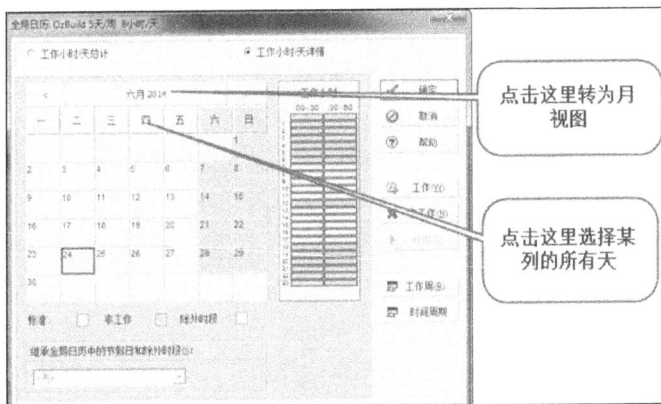

- 点击月份标题改变日历视图为月视图，这使查看日历和在其他日历视图上编辑更加快捷：

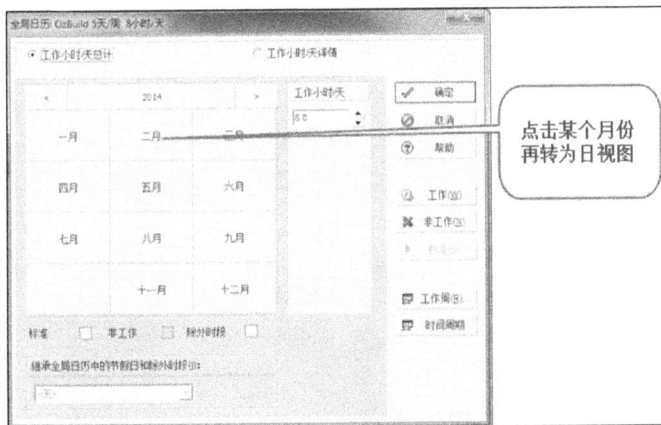

- 如需转变**非工作日**为**工作日**，点选你需要编辑的日子：

  ➤ 点击某一天，或

  ➤ Ctrl-点击选取多天，或

  ➤ 在某年某月框下面点击每周日子框，选取一列或多列日子，Ctrl-点击可选多列。

  ➤ 接着点击 ▢ 工作(W) 图标转变这些日子为工作日并**检查小时**。

⚠️ 当转变**非工作日**为**工作日**时，注意检查工作时间与日历其他的设置，因为默认的 08:00 到 16:00 并不适用于所有日历。

- 转变**工作日**为**非工作日**，如上段所述点选你需要编辑的日子，点击 ✖ 非工作(N) 图标进行转变

- 转变某天为默认设置，选择这一天并点击 ▷ 标准(S) 图标。

5.8 继承全局日历中的节假日和除外时段

当创建一个新的项目或资源日历时，可从下拉列表中选择一个全局日历，此功能将关联所选全局日历的节假日至显示的日历。

全局与新项目或资源日历会一直相关联（与 SureTrack 和 P3 的全局日历一样），对全局日历节假日做出的更改也会在继承全局日历的节假日上反映出来。

ⓘ 建议不要使用这个选项以保持每个日历的独立性，不与其他日历相关，这样即使其他日历的节假日更改了也不会影响当前日历。

5.9 调整日历工作时间

强烈建议工作时间全部相同且有同样的开始和完成时间，否则一天的作业也许会持续两天，两天的变为三天，等等。

一周标准时间被称为**日历周工作时间**，个别天的工作时间可单独编辑。

5.9.1 编辑日历周工作时间

两种编辑日历每个工作日工作时间的方法：

- 在**日历**小窗口：
  - ➢ 选择 **工作小时/天总计**
  - ➢ 点击 🖥 工作周(R)... 打开**日历周工作时间**小窗口。
  - ➢ 见下面的警告信息
- 或在**日历**小窗口：
  - ➢ 选择**工作小时/天详情**，
  - ➢ 点击 🖥 工作周(R)... 打开第二个**日历周工作时间**小窗口。
  - ➢ 用 Ctrl-左键点选每周的多天可同时编辑工作时间。

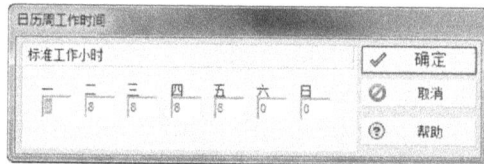

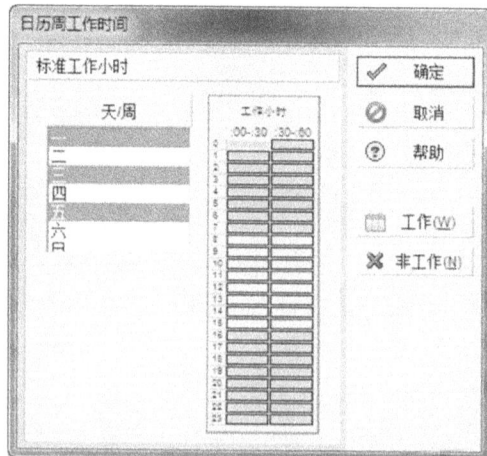

- 在表中调整所选大的时间，点击 ✓ 确定 完成更改。

⚠️ 不建议使用**工作小时/天总计**，因为这样你不知道软件为你选择的开始和完成时间是什么。

5.9.2 编辑所选天的工作时间

使用**工作小时/天总计**来编辑个别天的工作时间：

- Shift 或 Ctrl+左键选取你希望编辑的某天，或选择一列或多列，

- 在**工作小时/天**标题下调整工作时间。

- 调整的日子将会沿用**除外**时段的颜色

- 非工作日可通过选择某天并点击 _⟳ 工作(W)_ 来转为工作日。

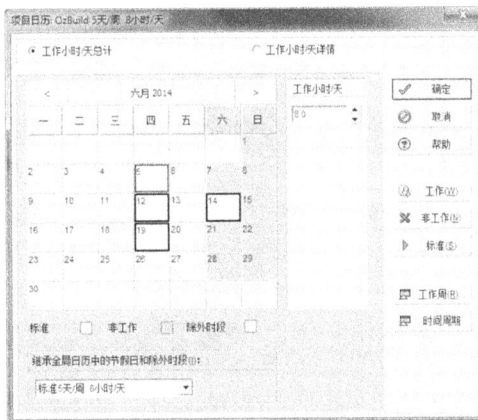

> ⚠ 当转变**非工作日**为**工作日**时，注意确保工作时间与其他日历的相同，因为 P6 使用默认时间（08:00 到 16:00）可能会与你正编辑的日历不同。

5.9.3 编辑工作小时/天详情

编辑个别天的**工作小时/天详情**：

- Shift 或 Ctrl+左键选取你希望编辑的某天，或选择一列或多列，

- 点击**工作小时/天详情**按钮，

- 在**工作小时**下方的表中双击调整时间到最近的半小时从而把它们从工作时间改为非工作时间。

- 调整的日子将会沿用**除外**时段的颜色。

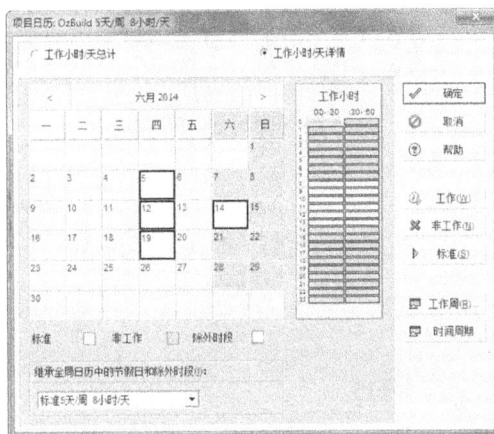

> ⚠ 当改变或编辑任何日历时，所有分配此日历的作业的完成日期都会基于新的日历重新计算，这可能会让你的项目进度日期有很大的不同。

当日历有不同的开始和完成时间时，某些作业将会比作业本身的工期多出一天，比如说，作业的最后一小时将会滚动至下一天。

不建议使用**工作小时/天总计**因为无法控制每天的开始和完成时间，根据作者经验软件将会分配一些无法预料的开始时间，例如半个小时。用户应使用**工作小时/天详情**。

当使用 _⟳ 工作(W)_ 功能时，每天的小时数将会设置为数据库日历的每天小时数且此功能不会使用正在编辑的日历工作周小窗口设置的小时数。因此使用这个功从非工作日转变的工作日可能会有跟其他工作日不同的工作时间。

5.10 以天，周或月计算作业工期

P6 用小时记录工期，作业工期以天、周或月的显示为以下两种数学计算方法中的一种：

- 每个日历为独立-**推荐方法**,或
- 所有日历为全局-**不推荐**（P6 6.2 和早期版本的唯一算法）。

在 P6 专业版中，管理员可通过选择**管理员(A)，管理设置(P)...，时间周期(I)**标签页，勾除**使用已分配日历指定每一时间周期的工作小时数**设置对所有日历以天、周和月表示工期的全局计算选项：

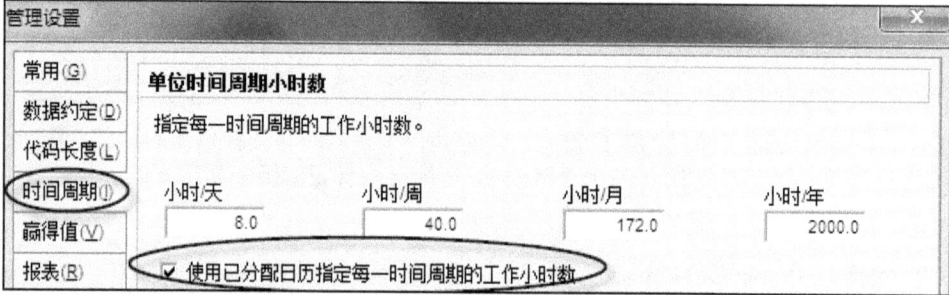

不选择**使用已分配日历指定每一时间周期的工作小时数**选项会使个人日历设置不可用，因而在日历的**单位时间周期小时数**不符合**管理员(A)，管理设置(P)...，时间周期(I)**标签页的设置时会使以天、周，月和年计的工期不能正确计算。建议选择此项。

在 P6 可选客户端中，所有日历工期的天数、小时数及月数的全局计算选项可通过管理员在 Web 界面进行设置，选择**管理员，应用程序设置，时间周期**并不选**使用已分配日历指定每一时间周期的工作小时数**选项：

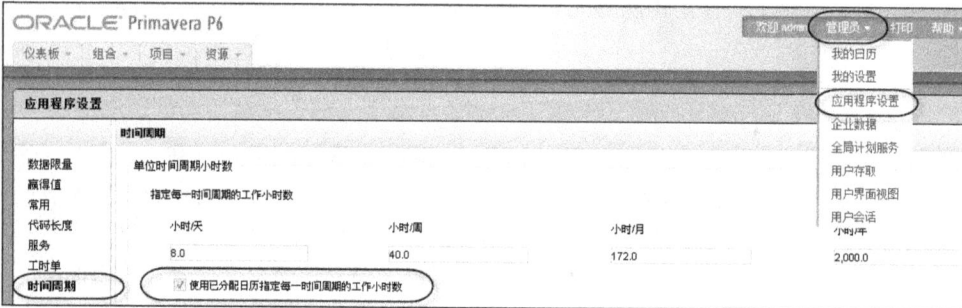

每个日历为独立-推荐方法

这种情况下，选择**使用已分配日历指定每一时间周期的工作小时数**，每个日历在创建和编辑时都有可在**单位时间周期小时数**修改自身的参数设置。如需设置参数：

- 选择**企业(N)**，**日历(C)...**，
- 选择需要编辑的日历
- 点击 ▢ 修改... 图标打开**日历**小窗口
- 点击 ▢ 时间周期 图标打开**单位时间周期小时数**小窗口：

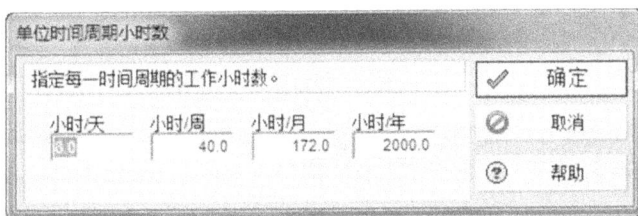

> **单位时间周期小时数**
>
> 指定每一时间周期的工作小时数。
>
> | 小时/天 | 小时/周 | 小时/月 | 小时/年 |
> |---|---|---|---|
> | 3.0 | 40.0 | 172.0 | 2000.0 |
>
> ✓ 确定
> ⊘ 取消
> ? 帮助

- 在这个小窗口可以定义每个日历每天的小时数，只要日历中每个工作日的工作小时数一致，即可正确计算和显示以日计的作业工期。

> *i* 这不是一个自动计算系统，因此你必须基于你日历的定义方式手动计算每一项。

> ⚠ 建议日历中的每个工作日都有相同相同的每天小时数以保证**小时/天**参数可正确计算。
>
> 因此当一个项目每天的小时数不同时，建议使用每天的平均小时并同时在**日历周工作时间小**窗口为每个工作日设置**工作小时/天**，和在**单位时间周期小时数**窗口设置**小时/天**为每天的平均小时。
>
> 假如说，你有一个项目，周一到周四每天工作 10 个小时，周五 8 个小时，周六 6 个小时，那么每个工作日都应该设置为 9 个小时每天。

所有日历为全局-不推荐

使用这选项时，所有日历都使用数据管理员在**单位时间周日小时数**小窗口设置的相同参数，从而计算数据库中的所有日历为同样数值。

除非在个别情况下，一个数据库中的所有日历有完全一样的每天小时数，每周天数和每年周数，否则不推荐使用。

> ⚠ 当所有的日历没有完全相同的每天小时数，每周天数等等参数时，没有遵从**管理设置**，**时间周期的**设定的日历将不能正确计算工期日，工期周或工期月。强烈建议**一直勾选**此选项。

5.11 计算项目，WBS 和其他汇总工期的日历

自 Primavera 版本 7 开始，**项目窗口**和**作业窗口**的项目汇总工期都在**数据库默认日历**的基础上从第一个作业开始到最后一个作业完成计算。

通过用户定义字段或作业分类码创建的 WBS 分组带和其他分组带的汇总工期的计算为：

- 当一个分组带下的所有作业共享同样的日历时，汇总工期从分组带的作业的日历计算得出且日历名称会显示在日历栏位，

- 当作业的日历不同时，汇总工期从项目默认日历计算且日历项为空白。

下图的项目默认日历设定为 8 小时/天 & 5 天/周并显示出日历不同时，项目默认日历被用于计算 WBS 节点、项目等的汇总工期：

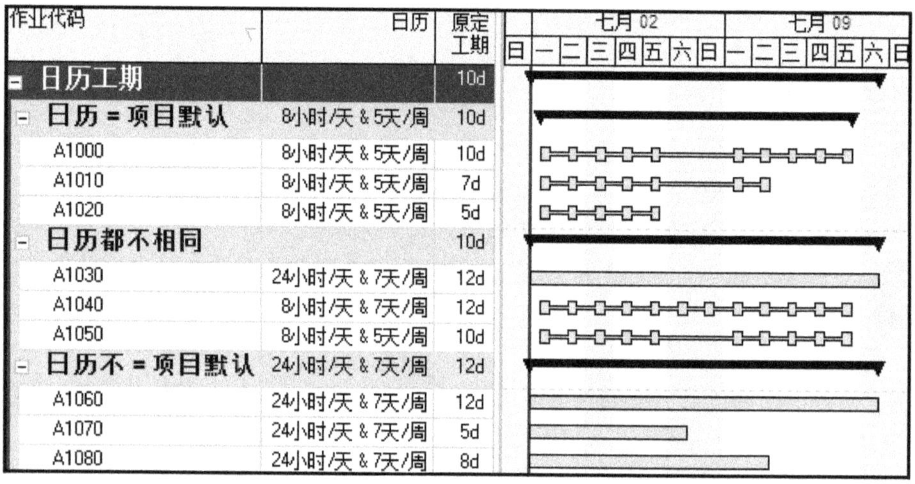

作业代码	日历	原定工期	七月 02	七月 09
■ 日历工期		10d		
- 日历 = 项目默认	8小时/天 & 5天/周	10d		
A1000	8小时/天 & 5天/周	10d		
A1010	8小时/天 & 5天/周	7d		
A1020	8小时/天 & 5天/周	5d		
- 日历都不相同		10d		
A1030	24小时/天 & 7天/周	12d		
A1040	8小时/天 & 7天/周	12d		
A1050	8小时/天 & 5天/周	10d		
- 日历不 = 项目默认	24小时/天 & 7天/周	12d		
A1060	24小时/天 & 7天/周	12d		
A1070	24小时/天 & 7天/周	5d		
A1080	24小时/天 & 7天/周	8d		

5.12 混合日历进度小贴士

当一个项目有混合日历时，比如每天 8 小时和 10 小时，那么紧前作业为每天 8 小时日历而后续作业为每天 10 小时日历时，后续作业可能在紧前作业的同一天有 1 小时的工作然后跨越两天，这种情况会导致浮时计算的问题并对进度人员造成困惑。

Primavera 并不像例如 Asta Powerproject 等其他软件有一个"在新的一天开始"的功能，而本身又造成了一系列的计算问题。新的运算方式以保证一天作业的跨度为一天，两天作业的跨度为两天，等等应予以考虑：

- 逻辑关系应用适当的延时，或

- 当计算进度，而开始和完成时间并非那么重要时，分配所有日历同样的开始和完成时间但是调整午休长短，这样每天都有期望的小时数。比如说，一个每天 10 小时的日历可以在 07:00 开始到 17:00 结束并没有午休，而一个 8 小时日历则开始 07:00 开始到 17:00 结束并分配 2 小时的午休。

下图显示了一个项目中的 8 小时每天和 12 小时每天的日历的设置方法以保证所有作业在同一天开始和完成。

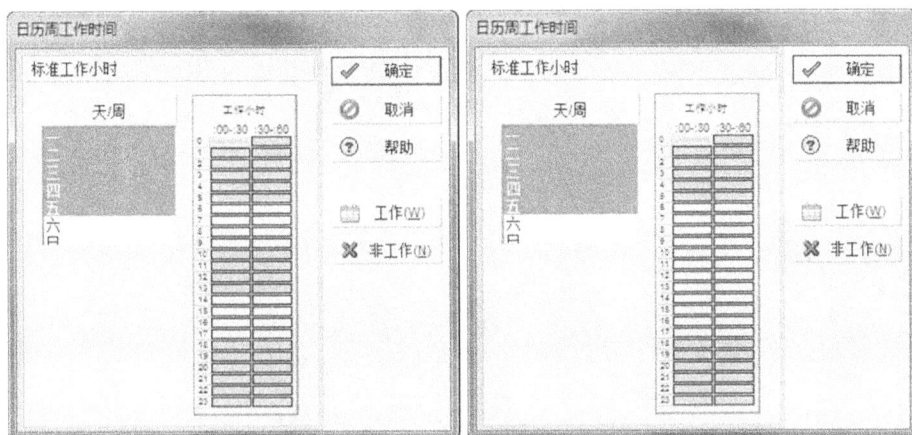

5.13 自测题 3 维持日历

背景

OzBuild 公司的正常工作时间为每周一到周五，每天 8 小时不包括公共节假日，安装员工周一到周六都工作，每天 8 小时。公司采用以下节假日：

	2015	2016	2017	2018
新年	01 一月	01 一月	02 一月*	01 一月
复活节	03 – 06 四月	25 – 28 三月	14 –17 四月	30 三月 – 2 四月
圣诞节	25 十二月	27 十二月*	25 十二月	25 十二月
节礼日	28 十二月*	26 十二月	26 十二月	26 十二月

* 这些节假日的时间为周末所以被挪至下一个工作日：

注释： 节礼日为很多国家庆祝的节日，在圣诞节的第二天。

任务

尽管我们可以使用标准日历，但这个项目我们将重新创建两个新日历。

1. 确保你的 OzBuild 投标项目打开，

2. 选择**企业(N)**，**日历(C)**...打开**日历**小窗口，

3. 点击**项目**按钮，

4. 点击 ⊕ 增加 图标并复制一个合适的日历以创建一个名为"OzBuild 5 天/周"的新项目日历。

5. 点击 🖳 修改... 图标打开**日历**小窗口，

6. 选择**工作小时/天详情**按钮。

7. 点击 🖳 工作周(R)... 图标打开**日历周工作时间**小窗口，

8. 设置工作小时为周一到周五 08:00 至 16:00，没有午休，关闭窗口

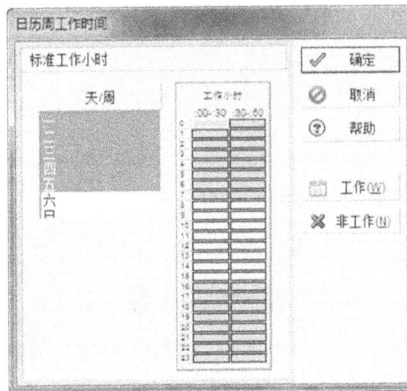

见下页...

9. 在**继承全局日历中的节假日和除外时段(l)**选择**<无>**。

10. 点击 时间周期 图标确保单位时间周期小时数与下图一致，如果不一致进行编辑并关闭窗口：

11. 仅在 2015 和 2016 年加入以上节假日。

12. 确保复制的日历没有已存在的需要变为工作日的节假日。

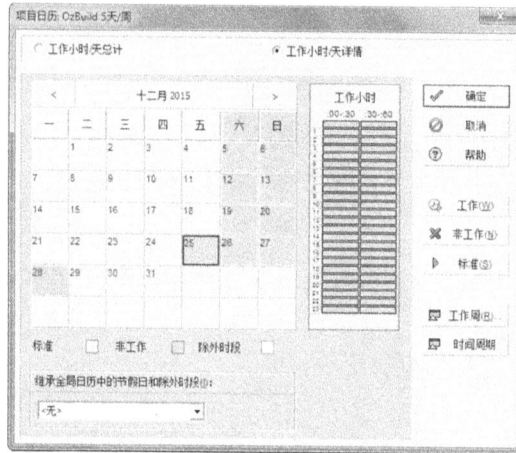

13. 再复制同一个全局日历以创建一个名为 "OzBuild 6 天/周" 的每周 6 天的新日历。

14. 设置工作时间为周一到周六的 8:00 至 16:00 并关闭窗口。

15. 在**继承全局日历中的节假日和除外时段(l)**选择**<无>**。

16. 点击 时间周期 图标确保单位时间周期小时数与下图一致，如果不一致进行编辑并关闭窗口：

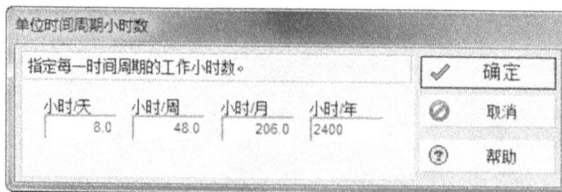

17. 仅在 2015 和 2016 年加入以上节假日

18. 确保复制的日历没有已存在的需要变为工作日的节假日。

19. 确保 2015 年 12 月 26 号星期六和 28 号星期一都为非工作日。

20. 如果你需要调整每周起始日为周一可选择**管理员(A)**，**管理设置(P)...**，**常用(G)**标签页在这里进行更改。

6 创建 PRIMAVERA 项目 WBS

这一章概述了如何创建一个工作分解结构（WBS）以分配作业至 WBS 节点从而创建一个进度。

如许多项目管理文章所述，**项目 WBS** 功能设计为记录一个在传统基础上发展出的层级式 WBS：

- 包括项目所有的可交付成果，

- 设置在合适的级别以汇总项目作业和报告项目进展。

项目 WBS 功能与 P3 和 SureTrak 的 WBS 功能，Microsoft Project 的自定义大纲代码功能（Custom Outline Codes）一样，都是用来在一个分层结构中分组和汇总作业，它也与所有 Microsoft Project 版本的概括（Outlining）类似。不同的是，在 Primavera 中，作业被分配至一个分层的 WBS 节点，而不像 Microsoft Project 的概括（Outlining）类似一样降级至一个母作业之下。WBS 结构应该组织和汇总你的项目作业，包括项目计划，进度规划和更新时的费用和资源。

项目应根据项目的属性例如阶段或时段、系统和子系统、过程、学科或职业和工作区域或位置，使用项目分解结构细化成可管理部分。这些标题通常为项目分解结构的基本，用于创建 Primavera WBS 结构，WBS 应为你的项目的主要视图。

定义项目分解结构是项目经理的一项重要工作。

Primavera 还有与 Primavera P3 和 SureTrak 的**作业分类码**功能，Asta Powerproject 的分类码以及 Microsoft Project 中的自定义大纲代码类似的一个**作业分类码**功能，此功能可使作业分组至非"WBS 结构"之下。与 Primavera P3 和 SureTrak 不同的是，**作业分类码**并不是 Primavera 主要的组织作业的方式。这些会在后面的**作业分类码和分组作业**章节中讲到。

主题	菜单命令
• 创建和删除一个 WBS 节点	菜单命令**增加，删除，复制，剪切**和**粘贴**可创建，删除，移动和复制 WBS 节点。
• 类别	在 P6 专业版中，WBS 类别通过**管理员(A)，管理类别(C)...，WBS 类别**标签创建，并可在 **WBS 窗口**插入至 **WBS 类别**栏位分配至 WBS 节点。

Primavera 使用的 **WBS 节点**通常也被称作 **WBS 分类码**，为作业分配至的 WBS 结构中的一点。Primavera 的 WBS 节点可比 P3、SureTrak、或 Microsoft Project 记录更多信息，包括以下数据：

- **预期日期**，当 WBS 节点下没有作业时可用于在 **WBS 窗口**内创建一个栏，但不会在**项目窗口**进行汇总。

- **记事本**，在**记事本主题**下记录，

- **预算**，**支出计划**和**预算变更记录**，

- **WBS 里程碑**，可用作在 WBS 节点分配进程，

- **工作产品及文档**提供文件的连接，

- 每个 WBS 节点计算**赢得值(挣值)**方法。

一个 WBS 节点的开始和完成日期从 WBS 节点下详细作业的最早开始日期和最晚完成日期而来，当没有作业分配至 WBS 节点时使用 **WBS 预期日期**创建栏。

WBS 节点通过开始和完成日期，数据库**默认日历**和**用户选项**计算。

> ℹ️ WBS 节点可以没有直接分配的费用或资源，所有的费用和数量从与 WBS 节点相关的作业计算。

6.1 打开并浏览 WBS 窗口

如需显示，编辑或创建一个 **WBS** 结构：

- 项目必须已打开，

- 选择**项目(P)，WBS(W)，**或在**项目**工具栏点击 🔳**WBS 图标**显示 **WBS 窗口。**

- 下图为 City Center Office Building Addition 项目（可在演示数据中的找到），屏幕左边为 WBS 节点，右边为 WBS 栏。

- **顶端视图**工具栏的 🔲🔲🔲图标使 WBS 有不同的显示方式，点击每个图标发现其作用。

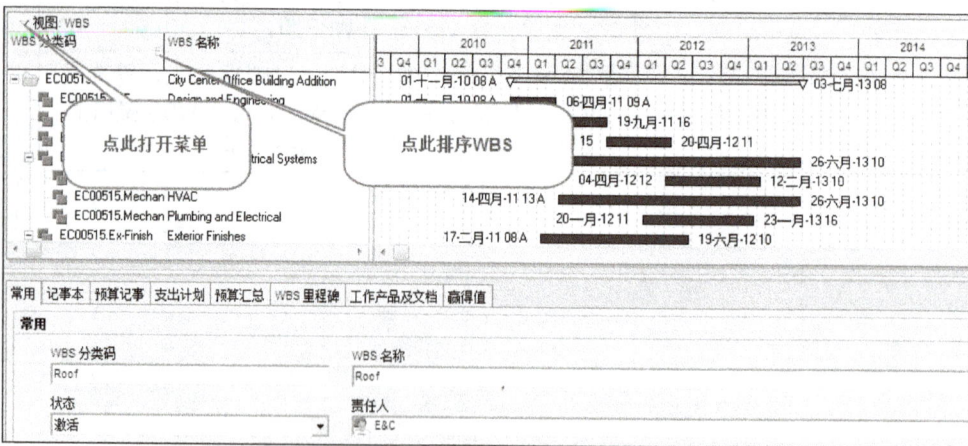

6.2 *创建和删除 WBS 节点*

如需创建一个新的 WBS 节点：

* 选择一个 WBS 节点或名称然后右键点击显示菜单，或

* 选择**编辑(E)**菜单命令，

* 使用**编辑**工具栏的图标

* 使用**移动**工具栏的 图标放置 WBS 节点至正确的层次或重新排列。

菜单命令**增加，删除，复制，剪切**和**粘贴**可创建，删除，移动和复制 WBS 节点。

* **增加**将在点选级别之下增加一个新的 WBS 节点

* **删除**会删除 WBS 节点。当 WBS 节点分配作业时，你可在**合并或删除 WBS 元素**小窗口进行选择，是否删除作业或选择**合并元素**选项以重新分配作业。

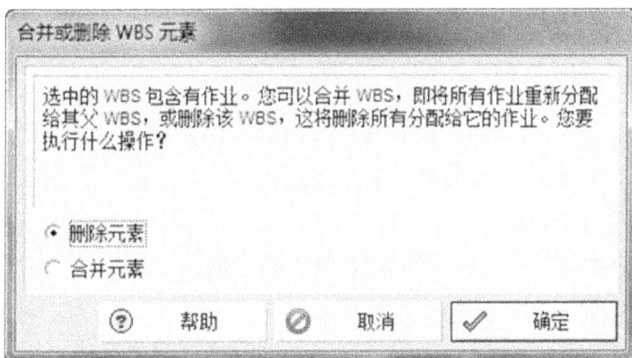

* **复制**可复制一个 WBS 节点以及相关作业。

* **剪切**准备引动一个 WBS 节点和相关作业到其他位置。

* **粘贴**可粘贴一个**剪切**或**复制**的 WBS 节点。选择**粘贴**之后，**复制 WBS 选项**小窗口，**复制作业选项**小窗口，和**重新编号作业代码**小窗口将出现，你可在此选择与 WBS 节点一期粘贴的数据。你也可在此重新编号作业。

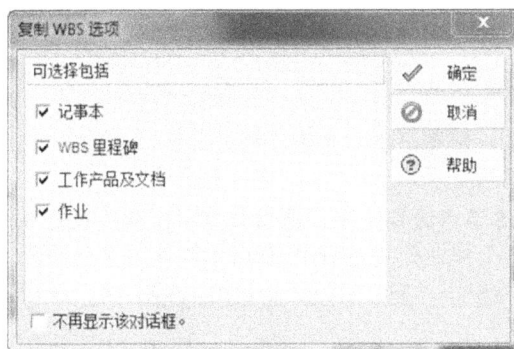

高级别资源规划分配选项在 Primavera 6.0 网络版出现，现称为 Primavera P6 企业项目组合管理（早期版本叫做 myPrimavera），也为网络版。

6.3 节点分隔符

管理员(**A**)， 管理设置(**P**)...， 常用(**G**)标签页下可分配默认 WBS 节点分隔符。

项目窗口，项目详情小窗口，**设置**标签页下可定义每个项目的 WBS 节点分隔符，并可替代**管理设置**，**常用**标签下的默认设置。

设置		
汇总数据	**项目设置**	
上次汇总时间	WBS 分隔符	.

6.4 工作分解结构底部窗格详情

下端视图的标签页可隐藏或显示。

| 常用 | 记事本 | 预算记事 | 支出计划 | 预算汇总 | WBS 里程碑 | 工作产品及文档 | 赢得值 |

常用		预期日期
WBS 分类码	WBS 名称	预期开始
D&E	Design and Engineering	
状态	责任人	预期完成
激活	E&C	

- **常用**-这里你可分配：

  - **WBS 分类码**，每个项目的 **WBS 分类码**必须独一无二。

  - **WBS 名称**，此为 WBS 节点的描述

  - **责任人**，这个有趣的功能可使其查看在 WBS 节点级别控制的数据。只有当用户有权改变一个 WBS 节点的数据时才可以查看整个项目，但是可能只对一个节点的数据进行更改。

  - **预期日期**，即为项目预期日期，会在 WBS 节点没有作业时显示一条栏，但是不会在**项目窗**口汇总。

  - **状态**-WBS 状态有四种：**计划**，**激活**，**未激活**和**模拟分析**。WBS 节点的状态控制着 Primavera 工时单用户是否可以查看和存取节点和分配至节点的作业。

- **记事本**与作业记事本相同，用来记录关于 WBS 节点的信息。

- 一起使用**预算汇总**，**预算记事**和**支出计划**为分配预算的严密管理方法，独立于分配至作业级别的费用。

- **WBS 里程碑**在 **WBS 节点**级别建立，提供节点中作业的**执行完成百分比**的汇总方法。至少需要有一个作业分配至 **WBS 节点**才能使用这个功能。

- **赢得值**是设置计算尚需完成值（Estimate to Complete-ETC）和其他赢得值参数方法的地方。

- **工作产品及文档**可分配文档至 WBS 节点，与作业**工作产品及文档**标签页的运行方式相同。

- 使用 **Primavera 网络版**（早期版本称为 myPrimavera），网络界面显示分配至 WBS 节点的**计划资源**。

6.5 WBS 类别

WBS 节点可分配类别，使 WBS 节点可在 EPS 内有不同的分组和排序。WBS 类别与 WBS 节点的关系就像作业分类码和作业的关系。在 P6 早期版本这被称为**项目阶段**。

- 创建 WBS 类别：

  ➢ 专业版在**管理员(A)，管理类别(C)...，WBS 类别**标签页下，

  ➢ 可选客户端**管理员，企业数据，项目目标计划类型**。

- 插入 **WBS 类别**栏位至 **WBS 窗**口可从 WBS 节点分配或移除 WBS 类别。

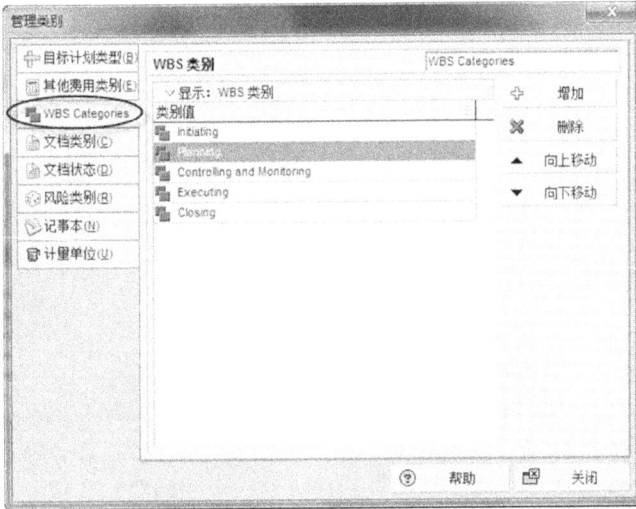

WBS 类别的一种用法是为 WBS 节点添加阶段标记如设计、采购和安装；这样作业就可以先以 WBS 类别，再以 WBS 或其他作业分类码进行分组。

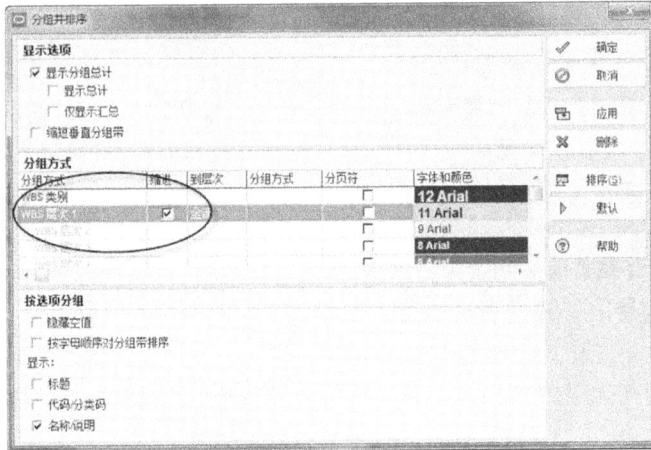

这个主题在**分组、排序**及**视图**章节有详细介绍。

> ℹ **WBS 类别**也可在**跟踪窗**口使用。

6.6　在作业窗口显示 WBS

WBS 在转回**作业窗口**时可通过选择合适的视图或 WBS 分组浏览显示。

如果 WBS 没有显示，选择**显示(V)，分组和排序条件(G)**，点击 ▷ 默认 图标，如下图所示在**分组方式**选择 **WBS**：

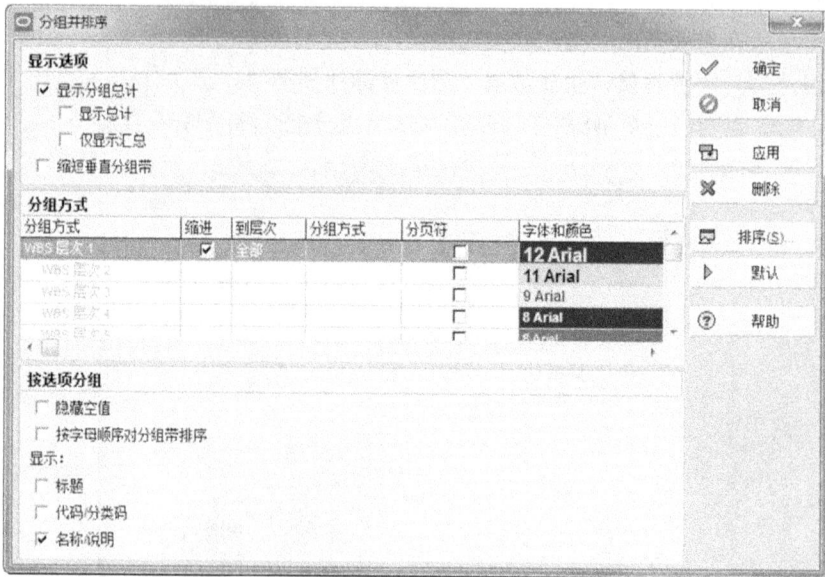

作者使用 P6 第 8 版书写本书时，发现关闭分组并排序窗口后 WBS 分组带不能正确显示，用户应按 F5 键刷新屏幕以使分组带可正确显示。

6.7　为什么 Primavera WBS 这么重要

从 P3 和 SureTrak 转换过来的用户会习惯使用作业分类码和作业代码分类码，Primavera 并没有作业代码分类码。

你可能想忽略掉 WBS 而只用作业分类码，这一段会向你解释 WBS 功能的主要作用：

- **用户权限**在这一级分配，可能有两个进度人员可以打开同一个项目而只有那个有权限的人可以改变其分配的 WBS 节点的作业。
- 这一级会计算**赢得值**和测量**项目绩效**。
- 在 WBS 级别使用 **WBS 里程碑**测量进展。
- WBS 作业与汇总作业一样都十分有用。
- 当没有作业增加至 WBS 节点值时，可为 WBS 级别选择**预期日期**以显示其相应的栏。
- **跟踪窗口**可运行至 WBS 节点级别。
- 很多标准的**报告**可在 WBS 节点级别运行。

6.8 自测题4-创建工作分解结构

背景

范围审查确定了三个可交付成果：

- 技术规格
- 交付计划
- 投标文件

任务

1. 打开你的 OzBuild 项目，点击 图标打开 **WBS 窗口**。

2. 点击 WBS 区域标题直到排序指示显示为三条水平栏，如下图所示。WBS 现在可分层显示：

WBS 分类码	WBS 名称	
- OZB	设施扩建投标	三条水平栏

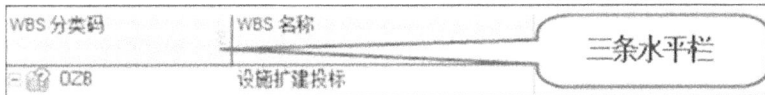

3. 选择项目 WBS 节点，按 **Ins** 键或右键点击选择**增加来**添加 WBS 节点。继续添加上面三个阶段的 WBS 节点。

4. 如果 WBS 节点没有缩进，如第 2 段所述点击 **WBS 分类码**标题使其缩进。

5. 使用**移动**工具栏的箭头将其放置在正确的位置并缩进。

6. 你得到的结果如下图所示：

WBS 分类码	WBS 名称
- OZB	设施扩建投标
OZB.1	技术规格
OZB.2	交付计划
OZB.3	投标文件

7. 点击**项目**工具栏的 图标或点**作业**标签页转至**作业窗口**。你的屏幕应看起来像这样。

作业					
作业 WBS 项目					
▽ 视图 Classis WBS Layout		过滤：所有作业			
作业代码	作业名称	原定 工期	尚需 工期	四月 25	五月 02
				六 日	一 二 三
- 设施扩建投标		0d	0d		
	技术规格	0d	0d		
	交付计划	0d	0d		
	投标文件	0d	0d		

注释：如 WBS 不能正确显示，用户可点 F5 键刷新数据。

见下页...

8. 如果你的屏幕看起来不同，选择**显示(V)**，**视图(O)**，**打开视图...**，选择 **Classic WBS Layout** 点击 [🖫 打开] 图标。

9. 根据软件加载的视图，你的数据也许会显示不同的栏位，颜色和栏格式，这在**分组、排序及视图**一章涉及。如果你的当前无法审查数据，试着使用命令选择**显示(V)**，**视图(O)**，**打开视图...**从列表中选择另一个视图比如 Classic 或 Default WBS 视图。

10. 如果还不能正确显示，选择**显示(V)**，**分组和排序条件(G)**，点击 [▷ 默认] 图标，在**分组方式**如下图选择 **WBS**。

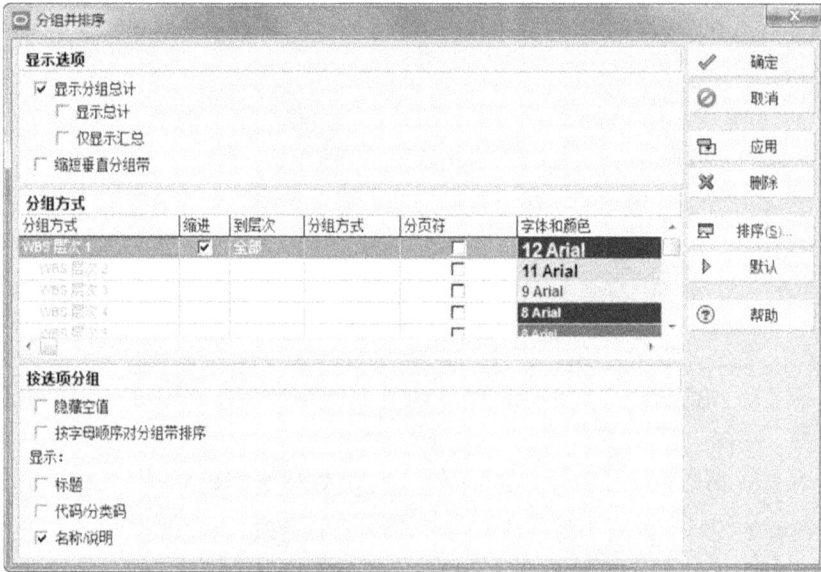

7 在 WBS 下增加和组织作业

作业应当是定义明确的，有一个可衡量结果的多个可衡量工作的集合。只有名词的作业说明例如"投标文件"可能会产生歧义，这是说查看，写出，审查，递交还是这些都有呢？合适的作业说明通常都为动宾结构。一个更好的说法为"写出投标文件"或"审查并提交投标文件"。作业名称的上限为 120 个字符，但尽量保证作业说明既短小准确又有实际意义以使打印方便。

作业通常在一个 WBS 节点下创建，但也可能在归在其他分类码结构下例如作业分类码或用户定义字段。

这一章会包括以下主题：

主题	菜单命令
• 为新作业设置**自动编码默认值**和其他默认值	在**项目窗口**的底部窗格选择**默认**标签页、
• 增加新作业	在进度中选择一栏，敲入 **Ins(Insert 键)**或右键点击选择**增加(A)**菜单项。
• **作业详情**小窗口	可通过选择**显示(V)**，**显示于底部(H)**，详情显示。
• 在 **Primavera** 中复制作业	选择作业，复制和粘贴至所需位置。
• **完成百分比类型**	在**作业详情**小窗口内的**常用**标签页下使用**完成百分比类型**下拉菜单。
• **里程碑**	在**作业详情**小窗口内的**常用**标签页下使用**作业类型**下拉菜单。
• 分配作业的 **WBS 节点**	• 在已有的 WBS 分组带中创建一个作业
	• 拖拽一个或多个作业至所需的分组带中
	• 显示 WBS 栏位并点击 WBS 格以显示**选择 WBS**小窗口，或
	• 在下方窗口打开**常用**标签页

7.1 新作业默认值

在创建新项目之后，未增加作业之前，设定例如作业代码和日历的默认值是很重要的。正确的在增加作业前设置他们可使你节省大量的时间，因为之后你不需要改变所有作业的大量属性。这些默认可在**项目详情**小窗口的**默认**标签页设定：

默认			
新作业默认值			
工期类型	固定工期和资源用量 ▼	费用科目	
完成百分比类型	工期 ▼	日历	OzBuild 5天/周
作业类型	任务作业 ▼		
自动编码默认值			
作业代码前缀	作业代码后缀	增量	
OZ	1000	10	

7.1.1 工期类型

如果不分配一个或多个资源至一项作业的话，无论选择何种**工期类型**都不会影响进度的计算，有以下选项可供选择：

- **固定资源用量**
- **固定工期和单位时间用量**
- **固定单位时间用量**
- **固定工期和资源用量**

如果你不打算为作业增加资源，那么你不需要分配**工期类型**，你可以使用默认设置。

这个主题会在**分配角色、资源和费用**章节详细介绍。

7.1.2 完成百分比类型

如果打算使用**完成百分比类型**更新（状态或进展）进度的话，就需要对其有一定的了解。在 Primavera 中可为每个作业单独设置这个选项，新作业的默认选项可在**完成百分比类型**下拉菜单进行选择。Primavera 有很多可在栏位显示的作业完成百分比种类，我们现在重点讨论其中四个：

作业完成百分比，可相关至以下三种的仅一种完成百分比并总与甘特图栏显示的完成百分比相关：

- **实际完成百分比**，独立于作业资源和工期，
- **工期完成百分比**，与作业工期相关，
- **数量完成百分比**，与资源数量相关。

三种完成百分比选项，每个新作业都可分配项目默认**完成百分比类型**，并可随需要在之后为每个作业进行编辑。

因此，比方说，当为一个作业选择**实际完成百分比**时，**作业完成百分比**和**实际完成百分比**相关，对任意一个所做的改动都会改变另外一个并且会在甘特图上显示其值。

默认完成百分比类型

每个项目新作业的**默认完成百分比类型**可在**项目窗口**，**详情**小窗口的**默认**标签页分配：

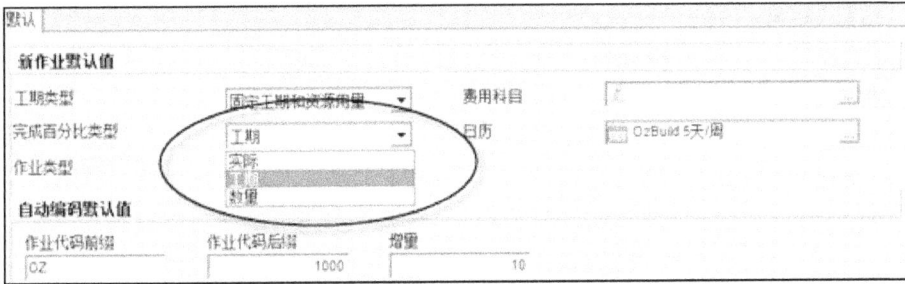

- 新作业完成百分比类型在创建时设置为默认值，且可随时更改。

完成百分比类型

- **实际完成百分比**-用户可以输入一个作业的完成百分比，这个数值独立于作业工期。这与 P3 和 SureTrak 在**不选择相关剩余工期和完成百分比**选项时计算完成百分比类似。

- **工期完成百分比**-计算**原定工期**和**尚需工期**（Primavera 翻译为**尚需费用工期**，这可能是一个翻译错误，也许会在更新包中进行修复）的比例且相关，改变一项将会改变另一项。当**尚需工期**设定为大于**原定工期**时，完成百分比总会为零。这与 P3 和 SureTrak 在选择**相关剩余工期和完成百分比**选项时计算完成百分比类似。

- **数量完成百分比**-这里完成百分比从资源实际和尚需数量计算得出，改变一项将会改变另一项，当多于一个资源被分配时，所有资源的所有实际数量将会成比例改变，**更新资源**章节将会详细讲述。这与 Microsoft Project 的工作完成百分比类似。

作业完成百分比

作业完成百分比项与在**作业窗口**，**详情**小窗口的**常用**标签页分配给一个作业的**完成百分比类型**项或**完成百分比类型**栏位相关：

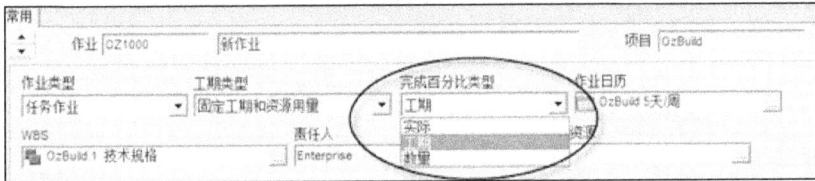

作业完成百分比也与**完成百分比**栏相关，这个值在**完成百分比**栏可看得出来。

完成百分比类型	原定工期	尚需工期	作业完成百分比	工期完成百分比	实际完成百分比	数量完成百分比	实际工时数	完成时工时数	九月 01	九月 08
工期	10d	6d	40%	40%	0%	0%	0h	0h		
实际	10d	6d	12%	40%	12%	0%	0h	0h		
数量	10d	6d	60%	40%	0%	60%	12h	20h		

7.1.3 作业类型和里程碑

作业可使用项目默认标签页的作业类型下拉菜单进行以下几种设置：

- **完成里程碑**
- **配合作业（Level of Effort）**
- **独立式作业**
- **开始里程碑**
- **任务作业**
- **WBS 作业**

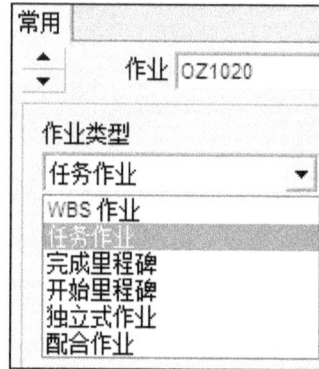

作业类型	说明
• **任务作业**	这种作业类型有一个工期，即使有超过一个资源分配至同一个作业也只会利用所分配日历计算工期。
• **独立式作业**	这种作业类型有一个工期，当没有资源分配至作业时仅会使用分配至该作业的日历计算工期。 这种作业承认已分配资源的资源日历。 这与 P3 和 SureTrak 的独立式作业类型类似。 承认作业类型计算最早开始日期。
• **配合作业**	这与 P3 和 SureTrak 的 Hammock 作业类似。它从一个或多个紧前作业的开始或完成，跨越至其靠逻辑关系相连的一个或多个后续作业的开始或完成。
• **开始里程碑**	开始里程碑只有开始日期没有完成日期，在一段时间的起点计划进度且不必分配资源。
• **完成里程碑**	完成里程碑有一个完成日期而没有开始日期，在一段时间的终点计划进度且不必分配资源。 当所有作业在同一个日历时，把里程碑从开始改为完成不会影响进度，但是会使里程碑从一天的开始挪至前一天的结束。
• **WBS 作业**	这种作业类型与 P3 和 SureTrak 计算的方法一样，跨越了所有有着同样 WBS 分类码的作业，但是没有配合作业中使用的关系。

里程碑为零工期，用做标记一个重大事件的开始或完成。Primavera 中**开始**和**完成里程碑**的区别与 P3 和 SureTrak 一样，即开始里程碑有开始日期无完成日期，完成里程碑有完成日期无开始日期。这与 Microsoft Project 仅有一种里程碑不同，Microsoft Project 的后来版本允许里程碑有工期。

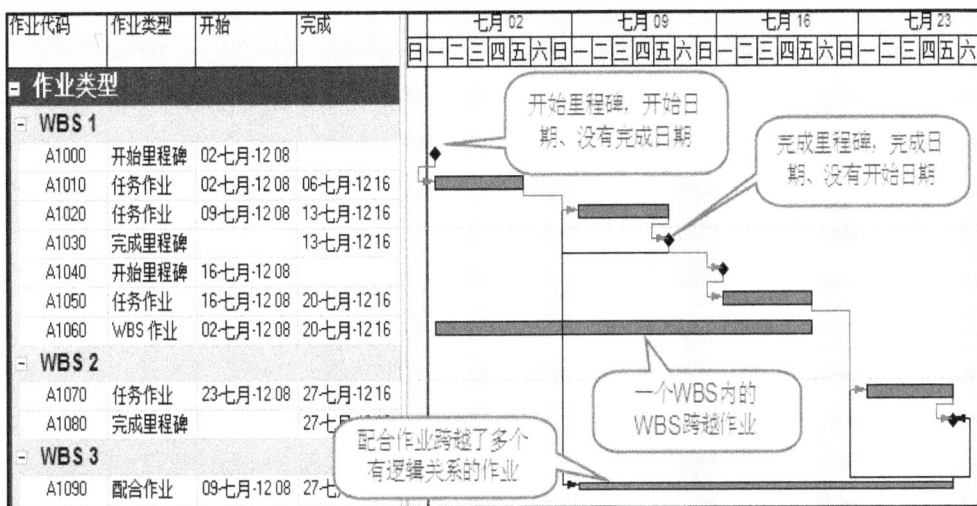

作业代码	作业类型	开始	完成	七月 02 ... 七月 23
■ 作业类型				
- WBS 1				
A1000	开始里程碑	02-七月-12 08		
A1010	任务作业	02-七月-12 08	06-七月-12 16	
A1020	任务作业	09-七月-12 08	13-七月-12 16	
A1030	完成里程碑		13-七月-12 16	
A1040	开始里程碑	16-七月-12 08		
A1050	任务作业	16-七月-12 08	20-七月-12 16	
A1060	WBS 作业	02-七月-12 08	20-七月-12 16	
- WBS 2				
A1070	任务作业	23-七月-12 08	27-七月-12 16	
A1080	完成里程碑		27-七月-12	
- WBS 3				
A1090	配合作业	09-七月-12 08	27-七月	

（图注：开始里程碑，开始日期、没有完成日期）
（图注：完成里程碑，完成日期、没有开始日期）
（图注：一个WBS内的 WBS跨越作业）
（图注：配合作业跨越了多个 有逻辑关系的作业）

7.1.4 费用科目

这为所有新资源和其他费用设置默认费用科目，默认为空白。费用科目在**组织项目数据的其他方法**一章将做详细介绍。

7.1.5 日历

这个主题在**日历**一章已做过详细介绍，这个下拉菜单可选择一个作业的默认日历。项目被分配的**默认项目日历**可从**全局**或**项目**日历表中选择。

所有作业在创建时都被分配项目的**默认项目日历**，不过，独立的日历也可分配至每个作业。

7.1.6 自动编码默认值

自动编码默认值决定了新作业如何编码，第一个添加至项目的作业将会基于这里的默认设置。

- **作业代码的增量基于选中的作业**选项控制着添加第一个作业之后哪一个**自动编码默认值**的规则被承认：
  - ➢ 当选择时，新的作业将会继承点选作业的代码加上**增量**数字，
  - ➢ 当不选时，新的作业将会使用**作业代码前缀**加上**作业代码后缀**，再加上增量。

i 没有作业代码分类码允许自动在作业代码中嵌入逻辑，这其实是 P3 和 SureTrak 的一个很强大的功能。

7.2 增加新作业

通常来说在数据表中创建进度再导入数据到进度计划软件里会相对快捷，Primavera 提供了一个人性化的数据表导入功能，通过**文件(F)，导入(I)...** 使用。这在**实用工具**章节会详细介绍。

⚠️ 一些与已导入作业相关的数据必须在此作业从 Excel 导入前旧存在，否则将不会被导入，这包括例如角色，资源和作业分类码等项。这些数据项可从 Primavera SDK（从安装光盘加载，可在管理指南中找到说明）和 Oracles Primavera 知识库内的 Excel 数据表导入。

须先打开项目才可在**作业窗口**增加作业至一个项目，选择合适的 WBS 节点并：

- 选择**编辑(E)，增加(A)**，或
- 键盘上按 **Insert 键**，或
- 在**编辑**工具栏上点击 ⊞ 加号图标。

7.3 默认作业工期

新建作业的默认工期可在**管理员(A)，管理设置(P)...，常用(G)**标签页中的**作业工期栏**指定。

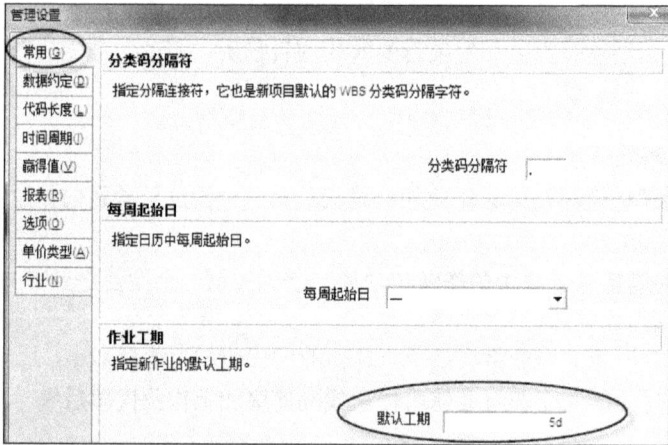

7.4 从其他程序复制作业

作业数据不能使用剪切和粘贴功能从其他程序复制或更新。

7.5 在 P6 中复制作业

当两个项目同时打开时，可使用常用窗口命令**复制和粘贴**从一个项目复制或在同一个项目内复制，菜单命令**编辑(E)，复制(C)**和**编辑(E)，粘贴(P)**，或使用 **Ctrl+C 和 Ctrl+V**。

可复制一个或多个作业：

- 点击，或
- 按住 **shift** 并点击需要复制的第一个和最后一个作业，或

- 用鼠标拖拽一组作业，使用这个操作时需确保选择整个作业，而不是某一项。

  复制作业选项小窗口将会显示，这些选项自带说明。

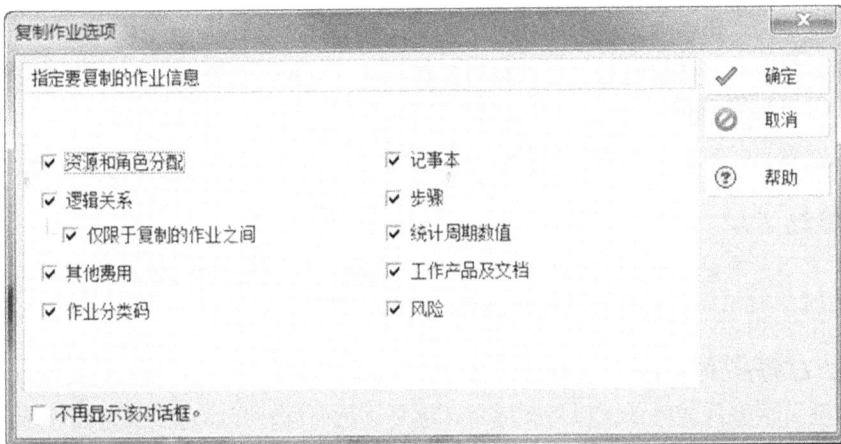

P6 第 7 版引入了一个允许重新编号已粘贴作业的新功能，**更新编号作业代码**小窗口将会接着出现：

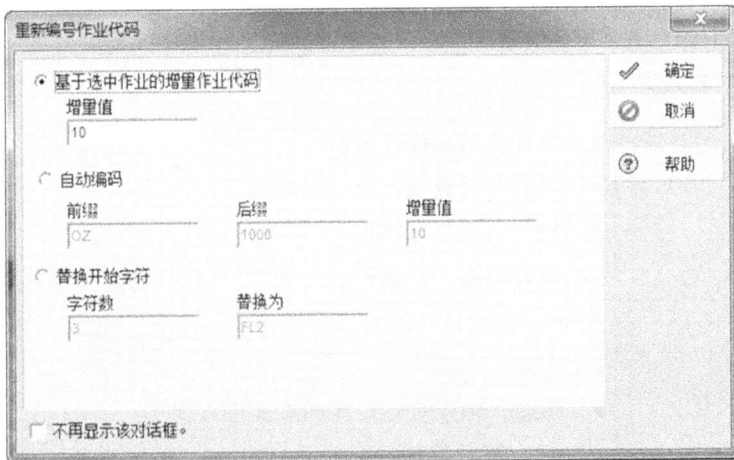

如果你尝试重新编号已有作业代码，另一个小窗口将会弹出并允许在**新作业代码**栏位输入新作业代码来进行人工重新编号。

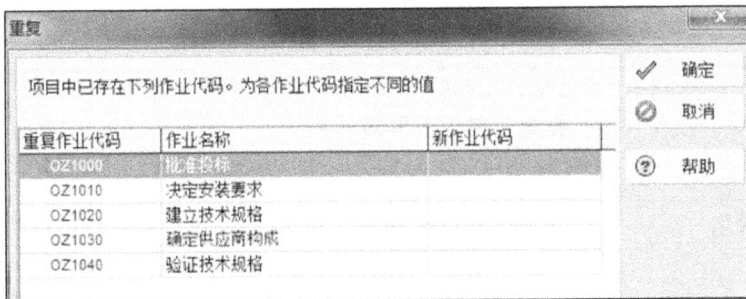

7.6 重新编号作业代码

P6 第 7 版中出现了允许重新编码作业的新功能，使用这个功能：

- 选择要重新编码的作业，

- 从菜单中选择**编辑(E)**，**重新编号作业代码**，右键点击栏位区域并选择**重新编码作业代码(R)**，

- 这将会打开如上所述的**更新编号作业代码**小窗口，可使作业代码重新编号。

7.7 实耗工期

作业不能像 Microsoft Project 一样分配一个**实耗**工期（Elapsed Duration）；作业应基于每天 24 小时每周 7 天的日历计算进度。

7.8 在甘特图找到栏

有时你会发现甘特图上没有栏显示，这是因为时间标尺拉得太长，在甘特图与一个作业平行处双击，时间标尺将会调整并显示作业栏。

7.9 作业信息-底部视图

底部视图包括很多标签页，可查看和编辑点选作业的信息。（顺序不一定因为标签页可能会在屏幕上重新排序）

• 常用	这个小窗口显示： • **作业代码和作业说明** • **项目**和**负责人**，不可在此编辑。 也显示一些之前在**项目窗口**设定的默认作业属性： • **作业类型，完成百分比类型，作业日历，WBS** 和**主要资源**。
• 状态	可显示/编辑以下数据： • **工期，** • **状态**，输入实际日期和完成百分比 • 输入**限制条件，** • 从下拉菜单中选择显示**工时数**和**非人工数量**或费用以及**材料费用**。 **注释：**在**状态**标签页下可在没有资源分配至作业时分配资源数量，单价将从**项目属性计算**标签页得出。
• 汇总	这里显示作业的汇总信息，可选择显示三种数据： • **数量，费用**或**日期。**
• 资源	**资源**和**角色**可分配至作业并显示分配信息。
• 其他费用	可在此增加和编辑**其他费用**，这是为那些不需要创建资源的一次性费用设置的。 **注释：**这些通常用于建设和维护项目的材料费用以防止**资源窗口**堵塞。

• 记事本	作业记事可在此通过增加一个**记事本主题**并在此主题下添加记事进行。
• **步骤**	这个功能可使作业分解成名为**步骤**的增量，可随着作业中工作的进行标记为完成。
• 反馈	这里可以产看工时单模块的记事。
• **工作产品及文档**	这里显示**工作产品及文档窗口**表中与作业相关的文件，也可从这里打开。
• 分类码	这里创建项目分类码并与作业关联，这些分类码与 P3 和 SureTrak 的作业分类码及作业组织方法类似。
• **逻辑关系，紧前作业，后续作业**	这是增加，编辑和删除作业的紧前作业和后续作业的地方，将在**增加逻辑关系**一章讲到。

7.10 *分配日历至作业*

作业通常需要一个与在**项目信息**小窗口分配的默认**项目日历**不同的日历，Primavera 可分配每个作业一个独一无二的日历。**作业日历**可在**底部视图**的**常用**标签页或显示**日历**栏位进行分配。

7.10.1 使用底部视图的常用标签页分配日历

- 选择一个你想分配不同日历的作业，不可多选，打开**底部视图**的**常用**标签页，
- 点击**作业日历**处的▢图标，打开**选择作业日历**小窗口，
- 在左上角的下拉菜单选择**全局**或**项目**日历，
- 点击⊞图标选择一个作业日历。

7.10.2 使用栏位分配日历

你可显示**日历**栏位并在此编辑作业日历，显示栏位的方法将在**调整显示格式**章节讲到。

编辑(E)，向下填充(W)可用于为多个所选作业分配一个新的日历。

作业代码	作业名称	日历
设施扩建投标		OzBuild 5天/周
OZ1000	批准投标	OzBuild 5天/周
OZ1010	递交投标文件	OzBuild 5天/周
技术规格		OzBuild 5天/周
OZ1020	决定安装要求	OzBuild 5天/周
OZ1030	建立技术规格	OzBuild 5天/周
OZ1040	确定供应商构成	OzBuild 5天/周
OZ1050	验证技术规格	OzBuild 5天/周

7.11 分配作业至 WBS 节点

作业可在作业窗口分配至一个 WBS 节点，使用以下方法进行分配：

- 一个新作业在创建时将会继承点选的 WBS 节点。

- 当项目以 WBS 节点形式组织，一个创建的新作业将会继承一个已存在的所选作业的 WBS 节点。

- 选择作业并点击下方窗口**常用**标签页的 WBS 栏，这将打开**选择 WBS** 小窗口并分配 WBS 节点。

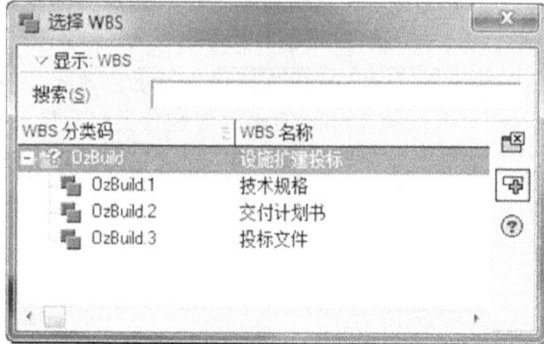

- ⊞ 和 ⊟ 用于展开或折叠 WBS 结构，点击 图标分配节点。

- 选择一个或多个作业，移动鼠标至作业说明的左边，鼠标将变成下图所示的形状。你可拖拽作业至其他 WBS 节点。

- 点击 图标插入 WBS 栏位，从栏位小窗口的常用里选择 WBS。点击作业的 WBS 栏位将会打开选择 WBS 小窗口。

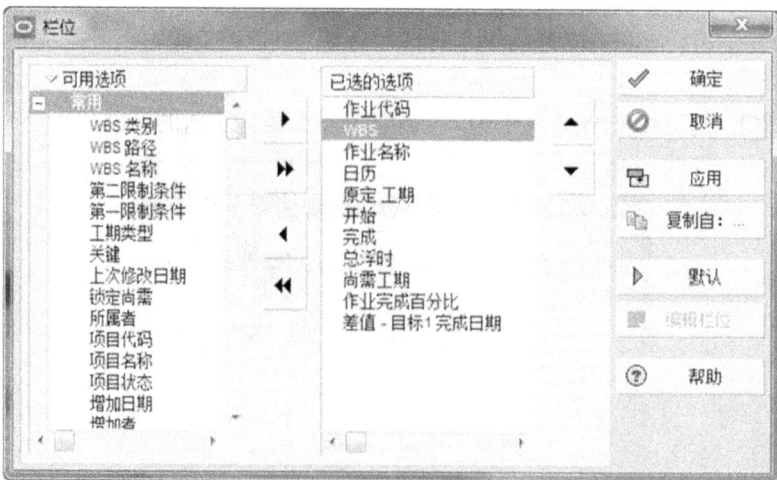

7.12 *重排或排序作业*

同一分组带的作业顺序是通过一个或多个栏位的顺序设定的，你不能像其他产品一样在进度中上下拖拽作业。

在作业添加之后有两种主要方式进行排序：

- 使用**排序**功能，打开**排序**小窗口：

  > 选择**显示(V)**，**分组和排序条件(G)**，点击排序**(S)**...图标，或

  > 点击 [图标] 图标再点击 [排序(S)...] 图标打开**排序**小窗口。

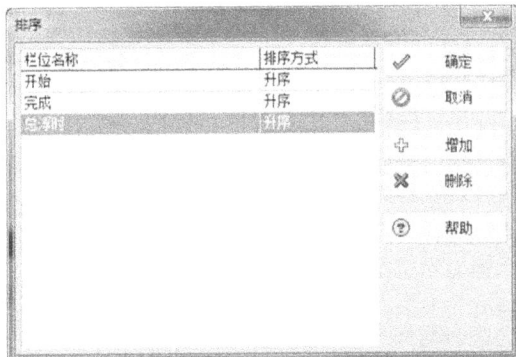

此处的问题为，只要你在 Primavera 使用下面的选项排序作业，没有任何提示，如上图在**排序**小窗口输入的栏位就会被已经使用的栏位覆盖进行作业排序。

- 点选一个栏位标题再用鼠标点击，同一分组带中的作业将会在组内按顺序重拍，在栏位右上角会有一个箭头指示，不是升序就是降序。

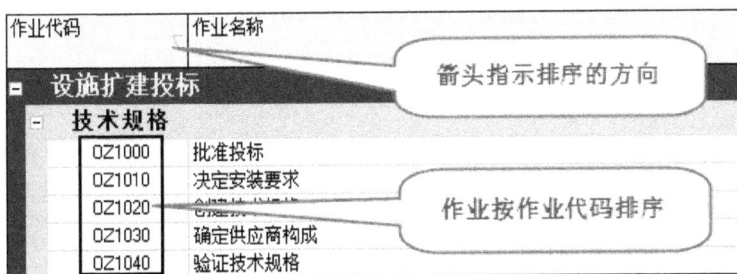

这个功能将会永久改变**排序**小窗口的设定。

作业代码在重排序时不会像 Microsoft Project 一样重新编号。

7.13 *撤销*

Primavera 5.0 版引入了多种**撤销**功能，可用于资源，资源分配和作业窗口，但是没有**恢复**功能。

许多功能都可能移除撤销存储，例如进度计算，汇总，导入，打开一个项目，打开分类码小窗口，打开用户和管理员设置及关闭程序。

7.14 使用 WBS 汇总作业

WBS 分组带可像其他项目规划和进度计划软件一样汇总，下图显示了 WBS 节点下的作业：

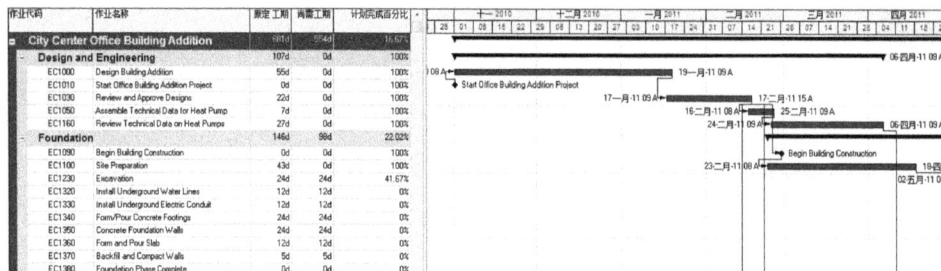

下图显示了汇总在 WBS 节点的作业

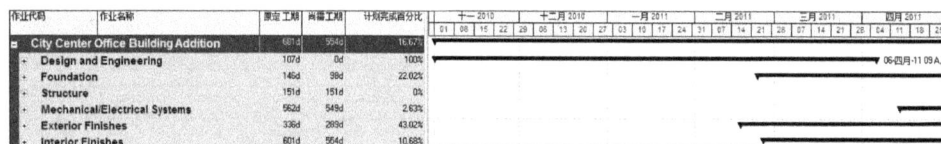

WBS 节点可汇总或展开：

- 双击任意 WBS 组介绍，此分组带会在展开时折叠或折叠时展开。
- 从菜单选择**显示(V)**，**全部展开(E)**或**全部折叠(C)**，
- 右键点击并从菜单选择**全部展开(E)**或**全部折叠(C)**，
- 在 WBS 节点说明的左侧点击➕或➖以展开或折叠 WBS 节点。

    WBS 节点可点击 WBS 窗口右侧**命令**工具栏的箭头图标重新排序。

7.15 拼写检查

检查一个项目的拼写，打开**拼写检查**小窗口：

- 选择**编辑(E)**，**拼写检查(S)**，
- 点击 **F7 键**

这个窗口操作简单且并不使用操作系统字典。由于中文版不可检查拼写，建议复制文字至 Excel 文件进行检查。

7.16 自测题 5-增加作业

背景

设定默认并在进度中增加作业。

任务

1. 打开**项目窗口**，点选 OzBuild 项目并在**项目详情**栏选择**默认**标签页，可调整所有以下参数。

2. 打开**作业窗口**，在适当的 WBS 增加以下作业，

注释：如果**新作业**向导出现，选择"不再显示向导"。

3. 如果作业无序的话点击作业代码栏位标题。

作业代码	作业名称	原定工期	日历	作业类型
	技术规格			
OZ1000	批准投标	0 天	OzBuild 5 天/周	开始里程碑
OZ1010	决定安装要求	4 天	OzBuild 5 天/周	任务作业
OZ1020	创建技术规格	5 天	OzBuild 5 天/周	任务作业
OZ1030	确定供应商构成	2 天	OzBuild 5 天/周	任务作业
OZ1040	验证技术规格	2 天	OzBuild 5 天/周	任务作业
	交付计划			
OZ1050	文件交付方式	4 天	OzBuild 5 天/周	任务作业
OZ1060	从供应商获取报价	8 天	OzBuild 5 天/周	任务作业
OZ1070	计算投标估价	3 天	**OzBuild 6 天/周**	任务作业
OZ1080	创建项目进度	3 天	**OzBuild 6 天/周**	任务作业
OZ1090	审查交付计划	1 天	OzBuild 5 天/周	任务作业
	投标文件			
OZ1100	创建投标文件草稿	6 天	OzBuild 5 天/周	任务作业
OZ1110	审查投标文件	4 天	OzBuild 5 天/周	任务作业
OZ1120	完成并递交投标文件	2 天	OzBuild 5 天/周	任务作业
OZ1130	投标文件递交	0 天	OzBuild 5 天/周	完成里程碑

见下页..

4. 在作业代码 OZ1070 和 OZ1080 的**作业详情**窗口的**常用**标签页所需处分配**作业日历为一周 6 天日历**。

5. 按下 **F9** 重新计算项目进度，检查数据日期设定为 2015 年 12 月 7 号早上 8 点。

6. 你的结果应如下图所示，但也会显示不同的栏和栏上的文字。

7. 点击作业代码处保证按照作业代码排序：

注释：

1. 上图使用 **Classic WBS Layout** 视图创建，在 Oracle P6 演示数据库加载。

2. 根据软件加载的视图，你的数据也许会显示不同格局的栏位和栏，如果你不能使用当前视图审查你的数据的话，试着使用**显示(V)**，**视图(O)**，**打开视图...**命令从列表中选择不同的视图，例如 **Classic** or **Default WBS** 视图，可能会使布局看起来如上图所示。如果还不能解决问题，参考本书的视图和格局部分。

3. 如果你的时间标尺每周起始日与上面不同，比如时间标尺的的第一天是 12 月 1 号而上面是 12 月 2 号，若你有权限，你可以改变数据内的所有项目的设定。

   • 专业客户端，选择**管理员(A)**，**管理设置(P)...**，**常用(G)**标签页，**每周起始日**部分并选择周一。

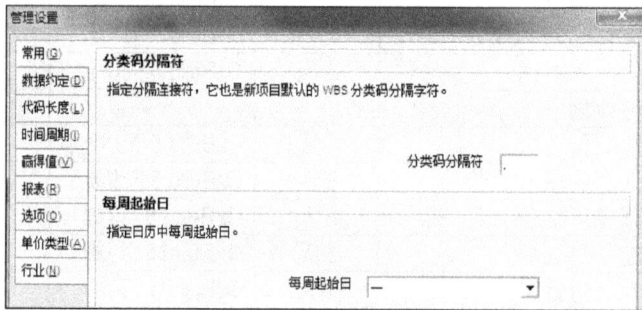

   • 如需在可选客户端记录，选择**管理员**，**应用设置**，**常用**标签页，**每周起始日**部分。

8 调整显示格式

这一章向你介绍了如果设置显示布局以便进度易读和一致，包括了以下显示和自定义主题：

主题	菜单命令
• 调整栏位	打开**栏位**小窗口 • 选择**显示(V)**，栏位，自定义...，或 • 点击▦▾图标
• 调整作业栏	打开**栏**小窗口 • 选择选择**显示(V)**，栏，[🖥 选项]，或 • 点击▤图标。
• 调整分隔线	在**显示(V)**，栏，[🖥 选项]小窗口，**辅助线**标签页下调整**栏图表分隔线**。
• 调整数据日期	在**栏图标选项**小窗口的**数据日期**标签页调整数据日期。
• 调整行高	打开**表格字体和行**小窗口： • 选择**显示(V)**，**表格字体和行(N)**。
• 调整颜色	调整颜色的选项有限： • **文本**颜色可通过**表格字体和行**小窗口的**颜色**窗口调整，选择**显示(V)**，**表格字体和行(N)**，[AaBbYyZz]。 • **栏颜色**在这张的**调整栏格式**段落会讲到。 • **分组带**颜色通过选择**显示(V)**，**分组和排序条件(G)**或点击▤图标，这为选择视图格式的一部分。
• 调整字体	调整字体选项有限： • **文本**字体可通过**表格字体和行**小窗口的**颜色**窗口调整，选择**显示(V)**，**表格字体和行(N)**，[AaBbYyZz]图标。 • 记事本可在编辑时调整。
• 调整时间标尺	• 点击▦图标，或 • 选择**显示(V)**，**时间标尺(M)**，或 • 在栏图表区点右键并选择**时间标尺(Y)**...。

格式的调整是在当前的**视图**上，并在选择另一个格式时自动存储为此视图的一部分，系统会提示。这一部分会在**分组、排序及视图**章节讲到。

⚠ 在任何窗口点击[▷ 默认]图标都要注意，这不会存储你的修改，只会重新设置窗口为 Primavera 默认值，浪费你的时间和精力。

8.1 调整项目窗口格式

项目窗口的格式调整与**作业窗口**的十分类似，这里不再单独介绍。格式调整，过滤器和视图的原理都一样，只是有的是处理项目而不是作业。

8.2 熟悉小窗口

与很多软件不同的是，Primavera 在大部分小窗口都有分组和过滤功能，其中大部分的原理都一样，这一部分将会演示其实一些功能，你需要在每个窗口练习以熟悉其如何运行。

- 在**资源窗口**点击**资源代码**栏位可使布局层级，字母，反字母和层级之间循环排列。这个功能在其他有层级结构的小窗口也可使用。

- **分配后续作业**小窗口有**过滤依据**和**分组和排序条件**选项，可影响数据的分组方式。

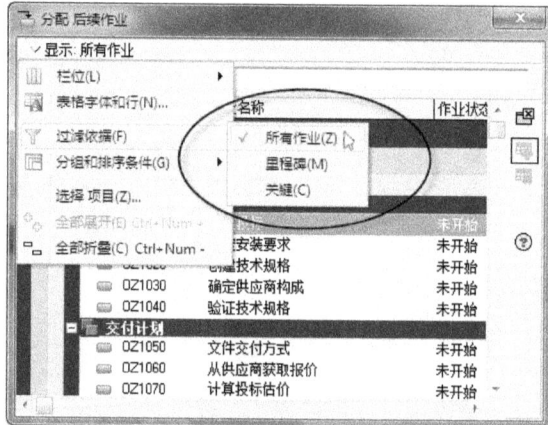

- **分配资源**小窗口有**栏位，过滤依据**和**分组和排序条件**选项可影响数据是否可用。
- Ctl+F 可让你搜索符合特定条件的资源。

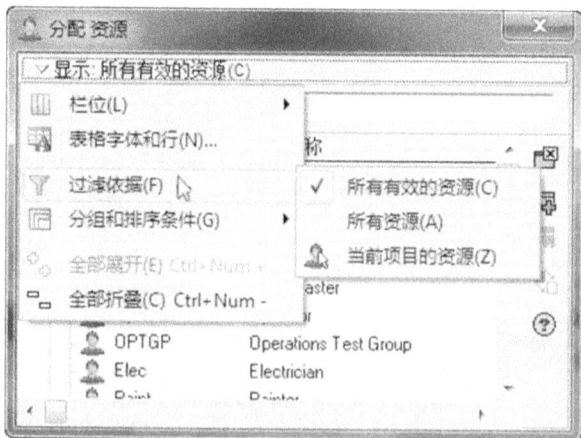

8.3 调整栏格式

甘特图的栏可根据你的需要调整显示格式，Primavera 没有调整每个栏的选项，但可以分配过滤器到栏样式，使作业显示符合过滤器设置。

> *i* 在写这本书的时候，作者在 **www.primavera.com.au** 和 **www.eh.com.au** 上的 Technical Papers（技术文件）里上传了一个视图，可解决下面所述的栏格式问题。建议下载这个视图，因为这可以节约用户大量的调整时间。

8.3.1 调整作业栏格式

你必须打开**栏**小窗口以调整所有栏的格式：

- 选择**显示(V)**，**栏**，或

- 点击 图标，或

- 在栏区域点右键并从菜单选择**栏(W)**...

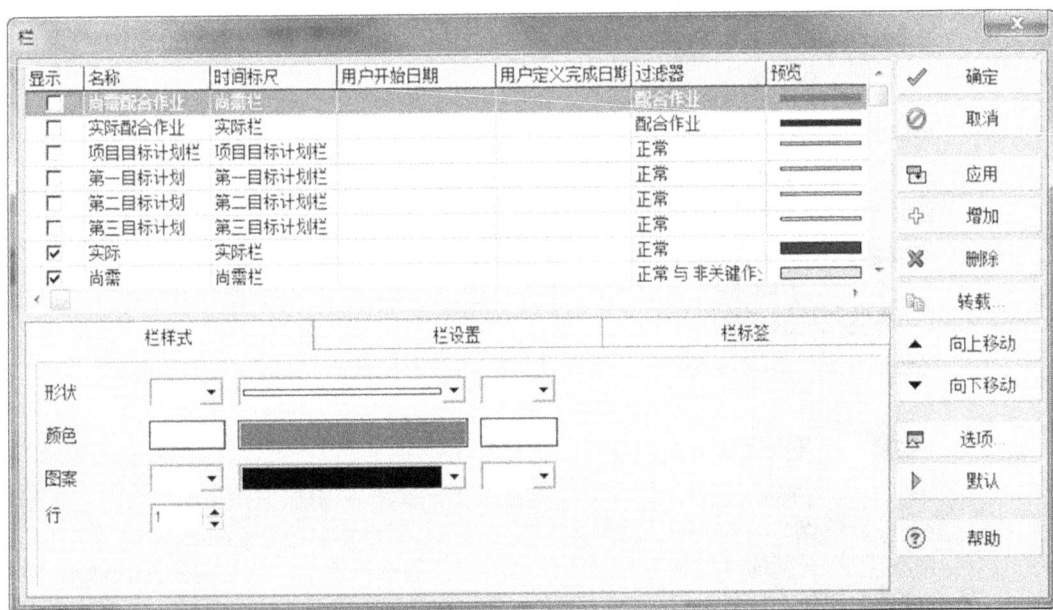

以下注解为使用这个功能的重点，详细信息可在帮助功能中搜索"横道图"。（译者发现中文版并没有对新版的帮助菜单进行更新，建议使用时参考过去版本并注意一些术语的不同）

- 表中列出的每个栏都可在**显示**栏位勾选显示在栏图表中。

- 点击 增加 图标添加新的栏，点击 删除 图标移除。

- 列表顶端的栏显示在屏幕上，其下的栏会在其上绘制，这样很容易第二个栏会挡住第一个。 向上移动 向下移动 图标用于在列表中上下移动栏从而决定哪个栏在别的栏上面。

- **名称**为分配给栏的标题，可显示在打印的图例处显示。

- **时间标尺**项与 Microsoft Project **栏样式**小窗口的**显示...**，**任务**选项，及 SureTrak **调整栏格式**小窗口的**数据项**类似，

- 双击**过滤器**栏位的一格可打开**过滤器**小窗口，你可在此选择过滤器以决定显示哪些作业的栏。过滤器将在**过滤器**章节详细讲述。

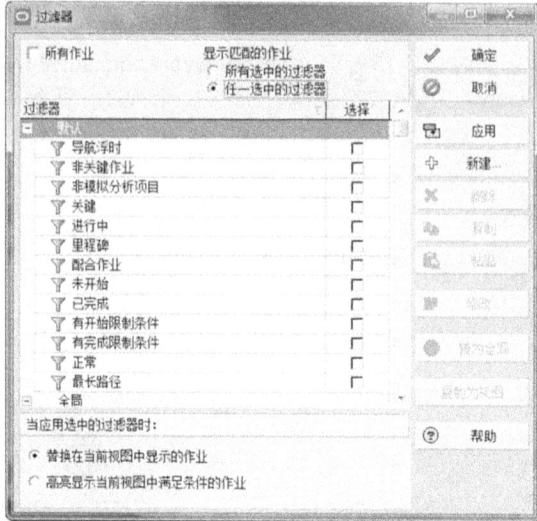

- **负浮时**与 Microsoft Project 的显示方式类似，需要在**正浮时**栏基础上多一个有着与负浮时一样**时间标尺**和**过滤器**的栏。

- **浮时**栏显示**总浮时**，与 P3 一样没有**自由浮时**栏可供选择。

- **完成百分比**栏与**作业完成百分比**相连。

8.3.2　调整栏格式问题

　　Primavera 标准栏格式有一些需要了解的问题，以便用户可以有逻辑得显示作业栏：

实际，尚需关键和尚需关键栏

　　建议使用 Primavera 默认栏显示选项显示 **Actual Work-实际工作**（此栏显示从**开始日期**到**数据日期**），**Remaining Work-尚需工作**和 **Critical Remaining Work-关键尚需工作**栏（这些栏在合适的过滤器下显示从**数据日期**到**完成日期**），这是因为 **Early-最早**栏不会像其他软件一样显示实际进展。请阅读**追踪进展**章节的**熟悉日期**部分，以便熟悉日期是如何计算并用于画出每条栏的。

总浮时栏

　　总浮时栏在栏窗口内被称为浮时栏，有术语上的不一致。

　　总浮时栏默认显示在一个已完成的作业上，但是浮时值设定为"空白"（显示为空白），在没有浮时值时显示一个浮时栏是不符合逻辑的。

- 为了防止这种情况出现，你应当在**栏**小窗口编辑总**浮时栏过滤器**，这样只有未开始或进行中的作业会显示。

显示	名称	时间标尺	用户开始日期	用户定义完成日期	过滤器	预览
☑	浮时栏	浮时栏			未开始 或 进行中	▬▬▬

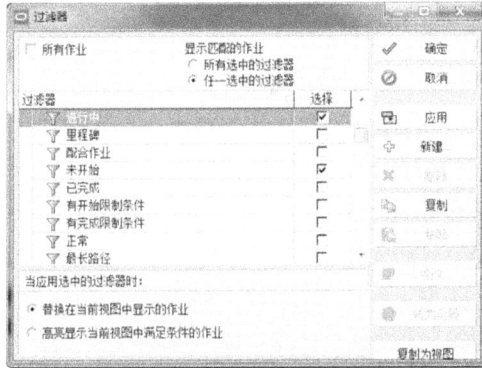

- 现在应该看起来像这样：

作业代码	开始	完成	总浮时	
A1000	29-八月-14 08 A	30-九月-14 17 A		
A1010	22-九月-14 08 A	31-十月-14 16	5d	
A1020	03-十一月-14 08	28-十一月-14 16	5d	

自由浮时栏

可能不容易显示。

当项目目标计划没有设定时才会显示目标计划栏

目标计划栏在目标计划没有设定时也会显示，计划日期以目标计划栏显示，确保你在显示目标计划栏之前设定一个目标计划。

目标计划栏的逻辑关系显示

逻辑关系默认显示在目标计划栏，并不是一个正常的显示方法：

作业代码	开始	完成	总浮时	
A1000	29-八月-14 08 A	30-九月-14 17 A		
A1010	22-九月-14 08 A	31-十月-14 16	5d	
A1020	03-十一月-14 08	28-十一月-14 16	5d	

要想在目标计划栏移除逻辑关系，需移动所有的目标计划栏和目标计划里程碑到栏窗口的底部：

作业代码	开始	完成	总浮时	
A1000	29-八月-14 08 A	30-九月-14 17 A		
A1010	22-九月-14 08 A	31-十月-14 16	5d	
A1020	03-十一月-14 08	28-十一月-14 16	5d	

尚需配合和实际尚需配合

这些默认为隐藏，当使用这些作业类型时，作业栏将会消失，你应该勾选这些栏以使它们一直显示。

调整目标计划栏格式

在你移动所有目标计划栏至底部后：

- 没有**项目目标计划里程碑**，需要增加，

- **项目目标计划**和**第一目标计划**栏都为黄色窄栏，与负浮时的一样，

  ➢ 建议你设置为不同的颜色，栏更粗，放置于第 2 行的顶部和底部，

  ➢ 改变**目标计划里程碑**颜色以匹配，

  ➢ 改变形状使其被遮挡时可见，

  ➢ 改变说明以使其合理，

- 没有所谓的**第二目标计划**或**第三目标计划**，如果你不需要使用它们就删除掉：

显示	名称	时间标尺	用户	用户	过滤器	预览
☐	项目目标计划栏	项目目标计划栏			正常	▬▬▬
☐	项目目标计划里程碑	项目目标计划栏			里程碑	▽ ▽
☐	第一目标计划	第一目标计划栏			正常	▬▬▬
☐	第一目标计划里程碑	第一目标计划栏			里程碑	△ △

栏文字

很多栏上都有文字，当前设定下很难从栏上添加或移除文字。

建议文字从所有栏上移除，除了 **Current Bar Labels-当前栏标签**栏：

- 点击底部的**栏标签**标签页，

- 每次点击一个栏，使用屏幕底部（**不是侧面**）的 ╳ 删除 图标删除文字，

- 改变**当前栏标签**过滤器为全部 Activities。

如果你显示 **Current Bar Labels-当前栏标签**栏，文字将会在所有栏上显示，当这个栏隐藏时，所有栏的文字都会移除，这样使添加或移除栏文字更加容易：

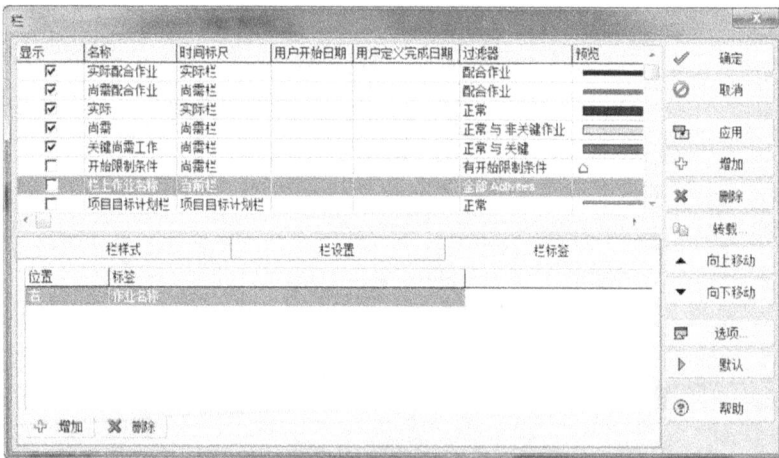

创建汇总栏

创建汇总栏不是那么明显：

- 创建新的汇总栏时，你将发现你并不能在过滤器下拉菜单选择**汇总**，

- 你必须勾选**栏设置**标签页的**显示汇总栏**才能创建一个汇总栏：

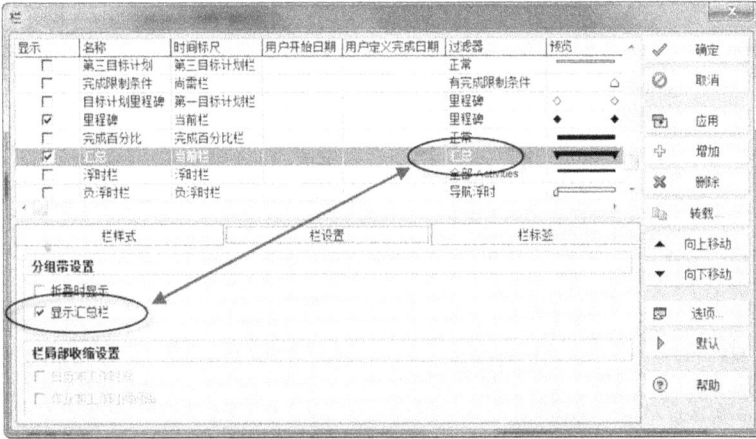

在写这本书的时候，作者在 **www.primavera.com.au** 和 **www.eh.com.au** 上的 Technical Papers（技术文件）里上传了一个视图，可解决下面所述的栏格式问题。建议下载这个视图，因为这可以节约用户大量的调整时间。

8.3.3 栏样式标签页

每个栏的外观都在窗口下半部分编辑，栏的首，中，尾三个部分可以有各自的颜色，形状，图案等等。

栏可以放置于标记为 1 到 3 的三行中的其中一行，从上到下，一个栏在另一个之上。如果有多个栏在同一行，列表顶部的栏会先画出，列表下面的栏会在其上画出。

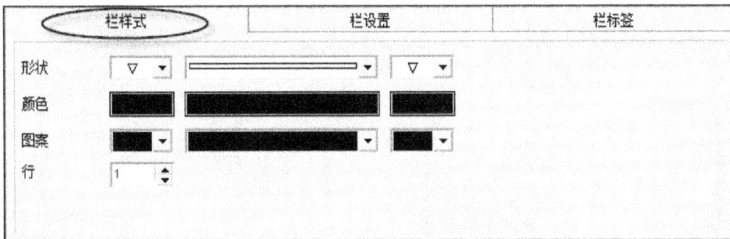

8.3.4 栏设置标签页

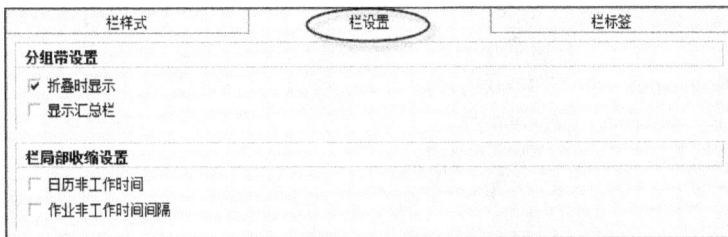

折叠时显示

*   **折叠时显示**选项可当 WBS 节点汇总时在单行显示详情栏，见下面两图：

    ➢ 汇总前：

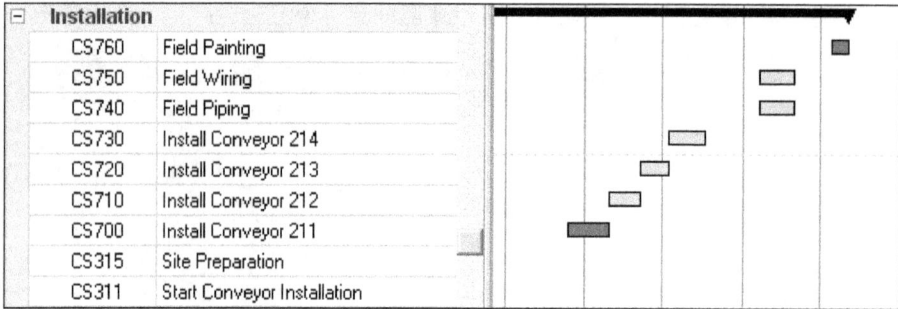

    ➢ 汇总后：

这与 Microsoft Project **视图**窗口的 **Always roll up Gantt bars** 选项类似：

显示汇总栏

这会一直显示一个汇总栏，并自动转变过滤器为"汇总"栏。

> 当调整里程碑的**栏设置**时，注意记下所选的项和过滤器格式。如果选择了**显示汇总栏**，里程碑将会在汇总栏的尾端出现并且不与他们所属的实际作业平行，这种情况下里程碑只认可**汇总**而不认可**里程碑**。

栏局部收缩设置

栏局部收缩在非作业时间，例如周末和节假日显示一个较窄的栏且作用于**栏**小窗口内的当前栏设置栏位。

<table>
<tr><td align="center">非局部收缩栏</td><td align="center">局部收缩栏</td></tr>
<tr><td>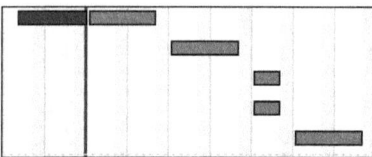</td><td>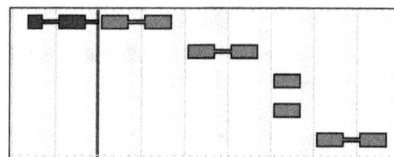</td></tr>
</table>

*   **日历非工作时间**收缩基于作业日历，
*   **作业非工作时间间隔**在实际日期或维持逻辑关系的无需进展选项造成工作中断时会使栏局部收缩。见**高级进度计算选项**章节。

> Primavera 中没有资源栏，也不会再资源日历收缩，当一个作业为独立式作业（Resource Dependent）且资源与作业日历不同的情况下，栏会在资源使用时收缩，在不使用时不收缩。

8.3.5 栏标签页面

这里可以在栏的上面，下面，左边和右边放置文字，下图显示了开始和完成日期是如何布局并显示在栏上的。

- 选择你希望添加标签的栏，
- 在**栏**小窗口的底部点击 [⊹ 增加] 和 [✖ 删除] 图标以添加和删除**标签**项。

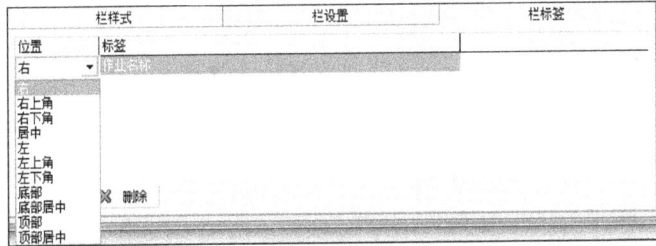

- 在**栏标签**的下拉菜单选择**位置**和**标签**。

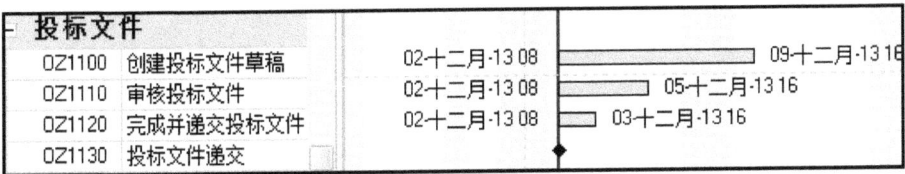

- 栏图表的日期是取自**用户设置**，不能单独调整格式。

> *i* 创建一个仅显示文字的栏通常来说是很有用的，这个栏可随需要显示，比重新调整栏格式显示文字要简单的多。

- 在**栏标签**页选择主题可在栏上每次显示其中一个记事本主题，标签框在屏幕上出现后，可通过拖拽调整尺寸。

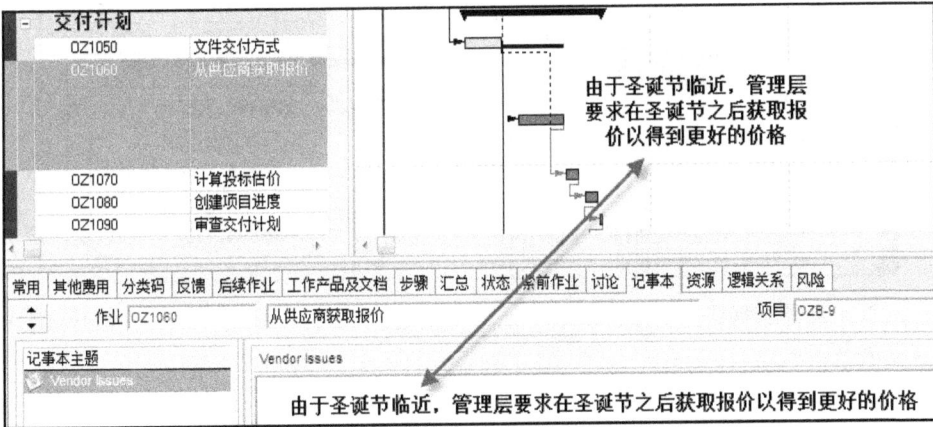

8.3.6 栏图表选项小窗口

- **栏图表选项**小窗口显示方法为：

  ➢ 在**栏**窗口点击 [图标] 图标，或

  ➢ 选择**显示(V)**，**栏**，[图标]，或

  ➢ 在甘特图区点右键，选择**甘特图选项(X)...**：

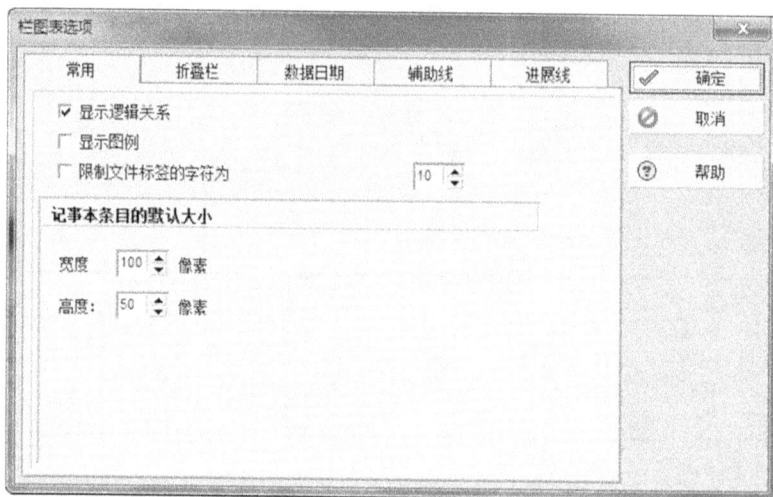

- **常用**标签页下有很多调整栏图表格式的选项，且都很好理解。

  ➢ **显示逻辑关系**与点击 [图标] 图标显示逻辑关系的作用一样。

  ➢ **显示图例**可在作业视图时在栏图表显示图例，见下图：

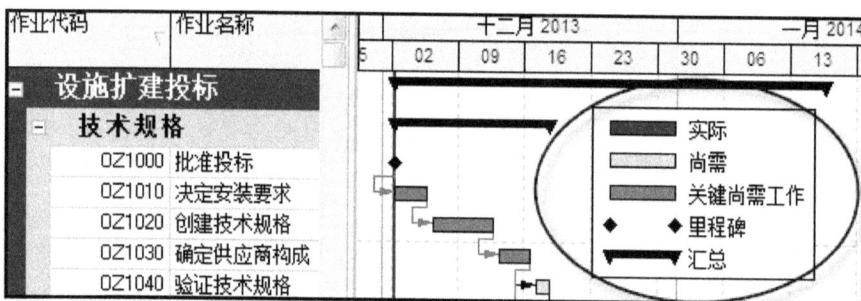

- 记事本条目的默认大小显示了一个**记事本**主题，可在**栏图表选项**小窗口，**常用**标签页下设定。

- **折叠栏**标签页可在 WBS 分组带折叠时调整栏的格式并显示汇总栏。

- **数据日期**标签页调整数据日期格式的样式，颜色和大小。

- Primavera 5.0 版引入了**辅助线**标签页，可设置水平和垂直的主分隔线和次分隔线，这个功能与 P3，SureTrak 和 Microsoft Project 一样。

- Primavera P6 第 7 版在甘特图上引入了**进展线**，在下一段将详细讲述。

8.4 在甘特图显示进展线

进展线显示了作业离目标计划的领先或落后的远近程度，可使用项目目标计划或主要用户目标计划且有四个选项：

- 目标计划开始日期和作业开始日期的差异，

- 目标计划完成日期和作业完成日期的差异，

- 基于作业完成百分比连接进展点，

- 基于作业尚需工期连接进展点。

在 P6 中显示进展线有几个主要成分：

- 首先，进展线可使用**显示(V)**，栏，[选项...]窗口的**进展线**图标调整格式，也可在甘特图区点击右键打开：

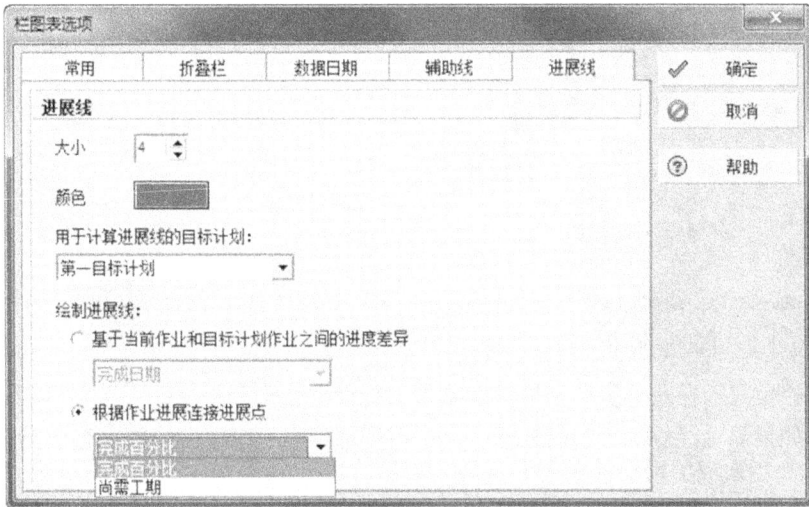

- 选择**显示(V)**，**进展线**隐藏或显示**进展线**。

- 如果你使用完成百分比或尚需工期的任一个，你必须显示在**用于计算进展线的目标计划**处所选的合适的目标计划栏：

- 下图显示了上面高亮的**完成百分比**选项：

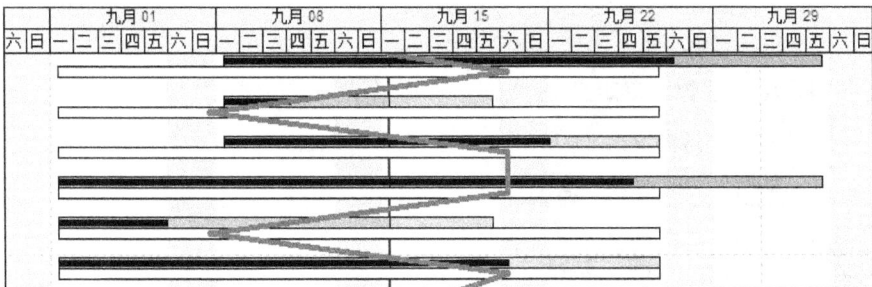

8.5 调整栏位格式

8.5.1 选择显示的栏位

栏位可通过**栏位**小窗口调整格式，打开方式为：

- 选择**显示(V)**，栏位，**自定义...**，或
- 点击 ▦▾ 图标，**自定义...**，或
- 点击右键打开菜单选择**栏位(L)...**：

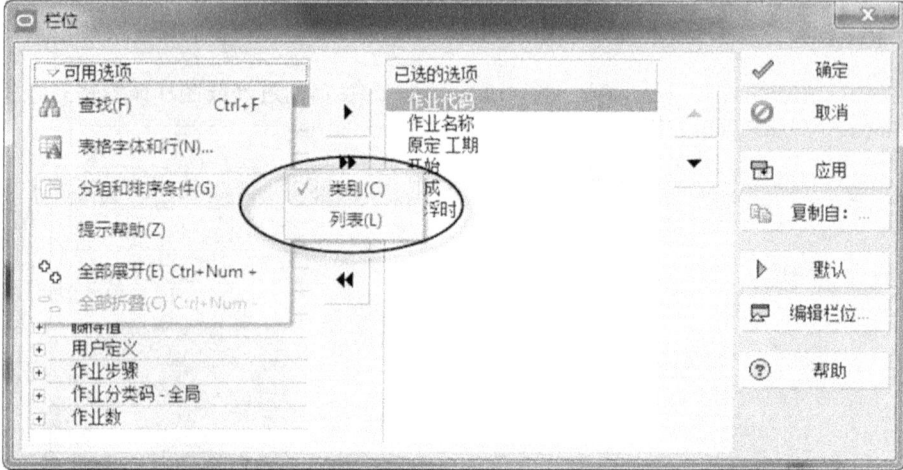

栏位小窗口可拖拽边缘改变大小。

- 可用栏位显示在左边窗口，以**类别**或单一**列表**形式排列，
- 选择如果显示栏位标题如何显示，点击**可用选项**下拉菜单并选择**分组和排序条件(G)**，从**列表**或**类别**中选出一个。
- 将要显示的栏位列于右边的**已选的选项**窗口，可互相在**可用选项**和**已选的选项**之间复制：
  - ⇤ ⇥ ▸ ◂ 图标，或
  - 拖拽，或
  - 双击。
- ▷ 默认 图标设置栏位为 Primavera 默认栏位显示。

8.5.2 栏位标题对齐

- 选择**显示(V)**，栏位，**自定义...**，或
- 点击 ▦▾ 图标，**自定义...**，接着
- 选择 ▭ 编辑栏位 选项打开**编辑栏位**小窗口，可使用户定义在**新标题**创建的栏位标题：格和**栏标题对齐**设定为左，中或右。

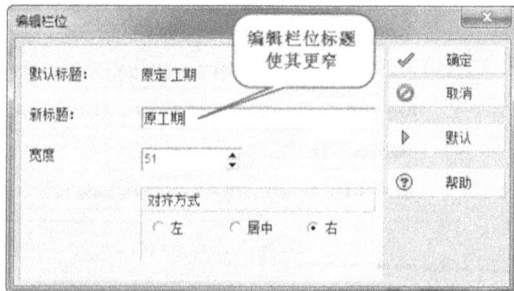

8.5.3 调整栏位宽度

你可通过两种方式调整栏位宽度:

- 拖拽栏位标题分隔线:
  将鼠标指针移至栏位最近的垂直线处,⬌鼠标指针将会出现,点住鼠标拖拽即可调整栏位。

- 在**栏位**小窗口选择 ⬚ 编辑栏位 图标打开**编辑栏位**窗口,输入栏位的宽度像素。

8.5.4 在屏幕上从左到右设定栏位的顺序

屏幕上从左到右栏位的顺序,与**栏位**小窗口**已选的选项窗口**从上到下的顺序相同,栏位的顺序可更改:

- 在**栏位**小窗口**已选的选项窗口**点选栏位并用 ▲ 和 ▼ 图标调整,或
- 在窗口内右键点击栏位标题并拖拽栏位。

8.6 行高和显示图标

调整行高可显示被过窄栏位截短的文字:

- 所有行的高度可选择**显示(V)**,**表格字体和行(N)**,打开**表格字体和行**小窗口,这些选项都很好理解。

- **显示图标**选项可在作业和 WBS 前面显示不同的图标。

  - ➤ 在**项目窗口**下,◨ 表明为一个**模拟分析**项目,▢ 为一个**未打开**项目,▢ 为一个**打开**项目。

  - ➤ 在**作业窗口**,▣ 为一个 WBS 节点,一个蓝色 ▬ 为一个完成的作业,一半蓝一半绿 ▬ 为进行中的作业,全绿 ▬ 为未开始的作业。

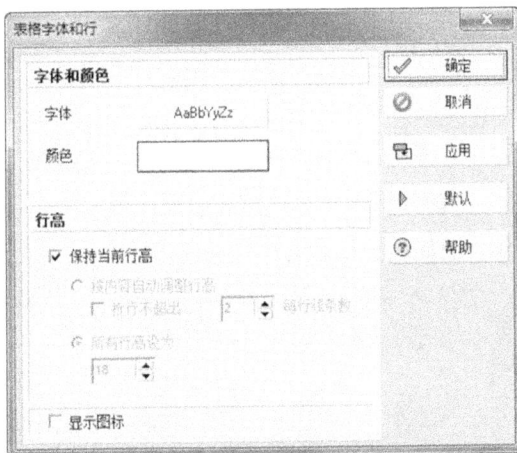

- 单行行高的手动调节与 Excel 中行高的调整的方法类似:点击此行,指针会变为双箭头⬍,再用鼠标拖拽此行。这些手动调节的行将不能保存为一个视图。

8.7 调整时间标尺格式

8.7.1 移动和重调时间标尺比例

为了显示进度的隐藏部分，可把光标放在时间标尺的上半部分拖拽和移动时间标尺，光标会变成 🖐，点击并左右拖拽。

时间标尺可通过放置光标在下半部分重新调整比例，从而增加或减少栏的长度，显示更多或更少进度，光标会变成 🔍，点击朝左拖拽使栏变短，朝右使栏变长。

当你查看作业日期前后的某一时间可能会发现看不到栏了，**在甘特图**区双击可以让他们回到视野。

8.7.2 调整时间标尺格式命令

时间标尺小窗口提供了显示时间标尺的若干选项，可在栏图标上面找到。打开**时间标尺小窗口**：

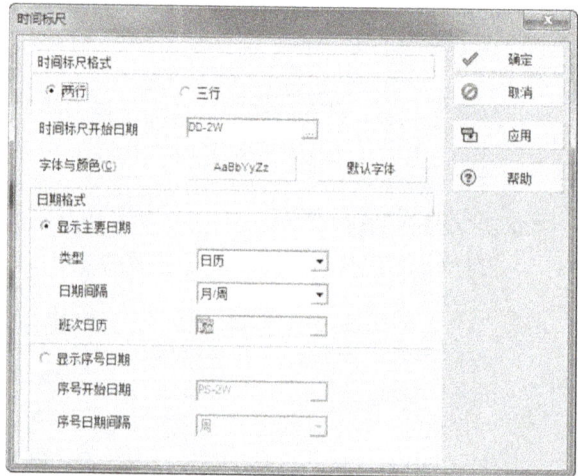

- 点击 ▦ 图标，或
- 选择**显示(V)**，**时间标尺(M)**，或
- 在栏图表区点右键选择**时间标尺(Y)**...。

时间标尺小窗口可选项为：

- **时间标尺格式**有以下选项：
    - ➢ 两行，或
    - ➢ 三行

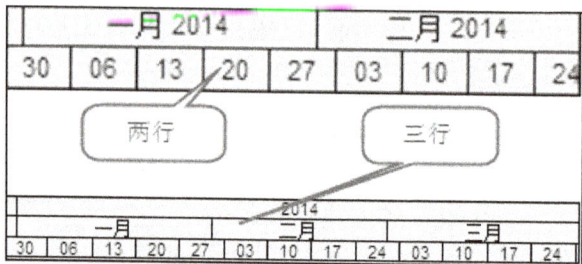

- **字体与颜色**
    - ➢ [AaBbYyZz] 图标可打开**编辑字体和颜色**小窗口，可改变时间标尺和栏位标题的字体和颜色。
    - ➢ 点击 [默认字体] 图标所有改变将会归位。

日期格式

- **类型**

  ➤ **日历** 显示一个正常的日历

  ➤ **财务年度** 以年显示整个财务年度，财务年度的开始月份可在**项目窗口，项目详情** 小窗口的**设置** 标签页下进行设定。

  ➤ **周/年** 显示了某年的某周，从"1"一月份的第一周，通常被称为**生产周**。

- **日期间隔** 设定时间标尺，有如右图所示的选项：

  ➤ **周/天 1** 看起来像这样：

十二月 16	十二月 23	十二月 30
一 二 三 四 五 六 日	一 二 三 四 五 六 日	一 二 三 四 五 六 日

  ➤ **周/天 2** 看起来像这样：（中文没有什么不同）

十二月 23	十二月 30
一 二 三 四 五 六 日	一 二 三 四 五 六 日

  ➤ **日期间隔** 也可点击 ⊕ 或 ⊖ 来调整，可如上图所示使时间标尺设定上下移动。

- **班次日历** 可在**日期间隔** 选为**天/班次** 选项选择时，把天分解为时间间隔以适应班次间隔。

- **显示序号日期** 下的**序号日期间隔** 选项可以以不同的时间单位显示时间标尺，这在显示一个项目开始未知的进度时是很有用的。序号日期计数所选单位，起点为用户定义的开始日期，来显示时间标尺。这个选项与 P3 可选序号日期的功能类似，当显示 3 行时，序号日期和日历日期才可显示：

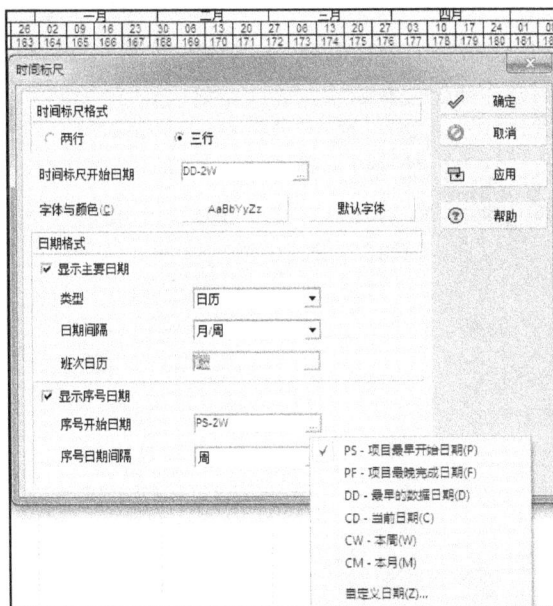

8.7.3 时间标尺的非工作时间遮罩

栏后面的非工作时间遮罩可在数据库**默认日历**设置：

- 专业版本，选择**企业(N)**，**日历(C)...**，检查**默认栏位**的日历，
- 可选客户端的设置通过网络在**管理员，企业数据**。

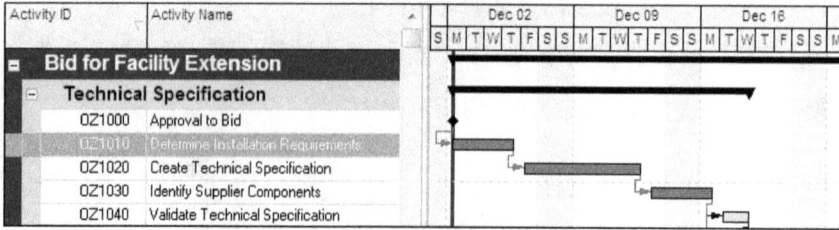

8.8 插入挂接-文本框和幕布

8.8.1 增加和删除一个文本框

可在栏图表区插入文本框：

- 选择需要插入文本的作业后，
- 在栏图标区点右键打开菜单，选择**挂接(Z)，文本(T)**，

或：

- 选择**显示(V)**，选择**挂接(T)，文本**，
- **文本挂接**小窗口将会出来。

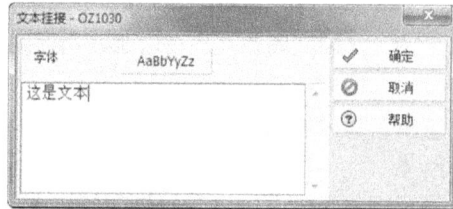

接下来：

- 输出文字并点击 ![AaBbYyZz] 图标调整格式。

- 可点击文字并用鼠标拖拽边和角调整**文本框**的位置。

如需删除文本框，把光标放在框上直至变为+，接着点击并按下 Delete 键删除。

⚠️ 作者发现在他的 P6 的 8.2 版本下不可以删除文本框，仅可以删除框内的文字使框体消失，这已经在 8.3 版本中修复了。

8.8.2 增加和删除幕布（帘）

　　Primavera 5.0 版引入了可在甘特图上放置多个显示或隐藏的幕布的功能。**幕布**，可以将栏图表的一段时间突出或加亮显示，与 P3 和 SureTrak 的显示方式类似。

　　选择**显示(V)**，**挂接(T)**以显示**帘**菜单或栏上点右键选择选择**挂接(Z)**，**幕布(C)**:

- **增加幕布**可打开**幕布挂接**小窗口创建一个幕布,
- **全部显示**可显示所有幕布,
- **全部隐藏**可隐藏所有幕布,
- 在甘特图上双击幕布也可以打开**幕布挂接**小窗口，从而删除或隐藏个别幕布。
- 使用**开始日期**和**完成日期**,
- 在栏图表区拖拽幕布的左或右边缘(光标会变为 ↔)至不同的开始或完成日期,
- 抓住幕布中间(光标会变为 ↔)拖拽整个幕布。

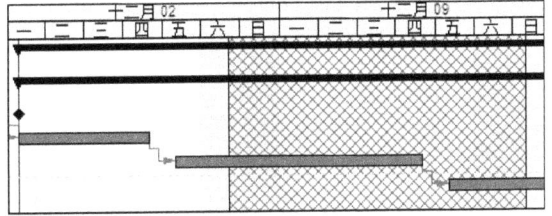

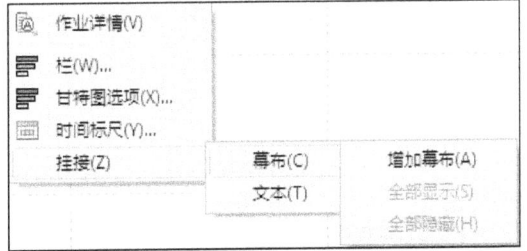

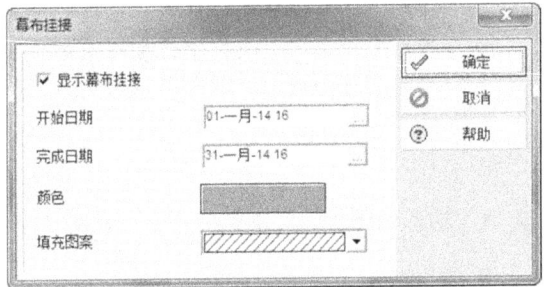

双击幕布打开**幕布挂接**小窗口点击 [✖ 删除] 图标删除幕布。

8.9 字体和字体颜色格式

字体格式选项为：

- **作业数据**字体可选择**显示(V)，表格字体和行(N)，表格字体和行**小窗口（上段所述）调整格式：

  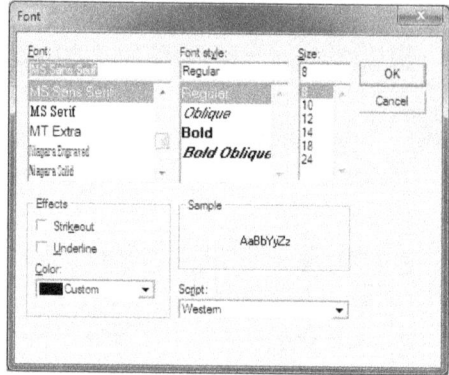

  ➢ 可打开字体小窗口，与 Windows 的功能一样。

  ➢ 点击**颜色**图标可选择文本的颜色。

- **记事本主题**的格式可如上所述在底部窗口的记事本项目的输入位置进行调整。

- 当左上角菜单有**表格字体和行**菜单项时，有些小窗口可能有编辑显示数据的字体。

  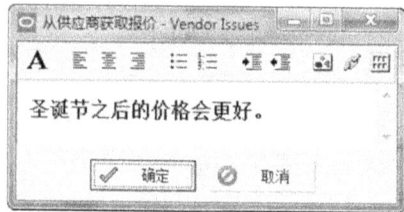

- 插入栏图表的**文本框**的文本可在对话框创建时修改格式。

8.10 颜色格式

以下为调整颜色格式的选项：

- 点击 图表或选择**显示(V)，分组和排序条件(G)**打开**分组并排序**小窗口调整视图的**分组带**格式。
- **文本**颜色在**字体和字体颜色格式**段落。
- **栏**颜色在**调整栏格式**段落讲述。
- **时间标尺**和**栏位标题**在**调整时间标尺格式命令**段落讲述。
- **辅助线（分隔线）**颜色不可调整。
- **进展线**颜色可在**栏图表选项**窗口的**辅助线**标签页选择。
- **数据日期**可在**栏选项**窗口的**数据日期**标签页下调整格式。
- **关系线**，也称作**依赖关系，逻辑**或**连接**，不可调整格式，只显示为以下特征：

  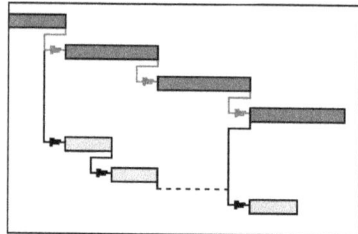

  ➢ 实心红为关键

  ➢ 实心黑为驱控

  ➢ 点状黑为非驱控

  ➢ 蓝色为所选，可被删除。

8.11 行号

8.2 版引入了 Microsoft Project 样式的**行号**。选择**显示(V)**，**行号**可显示或隐藏行号。

#	作业代码	作业名称
1		设施扩建投标
2		技术规格
3	OZ1000	批准投标
4	OZ1010	决定安装要求
5	OZ1020	创建技术规格
6	OZ1030	确定供应商构成
7	OZ1040	验证技术规格
8		交付计划
9	OZ1050	文件交付方式
10	OZ1060	从供应商获取报价
11	OZ1070	计算投标估价
12	OZ1080	创建项目进度
13	OZ1090	审核交付计划
14		投标文件
15	OZ1100	创建投标文件草稿
16	OZ1110	审核投标文件

这是十分有用的功能，例如在审查进度的会议上可确保每个人都在看同一个作业。

但在 Microsoft Project 里，这是一个顺序，如果进度重新排序的话数字也会变化。

8.12 *自测题6 - 调整栏图表格式*

背景

管理层已经收到了你的报告稿并要求做出调整以便于演示。

任务

按如下要求调整你的进度表格式，根据默认设置的不同，你的甘特图可能会与所显示的有所区别，比如：可能没有汇总栏：

1. 如果你有网络连接的话可跳过第3步，并可在 www.primavera.com.au 下载一个视图。

2. 下载一个视图：

    - 从 www.primavera.com.au 网站，Technical Papers（技术文件）标签下下载 **www.primavera.com.au_Layout.plf** 视图到你的桌面，

    - 选择**显示(V)**，**视图(O)**，**打开视图...**导入此视图为项目视图，

    - 不要保存你的视图。

    - 点击 ⬇ 导入 ，从桌面选择视图并导入：

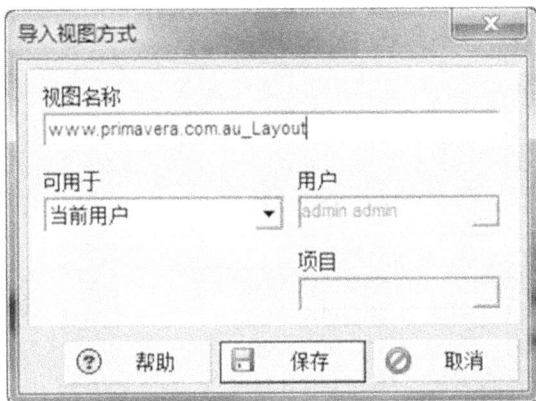

    - 点击 应用 应用此视图。

    - 打开**栏**小窗口查看设置。

    - 关闭**栏**窗口。

    - 现在跳至第4步，**不要做第3步。**

见下页...

3. 调整栏格式，如果你不能下载 **www.primavera.com_Layout.plf** 视图的话：

- 打开**栏**小窗口调整栏格式，

- 点击 | ▷   默认 | 图标还原栏设置为 Primavera 默认

- 编辑**浮时栏**过滤器（**总浮时**栏），使其仅显示未开始（Not Started）和进行中（In Progress）作业的浮时。

显示	名称	时间标尺	用户开始日期	用户定义完成日期	过滤器	预览
☑	浮时栏	浮时栏			未开始 或 进行中	▬▬▬▬

- 删除**第二目标计划**和**第三目标计划**栏，

- 移动目标计划栏和目标计划里程碑至栏窗口的底部以移除目标计划栏的逻辑关系。

- 增加缺少的项目目标计划里程碑并按下图所示调整格式以使各栏看起来不同：

显示	名称	时间标尺	用户	用户	过滤器	预览
☐	项目目标计划栏	项目目标计划栏			正常	▭▭▭
☐	项目目标计划里程碑	项目目标计划栏			里程碑	▽ ▽
☐	第一目标计划	第一目标计划栏			正常	▭▭▭
☐	第一目标计划里程碑	第一目标计划栏			里程碑	△ △

- 移除所有栏的文本，除了**当前标签栏**：

  ➢ 点击底部的**栏标签**，

  ➢ 每次点击一个栏，使用屏幕底部（**不是侧面**）的 | ✖   删除 | 图标删除文字，

  ➢ 改变**当前栏标签**过滤器为全部 Activities 且不显示。

4. 显示以下栏：

    - ➢ 尚需配合作业
    - ➢ 实际配合作业
    - ➢ 实际
    - ➢ 尚需
    - ➢ 关键尚需工作
    - ➢ 里程碑
    - ➢ 完成百分比
    - ➢ 汇总栏
    - ➢ 浮时栏（总浮时）
    - ➢ 负浮时栏

5. 增加栏位：

    - 增加**日历**和**作业类型**栏位，从**栏位**窗口的**常用**部分添加到作业名称栏位的右边。

    - 拖拽栏位标题分隔线调整栏位宽度至最佳。

    - 如果**总浮时**未出现，显示出来。

6. 点击 **F9** 并点击 $\boxed{\triangleright \quad 进度}$ 图标，将计算项目进度和浮时。

7. 调整行高：

    - 选择**显示(V)**，**表格字体和行(N)**设行高为 30 并应用，

    - 选择**按内容自动调整行高**项，折行不超出每行 1 线条并应用，

    - 设置所有行高为 18 并应用。

    - 点击 $\boxed{\checkmark \quad 确定}$ 关闭窗口。

8. 用 $\boxed{\oplus \ominus}$ 按钮调整时间标尺为年和月，周和天（两个选项），月和周，

9. 选择**显示(V)**，**栏**并点击 $\boxed{\square \quad 选项}$ 图标，选择**辅助线**标签页；也可在甘特图区点右键并选择**栏图表选项...**，再选**辅助线**标签页。在这里调整垂直线的主分隔线为每月一个的实线，次分隔线为每周一个的实线。

10. 调整时间标尺以使所有栏可见。

见下页...

11. 以下是预期结果：

12. 检查以下部分：

- 点击作业代码确保排序正确，

- 所有作业的日期和时间都该在一天同一时间开始和完成，

- OZ1060 作业的栏应为红色，因为这是关键作业代表了项目完成的最短工期，

- 其他所有作业都应有浮时。

9　增加逻辑关系

进度的下一个阶段是为作业添加逻辑，有两种逻辑：

- **关系**（作业间的**依赖关系，逻辑**或**连接**），以及
- 强加至作业开始或完成日期的**限制条件**（制约因素），这在**限制条件**一章会讲到。

Primavera 的帮助菜单和其他文档称**逻辑关系**（Relationships）为**逻辑关系**（Relationships）或**逻辑**（Logic），不使用**依赖关系**（Dependencies）或**连接**（Links）的说法。

这章我们着重于以下方法：

主题	创建开始到完成（**Start-to-Finish**）逻辑关系的注意事项
- 栏图表中的图形	拖拽↳鼠标指针从一个作业到另一个作业以创建依赖关系。
- 打开**作业详情**小窗口	紧前作业和后续作业可在**逻辑关系，紧前作业**或**后续作业**标签页增加和删除。
- 在**编辑逻辑关系**窗口编辑或删除相关性。	在**栏图表**或**作业网络图**中双击一个作业连接。
- 从菜单打开**分配紧前作业**或**分配后续作业**窗口。	- 选择**编辑(E)，分配(I)，紧前作业(P)...**，或 - 选择**编辑(E)，分配(I)，后续作业(S)...**。
- 显示**紧前作业**和/或**后续作业**栏位。	双击紧前作业或后续作业格将打开**分配紧前作业**或**分配后续作业**小窗口。
- 用完成到开始关系链型或自动连接作业。	用 **Ctrl** 键选择按连接顺序排列的作业，点右键并选择**连接作业(K)**。

逻辑关系

在进度计算中有两种依赖关系需要讨论：

- **硬逻辑**，也被称为**强制性**或**主要逻辑**，是无法避免的依赖关系，例如：要先挖好地基才能把混凝土倒进去。
- **软逻辑**，也被称为**排序逻辑，选择性逻辑，首选逻辑**或**次级逻辑**，可在之后的日期进行改动以反映计划变更，例如：决定先挖哪个基洞。

由于记事不能附加在逻辑关系上，因此很难区分哪个是硬逻辑哪个是软逻辑。当一个有着大量软逻辑的进度更改时，有可能会很难维持。随着项目的进行，软逻辑可能由于作业的开始等其他原因转变为硬逻辑。

Microsoft Project 允许两个作业添加一个逻辑关系，SureTrak 和 P3 可在两个作业间添加两个，P6 可在两个作业间添加四个。

9.1 限制条件

限制条件在逻辑关系不能提供所需结果时应用于作业，通常是**外部依赖关系**的结果。限制条件的典型应用是限制一个作业的日期：

- 工地是否可以开始工作。
- 客户提供的信息。
- 项目要求的完成日期。

限制条件通常在里程碑作业输入，表明合同日期，也可使用记事本主题直接与合同款项相连。

限制条件在**限制条件**章节详细介绍。

9.2 理解逻辑关系

Primavera P6 有四种可用的依赖关系：

- 完成到开始（Finish-to-Start (**FS**)），也称作传统关系，
- 开始到开始（Start-to-Start (**SS**)），
- 开始到完成（Start-to-Finish (**SF**)），
- 完成到完成（Finish-to-Finish (**FF**)）。

两个你必须明白的术语：

- **紧前作业**，一个作业控制着另一个最接近的随后作业的开始或完成。
- **后续作业**（**项目管理知识体系®指南**称为**紧后作业**），

下图显示了依赖关系是如何以图形形式出现在**栏图表**和**作业网络图**（也称为 PERT- Network Diagram and Relationship Diagram Views，网络和关系图）

FS（传统）依赖关系看起来像这样：

而 **SS** 依赖关系像这样：

SF 依赖关系为：

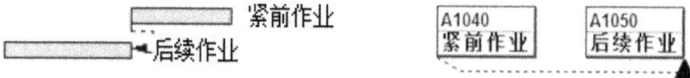

FF 依赖关系为：

9.3 理解延时和负延时

延时为作用于依赖关系的一段时间，可使后续作业的开始或完成时间提前或者推后。

- 当一个正**延时**被分配时，后续作业将会推迟开始时间。因此，当一个作业完成后，要延期 3 天才开始另一个作业时，就需要一个 3 天的正延时。

- 相反的，当一个新作业的开始时间早于紧前作业完成的时间时，延时也许会为负。这被称为**时间提前**或**负延时**。

- **时间提前**或**延时**可应用于任何逻辑关系类型。

正延时的 **FS** 示例：

负延时的 **FS** 示例：

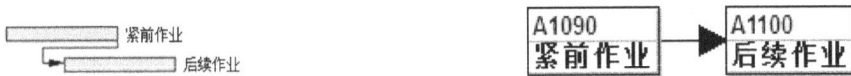

以下是熟悉延时的一些重点：

- Microsoft Project 和其他 Primavera 产品在延时上计算延时工期，并不如 Asta Powerproject 一般分配延时至紧前作业或后续作业中的其中一个或对两个同时分配。

- 延时可在**进度计算选项窗口**的**计算逻辑关系延时的日历**下拉菜单分配四种日历中的一种。这个窗口在**工具(T)**，**进度计算(S)**...的 标签下。

   ➢ 紧前作业日历，

   ➢ 后续作业日历，

   ➢ 24 小时日历，

   ➢ 项目默认日历。

在 Primavera P3 和 SureTrak 软件中，延时使用紧前作业日历计算；Microsoft Project 2003 到 2010 使用后续日历，可能会有实耗工期延时；Microsoft Project 的早期版本使用项目日历。Asta Powerproject 的延时分配至紧前作业或后续作业中的其中一个或两个同时分配，这样允许每个逻辑关系选择任一一个紧前作业或后续作业的日历。

当你为了推迟时间而使用延时时你必须注意，比如混凝土固化的延时日历可能不是一个七天的日历。因为这种类型的作业通过非工作时间，作业可能在 Primavera 计算的完成日期前就完成了。

当打开多个项目且每个项目的延时日历选项都不同时，你必须十分小心。这是因为所有的项目选项都会永久变更为与**默认项目**相同，因此你的一些项目在这些项目一起打开前可能会与之前的计算方式不同。请仔细阅读**计算多个项目进度**章节以获取此主题的更多细节。

9.4　调整逻辑关系格式

关系线不能像 SureTrak 一样调整格式，但是也不像 Microsoft Project 会使用紧前作业的颜色，因而容易让人迷惑。

- 逻辑关系可通过点击**作业**工具栏的 ⬛图标隐藏或显示，或在**栏图表选项**小窗口选择是否勾选**显示逻辑关系**项。

- 逻辑关系的颜色表示为：
  - ➢ 实心红色 – 关键且为一个驱控关系，
  - ➢ 实心黑色 – 非关键驱控关系并因而有自由浮时，
  - ➢ 点状黑色 – 非关键非驱控关系且有自由浮时，
  - ➢ 蓝色 – 所选关系且可被删除。

- 如 8.3 段落讨论的，在**栏**窗口里，当目标计划栏在实际和尚需栏之上时，逻辑关系会显示在**目标计划**栏。为了把关系放置于最早（Early）栏，这样更符合逻辑，你应该在**栏**窗口移动目标计划栏到实际和尚需栏下方。

关系在目标计划栏上　　　　　　　　　　关系在当前栏上

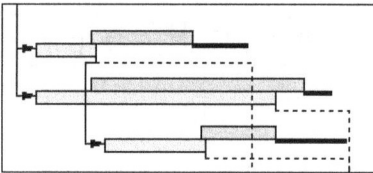

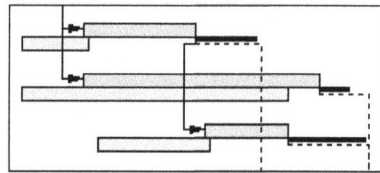

9.5　增加和删除逻辑关系

9.5.1　图形增加和删除逻辑关系

增加逻辑关系，移动鼠标指针到紧前作业栏的末端，鼠标就会变为 ⬐。接着按下鼠标左键，拖至后续作业的前端并放开鼠标。

创建如**开始到开始（SS）**的其他逻辑关系，从紧前作业栏的前端拖至后续作业栏的前端。

确认或编辑连接，或在连接增加之后添加延时，可打开**编辑逻辑关系**小窗口：

- 点击选择一个逻辑关系线，线将变为蓝色且会出现一个箭头 ↑，接着

- 双击打开**编辑逻辑关系**小窗口：

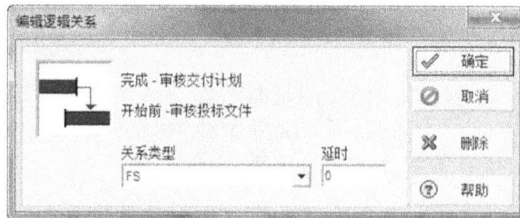

- 点击 ✖ 删除 以删除逻辑关系。

9.5.2 图形删除逻辑关系

选择一个逻辑关系，当它变为蓝色时点击 **Delete** 键并选择 是(Y) 进行删除。另一个逻辑关系可能也会变蓝，如果你要删除它的话就再点 **Delete** 键并选择 是(Y) 。

多个逻辑关系可点击 **Delete** 键并多次选择 是(Y) 删除，当你删除最后一个逻辑关系时，你将开始删除作业，一定要注意。

i 作者在他的 8.2 版中发现用与 P6 的早期版本删除逻辑关系的方法是无法在此版本中使用的，这已经在 8.3 版本中修复了。

9.5.3 在作业详情小窗口增加和删除逻辑关系

底部窗格的**作业详情**窗口可用于增加和删除逻辑关系。

打开窗口

- 选择**紧前作业，后续作业**或**逻辑关系**（它们的运行方式类似）标签页的其中一个。**后续关系**标签页在下图显示：

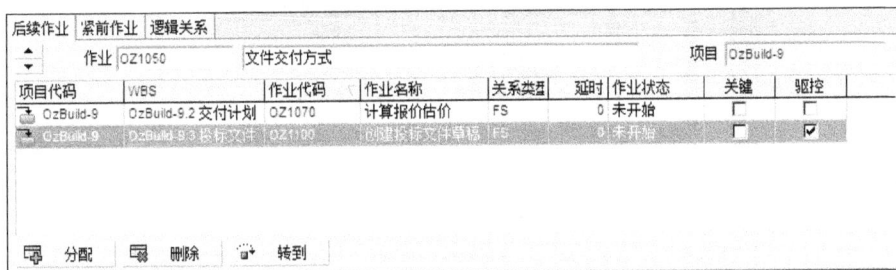

编辑小窗口

- **紧前作业**和**后续作业**标签页都可调整格式以显示你需要的栏位：

  ➢ 在**紧前作业**和**后续作业**标签页点击右键，

  ➢ 选择 自定义后续作业栏位(C)... 打开**紧前栏位**或**后续栏位**窗口。

  ➢ 下图显示了可用选项：

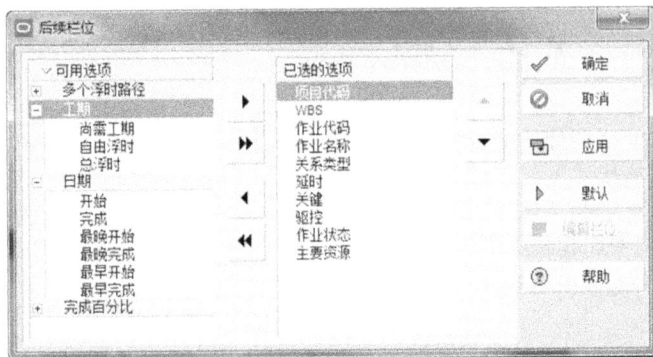

  ➢ 使用箭头增加，删除和排序你需要的数据项。

  ➢ 点击 编辑栏位... 图标，使用**编辑栏位**窗口编辑标题。

增加逻辑关系

- **增加**紧前作业或后续作业：

  ➤ 在**分配紧前作业**小窗口点击 ⊞ 图标**分配紧前作业**，或在**分配后续作业**小窗口点击 ⊞ 图标**分配**后续作业，或

  ➤ 点击 ✓显示：所有作业 图标调整窗口格式，

  ➤ 从列表中选择逻辑关系：

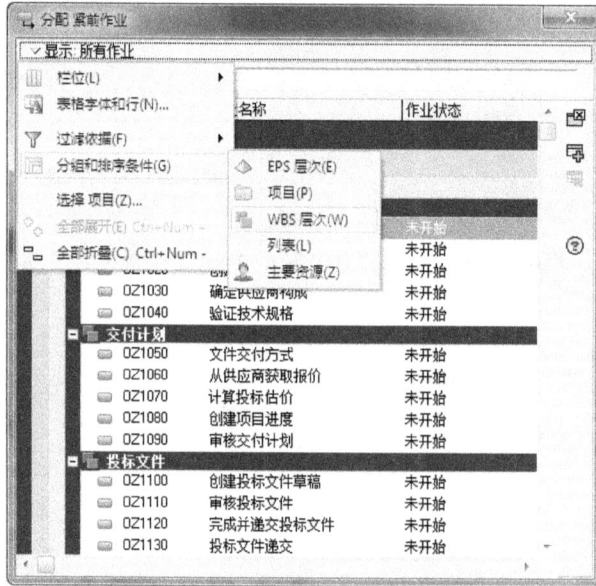

  ➤ 你可使用**搜索**功能输入作业代码或名称的第一个字减少搜索范围。

  ➤ 双击作业或点击 ⊞ 图标分配紧前作业或后续作业。

- 在**关系类型**菜单输入关系类型，如需要，在**延时**菜单输入延时。

- 点击下一个作业线输入另一个逻辑关系，**分配紧前作业**或**后续作业**窗口会一直打开。

- 选择一个关系并点击 图标以**删除**一个逻辑关系。

- 可顺着网络路径在**紧前作业**或**后续作业**窗口点击 转到 图标跳至一个标亮的作业。

- 在在**紧前作业**或**后续作业**标签页左上角点击 图标移至上下作业，这个图标在每个底部窗格标签页都有。

9.5.4 使用栏位增加和删除逻辑关系

使用栏位分配逻辑关系：

- 显示紧前作业和/或后续作业栏位，

- 双击作业的紧前作业或后续作业栏位，打开**分配紧前作业**或**后续作业**小窗口，

- 如上段所述继续。

9.5.5 链型连接

用 **Ctrl** 键选择按连接顺序排列的两个或多个作业，点右键并选择**连接作业**也可使作业连接起来：

- 这个选项只能创建完成到开始逻辑关系，
- 这个选项不能使用户非链型连接。

9.5.6 使用分配工具栏图标分配逻辑关系

分配紧前作业图标 可打开**分配紧前作业**小窗口，**分配后续作业**图标 可打开**分配后续作业**小窗口。

9.6 *撤除作业*

当一个作业被删除时，逻辑性的作业连接会被打破。选择**编辑(E)**，**撤除(O)**命令或点右键选择**撤除(O)**命令会删除一个作业，但是会以完成到开始的逻辑关系连接其紧前作业和后续作业。

9.7 *网络回路*

当逻辑关系中出现循环就会创建**网络回路**，当你重新计算进度时，你将会看到**网络回路**小窗口并指出循环。如果在计算一个项目进度时检测到了回路，**网络回路**小窗口会显示其找到的任意回路。

> *i* 如需移除一个网络回路，可 选择列表中的第一个作业并移除其紧前作业，即为列表中的最后一个作业；或点击列表中的最后一个作业并移除其后续作业，即为列表中的第一个作业。

9.8 *计算项目的进度*

在你有了作业和逻辑之后，Primavera 将计算作业的日期/时间。更明确的说，Primavera 计算项目的**进度**从而来计算**最早日期**、**最晚日期**、**自由浮时**和**总浮时**。这可使你审核项目的**关键路径**。（Microsoft Project 使用**可宽延时间（Slack）**而不是浮时）。如需计算一个项目的进度：

- 选择**工具(T)**，**进度计算(S)...**，或
- 点击 图标，
- 点击 **F9** 键打开**进度**窗口：

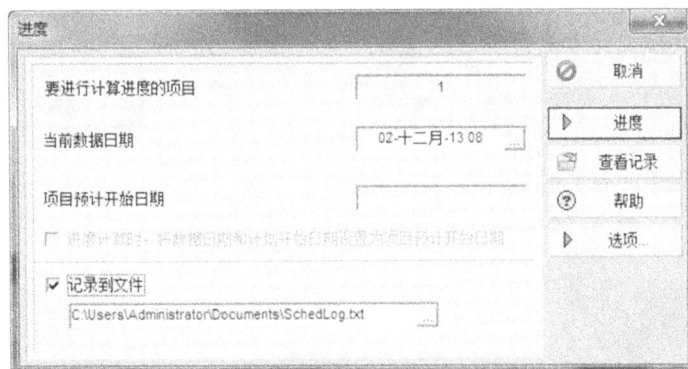

- 检查**当前数据日期**，在进度开始进行前应为项目的开始日期。

- 点击 | ▷　进度 | 图标。

ⓘ　确定选择"记录到文件"项以显示进度计算记录报告。在项目进度计算之后，重新打开进度窗口并点击查看记录以审核记录。

如需打开自动计算，选择**工具(T)**，**进度计算(S)...**， | ▷　选项 | 图标，选择**修改影响日期时自动进行进度计算**。

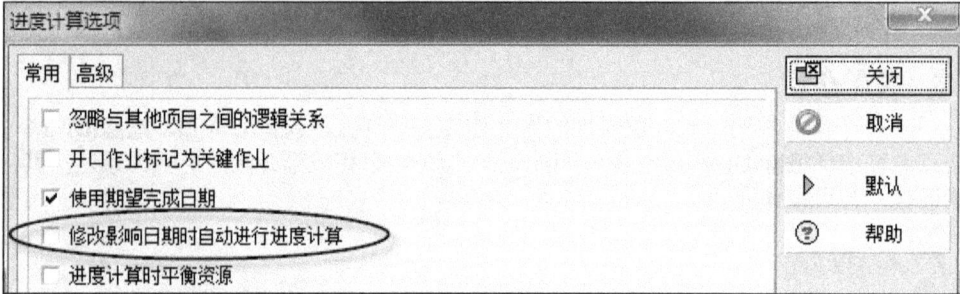

进度计算选项

常用	高级

☐　忽略与其他项目之间的逻辑关系
☐　开口作业标记为关键作业
☑　使用期望完成日期
☐　**修改影响日期时自动进行进度计算**
☐　进度计算时平衡资源

⊠	关闭
⊘	取消
▷	默认
⑦	帮助

有时在编辑作业会影响作业日期时，让软件每次都重新计算进度是更好的。通常来说，大型进度计算使用 Citrix 或 Terminal 服务器的远程服务器的反应时间都很慢，所以这个选项最好不选。

Microsoft Project 和 SureTrak 的默认计算设置都为自动计算，P3 和 Primavera P6 为手动。

9.9　*审核逻辑关系、延时和负延时*

从用户界面的栏位查看所有的时间提前和延时如在 Microsoft Project 或 Asta Powerproject 般是不可能的。可使用以下关系查看逻辑关系：

- 在相关的作业详情窗口标签页，可每次审核一个作业的时间提前和延时；

- 显示紧前作业或后续作业栏位，但是这样**不会**显示时间提前和延时；

- 在"进度报告-紧前作业和后续作业"，但是 P6 提供的标准报告在作者使用的系统上**无法**显示时间提前和延时；

- 在栏上显示逻辑关系，但这样**不能**显示时间提前和延时；

- 在作业网络图，但这样**不能**显示时间提前和延时；

- Excel 的导出文件，这里可在栏位显示时间提前和延时。

	A	B	C	L	M
1	pred_task_id	task_id	pred_type	lag_hr_cnt	delete_record_flag
2	Predecessor	Successor	Relationship Type	Lag(d)	Delete This Row
3	SH2002	SH2010	FS	-5	
4	SH2010	SH2020	FS	-5	
5	SH2020	SH2030	FS	-5	

9.10 自测题 7 – 增加逻辑关系

背景

你已经决定了作业的逻辑顺序，现在要建立逻辑关系了。

任务

1. 在**栏位**窗口的**列表**部分，显示**紧前作业**至作业名称的右边；

2. 使用这章详解的几种方法输入逻辑：

作业代码	作业名称	紧前作业
设施扩建投标		
技术规格		
OZ1000	批准投标	
OZ1010	决定安装要求	OZ1000
OZ1020	创建技术规格	OZ1010
OZ1030	确定供应商构成	OZ1020
OZ1040	验证技术规格	OZ1030
交付计划		
OZ1050	文件交付方式	OZ1040
OZ1060	从供应商获取报价	OZ1030
OZ1070	计算投标估价	OZ1050, OZ1060
OZ1080	创建项目进度	OZ1070
OZ1090	审核交付计划	OZ1080
投标文件		
OZ1100	创建投标文件草稿	OZ1050
OZ1110	审核投标文件	OZ1090, OZ1100
OZ1120	完成并递交投标文件	OZ1110
OZ1130	投标文件递交	OZ1120

3. 按下 **F5**-如果逻辑关系不在栏位显示的话刷新数据；

4. 按下 **F9** 或点击 图标计算进度；

5. 使用 图标隐藏和显示逻辑连接，现在让他们显示。

见下页...

自测题 7 的答案

6. 按下图调整栏位格式：

作业代码	作业名称	紧前作业	后续作业	原定工期	开始	完成	总浮时
设施扩建投标				31d	07-十二月-2015 08	21-一月-2016 16	0d
技术规格				13d	07-十二月-2015 08	23-十二月-2015 16	2d
OZ1000	批准投标		OZ1010	0d	07-十二月-2015 08		0d
OZ1010	决定安装要求	OZ1000	OZ1020	4d	07-十二月-2015 08	10-十二月-2015 16	0d
OZ1020	创建技术规格	OZ1010	OZ1030	5d	11-十二月-2015 08	17-十二月-2015 16	0d
OZ1030	确定供应商构成	OZ1020	OZ1040, OZ1060	2d	18-十二月-2015 08	21-十二月-2015 16	0d
OZ1040	验证技术规格	OZ1030	OZ1050	2d	22-十二月-2015 08	23-十二月-2015 16	0d
交付计划				14d	22-十二月-2015 08	13-一月-2016 16	0d
OZ1050	文件交付方式	OZ1040	OZ1100, OZ1070	4d	24-十二月-2015 08	31-十二月-2015 16	2d
OZ1060	从供应商获取报价	OZ1030	OZ1070	8d	22-十二月-2015 08	05-一月-2016 16	0d
OZ1070	计算投标估价	OZ1060, OZ1050	OZ1080	3d	06-一月-2016 08	08-一月-2016 16	0d
OZ1080	创建项目进度	OZ1070	OZ1090	3d	09-一月-2016 08	12-一月-2016 16	0d
OZ1090	审查交付计划	OZ1080	OZ1110	1d	13-一月-2016 08	13-一月-2016 16	0d
投标文件				14d	04-一月-2016 08	21-一月-2016 16	0d
OZ1100	创建投标文件草稿	OZ1050	OZ1110	6d	04-一月-2016 08	11-一月-2016 16	2d
OZ1110	审查投标文件	OZ1090, OZ1100	OZ1120	4d	14-一月-2016 08	19-一月-2016 16	0d
OZ1120	完成并递交投标文件	OZ1110	OZ1130	2d	20-一月-2016 08	21-一月-2016 16	0d
OZ1130	投标文件递交	OZ1120		0d		21-一月-2016 16	0d

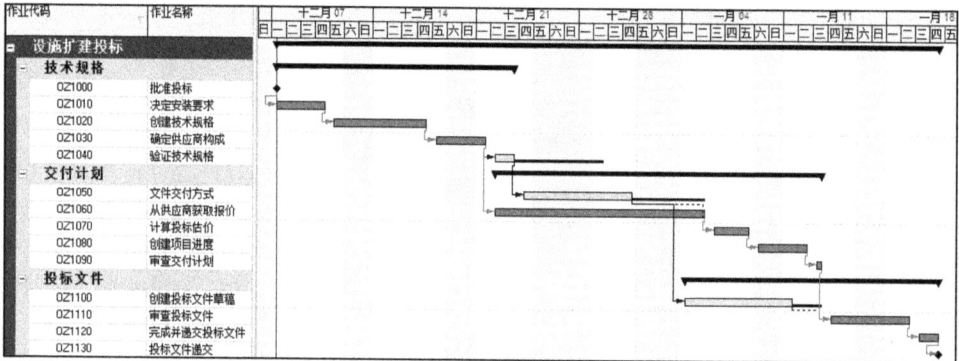

10 作业网络图

作业网络图，也称作 **PERT 图**，显示作业为框体加以关系线，看下图：

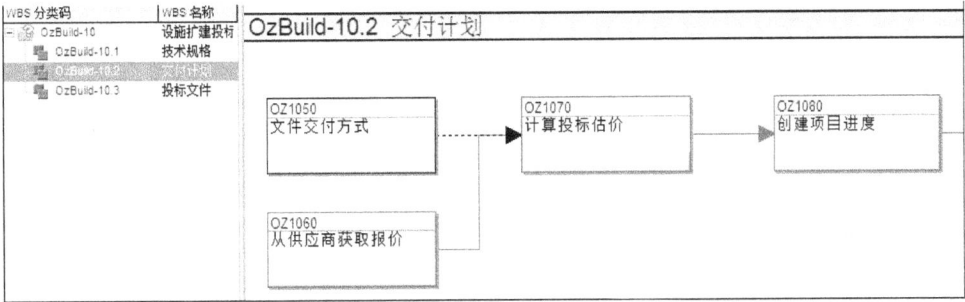

这章不会详细阐述这个主题但会介绍主要功能。

许多在**甘特图**可用的功能也可在**作业网络图**使用：

主题	菜单命令
• 使用**作业网络图**查看项目。	• 点击**顶部视图**工具栏的 ⬛ 图标，或 • 选择**显示(V)**，**显示于顶部(W)**，**作业网络图**。
• 在**作业网络图**内增加和删除作业。	• 使用 Insert 和 Delete 键，或 • 使用**编辑**工具栏，**增加** ➕ 和**删除** ✖ 图标，或 • 使用菜单命令**编辑(E)**，**增加**和**删除**。
• 增加，编辑和删除逻辑关系。	• 在图上拖拽一个作业至另一个，或 • 使用**作业窗口**，详情小窗口的**紧前作业**，**后续作业**，**逻辑关系**的任一标签页。
• 调整作业框格式。	• 选择**显示(V)**，**作业网络图**，**作业网络图选项...**，或 • 在**作业网络图**区域点右键并选择**作业网络图选项(X)...**。

10.1 *使用作业网络图查看项目*

如需在**网络图**查看你的项目可：

- 点击**顶部视图**工具栏的 ⊟ 图标，或

- 选择**显示(V)**,**显示于顶部(W)**, **作业网络图**。

10.2 *增加和删除作业*

10.2.1 增加作业

新作业即使没有逻辑关系也可创建：

- 使用 **Insert** 键，或

- 使用**编辑**工具栏，**增加** ⊞ 图标，或

- 选择**编辑(E)**, **增加(A)**。

10.2.2 删除作业

作业也可删除：

- 使用 **Delete** 键，或

- 使用**编辑**工具栏，**删除** ⊠ 图标，或

- 选择**编辑(E)**, **删除(L)**。

10.3 *增加、编辑和删除逻辑关系*

逻辑关系可通过下列方法增加、删除或编辑：

10.3.1 图形增加逻辑关系

- 如需建立一个 FS 的逻辑关系，移动鼠标至紧前作业框的右侧（指针会变为↴）并拖拽至后续作业的左侧。选择紧前作业和后续作业框的左侧或右侧将决定建立的是何种逻辑关系。

- 如需编辑逻辑关系，选择这个逻辑关系（将会变为蓝色），双击打开**编辑逻辑关系**窗口进行编辑。

10.3.2 使用作业详情小窗口

在**作业详情**小窗口打开**逻辑关系**标签页：

- 如果**作业详情**窗口未显示，选择**显示(V)**,**显示于底部(H)**。

- 接着可用与甘特图一样的方法增加、编辑和删除作业。

10.4 调整作业框格式

作业框可在**作业网络选项**小窗口调整格式，仅在作业网络图可显示。格式的调整同时影响**跟踪逻辑**和**作业网络窗口**的视图：

- 选择**显示(V)**，作业网络图，作业网络图选项…,
- 在**作业网络图**区域点右键并选择**作业网络图选项(X)**…：

  - ➤ 在作业框模板标题下有一系列的框模板可以选择，这些模板会在框中显示不同的数据。

  - ➤ 点击 字体和颜色(F)(C)… 调整字体和颜色的格式，

  - ➤ 点击 模板框(T)… 编辑模板或从作业框增加或移除数据项。

  注释：这个选项也会调整**跟踪逻辑**框的格式为同一种。

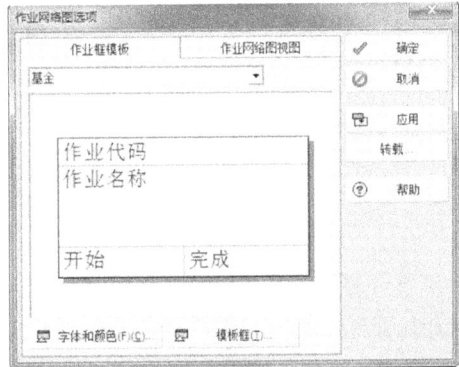

- 点击**作业网络图视图**标签显示更多选项：

  - ➤ **显示进展**会有一条对角线显示在进行中的作业上，在已完成的作业上将会显示一个叉。

  - ➤ **间距**为框大小的百分比。

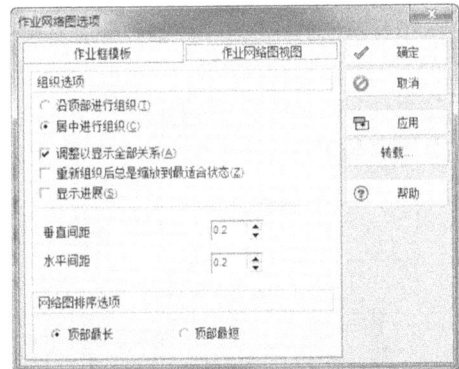

10.5 重新组织作业网络

作业网络图中的作业可拖拽重新定位，在**作业网络图**点右键有两个功能可用：

- **重新组织**将重新定位没有手动调节的作业位置，
- **全部重新组织**将重新定位包括手动调节的所有作业位置。

10.6 保存和打开作业网络位置

当作业手动拖拽至屏幕的新位置用于展示时，可以保存并随后重载这些位置：
显示(V)，作业网络图，**保存网络位置**…将创建一个*.anp 文件，

- **显示(V)**，作业网络图，**打开网络位置**…可定位可加载一个*.anp，使作业按当时保存的样子重新定位。

10.7 最早日期、最晚日期和浮时的计算

为了帮助读者更好的理解最晚和最早日期，浮时和关键路径，我们现在将通过一个例子讲解，下方的框体代表了作业。

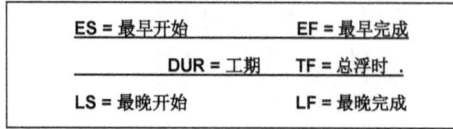

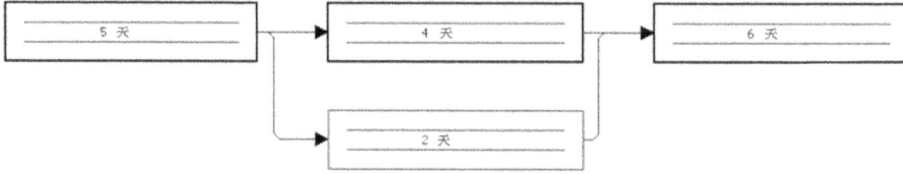

- 顺推计算了最早日期: EF = ES + DUR – 1
  计算开始于第一个作业并在时间上向前。

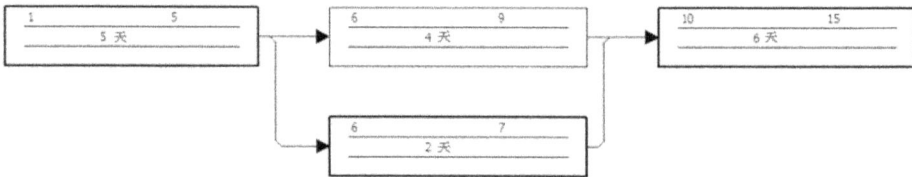

- 逆推计算了最晚日期：LS = LF – DUR + 1
  计算开始于最后一个作业并在时间上后退。

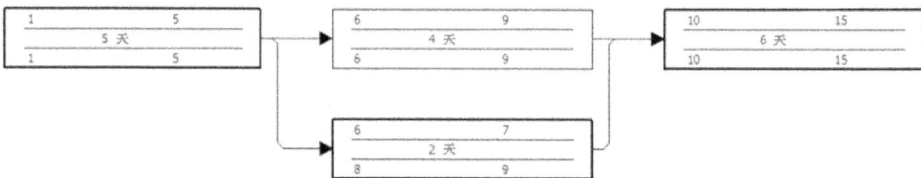

总浮时为一个作业**最晚完成**和**最早完成**的差别，或**最晚开始**和**最早开始**的差别。下方的 2 天作业有一个 9-7=2 天的浮时，其余的作业都没有浮时。

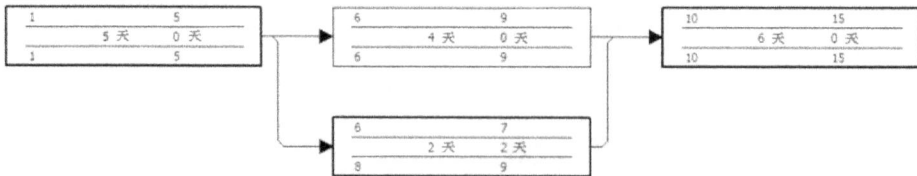

关键路径为任何推迟都会导致项目推迟的路径并从作业的首行运行。**自由浮时**为紧前作业最早完成和后续作业最早开始间的差别。

> ⓘ 一个作业可能并不在关键路径上，也可能会有一个或多个紧前作业，**驱控逻辑关系**为紧前作业决定作业的最早开始。

10.8 自测题8 – 进度计算和作业网络图

背景

我们将用一个简单的练习来学习计算最早和最晚日期。

任务

1. 点击 图标打开你的 Ozbuild 进度的作业网络图。

2. 点击 WBS 的每个节点，并注意观察仅分配至每个节点的作业是如何显示的。

3. 点击三个调焦图标 和它们对进度的作用。

4. 计算下列作业的最早日期，最晚日期和总浮时，假设周一到周五工作且第一个作业于 16 年 2 月 1 号开始。

ES = 最早开始		EF = 最早完成
	DUR = 工期	TF = 总浮时
LS = 最晚开始		LF = 最晚完成

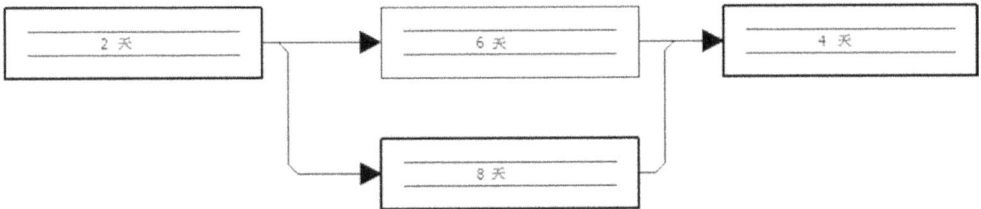

<	二月 2016					>
一	二	三	四	五	六	日
1	2	3	4	5	6	7
8	9	10	11	12	13	14
15	16	17	18	19	20	21
22	23	24	25	26	27	28
29						

5. 翻页看答案：

自测题 8 答案

<		二月 2016			>	
一	二	三	四	五	六	日
1	2	3	4	5	6	7
8	9	10	11	12	13	14
15	16	17	18	19	20	21
22	23	24	25	26	27	28
29						

ES = 最早开始 　　　　　EF = 最早完成

　　DUR = 工期 　　　　TF = 总浮时.

LS = 最晚开始 　　　　　LF = 最晚完成

顺推 　　　　EF = ES + DUR – 1

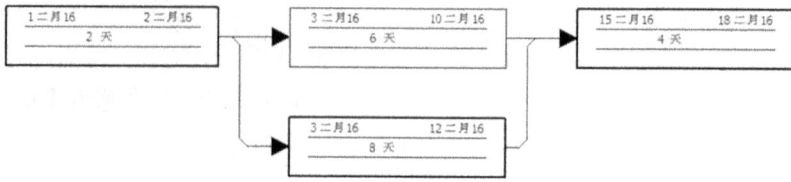

逆推 　　　　LS = LF – DUR + 1

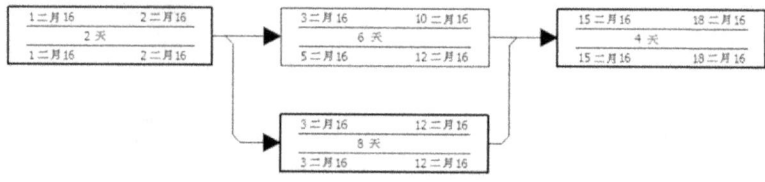

浮时计算 　　　TF = LS – ES

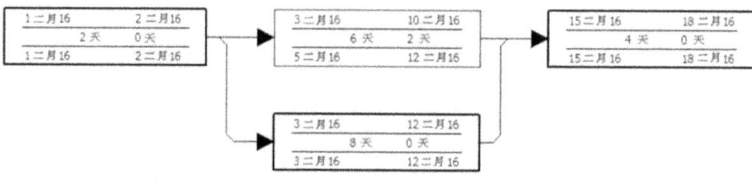

上方的为最早栏，下方的为推迟栏（最晚栏），末端的细栏为总浮时栏，在最晚完成日期结束。

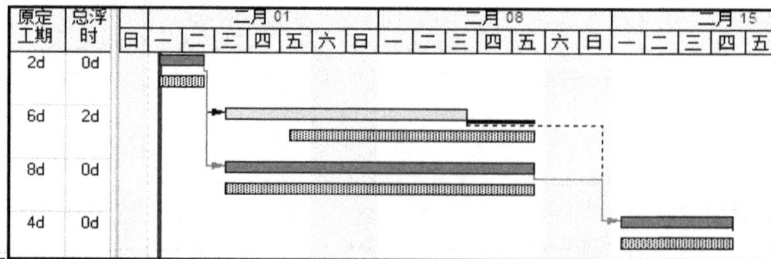

11 限制条件

限制条件用于在无法使用逻辑连接计算实际进度时在作业上强加逻辑，这一章将会详解以下限制条件：

- 开始不早于
- 完成不晚于

这些是有效计算项目进度的最少限制条件的数量。

开始不早于（也称作"最早开始"限制条件，仅影响最早日期的计算）被用作当一个作业的开始日期已知并没有紧前作业的情况，Primavera 不会在这个日期之前计算作业最早开始日期。

完成不晚于（也称作"最晚完成"限制条件，仅影响最晚日期的计算）被用作可以保证最晚完成日期的情况，Primavera 不会在这一日期之后计算作业最晚完成日期。

下表总结了给作业分配限制条件或如何为其添加记事的方法：

主题	创建一个限制条件的注解
- 在**作业详情**小窗口设置**主要**和**第二**限制条件。	在**作业详情**窗口打开**状态**标签页。
- 使用栏位设置限制条件。	下列栏位可显示限制条件的分配和编辑： - 主要限制条件 - 主要限制条件日期 - 第二限制条件 - 第二限制条件日期 - 期望完成日期
- 在甘特图中拖拽一个作业。	在甘特图中拖拽一个作业将会打开**确认**小窗口，可使用户确认**开始不早于**限制条件的设定。
- 添加记事，这些可能是限制条件或其他作业信息。	**作业详情**小窗口有一个**记事本**标签页，可分配记事至**记事本主题**。

i   Primavera 允许每个作业分配两个限制条件，Asta Powerproject，P3 和 SureTrak 也允许两个但是 Microsoft Project 仅允许一个，除非使用截止日期限制条件。

Primavera 中可用的**限制条件**清单：

- **<无>** 此为新作业的默认设置。默认设置的作业进度计算为**越早越好**且没有限制条件。
- **开始于** 也称作**必须开始于**，为作业设定开始的日期。因此，此作业没有浮时，最早开始和最晚开始日期与限制条件日期的设定相同。
- **开始不晚于** 也称作**最晚开始**，这个限制条件设定在最晚日期之后作业将不会开始。
- **开始不早于** 也称作**最早开始**，这个限制条件设定在最早日期之前作业将不会开始。
- **完成于** 也称作**必须完成于**，此限制条件设定了作业将完成的日期因此没有浮时。最早完成和最晚完成日期与限制条件日期的设定相同。
- **完成不晚于** 也称作**最晚完成**，这个限制条件设定作业将不会在最晚日期之后完成。
- **完成不早于** 也称作**最早完成**，这个限制条件设定作业将不会在最早日期之前完成。
- **越晚越好** 也称作**零自由浮时**，作业将会以最晚日期进行进度计算。它仅消耗自由浮时且没有特定的限制条件日期，最早和最晚日期相同。
- **强制开始** 这个逻辑关系不允许通过作业计算浮时且有效的把一个进度分为两部分，有时也被称作硬限制条件。
- **强制完成** 这个逻辑关系不允许通过作业计算浮时且有效的把一个进度分为两部分，有时也称作硬限制条件。
- **期望完成** **期望完成**设定最早完成为期望完成限制条件日期，尚需工期的计算为：未开始作业从最早开始日期至期望完成日期；进行中作业从数据日期至期望完成日期。

早于限制条件操控**最早日期**，**晚于**限制条件操控**最晚日期**。下图举例说明了限制条件是在**项目必须完成**日期在**项目计划开始日期**三周之后的情况下计算作业的总浮时的。

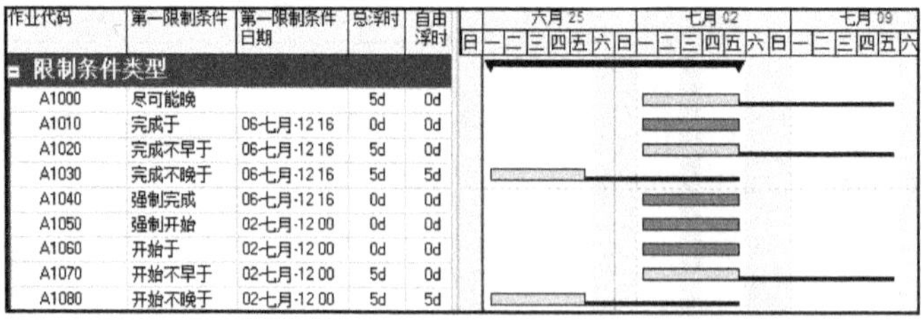

作业代码	第一限制条件	第一限制条件日期	总浮时	自由浮时
限制条件类型				
A1000	尽可能晚		5d	0d
A1010	完成于	06-七月-12 16	0d	0d
A1020	完成不早于	06-七月-12 16	5d	0d
A1030	完成不晚于	06-七月-12 16	5d	5d
A1040	强制完成	06-七月-12 16	0d	0d
A1050	强制开始	02-七月-12 00	0d	0d
A1060	开始于	02-七月-12 00	0d	0d
A1070	开始不早于	02-七月-12 00	5d	0d
A1080	开始不晚于	02-七月-12 00	5d	5d

Primavera P6，Primavera Contractor，Primavera P3 和 SureTrak 软件中分配了**尽可能晚**限制条件的作业仅考虑**自由浮时**且不会不会推迟任意后续作业的开始，这一般称作一个**零自由浮时**限制条件。在 Microsoft Project 中，分配了**尽可能晚**限制条件的作业将推迟以考虑总浮时且推迟所有有浮时的后续作业，不只是含有限制条件的作业。

11.1 分配限制条件

当设定限制条件时，限制条件时间不能设定为作业日历的开始或完成而是设定为 00:00 或其他不相关的时间。因此，当设定限制条件时，你应该一直显示时间，选择**编辑(E)**，**用户设置(R)**，**日期(D)** 标签页确保限制条件时间与作业日历兼容。

11.1.1 每个作业的限制条件数量

每个作业可以有两个限制条件，分别称为主要和第二限制条件。在设定完主要之后，第二限制条件只能在组合符合逻辑的情况下才能设定，因此在设定完主要的之后第二限制条件可用的限制条件清单会减少。

11.1.2 使用作业详情小窗口设定主要限制条件

使用**作业详情**小窗口分配限制条件：

- 选择需要限制条件的作业，
- 打开**作业详情**小窗口的**状态**标签页，
- 从**日期**和**主要**下拉菜单选择**主要限制条件**类型和日期：

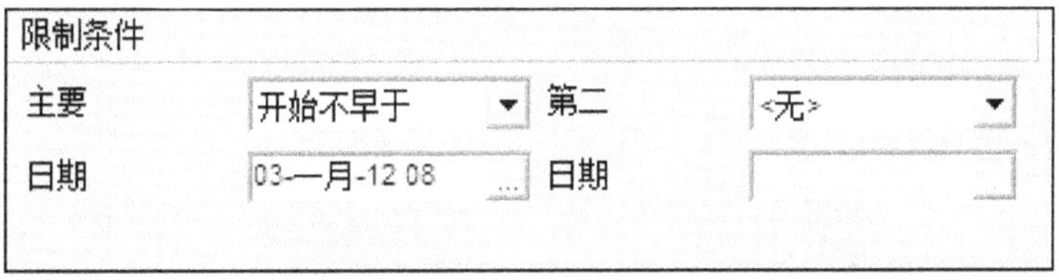

限制条件			
主要	开始不早于 ▼	第二	<无> ▼
日期	03—一月-12 08 ...	日期	

11.1.3 使用作业详情小窗口设定第二限制条件

使用**作业详情**小窗口分配限制条件：

- 选择需要限制条件的作业，
- 打开**作业详情**小窗口的**状态**标签页，
- 从**日期**和**第二**下拉菜单选择**第二限制条件**类型和日期：

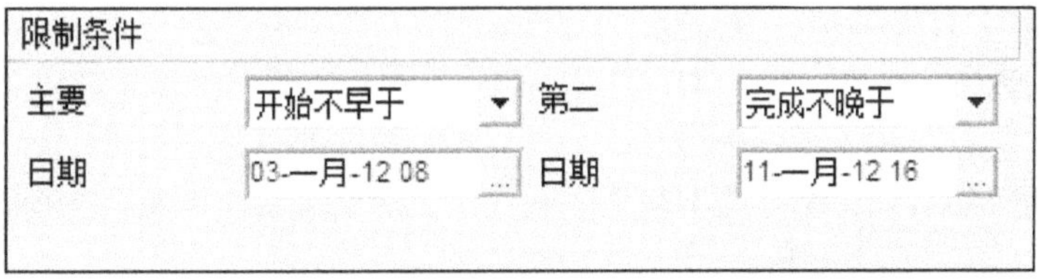

限制条件			
主要	开始不早于 ▼	第二	完成不晚于 ▼
日期	03—一月-12 08 ...	日期	11—一月-12 16 ...

上图显示了在设定了一个**主要开始不早于**限制条件之后，第二限制条件只有两个可选项，在设定了限制条件后，日期旁边会注上星号"*"。

> 开始限制条件会有"*"在开始日期旁边，

> 完成限制条件会有"*"在完成日期旁边。

> 与 P3 和 SureTrak 不同的是，并不需要显示最晚日期才可以看看见最晚限制条件的"*"。

11.1.4 期望完成限制条件

在**限制条件**上方日期**状态**区设定此限制条件，仅在当勾选**工具(T)**，**进度计算(S)...**，▷ 选项 ，**使用期望完成日期**的情况下可用。

这个限制条件在**状态**标签页下的**状态**部分设定，并不在预期的**限制条件**区域：

11.1.5 使用栏位设定限制条件

下列的限制条件栏可显示且使用其编辑或分配限制条件：

- 主要限制条件
- 主要限制条件日期
- 第二限制条件
- 第二限制条件日期
- 期望完成日期

11.1.6 输入一个开始日期

开始不早于限制条件可从**作业状态**标签页或**开始日期**栏位在**开始**项输入日期进行分配：

- 重新输入开始日期分配**开始不早于**限制条件，**确认**小窗口可确认执行。

输入了完成日期的日期项将不会被分配一个完成日期限制条件，但会调整作业的工期。在 Microsoft Project 中，输入进开始或完成的日期都会设定限制条件；Primavera 的操作方式与其不同。

注意**不再向我询问该问题**选项，因为之后你不能使用用户界面重新开启此选项。

11.2 项目必须完成日期

使用**项目窗口**的**日期**标签页可以强加项目一个必须完成日期：

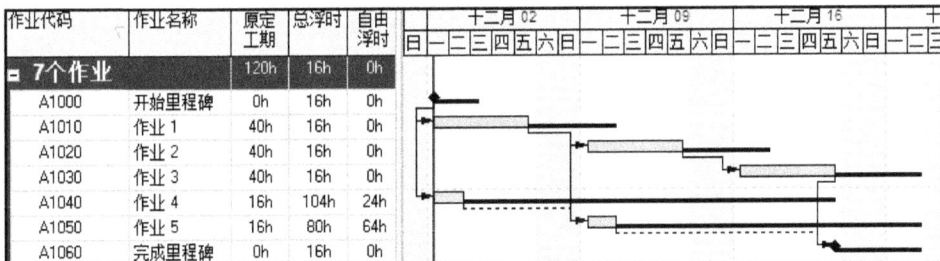

强加**必须完成**日期可使 Primavera 从**必须完成**日期而不是最早完成日期计算最晚日期。这在当计算的**最早完成**日期在**必须完成**日期前时可引入正浮时：

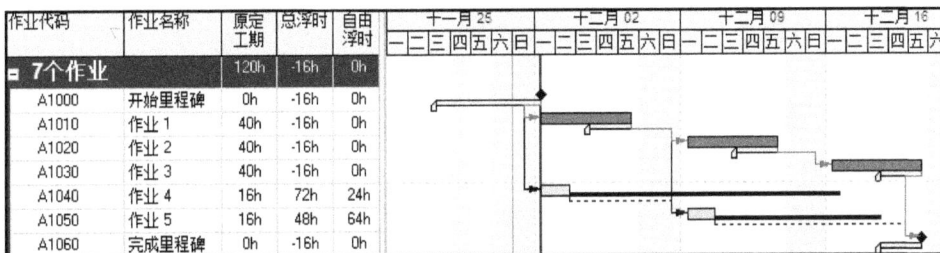

这会在当作业计算的最早完成日期在**必须完成**日期之后时产生负浮时，但负浮时从什么地方产生并不是很明显，这是由于没有为作业分配限制条件：：

当打开多个项目时，设定**必须完成**日期就会需要考虑更多的问题，这在**计算多个项目进度**章节将会涉及。

移除**项目必须完成**日期，点选日期，按下 **Delete** 键，接着 **Enter** 键移除此格确保日期完全移除。

这个功能与 P3 和 SureTrak 的功能类似，但与 Microsoft Project 的"项目信息，完成日期"操作十分不同，在 Microsoft Project 中设定完成日期之后，所有新的作业都会有一个尽可能晚的限制条件且计算开始日期。Primavera 不会在**必须完成**日期设定之后还要设定尽可能晚的限制条件，且项目开始日期也可以编辑。

> 在项目强加一个**必须完成**日期之后，浮时的出处并不是那么的明显，这对新接触进度计划工作的人来说是很困惑的，因此建议不要使用**必须完成**日期；可以把所有的作业绑定至一个拥有**最晚完成**限制条件的**完成里程碑**来解决这个问题。

11.3 *作业记事本*

通常来说了解限制条件的设定原因时很重要的，Primavera 的一个功能可使你注意与作业相关的信息，包括建立一个限制条件的相关原因。

作业详情小窗口有**记事本**标签页，可分配记事至**记事本主题**，也可调整文字的格式和布局。

11.3.1 创建记事本主题

记事本主题在专业客户端下可选择**管理员(A)**，**管理类别(C)**...进行创建，在可选客户端下则通过网络工具创建；继续选择**记事本**标签页。在创建了一个主题之后，这个主题即可在以下数据列中通过勾选适当的选项设为可用：

- EPS
- 项目
- WBS
- 作业

11.3.2 增加记事

为作业增加记事：

- 在**作业详情**小窗口选择**记事本**标签页，
- 点击 ⊕ 增加 打开**分配记事本主题**小窗口，
- 使用 图表分配记事本主题，
- 点击 修改... 打开可自行输入记事的小窗口：

11.4 自测题 9 – 限制条件

背景

管理层提供了你的进度的更多信息，客户要求在 2016 年一月 27 日或之前递交。

任务

1. 在前往作业窗口应用任何限制条件之前，观察计算的完成日期和项目的关键路径。

2. 栏-显示**浮时栏（总浮时栏）**和**负浮时栏**。

3. 栏位 – 如下图所示显示栏位。

4. 客户说过他们要求在 2016 年 1 月 27 日递交，应用一个**完成不晚于**限制条件并在**状态**标签页分配**投标文件递交**作业一个 27 一月 2016 16:00 的限制条件日期。

   注释：作者在过去曾发现限制条件时间不总符合作业日历开始时间（例如：08:00）和完成时间（例如：16:00），且并设定为 00:00。如果你发现浮时没有正确计算，打开**用户设置**小窗口并显示时间。检查时间是否正确，如果不正确进行编辑以符合你的日历。

4. 计算项目进度，总浮时应该没有任何变化因为**完成不晚于**限制条件并不会产生正浮时。

5. 从**投标文件递交**作业移除**完成不晚于**限制条件。

6. 现在转到**项目窗口**，**日期**标签页并分配一个**项目必须完成**限制条件为 27 一月 2016 16:00。返回**作业窗口**并重新计算进度，所有的作业现在的浮时都计算到这一日期且都有正浮时。

作业代码	作业名称	原定工期	开始	完成	总浮时	自由浮时	十二月 2015 / 一月 2016
设施扩建投标		31d	07-十二月-2015 08	21-一月-2016 16	4d	0d	
技术规格		13d	07-十二月-2015 08	23-十二月-2015 16	6d	0d	
OZ1000	批准投标	0d	07-十二月-2015 08		4d	0d	
OZ1010	决定安装要求	4d	07-十二月-2015 08	10-十二月-2015 16	4d	0d	
OZ1020	创建技术规格	5d	11-十二月-2015 08	17-十二月-2015 16	4d	0d	
OZ1030	确定供应商构成	2d	18-十二月-2015 08	21-十二月-2015 16	4d	0d	
OZ1040	验证技术规格	2d	22-十二月-2015 08	23-十二月-2015 16	6d	0d	
交付计划		14d	22-十二月-2015 08	13-一月-2016 16	4d	0d	
OZ1050	文件交付方式	3d	24-十二月-2015 08	31-十二月-2015 16	6d	0d	
OZ1060	从供应商获取报价	8d	22-十二月-2015 08	05-一月-2016 16	4d	0d	
OZ1070	计算投标估价	3d	06-一月-2016 08	08-一月-2016 16	5d	0d	
OZ1080	创建项目进度	3d	09-一月-2016 08	12-一月-2016 16	5d	0d	
OZ1090	审查交付计划	1d	13-一月-2016 08	13-一月-2016 16	4d	0d	
投标文件		14d	04-一月-2016 08	21-一月-2016 16	4d	0d	
OZ1100	创建投标文件草稿	6d	04-一月-2016 08	11-一月-2016 16	6d	2d	
OZ1110	审查投标文件	4d	14-一月-2016 08	19-一月-2016 16	4d	0d	
OZ1120	完成并递交投标文件	2d	20-一月-2016 08	21-一月-2016 16	4d	0d	
OZ1130	投标文件递交	0d		21-一月-2016 16	4d	0d	

7. 移除**项目必须完成**限制条件的 27 一月 2016 16:00（点选日期并点击 **Delete** 键并点击此项外以确保日期删除）。

8. 计算项目进度，关键路径将会还原。

见下页...

9. 应用一个**完成不晚于**限制条件并分配限制条件日期为 27 一月 2016 16:00 至**投标文件递交**作业并计算进度，关键路径不变。

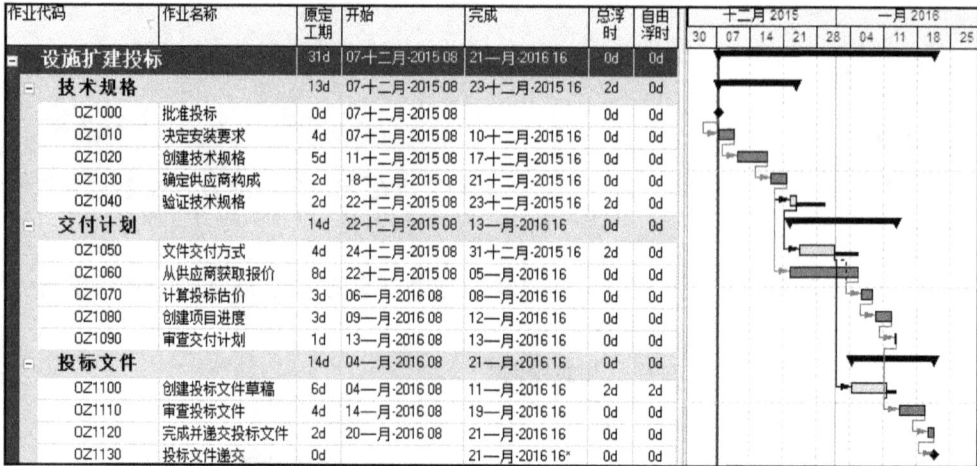

作业代码	作业名称	原定工期	开始	完成	总浮时	自由浮时	十二月 2015 / 一月 2016
设施扩建投标		31d	07-十二月-2015 08	21-一月-2016 16	0d	0d	
技术规格		13d	07-十二月-2015 08	23-十二月-2015 16	2d	0d	
OZ1000	批准投标	0d	07-十二月-2015 08		0d	0d	
OZ1010	决定安装要求	4d	07-十二月-2015 08	10-十二月-2015 16	0d	0d	
OZ1020	创建技术规格	5d	11-十二月-2015 08	17-十二月-2015 16	0d	0d	
OZ1030	确定供应商构成	2d	18-十二月-2015 08	21-十二月-2015 16	0d	0d	
OZ1040	验证技术规格	2d	22-十二月-2015 08	23-十二月-2015 16	2d	0d	
交付计划		14d	22-十二月-2015 08	13-一月-2016 16	0d	0d	
OZ1050	文件交付方式	4d	24-十二月-2015 08	31-十二月-2015 16	2d	0d	
OZ1060	从供应商获取报价	8d	25-十二月-2015 08	05-一月-2016 16	0d	0d	
OZ1070	计算投标估价	3d	06-一月-2016 08	08-一月-2016 16	0d	0d	
OZ1080	创建项目进度	3d	09-一月-2016 08	12-一月-2016 16	0d	0d	
OZ1090	审查交付计划	1d	13-一月-2016 08	13-一月-2016 16	0d	0d	
投标文件		14d	04-一月-2016 08	21-一月-2016 16	0d	0d	
OZ1100	创建投标文件草稿	6d	04-一月-2016 08	11-一月-2016 16	2d	2d	
OZ1110	审查投标文件	4d	14-一月-2016 08	19-一月-2016 16	0d	0d	
OZ1120	完成并递交投标文件	2d	20-一月-2016 08	21-一月-2016 16	0d	0d	
OZ1130	投标文件递交	0d		21-一月-2016 16*	0d	0d	

10. 因为临近圣诞节，管理层要求你推迟作业**从供应商获取报价**至新年开始（04 一月 2016）。他们一致认为在圣诞节之后会有更多的回复且报价会更低。

  ➢ 为了达到目的，在**从供应商获取报价**作业设定一个日期为 04 一月 2016 08:00 的**开始不早于**的限制条件。

  ➢ 现在重新计算进度，注意观察关键路径和结束日期造成的影响。

作业代码	作业名称	原定工期	开始	完成	总浮时	自由浮时	十二月 2015 / 一月 2016
设施扩建投标		37d	07-十二月-2015 08	29-一月-2016 16	-2d	0d	
技术规格		13d	07-十二月-2015 08	23-十二月-2015 16	6d	0d	
OZ1000	批准投标	0d	07-十二月-2015 08		4d	0d	
OZ1010	决定安装要求	4d	07-十二月-2015 08	10-十二月-2015 16	4d	0d	
OZ1020	创建技术规格	5d	11-十二月-2015 08	17-十二月-2015 16	4d	0d	
OZ1030	确定供应商构成	2d	18-十二月-2015 08	21-十二月-2015 16	4d	0d	
OZ1040	验证技术规格	2d	22-十二月-2015 08	23-十二月-2015 16	6d	0d	
交付计划		18d	24-十二月-2015 08	21-一月-2016 16	-2d	0d	
OZ1050	文件交付方式	4d	24-十二月-2015 08	31-十二月-2015 16	6d	0d	
OZ1060	从供应商获取报价	8d	04-一月-2016 08*	13-一月-2016 16	-2d	0d	
OZ1070	计算投标估价	3d	14-一月-2016 08	16-一月-2016 16	-2d	0d	
OZ1090	创建项目进度	3d	18-一月-2016 08	20-一月-2016 16	-2d	0d	
OZ1090	审查交付计划	1d	21-一月-2016 08	21-一月-2016 16	-2d	0d	
投标文件		20d	04-一月-2016 08	29-一月-2016 16	-2d	0d	
OZ1100	创建投标文件草稿	6d	04-一月-2016 08	11-一月-2016 16	6d	8d	
OZ1110	审查投标文件	4d	22-一月-2016 08	27-一月-2016 16	-2d	0d	
OZ1120	完成并递交投标文件	2d	28-一月-2016 08	29-一月-2016 16	-2d	0d	
OZ1130	投标文件递交	0d		29-一月-2016 16*	-2d	0d	

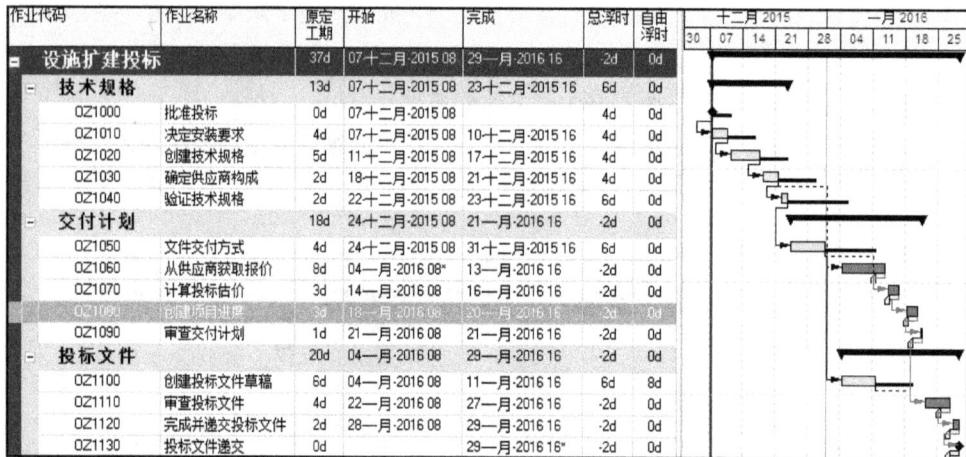

你会注意到**投标文件递交**作业的完成限制条件产生了一些负浮时，显示在**总浮时**栏位和**负浮时**栏。

11. 在**作业窗**口显示记事本标签页。

---

12. 在从**供应商获取报价**作业处增加记事本主题说明为什么在 04 一月 2016 有一个限制条件。

13. 点击 [图标] 图标打开**分组并排序**小窗口，并以**总浮时**方式进行分组，关闭小窗口。

见下页...

14. 按工期排列（点击**原定工期**栏位）把最常作业移至顶端，通常这是可被缩短的最长作业。

注释：下面两图并没有显示所有的作业：

作业代码		作业名称	原定工期	开始	完成	总浮时	自由浮时	
▣	-2d		20d	04—月-2016 08	29—月-2016 16	-2d	0d	
	OZ1060	从供应商获取报价	8d	04—月-2016 08"	13—月-2016 16	-2d	0d	
	OZ1110	审查投标文件	4d	22—月-2016 08	27—月-2016 16	-2d	0d	
	OZ1080	创建项目进度	3d	18—月-2016 08	20—月-2016 16	-2d	0d	
	OZ1070	计算投标估价	3d	14—月-2016 08	16—月-2016 16	-2d	0d	
	OZ1120	完成并递交投标文件	2d	28—月-2016 08	29—月-2016 16	-2d	0d	
	OZ1090	审查交付计划	1d	21—月-2016 08	21—月-2016 16	-2d	0d	
	OZ1130	投标文件递交	0d		21—月-2016 16"	-2d	0d	
▣	4d		11d	07-十二月-2015 08	21-十二月-2015 16	4d	0d	
	OZ1020	创建技术规格	5d	11-十二月-2015 08	17-十二月-2015 16	4d	0d	
	OZ1010	决定安装要求	4d	07-十二月-2015 08	10-十二月-2015 16	4d	0d	
	OZ1030	确定供应商构成	2d	18-十二月-2015 08	21-十二月-2015 16	4d	0d	
	OZ1000	批准投标	0d	07-十二月-2015 08		4d	0d	
▣	6d		12d	22-十二月-2015 08	11—月-2016 16	6d	0d	
	OZ1100	创建投标文件草稿	6d	04—月-2016 08	11—月-2016 16	6d	8d	
	OZ1050	文件交付方式	4d	24-十二月-2015 08	31-十二月-2015 16	6d	0d	
	OZ1040	验证技术规格	2d	22-十二月-2015 08	23-十二月-2015 16	6d	0d	

15. 审核之后，一致同意可从作业**审查投标文件**剪掉 2 天。改变这个作业的工期为 2 天，重新计算进度并按作业代码排序：

作业代码		作业名称	原定工期	开始	完成	总浮时	自由浮时	
▣	0d		18d	04—月-2016 08	27—月-2016 16	0d	0d	
	OZ1060	从供应商获取报价	8d	04—月-2016 08"	13—月-2016 16	0d	0d	
	OZ1070	计算投标估价	3d	14—月-2016 08	16—月-2016 16	0d	0d	
	OZ1080	创建项目进度	3d	18—月-2016 08	20—月-2016 16	0d	0d	
	OZ1090	审查交付计划	1d	21—月-2016 08	21—月-2016 16	0d	0d	
	OZ1110	审查投标文件	2d	22—月-2016 08	25—月-2016 16	0d	0d	
	OZ1120	完成并递交投标文件	2d	26—月-2016 08	27—月-2016 16	0d	0d	
	OZ1130	投标文件递交	0d		27—月-2016 16"	0d	0d	
▣	6d		11d	07-十二月-2015 08	21-十二月-2015 16	6d	0d	
	OZ1000	批准投标	0d	07-十二月-2015 08		6d	0d	
	OZ1010	决定安装要求	4d	07-十二月-2015 08	10-十二月-2015 16	6d	0d	
	OZ1020	创建技术规格	5d	11-十二月-2015 08	17-十二月-2015 16	6d	0d	
	OZ1030	确定供应商构成	2d	18-十二月-2015 08	21-十二月-2015 16	6d	0d	

16. 现在按 WBS 组织并按作业代码排序：

作业代码		作业名称	原定工期	开始	完成	总浮时	自由浮时	
▣	设施扩建投标		35d	07-十二月-2015 08	27—月-2016 16	0d	0d	
▬	技术规格		13d	07-十二月-2015 08	23-十二月-2015 16	8d	0d	
	OZ1000	批准投标	0d	07-十二月-2015 08		6d	0d	
	OZ1010	决定安装要求	4d	07-十二月-2015 08	10-十二月-2015 16	6d	0d	
	OZ1020	创建技术规格	5d	11-十二月-2015 08	17-十二月-2015 16	6d	0d	
	OZ1030	确定供应商构成	2d	18-十二月-2015 08	21-十二月-2015 16	6d	0d	
	OZ1040	验证技术规格	2d	22-十二月-2015 08	23-十二月-2015 16	8d	0d	
▬	交付计划		18d	24-十二月-2015 08	21—月-2016 16	0d	0d	
	OZ1050	文件交付方式	4d	24-十二月-2015 08	31-十二月-2015 16	0d	0d	
	OZ1060	从供应商获取报价	8d	04—月-2016 08"	13—月-2016 16	0d	0d	
	OZ1070	计算投标估价	3d	14—月-2016 08	16—月-2016 16	0d	0d	
	OZ1080	创建项目进度	3d	18—月-2016 08	20—月-2016 16	0d	0d	
	OZ1090	审查交付计划	1d	21—月-2016 08	21—月-2016 16	0d	0d	
▬	投标文件		18d	04—月-2016 08	27—月-2016 16	0d	0d	
	OZ1100	创建投标文件草稿	6d	04—月-2016 08	11—月-2016 16	8d	8d	
	OZ1110	审查投标文件	2d	22—月-2016 08	25—月-2016 16	0d	0d	
	OZ1120	完成并递交投标文件	2d	26—月-2016 08	27—月-2016 16	0d	0d	
	OZ1130	投标文件递交	0d		27—月-2016 16"	0d	0d	

17. 注意有限制条件的作业的日期旁边有一个"*"。

12 分组、排序及视图

分组并排序可使例如**作业窗口**的作业，**WBS 窗口的** WBS 节点，**项目窗口**的项目之类的数据，以及很多其他数据项在使用参数如**日期**和**资源**、或用户定义的**作业**和**项目分类码**进行排序和组织。这与 P3 和 SureTrak 的**组织**功能，Microsoft Project 及 Asta Powerproject 的**分组**功能类似。

视图功能可调整参数的格式，例如**分组并排序，栏位**和**栏**；可进行存储并之后重新应用。这与 P3 和 SureTrak 的**视图**或 Asta Power Project 和 Microsoft Project 的 Views 功能类似。**视图**可被编辑，存储或在之后重新应用，且可能会有与其相关的**过滤器**。视图包括顶部窗格和底部窗格所有选项的格式调整。

尽管分组并排序在许多小窗口都可用，但视图仅在有限的几个地方可用，其中包括以下窗口：

- 项目
- WBS
- 作业
- 跟踪

这一章将会集中讲解在**作业窗口**如何应用**分组并排序**和**视图**，但同样的原理也适用于其他窗口，此章涵盖了以下主题：

主题	功能的注解
- 打开**分组并排序**小窗口重新调整分组并排序，**项目窗口**的**项目**或**作业窗口**的作业的格式。	- 点击 [图标] 图标，或 - 选择**显示(V)**，**分组和排序条件(G)**，自定义...。
- 创建，存储或编辑一个视图	选择任一： - 从菜单**显示(V)**，**视图(O)**，将格式保存为...，或 - 从**视图栏视图(O)**，另存为(A)...。

视图栏位置如下图所示：

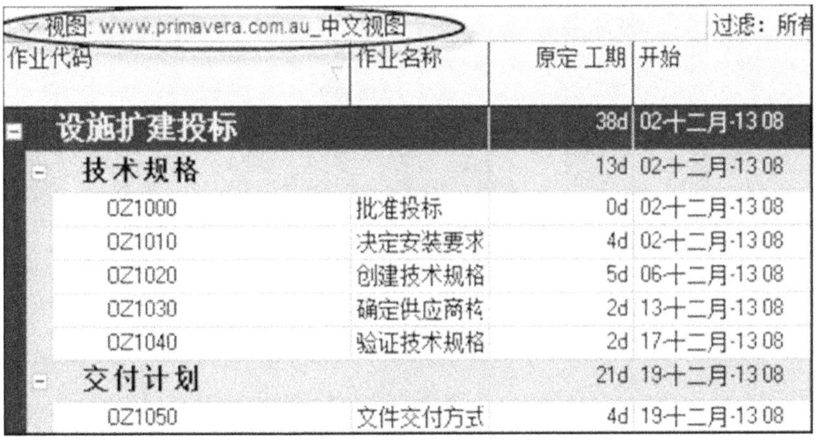

12.1 *分组并排序作业*

分组并排序功能在本书中用于在 WBS 分组带下对作业分组。

如需分组并排序作业，打开**分组并排序**小窗口：

- 点击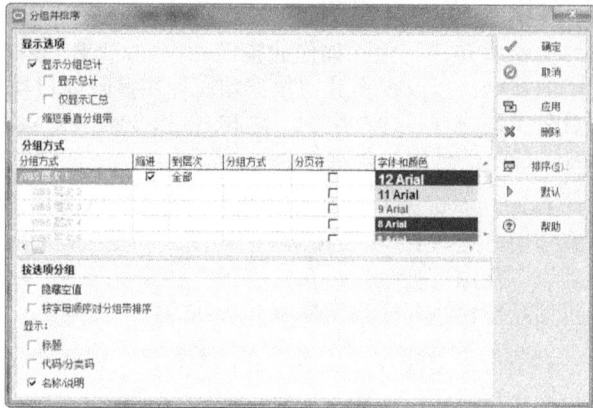工具栏图标，或

- 选择**显示(V)**，**分组和排序条件(G)**，自定义...。

12.1.1 显示选项

显示分组总计

显示分组总计为 Primavera 6.0 版的新功能，在不选时隐藏汇总分组带的汇总数据，防止缩短分组带标题。

显示汇总数据

作业代码	原定工期	开始	完成
设施扩建投	38d	02 十二月·13 08	27 一月·14 16
技术规格	13d	02 十二月·13 08	18 十二月·13 16
OZ1000	0d	02 十二月·13 08	
OZ1030	2d	13 十二月·13 08	16 十二月·13 16
OZ1040	2d	17 十二月·13 08	18 十二月·13 16
OZ1010	4d	02 十二月·13 08	05 十二月·13 16
OZ1020	5d	06 十二月·13 08	12 十二月·13 16

隐藏汇总数据

作业代码	原定工期	开始	完成
设施扩建投标			
技术规格			
OZ1000	0d	02 十二月·13 08	
OZ1030	2d	13 十二月·13 08	16 十二月·13 16
OZ1040	2d	17 十二月·13 08	18 十二月·13 16
OZ1010	4d	02 十二月·13 08	05 十二月·13 16
OZ1020	5d	06 十二月·13 08	12 十二月·13 16

显示总计

显示总计可提供在一页上端所有同一分组带作业的总计，与 P3 的插入项目分组带，或 SureTrak 的组织，或 Microsoft Project 的显示项目汇总任务类似。

这可显示多个项目的汇总分组带，累加项目的所有费用和小时数时，显示最早和最晚日期，显示所有数据的汇总工期。这是一个十分有用的功能：

- 当项目并不是以 WBS 组织因而没有项目总线，或当打开多个项目以计算所有项目的值，以及

- 当打开多个项目，可显示多个项目的总计。

作业代码	作业名称	目标项目总费用	目标项目工时数
总计		¥ 44,172,532.41	92743h
	City Center Office Building Addition	¥ 5,010,896.92	12461h
	Nesbid Building Expansion	¥ 3,756,971.49	9346h
	Haitang Corporate Park	¥ 4,347,406.70	10735h
	Harbour Pointe Assisted Living Center	¥ 31,057,257.30	60201h

仅显示汇总

仅限制汇总隐藏所有作业，仅显示用于汇总作业的 WBS 或代码：

作业代码	作业名称	最早开始	最早完成	目标项目人工费		
设施扩建投标 - 自测题...		14-十二月-2015 08	27-一月-2016 16	¥ 49,760.00		27-一月-2016 16
	技术规格	14-十二月-2015 08	21-十二月-2015 16	¥ 14,800.00		21-十二月-2015 16
	交付计划	22-十二月-2015 08	21-一月-2016 16	¥ 21,520.00		21-一月-2016 16
	投标文件	30-十二月-2015 08	27-一月-2016 16	¥ 13,440.00		27-一月-2016 16

缩短垂直分组带

缩短垂直分组带为 Primavera 6.0 版的新功能，可缩短屏幕左边的垂直分组带，这在项目在 WBS 里有好几个层级时很有用，因为它提供了更多用于打印的屏幕空间和纸张宽度。

不选此项

作业代码	作业名称	原定工期
设施扩建投标		38d
技术规格		13d
0Z1000	批准投标	0d
0Z1010	决定安装要求	4d
0Z1020	创建技术规格	5d

选取此项

作业代码	作业名称	原定工期
设施扩建投标		38d
技术规格		13d
0Z1000	批准投标	0d
0Z1010	决定安装要求	4d
0Z1020	创建技术规格	5d

12.1.2 分组方式

分组方式有几个选项：

- **分组方式和缩进**

当选择如 **WBS** 之类的层级分类码和**缩进**时，随后的组将会由软件完成且没有其他分组项可用，WBS 接着会按层级显示：

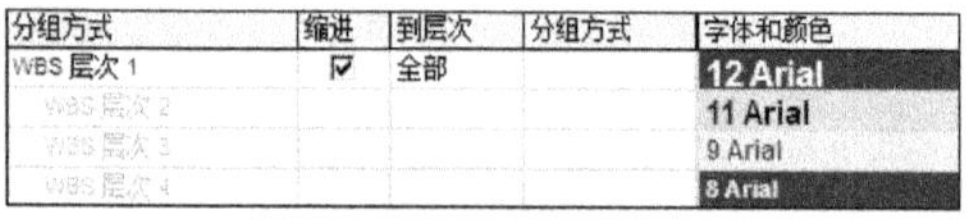

当选择如 **WBS 之类的层级分类码且缩进**选项**没有**选择时，随后的组将**不会**由软件完成，这时可选择其他组。WBS 不会按层级显示：

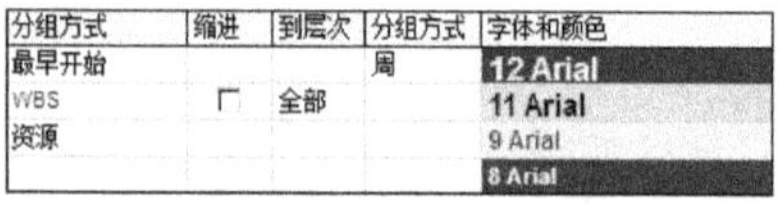

- **到层次**

到层次选项决定了显示几层如 WBS 的层级分类码结构，所有的作业都在最底层的 WBS 层级显示，从**到层次**下拉菜单选择。

这个选项可使所选层次下方的带进行分组，在**全部**选项时不可用。

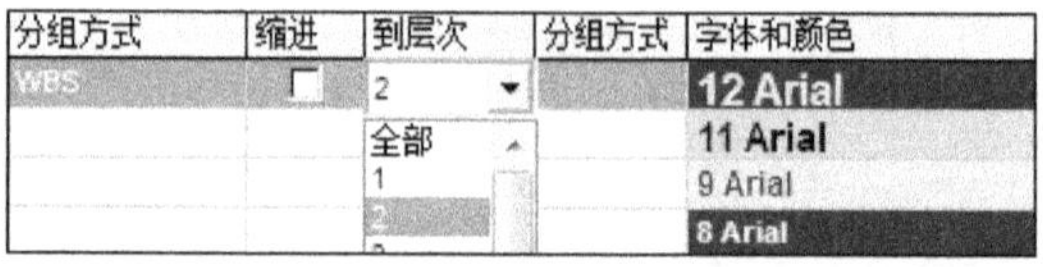

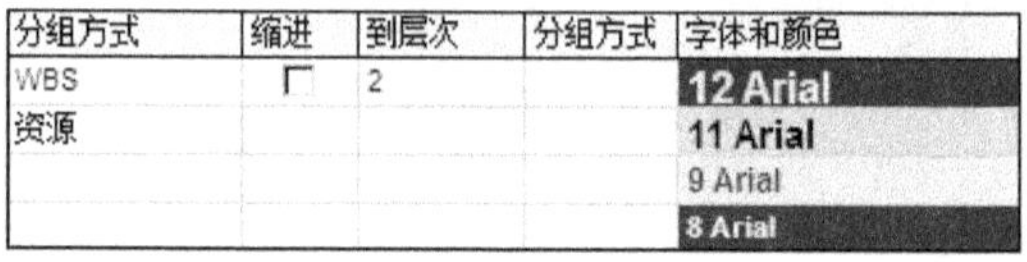

- **分组方式**

    这个选项仅在某些项可用，例如**总浮时**可输入间隔，**日期**项可从下拉菜单选择分组作业的时间间隔：

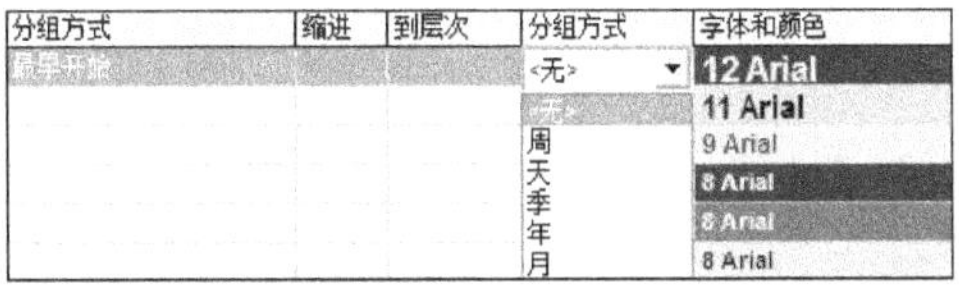

- **字体和颜色**

    双击这些项打开**编辑字体和颜色**小窗口，改变每组的字体和颜色。

12.1.3 按选项分组

- **按字母顺序对分组带排序**

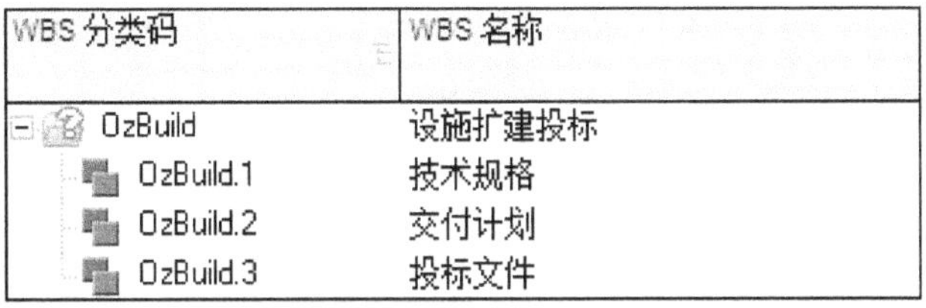

    当不选时如图所示自然排列：

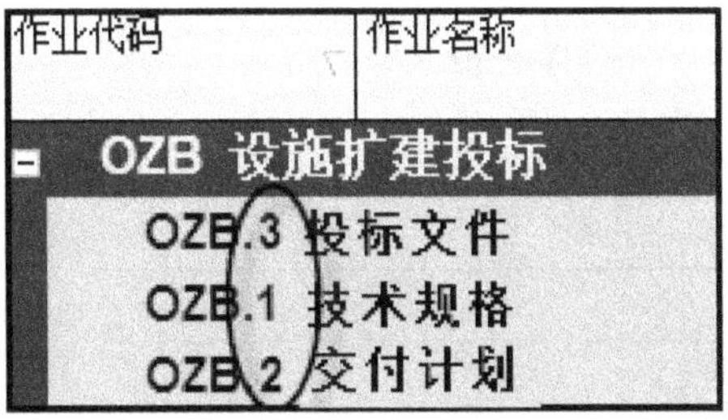

    当选择时，分组带按照分配至作业分类码或 WBS 分类码的代码进行排序：

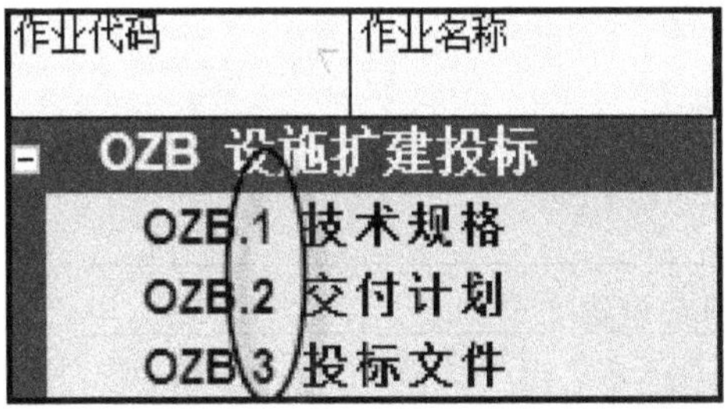

> 这个功能在为编码结构，例如输入编码时的 WBS 提供两套排列顺序时是极其有用的，但仅当 WBS 窗口的编码不为自然排列时可用。

- **隐藏空值**

    选择此项隐藏分组带：

    ➢ 没有分配至作业，

    ➢ 过滤器不显示作业仅有分组带。

    i 这个功能在你过滤了几个作业，屏幕都是空白分组带时是很有用的，它可以移除所有空白分组带。

- **显示标题，代码/分类码和显示名字/说明**

    这些选项可以调整分组带标题的显示格式，一个都不选是不可能的因为分组带会没有任何标题，选项也会根据显示的数据变化。

选项全选

作业代码	原定 工期	开始
项目: OzBuild 设施扩建投标	11d	02-十二月-13 08
WBS: OzBuild.1 技术规格	11d	02-十二月-13 08
OZ1000	0d	02-十二月-13 08
OZ1010	4d	02-十二月-13 08
OZ1020	5d	06-十二月-13 08
OZ1030	2d	13-十二月-13 08
OZ1040	2d	13-十二月-13 08
WBS: OzBuild.2 交付计划	8d	02-十二月-13 08
OZ1050	4d	02-十二月-13 08

仅选说明

作业代码	原定 工期	开始
设施扩建投标	11d	02-十二月-13 08
技术规格	11d	02-十二月-13 08
OZ1000	0d	02-十二月-13 08
OZ1010	4d	02-十二月-13 08
OZ1020	5d	06-十二月-13 08
OZ1030	2d	13-十二月-13 08
OZ1040	2d	13-十二月-13 08
交付计划	8d	02-十二月-13 08
OZ1050	4d	02-十二月-13 08

    注释：这些选项对每个分组带分别设置。

12.1.4 排序

排序(S)... 图标可打开**排序**小窗口，可在此确定每个分组带作业的顺序。

图中所示顺序提供了自然"瀑布"（Waterfall）作业顺序：

⚠ 这个顺序很容易点击栏位标题重新排序作业，因此使用这个选项可能会有问题，因为点击栏位标题很简单且会覆盖这里的选项设定。

栏位名称	排序方式	
开始	升序	✓ 确定
完成	升序	⊘ 取消
总浮时	升序	✚ 增加
		✖ 删除
		? 帮助

12.1.5 自动重组

Primavera 4.1 版在**用户设置**小窗口加入了名为自动重组（Reorganize Automatically）的功能，在随后的版本 8 中又从**用户设置**小窗口移除，这个功能先称为**自动重组**（**Auto-Reorganization**），随后会进行介绍。

12.1.6 自动重组

这个功能在一个作业的属性改变时会基于当前**分组并排序**顺序重组数据。

例如：当作业详情窗格的作业 WBS 分类码重新分配，那么这个作业将会自动移至新分配的 WBS 分组带，选择这个选项时作业将按 WBS 进行分组。

现在移至菜单且可打开或关闭，且对每个窗口分别设定。如需激活和关闭这个功能：

* 选择**工具(T)**，**禁用自动重组**，或

* 点击**工具**工具栏的 [图标] 图标。

> ⚠ 这个图标有黑框说明功能关闭了，菜单上的命令为错误的因为它显示**禁用自动重组**，实际上说明点击即可**启用自动重组**。
>
> 当应用新的视图或过滤器时，数据也会自动重组。

12.1.7 在分组并排序小窗口设置分页符

在 P6 的早期版本中，分页符仅设置**分组并排序**小窗口的第一个分组带，从**页面设置**，**选项**标签页。P6 8.1 版被修改为可以在任一层次设置分页符。

选择**显示(V)**，**分组和排序条件(G)**，**自定义...**或点击 [图标] 图标选择**自定义**打开**分组并排序**小窗口：

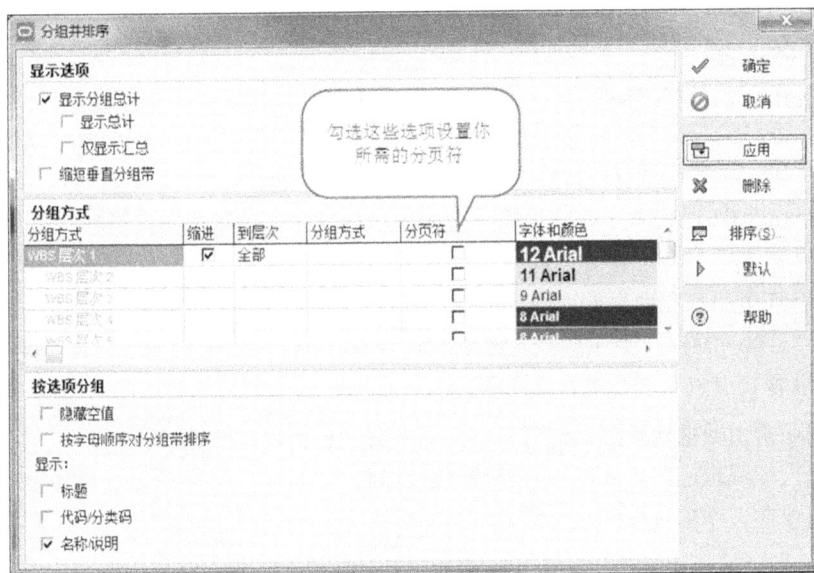

12.1.8 企业层次的分组并排序

项目窗口的项目可用与分组并排序作业类似的方式进行分组和排序。

当打开一个数据库时，**项目窗口**的项目默认显示为企业项目结构（Enterprise Project Structure-EPS）。

项目可在不同的标题下进行分组和排序：

* 选择**视图**，**分组和排序条件(G)**，**自定义(C)...**，或
* 在栏位区域点右键选择**分组和排序条件(G)**，或
* 选择**显示(V)**，**分组和排序条件(G)**。

接着从列表中选择所需项。

自定义...选项将打开项目**分组并排序**小窗口，与作业**分组并排序**小窗口的操作方式类似。

12.2 *了解视图*

Primavera 的的标准版提供了一些已定义的视图，默认定义为**全局视图**供一些窗口使用，系统的任何用户都可以使用它们。这些视图可复制或与其他用户共享，对当前用户来说与过滤器的使用方法类似。

Primavera 6.0 版引入了在作业窗口可用的项目视图。项目视图仅当项目打开时可用，且可随项目导出，从而降低了对全局视图的需求。

在有许多用户和项目的大型数据中，有对视图进行编码的需要以便在过长的列表中通过过滤器搜索，可考虑为它们加上项目前缀。

作业窗口有以下类型的视图可用：

* **全局**通常由数据库管理员进行管理，对所有用户和项目开放，
* **用户**可使用用户应用于此用户打开的任意项目，
* **项目**仅在一个项目打开时可用。

> *i*   视图并不导出为 XER 文件，但可使用 PLF 文件导出。因此当你发送给别人一个完整的项目进度时，你可能需要加上 PLF 格式的视图文件，这样其他用户可以更方便的重现你的数据视图。

12.2.1 应用一个已有的视图

视图可在**打开视图**小窗口应用：

* 从**视图选项**栏选择**打开**选项：

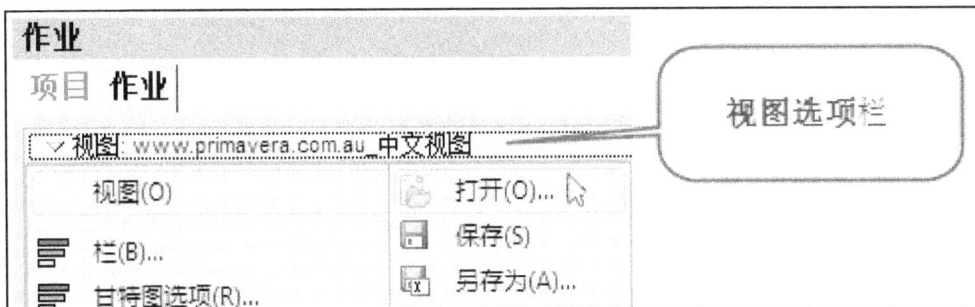

* 或，选择**显示(V)**，**视图(O)**，**打开视图....**。

当改变任何参数编辑视图时，例如栏位格式；会有一个确认这些改变于当前视图的小窗口弹出。

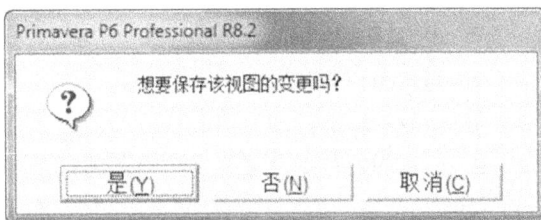

打开视图小窗口将会出现，可在列表中选择其他视图。在创建项目视图后这个列表将有三个标题，**全局**，**用户**和**项目**：

> 点击 [应用] 图标应用视图，这可以不关闭窗口查看有何变化，或

> 点击 [打开] 图标应用视图并关闭窗口：

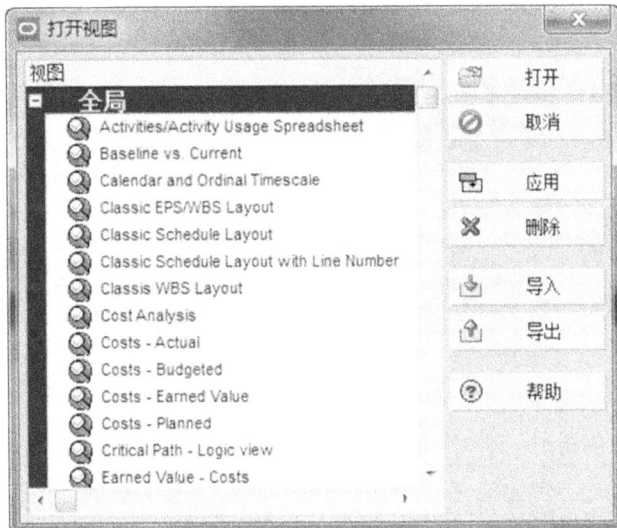

点击 [视图] 图标重新排序视图。

12.2.2 创建新的视图

新视图可通过存储一个已有视图并对其新命名进行创建和编辑，如需创建新视图：

- 应用与所需视图布局类似的视图。
- 选择：
  - ➢ 从菜单**显示(V)**，**视图(O)**，**将格式保存为...**，或
  - ➢ 从视图选项栏，**视图(O)**，**另存为...**：

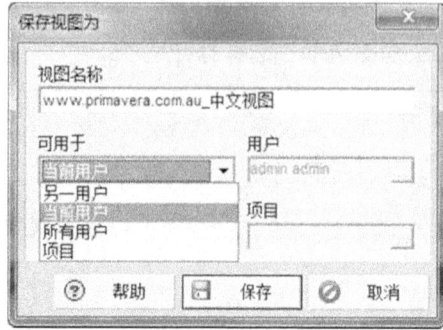

- 输入一个新的**视图名称**并选择你希望此视图对谁可用。
  - ➢ **所有用户**将使此视图变为全局并对所有用户可用，你需要适当的权限才可以创建全局视图。
  - ➢ **另一用户**可使此视图对一提名用户可用。
  - ➢ **当前用户**会建立一个供你个人使用的备份。
  - ➢ **项目**将使此视图对所有打开项目的用户可用，这个选项对减少数据库的全局视图的数量是很有用的，尤其很多项目每个都需要多个视图时。

- 点击 🔲 **保存** 图标进行保存。

12.2.3 修改之后存储视图

这个视图现在可以编辑并存储编辑，选择：

- ➢ 菜单**显示(V)**，**视图(O)**，**保存格式**，或
- ➢ 视图栏**视图(O)**，**保存**。

12.2.4 视图类型

视图由**顶部窗格**和**底部窗格**组成，每个**窗格**都可分配一个**视图类型**，下面为一个**视图类型**的清单及**作业窗口**的可应用的窗格：

视图名称	顶部窗格可用	底部窗格可用
• 甘特图	是	是
• 作业详情		是
• 作业表	是	是
• 作业网络	是	
• 跟踪逻辑		是
• 作业使用直方图		是
• 资源使用剖析表		是
• 资源使用直方图		是
• 作业使用剖析表	是	是

i 可用视图根据打开的窗口会有变化，这一章将主要讨论作业窗口但也会涉及其他窗口的可用选项。

12.2.5 在窗格改变作业视图类型

工具栏有显示顶部和底部窗格选项的图标，把鼠标放到每个图标上会显示其功能：

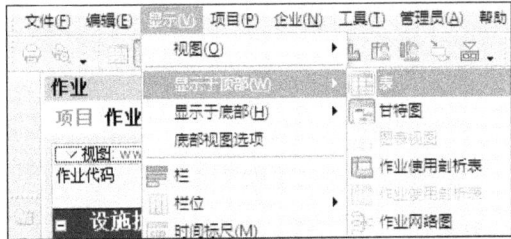

- ![顶部视图]为**顶端视图**工具栏图标，

- ![底部视图]为**底端视图**工具栏图标。

如需改变窗格的**视图类型**，从菜单选择：

- **显示(V)**，显示于顶部**(W)**，或

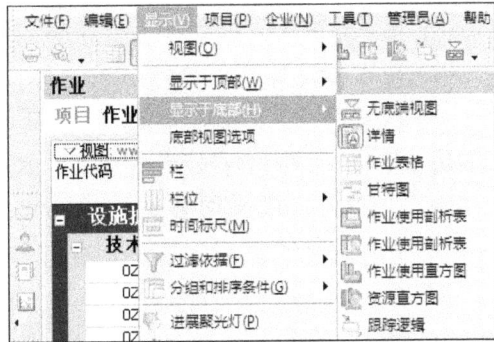

- **显示(V)**，显示于底部**(H)**。

再从列表中选择所需视图类型。

12.2.6 作业窗口视图窗格

每个视图类型都有几个选项，前面章节已经讨论过如何调整格式，在此不再赘述。

甘特图

甘特图有两边：

- 左边显示栏位的可通过**栏位**，**分组并排序**功能调整格式。
- 右边可使用**时间标尺**，栏和**分隔线**功能调整格式。

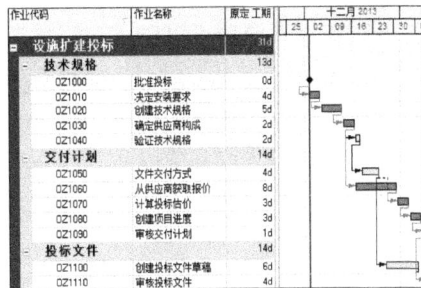

作业详情

这些可在任何时候在底部窗格显示，且任意标签页都可隐藏或显示。

作业表

这个视图与甘特图左边的视图一样，只是右边没有栏和时间标尺。

作业网络

与甘特图类似也有两个窗格：

- **左边**窗格显示 WBS：
    - ➢ 这部分除调整栏位宽度外不能改变格式。
    - ➢ 选择 WBS 节点与过滤器类似，仅会显示与所选 WBS 相关的作业及更低级的 WBS 节点。这可检查一个 WBS 节点下的作业间关系。
- **右边**窗格显示在框体内显示作业数据，在标题下进行组织：
    - ➢ 作业框可如**作业网络**章节介绍般调整格式。
    - ➢ 作业可进行分组，在这章的**分组**部分已经介绍过。

跟踪逻辑

跟踪逻辑选项可选择几个紧前和后续级别。

这可以通过选择**显示(V)**，**显示于底部(H)**，**跟踪逻辑**实现。

选择需要显示的紧前作业级别，你需要打开**跟踪逻辑选项**小窗口。

在底部窗格点击右键并选择**跟踪逻辑选项(Y)**...打开此窗口。

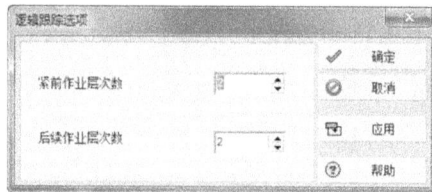

调整跟踪逻辑和作业网络的格式

调整两个窗格的框体格式与**作业网络**的格式相连，在**作业网络**窗口的右边屏幕点击右键并选择**作业网络图选项...**。

资源分析窗格

作业使用直方图，资源使用剖析表，资源使用直方图，作业使用剖析表视图可显示资源信息，这部分将在**资源最优化**章节讨论。

12.2.7 WBS 和项目窗口窗格

WBS 和项目窗口的顶部窗格有三个图标：

- 显示没有栏的表，
- 显示带有栏的表，
- 显示此 WBS 的图标视图，这些框体也可以点击右键并选择**图标框模板**调整格式：

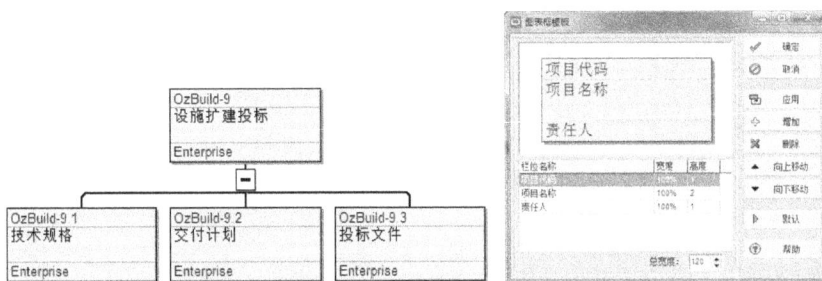

12.3 从其他数据库拷入或拷出视图

任何**窗口**下的视图都可以复制到其他数据库，在**打开视图**小窗口使用导入和导出功能。这个视图存储为 **Primavera 视图文件（Primavera Layout File-PLF）**的独立文件，之后再导入其他数据库。

> 带有用户定义字段（User Defined Fields-UDF）和分类码的视图不能显示 UDF 或分类码信息，或在导入项目和视图时显示错误信息。这是因为 UDF 和分类码在导入时被分配了不同的数据库索引编号，这些索引项用于显示 UDF 数据。

12.4 自测题 10-组织你的数据

背景

你已经完成了你的进度，你需要用不同的视图汇报信息。

任务

用以下格式显示你的项目，注意同样数据的不同显示方法。

1. 隐藏和显示逻辑关系，使用 图标。

2. 显示**作业网络图**，使用 图标。

3. 选择**放大**，**缩小**，和**最合适**使用 图标。

4. 上下查看或点击屏幕左边的 **WBS** 节点，你会注意到这时仅显示了与点选 WBS 相关的作业。

5. Clt+点击并选择两个 WBS 节点，你可以看到每个 WBS 节点下的作业逻辑关系。

6. 点击 图标显示**作业表**。

7. 点击 显示甘特图。

8. 点击 和 隐藏和显示**底部**窗格，你可能需要在工具栏上增加这些按钮。

9. 在底部窗格显示时点击 图标显示**跟踪逻辑**小窗口。

10. 在**跟踪逻辑**小窗口点右键，选择**跟踪逻辑选项...**，改变紧前和后续作业层次为 1,2 和 3 并观察视图的变化。

11. 点击每个选项的紧前和后续作业并观察变化。

12. 点击上方窗格的不同作业并观察**跟踪逻辑**小窗口的变化。

13. 点击 图标显示**作业详情**小窗口。

见下页....

---

14. 创建一个名为 **OzBuild 自测题 10-没有浮时**的新视图，设定为用户视图，按下图所示显示栏位并调整栏格式；不显示总浮时和负浮时栏：

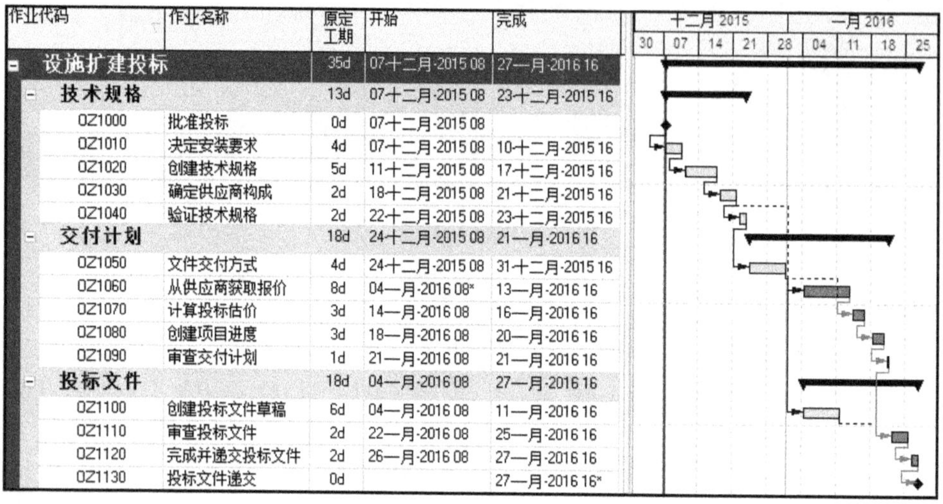

作业代码	作业名称	原定工期	开始	完成
设施扩建投标		35d	07-十二月-2015 08	27-一月-2016 16
技术规格		13d	07-十二月-2015 08	23-十二月-2015 16
OZ1000	批准投标	0d	07-十二月-2015 08	
OZ1010	决定安装要求	4d	07-十二月-2015 08	10-十二月-2015 16
OZ1020	创建技术规格	5d	11-十二月-2015 08	17-十二月-2015 16
OZ1030	确定供应商构成	2d	18-十二月-2015 08	21-十二月-2015 16
OZ1040	验证技术规格	2d	22-十二月-2015 08	23-十二月-2015 16
交付计划		18d	24-十二月-2015 08	21-一月-2016 16
OZ1050	文件交付方式	4d	24-十二月-2015 08	31-十二月-2015 16
OZ1060	从供应商获取报价	8d	04-一月-2016 08"	13-一月-2016 16
OZ1070	计算投标估价	3d	14-一月-2016 08	16-一月-2016 16
OZ1080	创建项目进度	3d	18-一月-2016 08	20-一月-2016 16
OZ1090	审查交付计划	1d	21-一月-2016 08	21-一月-2016 16
投标文件		18d	04-一月-2016 08	27-一月-2016 16
OZ1100	创建投标文件草稿	6d	04-一月-2016 08	11-一月-2016 16
OZ1110	审查投标文件	2d	22-一月-2016 08	25-一月-2016 16
OZ1120	完成并递交投标文件	2d	26-一月-2016 08	27-一月-2016 16
OZ1130	投标文件递交	0d		27-一月-2016 16"

15. 保存这个视图。

16. 做一个名为 **OzBuild 自测题 10-有浮时**的备份，设定为用户视图，按下图所示显示栏位并调整栏格式；这里显示**总浮时**和**负浮时**栏：

17. 保存这个视图。

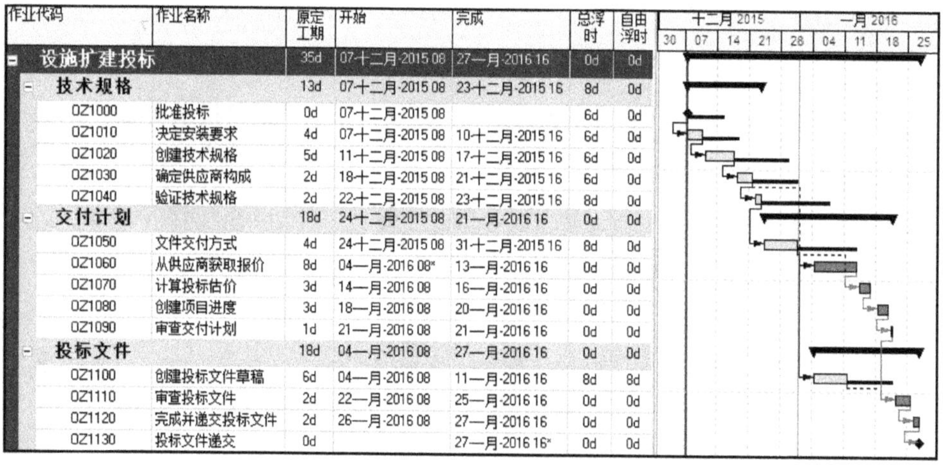

作业代码	作业名称	原定工期	开始	完成	总浮时	自由浮时
设施扩建投标		35d	07-十二月-2015 08	27-一月-2016 16	0d	0d
技术规格		13d	07-十二月-2015 08	23-十二月-2015 16	8d	0d
OZ1000	批准投标	0d	07-十二月-2015 08		6d	0d
OZ1010	决定安装要求	4d	07-十二月-2015 08	10-十二月-2015 16	6d	0d
OZ1020	创建技术规格	5d	11-十二月-2015 08	17-十二月-2015 16	6d	0d
OZ1030	确定供应商构成	2d	18-十二月-2015 08	21-十二月-2015 16	6d	0d
OZ1040	验证技术规格	2d	22-十二月-2015 08	23-十二月-2015 16	8d	0d
交付计划		18d	24-十二月-2015 08	21-一月-2016 16	0d	0d
OZ1050	文件交付方式	4d	24-十二月-2015 08	31-十二月-2015 16	0d	0d
OZ1060	从供应商获取报价	8d	04-一月-2016 08"	13-一月-2016 16	0d	0d
OZ1070	计算投标估价	3d	14-一月-2016 08	16-一月-2016 16	0d	0d
OZ1080	创建项目进度	3d	18-一月-2016 08	20-一月-2016 16	0d	0d
OZ1090	审查交付计划	1d	21-一月-2016 08	21-一月-2016 16	0d	0d
投标文件		18d	04-一月-2016 08	27-一月-2016 16	0d	0d
OZ1100	创建投标文件草稿	6d	04-一月-2016 08	11-一月-2016 16	8d	8d
OZ1110	审查投标文件	2d	22-一月-2016 08	25-一月-2016 16	0d	0d
OZ1120	完成并递交投标文件	2d	26-一月-2016 08	27-一月-2016 16	0d	0d
OZ1130	投标文件递交	0d		27-一月-2016 16"	0d	0d

13 过滤器

这一章介绍了 Primavera 如何显示作业的能力，使用**过滤器**控制屏幕及打印两个方面。

13.1 *理解过滤器*

Primavera 可以根据特定条件显示作业，你可能仅想看到未完成的作业，或下几个月或几周进度计划的工作，或正在进行中的作业。

Primavera 默认显示所有作业，有几种已经定义的过滤器供你使用或编辑，你也可以创建一个或多个你自己的过滤器。

过滤器可用做显示或高亮符合条件的作业。

有四种类型的过滤器：

- **默认**过滤器为系统提供，不可被编辑或删除，但是可以复制并进行编辑或修改，通常与栏显示一同使用。
- **全局**过滤器可对所有数据库使用者开放，
- **用户定义**过滤器为用户定义，仅对此用户可用，除非被设置为**全局**过滤器，
- **视图**过滤器仅在使用当前视图时可用。**注释：**如果当前视图为一个**项目**视图，那么这个可以使**视图**过滤器用做项目过滤器。

下列类型的过滤器不可用：

- 如 Excel 和 Microsoft Project 的下拉或自动过滤器，
- SureTrak 和 Microsoft Project 的交互过滤器，当应用过滤器且提供用户从下拉列表选择时。这个功能的缺失可导致产生大量的过滤器，或用户持续编辑经常使用的过滤器。

另一方面，P6 允许同时应用多个过滤器。

> Primavera 没有项目专用过滤器（除非创建一个视图过滤器），所以你可以考虑在过滤器名称开头使用项目名称或编号，这样就知道哪个过滤器属于哪个项目。尤其在你有多个**用户过滤器**或几个**全局过滤器**时是很有用。

主题	菜单命令
• 应用，编辑，创建，或删除一个过滤器，打开**过滤器**小窗口	• 点击 ▽ 图标，或 • 选择**显示(V)**，**过滤依据(F)**，**自定义.....**，或 • 在栏位区域点右键并选择**过滤器(F)**.....。

13.2 应用一个过滤器

13.2.1 过滤器小窗口

过滤器在**过滤器**小窗口选择，打开可通过：

- 点击 图标，或
- 选择**显示(V)**，**过滤依据(F)**，**自定义....**，或
- 在栏位区域点右键并选择**过滤器(F)....**。
- **注释：**如果未选**所有作业**选项，那么说明已有一个过滤器应用了。

13.2.2 应用单一过滤器

单一过滤器的应用可通过：

- 勾选一个过滤器旁的**选择**项，并
- 点击 应用 图标使用此过滤器不关闭窗口，如果结果不理想可选择其他选项，或
- 点击 确定 图标应用此过滤器并关系窗口。
- 当应用所选过滤器时（单个或多个）：
  - ➢ 当选择**替换在当前视图中显示的作业**时，只有符合过滤器条件的作业会显示。
  - ➢ 这些作业在选择**高亮显示当前视图中满足条件的作业**时会以**选择作业**高亮。

13.2.3 应用组合过滤器

组合过滤器有两个或多个所选过滤器，在**显示匹配的作业**下有两个选项：

- **所有选中的过滤器**为显示或高亮的作业必须满足**所有**选中过滤器的条件，或
- **任一选中的过滤器**为显示或高亮的作业必须满足**仅一个**过滤器的条件。

此软件的许多地方都会有点击 确定 或 应用 图标的选项：

- 应用 图标应用此格式但不会关闭窗口，
- 确定 图标应用此格式并且关闭窗口。

13.3 创建和修改过滤器

13.3.1 创建新过滤器

过滤器可在**过滤器**小窗口创建：

- 在**过滤器**小窗口点击 ⊕ 新建 图标创建一个新的过滤器，或
- 使用 复制 和 粘贴 图标复制一个已有过滤器并进行编辑。

新的过滤器会在列表底部的**用户定义**过滤器区域创建。

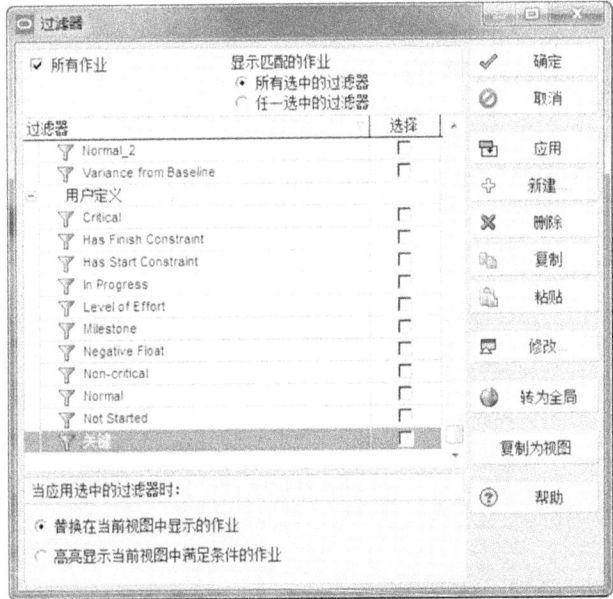

创建过滤器有大量的可选项，下面的一些示范可让你自己试验和增加你自己的过滤器。如需修改已有过滤器，从**过滤器**小窗口选择并点击 修改 图标。

13.3.2 单一参数过滤器

下面的例子为显示未完成作业的过滤器：

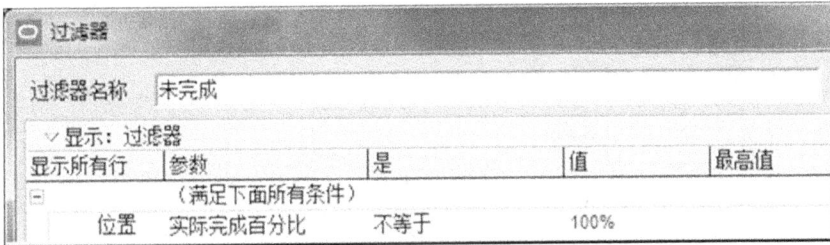

- **参数**用于选择任意可用数据库项：
- 从**是**下拉列表选择其中一项：
- **是**列表中的所选参数决定是否：
  - ➢ 只需要一个**值**，在**值**项下输入，或
  - ➢ 需要一个范围即需输入两个值，那么就要输入**值**和**最高值**。

下面示例为使用**在范围之外**和**值**及**最高值**选项显示进行中作业的过滤器：

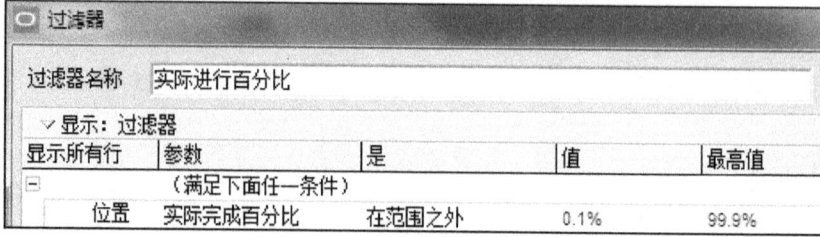

下面的例子使用**等于**参数且只有**值**一项：

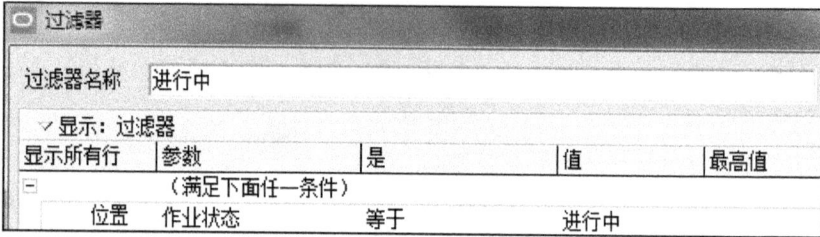

13.3.3 双参数过滤器

下面的例子为显示所有关键路径作业且分配 PM 资源作业的过滤器：

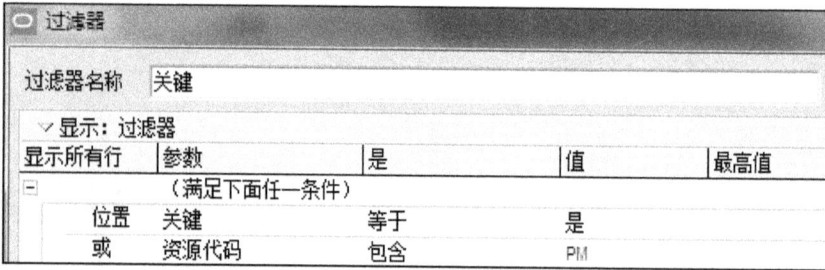

- **参数**的下拉列表有两个选项：
    - ➤ （满足下面所有条件），作业必须达到下面所有所选参数的要求。
    - ➤ （满足下面任一条件），作业必须达到下面任一所选参数的要求。

当第一个参数变为**满足下面所有条件**时，**显示所有行**选项将会变为与。因此下图的过滤器通常会显示较少的作业，这是由于作业必须为关键且分配了 PM 资源：

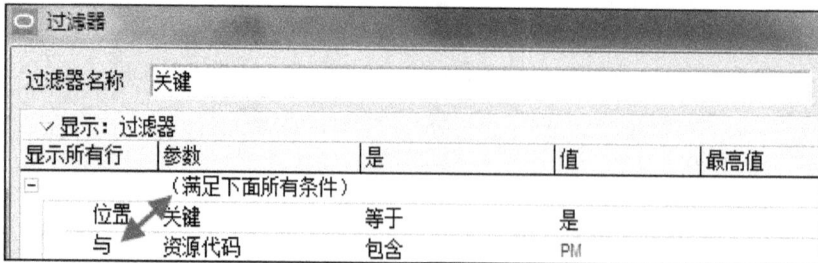

13.3.4 多参数过滤器

下面的例子可以显示一个在有 PEH 和 SHE 资源且在关键路径上的未完成作业的过滤器：

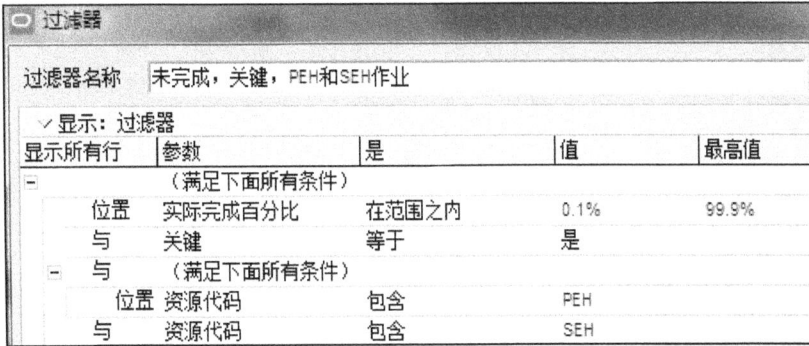

- 在这个例子中，**参数**列表所选的为（**满足下面所有条件**），这对过滤器参数有一个嵌套效果。
- 这与 P3 的过滤器层次功能类似。

13.3.5 编辑和组织过滤器参数

过滤器中的条目可以在**过滤器**小窗口使用适当的图标编辑、复制、粘贴和删除。

箭头可使过滤器条目上移和下移，以及向左缩进和向右突进，与 Microsoft Project 的缩进和突进功能类似。

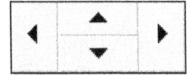

过滤器可通过使用**优化**命令删除多余的过滤器项进行优化：

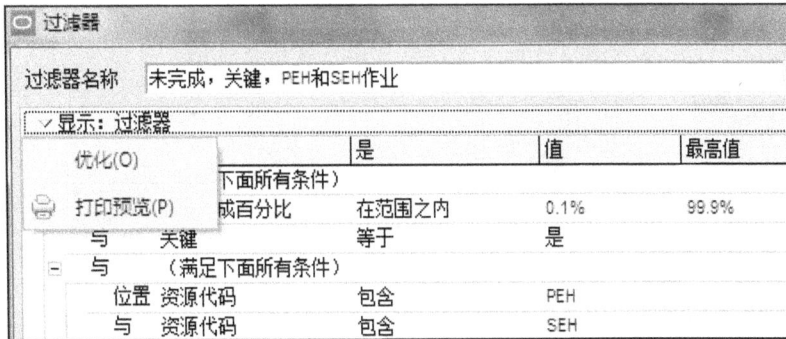

13.3.6 了解资源过滤器

 注释：这对资源过滤是非常重要的一点

在过滤资源时，过滤器必须使用**包含**选项而不是**等于**，如上图所示。否则，当一个作业有多余一个的分配资源，此作业在使用**等于**参数的过滤器时将不能被选择。

13.4 自测题 11-过滤器

背景

管理层需要按他们要求的关于作业的报告。

任务

确认打开你的 **OzBuild 投标**项目，

1. 应用 **OzBuild 自测题 10-有浮时**视图。

2. 他们想要看所有的关键作业。

   ➢ 确认标明**总浮时**的栏位显示，并且

   ➢ 应用**关键**作业过滤器。

      你将只能看到在关键路径上的作业及他们相关的汇总作业。

作业代码	作业名称	原定工期	开始	完成	总浮时	自由浮时	十二月 2015	一月 2016
							30 07 14 21 28	04 11 18 25
■ 设施扩建投标		18d	04—月·2016 08	27—月·2016 16	0d	0d		
技术规格		0d			0d	0d		
─ 交付计划		14d	04—月·2016 08	21—月·2016 16	0d	0d		
OZ1060	从供应商获取报价	8d	04—月·2016 08"	13—月·2016 16	0d	0d		
OZ1070	计算投标估价	3d	14—月·2016 08	16—月·2016 16	0d	0d		
OZ1080	创建项目进度	3d	18—月·2016 08	20—月·2016 16	0d	0d		
OZ1090	审查交付计划	1d	21—月·2016 08	21—月·2016 16	0d	0d		
─ 投标文件		4d	22—月·2016 08	27—月·2016 16	0d	0d		
OZ1110	审查投标文件	2d	22—月·2016 08	25—月·2016 16	0d	0d		
OZ1120	完成并递交投标文件	2d	26—月·2016 08	27—月·2016 16	0d	0d		
OZ1130	投标文件递交	0d		27—月·2016 16"	0d	0d		

3. 打开**分组并排序**小窗口，选择**隐藏空值**项，注意**技术规格**分组带被隐藏了。

4. 管理层想看所有浮时小于或等于 7 天的作业：

   ➢ 创建一个新的过滤器名为：**浮时小于或等于 7 天**，并

   ➢ 增加显示总浮时小于 7 天的条件。

过滤器名称	浮时小于或等于7天			
∨ 显示：过滤器				
显示所有行	参数	是	值	最高值
─	〈满足下面所有条件…			
位置	总浮时	小于或等于	7d	

   ➢ 关闭过滤器窗口，

   ➢ 选择所有作业项保证显示所有作业，

   ➢ 应用新的过滤器，

   ➢ 你会发现有 8 天浮时的作业被隐藏了：

见下页…

作业代码	作业名称	原定工期	开始	完成	总浮时	自由浮时	十二月 2015 / 一月 2016
设施扩建投标		35d	07十二月·2015 08	27—月·2016 16	0d	0d	
技术规格		11d	07十二月·2015 08	21十二月·2015 16	6d	0d	
OZ1000	批准投标	0d	07十二月·2015 08		6d	0d	
OZ1010	决定安装要求	4d	07十二月·2015 08	10十二月·2015 16	6d	0d	
OZ1020	创建技术规格	5d	11十二月·2015 08	17十二月·2015 16	6d	0d	
OZ1030	确定供应商构成	2d	18十二月·2015 08	21十二月·2015 16	6d	0d	
交付计划		14d	04—月·2016 08	21—月·2016 16	0d	0d	
OZ1060	从供应商获取报价	8d	04—月·2016 08*	13—月·2016 16	0d	0d	
OZ1070	计算投标估价	3d	14—月·2016 08	16—月·2016 16	0d	0d	
OZ1080	创建项目进度	3d	18—月·2016 08	20—月·2016 16	0d	0d	
OZ1090	审查交付计划	1d	21—月·2016 08	21—月·2016 16	0d	0d	
投标文件		4d	22—月·2016 08	27—月·2016 16	0d	0d	
OZ1110	审查投标文件	2d	22—月·2016 08	25—月·2016 16	0d	0d	
OZ1120	完成并递交投标文件	2d	26—月·2016 08	27—月·2016 16	0d	0d	
OZ1130	投标文件递交	0d		27—月·2016 16*	0d	0d	

5. 他们想看所有关键或包含"投标"文字的作业。

➤ 复制**关键**过滤器，

➤ 编辑过滤器名称为：**关键或包含"投标"，**

➤ 编辑顶栏为（**满足下面任一条件），**

➤ 增加条件：**或**名称（作业名称）包含**投标**，并

过滤器名称	关键或包含 投标"			
﹀ 显示: 过滤器				
显示所有行	参数	是	值	最高值
－	（满足下面任一条件）			
位置	关键	等于	是	
或	作业名称	包含	投标	

➤ 应用过滤器。

作业代码	作业名称	原定工期	开始	完成	总浮时	自由浮时	十二月 2015 / 一月 2016
设施扩建投标		35d	07十二月·2015 08	27—月·2016 16	0d	0d	
技术规格		0d	07十二月·2015 08	07十二月·2015 08	6d	0d	
OZ1000	批准投标	0d	07十二月·2015 08		6d	0d	
交付计划		14d	04—月·2016 08	21—月·2016 16	0d	0d	
OZ1060	从供应商获取报价	8d	04—月·2016 08*	13—月·2016 16	0d	0d	
OZ1070	计算投标估价	3d	14—月·2016 08	16—月·2016 16	0d	0d	
OZ1080	创建项目进度	3d	18—月·2016 08	20—月·2016 16	0d	0d	
OZ1090	审查交付计划	1d	21—月·2016 08	21—月·2016 16	0d	0d	
投标文件		18d	04—月·2016 08	27—月·2016 16	0d	0d	
OZ1100	创建投标文件草稿	6d	04—月·2016 08	11—月·2016 16	8d	8d	
OZ1110	审查投标文件	2d	22—月·2016 08	25—月·2016 16	0d	0d	
OZ1120	完成并递交投标文件	2d	26—月·2016 08	27—月·2016 16	0d	0d	
OZ1130	投标文件递交	0d		27—月·2016 16*	0d	0d	

6. 现在变选项（**满足下面任一条件**）为（**满足下面所有条件**）并观察变化。

作业代码	作业名称	原定工期	开始	完成	总浮时	自由浮时	十二月 2015 / 一月 2016
设施扩建投标		10d	14—月·2016 08	27—月·2016 16	0d	0d	
交付计划		3d	14—月·2016 08	16—月·2016 16	0d	0d	
OZ1070	计算投标估价	3d	14—月·2016 08	16—月·2016 16	0d	0d	
投标文件		4d	22—月·2016 08	27—月·2016 16	0d	0d	
OZ1110	审查投标文件	2d	22—月·2016 08	25—月·2016 16	0d	0d	
OZ1120	完成并递交投标文件	2d	26—月·2016 08	27—月·2016 16	0d	0d	
OZ1130	投标文件递交	0d		27—月·2016 16*	0d	0d	

7. 应有更少的作业因为现在显示的为满足两个条件的作业。

8. 现在应用**所有作业**以显示所有的作业。

14 打印和报表

这时进度需要被打印以便他人审核和提出意见，这一章将讨论一些打印你的项目进度的选项。

几种用于输出你的进度的工具：

- **打印**功能可以打印当前视图显示的数据。
- **报表**功能可打印独立于当前视图的报告，Primavera 提供一些已定义的报告，可随你的要求修改。报告将不会在这本书内详细介绍。
- **项目 Web 站点发布**可发布进度至一个 web 站点，使用**工具(T)**，**发布(P)**命令。
- 你也可以从栏位和一些表格中复制和粘贴文本数据至 Excel 及其他产品。

> *i* 建议你考虑使用例如 Adobe Acrobat 之类的产品以 pdf 格式输出你的进度，这样你可以发送高质量的 e-mail 进度供收件人在屏幕上打印及审核，而不需要 Primavera 软件。

14.1 打印

当视图分离时，底部窗格可随顶部窗格一同打印，除了**作业详情**窗格。这与 P3 和 SureTrak 类似，但与 Microsoft Project 仅可打印作业视图不同。其他的产品，如 Asta Powerproject 何 Tilos，允许在一个打印稿上打印多资源直方图，这在 P6 中是不行的。

打印设置，如页眉和页脚，应用于每个视图且设置随视图保存。

下列为打印时的常用命令：

- **文件(F)**，**页面设置(U)**...
- **文件(F)**，**打印设置(S)**...
- **文件(F)**，**打印预览(V)**
- **文件(F)**，**打印(P)**... 或 **Ctrl+P**

每个功能将仅讨论用于打印甘特图，其他的视图的过程类似。有些视图可能由于数据显示的关系会有不同的选项，这些选项在明白这一章所介绍的基本原理之后应该很容易掌握。

> *i* 每次你向客户或管理层报告时，建议你保存你打印稿或报告的备份，pdf 文件为保存这份数据的最好的方法。按习惯命名你的文件，包括项目标题和数据日期，pdf 文件可使你在未来的任何时候重新产出这些报告，项目进度的备份可用于解决项目争议。
>
> 每次更新项目都保存一个备份是很有用的，尤其在可能有诉讼的可能性时。项目可通过创建目标计划来复制，也可以按 XER 文件导出项目或使用项目复制功能，再设定**项目窗口**，**常用**标签页下的**状态**为未激活。注意尽管项目可能标为未激活，它也可打开和修改，这一点十分重要。

14.2 *打印预览*

如需预览打印效果，使用 Primavera **打印预览**选项。选择**文件(F)，打印预览(V)**或点击**打印**工具栏的图标：

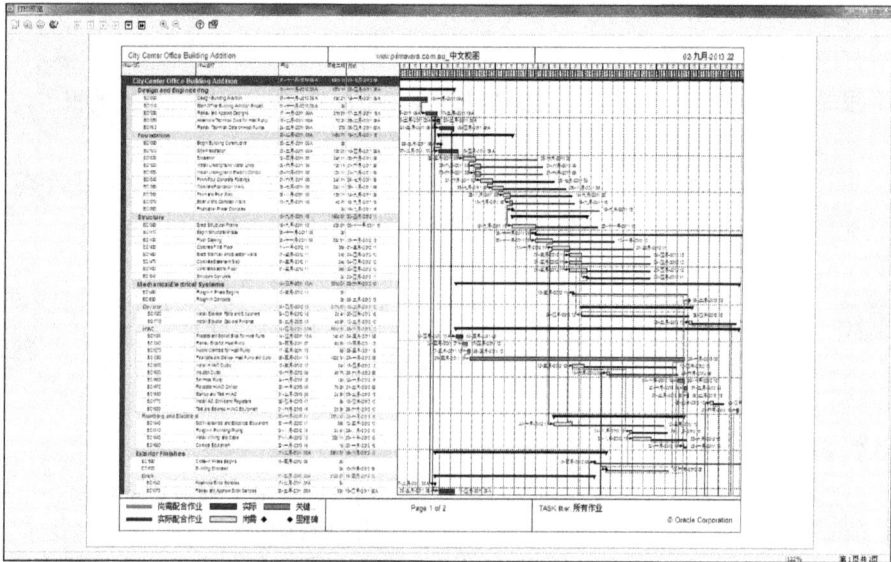

下段说明了在**打印预览**屏幕顶部的图标的功能，从左到右为：

- 图标可打开**页面设置**小窗口，在下一段有介绍。

- 图标可打开**打印设置**小窗口，可选择打印机和纸张大小等等，

- 图标可打开**打印**小窗口，可选择打印机，打印页数，打印份数。

- 图标可打开 **Publish to HTML（发布至 HTML）**小窗口，并且会保存转换过的图表和栏图为 HTML 格式。

- 左边的前六个图标，可在打印稿的页数多于一页时上下滚动。

- 放大镜图标可放大和缩小，你可以点击**打印预览**屏幕来放大。

- 图标打开帮助文件。

- 图标关闭**打印预览**屏幕。

14.3 *页面设置*

如需打开**页面设置**...小窗口：

- 点击**打印**工具栏的📄**页面设置**图标，或
- 选择**文件(F)**，**页面设置(U)**...以显示**页面设置**小窗口：

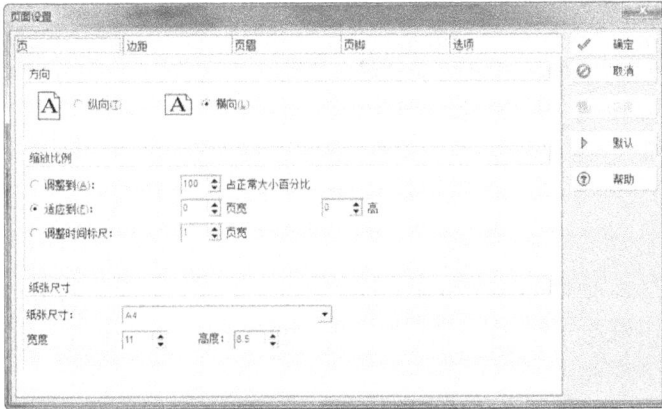

页面设置小窗口包含以下标签页：页，边距，页眉，页脚和选项。

当修改页眉或页脚设置时，右边的图标即可用：

- ┃ 应用 ┃–不关闭窗口应用修改使其可见。
- ┃ 默认 ┃–重置页面设置为默认。
- ┃ 确定 ┃–接受修改并关闭窗口。
- ┃ 取消 ┃–取消修改并关闭窗口。

14.3.1 页面标签页

Primavera 的**页面**标签页选项为：

- **方向**可选择**纵向**或**横向**打印。
- **缩放比例**可调整打印稿适合显示的页数：
  - ➢ **调整到**：-可使你选择栏位文字的比例，栏的水平比例将会调整至符合余下的空间。
  - ➢ **适应到**：-可使你选择页数横向和纵向，Primavera 应调整打印比例以适应。
  - ➢ **调整时间标尺**：-可使用户选择甘特图缩放至几页，但不调整字体和栏位。这通常是选择 1 张宽度的最好设定。

i 这些选项彼此相关，且会十分难以操作。作者建议打印选项最好设置为**调整到**：为 100%，这样文字打印大小清晰易读，再设置**调整时间标尺**：为 1 页宽。

- 页数编号为先横向再纵向，并不跟 P3 和 SureTrak 的习惯数字纵向，字母横向，或 Microsoft Project 的向下编号页再横向的做法相同。

14.3.2 边距标签页

使用这个选项，你可编辑打印稿边缘的边距。

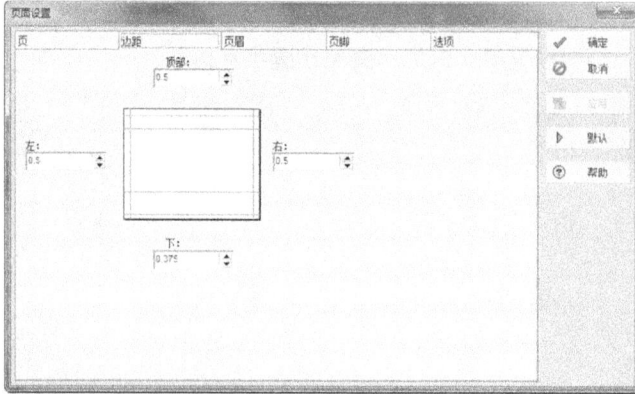

输入页面四周的边距大小，最好允许边缘有更宽的边距以用于装订和打孔 - 1 或 2.5cm 一般来说就足够了。

14.3.3 页眉和页脚标签页

页眉出现在屏幕的顶端，在所有进度信息之上；页脚则在底端。页眉和页脚格式的调整方式一样，我们将在这章讨论页脚的设定。

点击**页面设置**小窗口的**页脚**标签页，将会出现页脚和页眉的默认设置，你可以根据需要修改。

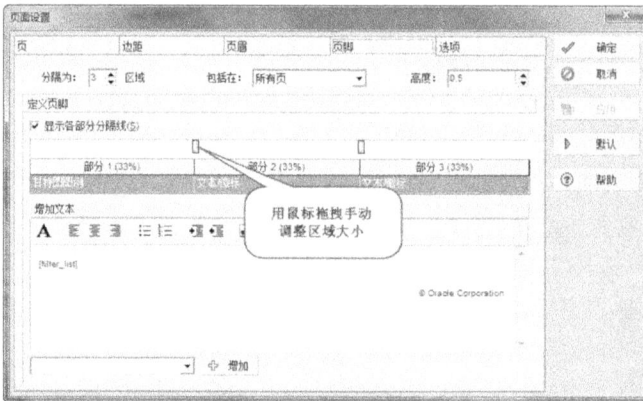

- **分隔为：**– 决定了页眉/页脚被分隔的区域，从 1 到 5。
- **包括在：**– 决定了页眉/页脚出现在哪页：第一页，最后一页，所有页，或没有页。
- **高度：**– 可使用户选择页眉/页脚的高度。
- **定义页脚**
  - ➢ **显示各部分分隔线**选项– 隐藏或显示各部分间的分隔线。
  - ➢ 这一区域可用鼠标调整分隔线手动调整大小，滑标在**显示各部分分隔线**下方。

- **区域内容**

    可点击**部分**标题下方的 ▼ 图标选择，进而选择显示的主题类型。

    ➢ **（没有）** – 这区域空白

    ➢ **甘特图图例**-显示了**栏**小窗口的点选的显示栏位的所有栏，仅可以点击底部的 `字体(F)` 图标编辑字体。

    ➢ **文本/徽标** – 可显示多种数据包括文字，下拉列表的所选数据项及字体，点击图标 `A E≡ ≡≡ ≡ i≡ i≡ →≡ ←≡` 调整格式，点击 图标插入徽标， 图标添加表格，点击链接图标 打开 **Hyperlink** 小窗口添加超链接（**Hyperlink** 小窗口里的内容软件未翻译）。

    ⚠ 作者发现在添加文字的时候字母"s"不能输入至页眉和页脚。有些用户可以从其他程序复制并粘贴包含字母"S"的文字，您也可以创建一个图像并在页眉或页脚插入图像。

    ➢ **审批框**有一个**审批框标题**：– 可手动输入下列信息：日期，版本，审核，已批准（Date, Revision, Checked, Approved）。

    ➢ **图片**– 可放置图片至页脚并手动调整至适当的位置，或选择**调整图片大小来适应部分**选项自动调整。

- `⊕ 增加` 图标可插入下拉列表的数据库项，可从当前的项目自动更新。下列项可对整个组织设定：在 P6 专业版可在**管理员(A)**， **管理设置(P)**...，**报表(R)**标签页定义**自定义标签 1 到 3**，**页脚标签 1 到 3**，和**页眉标签 1 到 3**；在 Primavera EPPM 可选客户端中**不是从 WEB** 而是从**工具**，**报表**，**报表设置**定义。

    ℹ `⊕ 增加` 按钮时十分有用的功能，因为它允许创建的标准视图自动从数据库项更新，例如项目代码和项目名称，因此在你打开不同的项目时总是可用的。

14.3.4 选项标签页

选项标签页有三个部分

- **时间标尺开始日期：**和**时间标尺结束日期：**这两个选项设定了时间标尺的**开始和结束**时间，点击 图标并从列表中选择日期。可从菜单中选择一个**自定义日期**...并打开一个日历进行选择。

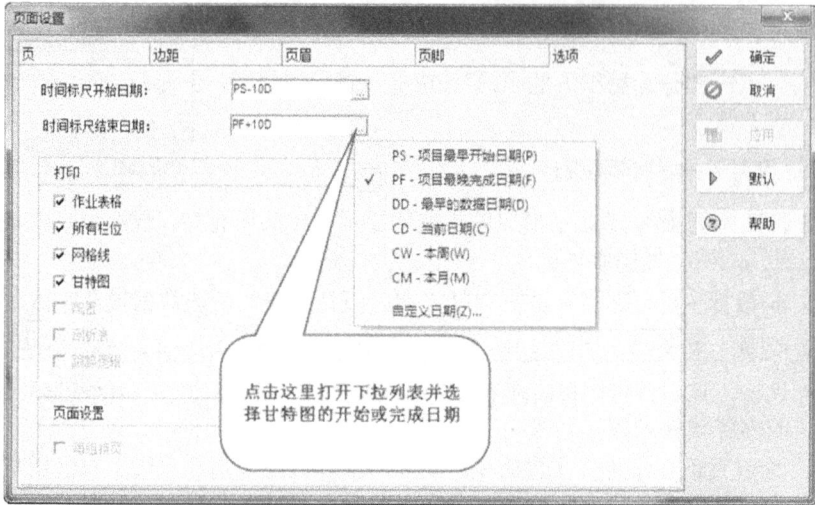

- 可定义所选日期的延时，见上图可发现时间标尺开始日期为项目开始日期前 10 天，结束于项目完成日期后 10 天。这与 P3 和 SureTrak 的功能类似。

- **打印**选项根据视图的不同有所变化，这些选项可选择打印的数据。

> *i* 一次只可以打印一个资源直方图或一个资源表。

- **每组换页**可在**分组并排序**小窗口第一组的标题改变时插入一个分页符。

   P6 8.1 版在**分组并排序**小窗口添加了一个新功能，可在分组作业的任一所选层次插入分页符，这样使这个选项有点多余：

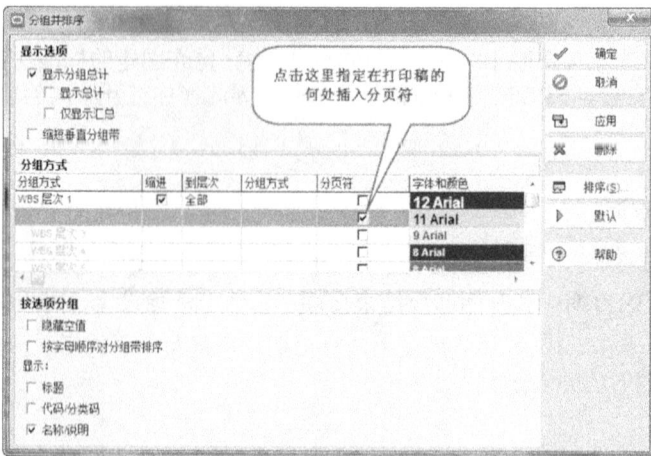

14.4 打印小窗口

打印小窗口的打开方式为:

- 选择文件(F),打印(P)...,或

- 使用快捷键 Ctrl+P,或

- 点击打印预览屏的 🖶 打印图标。

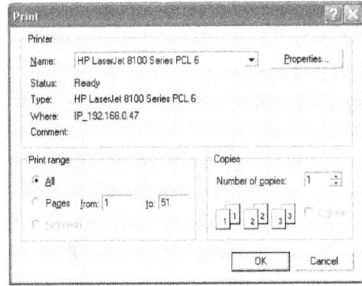

14.5 打印设置小窗口

打印设置小窗口的打开方式为:

- 选择文件(F),打印设置(S)...,或

- 点击打印预览屏的 🖶 打印图标。

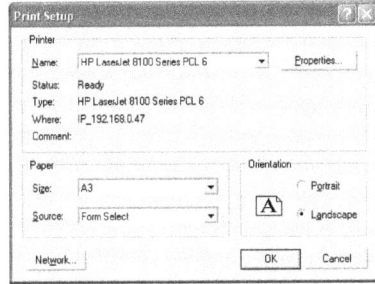

14.6 报表

点击企业工具栏的 🖫 图标或选择工具(T),报表(P),报表(P)打开报表窗口:

报表名称	报表范围	上次运行日期
📃 报表组: Standard PMO Reports		
📁 报表组: Administration & Security		
CV-02 Resource Code Values	全局	03-九月-10 13
CV-03 Activity Code Values	全局	
GS-01 Users by Global Security Profile	全局	
GS-02 Global Security Profile Privileges	全局	
GS-03 OBS User Security Profiles	全局	
OB-01 OBS Assignment By Users	全局	
PS-01 Project Security Profile Privileges	全局	
📁 报表组: Resources		
RS-01 Resource Details	全局	17-三月-11 11
RS-02 Resource Rates	全局	

- 报表在一个层级结构下进行分组,可打开工具(T),报表(P),报表组小窗口或点击右键使用菜单进行修改。

14.6.1　运行报表

- 单一报表可右键点击一个报表并选择**运行(R)**，**报表(R)**...或点击**报表**工具栏的◻图标运行，这将会打开**运行报表**小窗口：

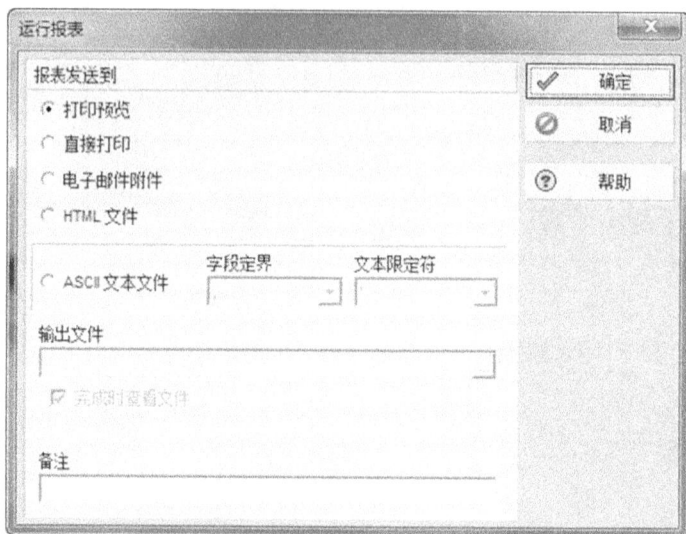

- 选择 **ASCII 文本文件**选项可使报表在 Excel 内打开和编辑，默认字段定界和文本限定符通常来说都适用于 Excel。
- **批次**为一次运行的多个报表：
  - ➢ **批次**可使用**工具(T)**，**报表(P)**，**批次报表(B)**...小窗口创建和编辑，并
  - ➢ 点击**报表**工具栏的◻运行。

14.6.2　编辑报表

- 报表可使用**编辑**工具栏图标或点击右键剪切，复制和粘贴。
- 可点击说明重新命名。
- 有些报表可使用**报表向导**编辑，可使用**报表编辑器**（**Report Writer**）编辑所有的。
  - ➢ 报表名称旁边有◻图标的报表可使用**报表向导**进行编辑，这也是编辑报表的最简单的方法。**注释：**这些报表也可以使用**报表编辑器**编辑。
  - ➢ 报表名称旁边有◻图标的报表仅可以使用**报表编辑器**编辑，这样就十分的复杂。在帮助文件中有基本的指示。
- 如需创建一个新的报表或修改一个已使用**报表向导**创建的报表，点击**报表**工具栏的◻图标运行**报表向导**，或选择**工具(T)**，**报表向导(W)**...。

14.6.3　发布至 Web 网站

　　Primavera 有几个功能可发布项目至一个网站，这为 Oracle Primavera P6 提供的唯一"免费阅读器"。

　　工具(T)，**发布(P)**，菜单有三个创建当前项目的 web 站点的选项：

- **项目 Web 站点**...将用已创建的任何报表或视图来创建一个完整的 web 站点，这在发布大量数据时是十分有用的功能。
- **作业视图**...创建一个仅有所选作业视图的 web 站点。
- **跟踪视图**...创建一个仅有所选跟踪视图的 web 站点。

14.7 时间标尺逻辑图表

时间标尺逻辑图表从作业窗口导出打开项目至 Primavera 时间标尺逻辑图表程序并在一个独立的程序中创建一个时间标尺逻辑图表。

选择**工具(T)，时间标尺逻辑图表**以运行这个功能。

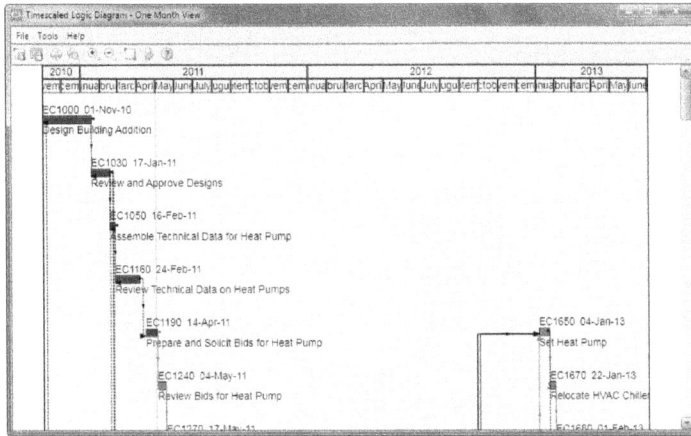

14.8 *Visualizer*

Visualizer （**视图器**）是 P6 8.3 版本的新功能，是对 8.2 版本的**时间标尺逻辑图表**模块的升级，它增加了一款比作业窗口更高级别自定义甘特图的软件。

它可以从 P6 打开，也可以从 Windows 的开始菜单打开；并且允许创建时间标尺逻辑图表 (TSLD) 且有以下功能：

- 打开从 P6 导入的视图及创建新的 Visualizer 视图
- 记事本主题及步骤可在作业表格里显示为项，或显示为栏标签
- 可在甘特图中重叠栏位及使用自动换行
- 可在 TSLD 中一行显示多个作业，减少了行数
- 调整项及标签的格式
- 使用例如显示目标计划，过滤器，分组并排序等功能
- 作业分类码的颜色可在**企业，作业分类码**小窗口进行选择。这些颜色可以在 Visualizer 里分配至栏，栏开始和完成点；但是作业窗口、栏小窗口内的栏并不能使用这些颜色。
- 有更多栏的形状及其他格式的选择
- 使用例如 Windows Scheduler 之类的软件运行批次报表。
- Primavera 15.1 版本可导入及导出 P6 专业版下创建的 PLF 视图，并且用户可通过导入和导出 VLF 文件交换 Visualizer 的视图。

理解 Visualizer 是如何运行的：

- 它不能在 P6 中打开的项目上进行操作
- 它不能用于修改数据，仅用于数据的显示
- 用户在选择需要显示的项目前要选择一个已有的视图或创建一个新的视图，视图可为甘特图或 TSLD
- 接着选择需要显示的项目，并
- 调整视图的格式，如有需要进行保存
- Visualizer 的视图在 Windows 客户端下可进行创建并保存为全局，项目或用户视图
- Visualizer 使用 P6 管理设置的日历设置显示每周起始日，及联机帮助设置。

本节将概述 Visualizer 如何运行的几个要点，运行 Visualizer 可选择：

- **工具(T)**，**Visualizer**，或
- 可不打开 P6 从 Windows 开始菜单打开软件
- 从窗口最上方的按钮选择你所需要的视图类型：

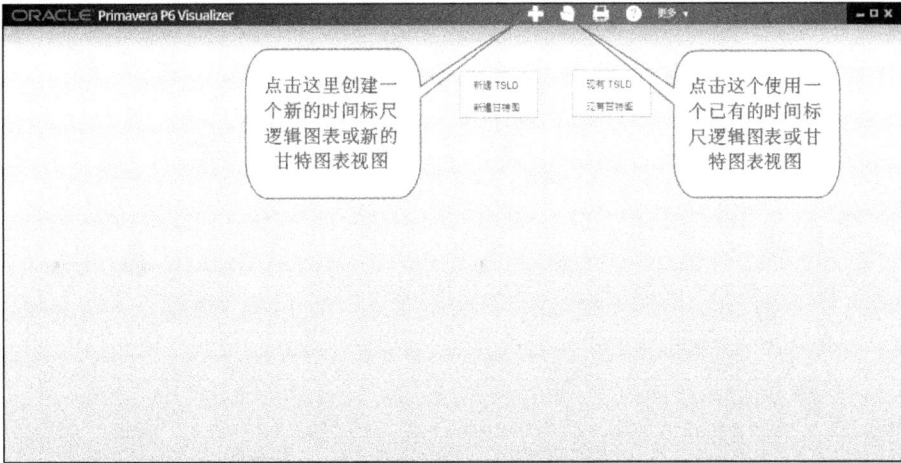

- 你可以接下来选择需要显示的项目，下图为创建一个新的 TSLD 时的可用选项：

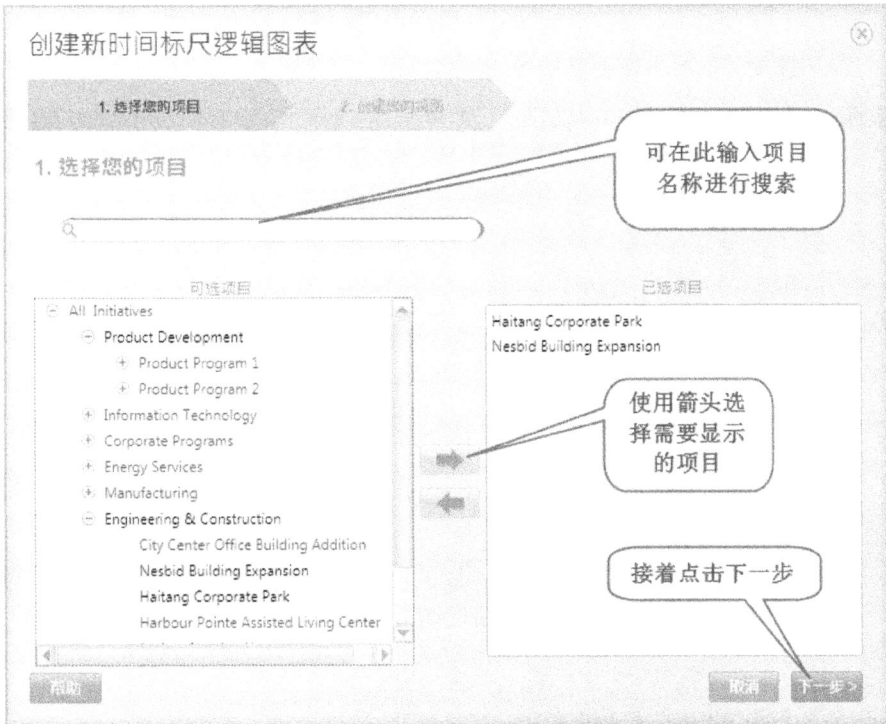

- 命名此视图：

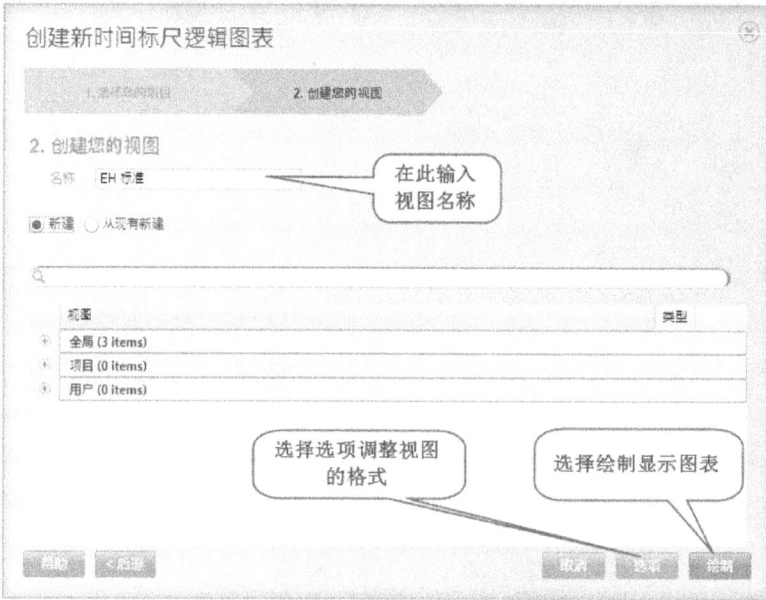

- **选项**表格有大量调整格式的选项：

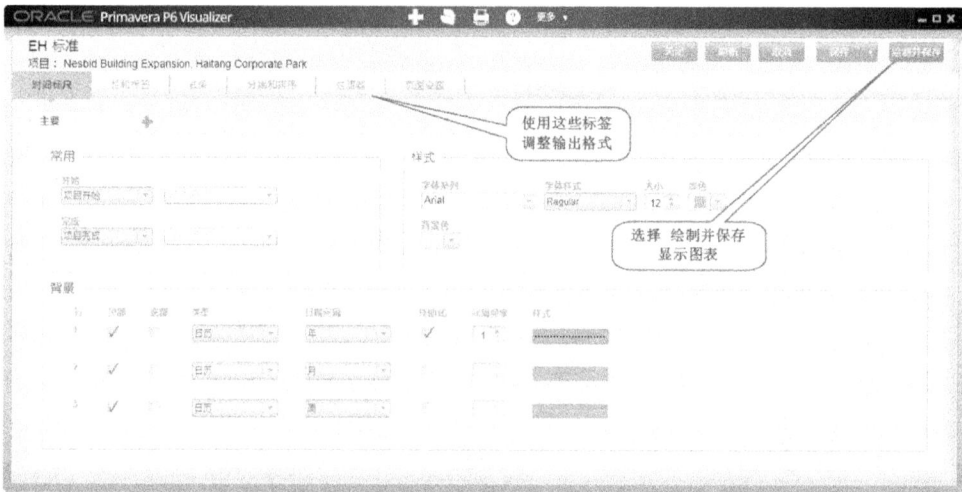

大部分标签选项都通俗易懂，甘特图的视图功能都类似，这里就不再单独讲述。

8.4 版本引入了一些新功能：

- 以**日期间隔**显示**班次**。这可以在**时间表尺**窗口的**日期间隔**列表处进行调整；

- 在页眉和页脚处可添加自定义的图例。可在**页面设置**窗口，**标题块**标签页进行设置。

- 可在**管理视图**小窗口选择多个视图并移置其他的分组。

- 栏设置现在可随视图一起复制。这个功能可在**栏和标签**标签页，**可用栏**处找到。

14.9 自测题12-打印

背景

我们要发布一份用于管理层审阅的报告。

任务

从上一个自测题打开你的 **OzBuild 投标**项目并完成以下步骤：

1. 移除过滤器；

2. 应用 **OzBuild 自测题 10-有浮时**视图；

3. 选择**文件，打印预览**并点击**打印工具栏**的 图标打开**页面设置**小窗口；

4. 在**页**标签页选择：

   ➢ **方向**-横向

   ➢ **调整到**-100%

   ➢ **适应到**-0 页宽 0 页高

   ➢ **调整时间标尺**：-1 页宽

   ➢ **纸张尺寸**：- A4 或信纸

5. 在**边距**标签页设定所有为 0.5"，除了**顶部**：设定为 0.75"以留出装订位置。

6. 在**页眉**标签页：

   ➢ 分隔为：3 区域

   ➢ 包括在：所有页，这样每页都会重复

   ➢ 高度：0.5

   ➢ 部分 1，插入文本/徽标-**打印于**：**[日期] [时间]** - Arial Regular 8，靠左对齐
     （用户可能会发现虽然增加的选项为中文，但文本框内还是英文）

   ➢ 部分 2，插入文本/徽标-**[项目名称]** – Arial Bold 12，中间对齐

   ➢ 部分 3，插入文本/徽标- **第[页码]页 共[总页数]页** – Arial Regular 8，靠右对齐

7. 在**页脚**标签页：

   ➢ 分隔为：3 区域

   ➢ 包括在：第一页，这样就会仅在第一页打印

   ➢ 高度：1.25

   ➢ 部分 1– 甘特图图例

   ➢ 部分 2–图片–放入合适的图片

   ➢ 部分 3–审批框

     根据需要调整每部分宽度

---

8. 在**选项**标签页：

> ➢ 设定时间标尺开始日期：从项目最早开始日期减掉 5 天，时间标尺结束日期：到项目最晚完成日期加上 5 天，

> ➢ 显示作业表格，所有栏位，网格线和甘特图。

9. 保存视图

10. 与下图比较你的结果：

自测题 12 答案

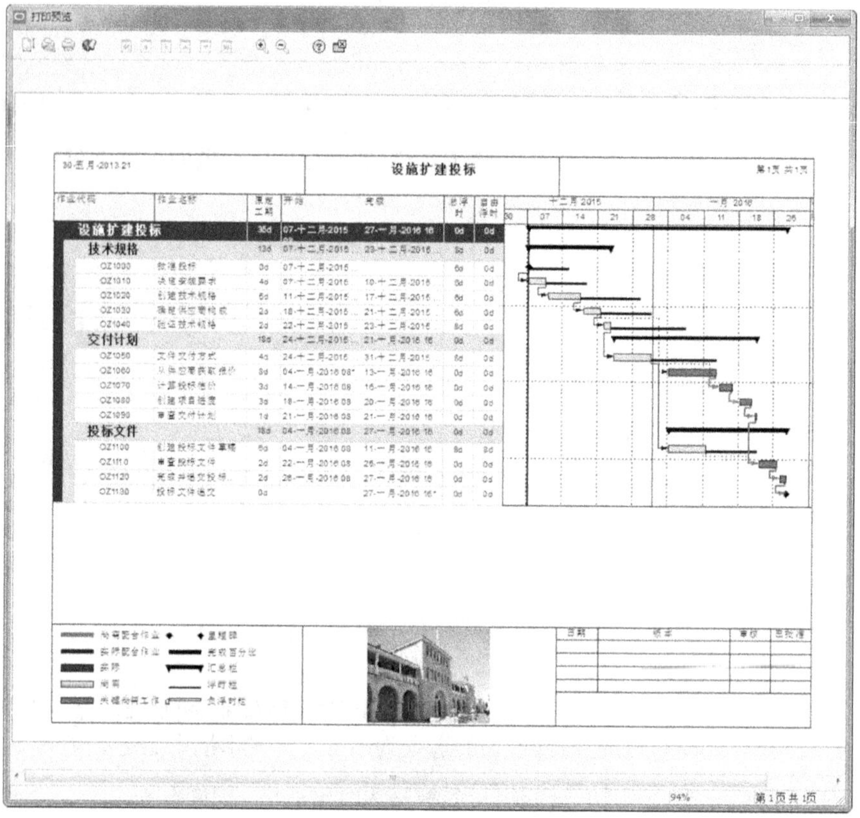

15 进度计算选项和设置目标计划

在完成计划或反复修订出一个可接受计划之后就需要跟踪进展，这样项目才可以进行。定期的监控和控制作为一个重要的阶段正式开始。这个过程有助于今早发现问题，从而减小他们对项目成功完成造成的影响。监控进展的主要步骤为：

- 保存一个**目标计划**（**Basline**）进度，也称作一个**目标**（**Target**），这个进度可用于比较进展的日期。当前项目可以复制并用作目标计划，或分配一个已有的项目为目标计划。

- 记录或标注进展的特定日期，名为**数据日期**（**Data Date**），也被称为**状态日期**（**Status Date**），**更新日期**（**Update Date**），**当前日期**（**Current Date**），**报表日期**（**Report Date**）和**截至日期**（**As of Date**）。

- **更新**（**Updating**）或**发展**（**Progressing**）进度。

- 计算项目进度并同时移动**数据日期**至新的**数据日期**，再重新计算左右作业的日期。

- 比较和报告实际进展和计划进展并修订计划，如需要再计算进度。

与多个目标计划比较作业状态是很有用的，比如说：

- 原定计划可以作为一个目标计划，用于查看原定计划的延误。

- 最终时段，可用作另一个目标计划，用于查看自上次更新后的变化。

Primavera 有以下功能：

- Primavera 允许项目中保存无限数量的目标计划项目文件，

- 目标计划项目不能打开或查看，只可恢复至数据库打开和编辑，但它就不再是一个目标计划了。

- 同一时间可以显示当前进度的最多四个目标计划，可在甘特图上显示为栏，或栏位中显示为数据。

- 目标计划比较在**作业窗口**的作业层次显示，并不在资源层次。资源层次的比较在资源视图上可用，比如说**资源分配窗口**。

快捷键

主题	菜单命令
• 保存和删除及设定**目标计划**	如需保存一个目标计划，选择**项目(P)**，**维护目标计划...**以显示**维护目标计划**小窗口。
• 设定目标计划项目	从**项目(P)**，**分配目标计划...**小窗口分配目标计划
• 更新目标计划	• 选择**项目(P)**，**维护目标计划...**并选择 ⊠ 更新... 图标打开**更新目标计划**小窗口:

15.1 了解日期项

Primavera 比 P3，SureTrak 或 Microsoft Project 有更多当前进度的日期项，这一部分解释了这些日期项是如何计算的。

关于这些日期是如何计算的可用文献很少，作者在本章中确定的信息为使用一个无资源进度的试验。

在你了解这些日期项之后，你应该再来看下栏小窗口的**栏时间标尺**选项，对你来说现在应该容易明白栏的格式是如何调整的。

15.1.1 最早开始和最早完成

这些为未开始作业或进行中作业的未完成部分，基于日期、逻辑关系和限制条件，可以开始或完成的最早日期。

*   已完成作业 A1010 的**最早开始**在作业开始后设定为**数据日期**的日期和时间，而不像很多其他软件为**实际开始**；
*   已完成作业 A1010 的**最早完成**在作业完成时设定为**数据日期**的日期和时间，而不像很多其他软件为**实际完成**；
*   进行中作业的**最早开始**在作业开始之后设定为**作业日历**开始，而不像很多其他软件为**实际开始**。

注释：仔细看作业 A1010 的最早开始和最早完成日期，再看实际开始和实际完成栏，它们有很大的区别：

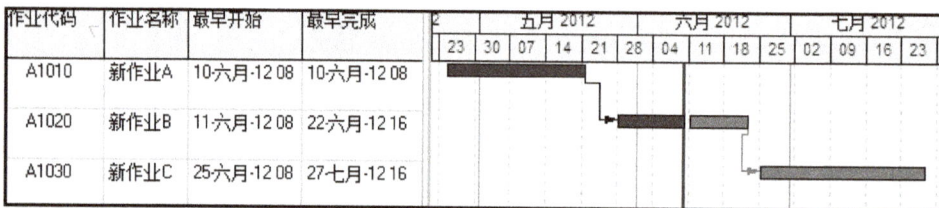

因此已完成作业的最早开始和最早完成及进行中作业的最早开始并不于其他软件的显示方式相同，这样当从其他软件转换过来时会造成误解。

这是为什么甘特图默认不显示**最早栏**的原因，因为**最早栏**不能像其他软件一样显示实际进展。

15.1.2 最晚开始和最晚完成

*   这些为**未开始**作业或**进行中**作业的未完成部分基于日期、逻辑关系和限制条件，可以开始或完成的最晚日期。
*   **已完成**作业的最晚日期设定为等于作业可以及时重新开始的最晚时间点。
*   已完成作业的总浮时为"空白"但是默认视图却显示一条浮时栏。

注释：总浮时栏的末端的日期和时间与最晚完成一样，用于计算总浮时。

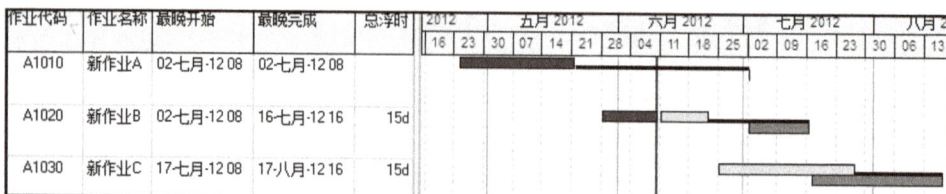

15.1.3 实际开始和完成

这些日期可手动应用，表明作业开始或完成的时间，且忽略限制条件和逻辑关系，这些日期应与**数据日期**相关在过去设定。

作业代码	作业名称	实际开始	实际完成	012	五月 2012	六月 2012	七月 2012
A1010	新作业A	24-四月-12 08	21-五月-12 16				
A1020	新作业B	28-五月-12 08					
A1030	新作业C						

⚠️ 实际日期在分配之后就不应修改了，但是作业设定为**自动计算实际**时的**本期进度更新**（和**更新进展**功能都可能改变实际日期，这些功能必须十分小心使用。

15.1.4 开始和完成

开始在作业还未开始时设定为**最早开始**，在开始之后设定为**实际开始**。

完成在作业未开始或进行中时设定为**最早完成**，在完成之后设定为**实际完成**。

- 当设定**实际开始**或**实际完成**时，日期后面会有一个字母"A"，
- 当作业应用开始限制条件时，日期后面会有一个"*"，
- 这些日期项可在作业未开始，进行中或已完成时如期显示最早和实际开始及完成日期。

作业代码	作业名称	开始	完成	012	五月 2012	六月 2012	七月 2012
A1010	新作业A	24-四月-12 08 A	21-五月-12 16 A				
A1020	新作业B	28-五月-12 08 A	22-六月-12 16				
A1030	新作业C	25-六月-12 08	27-七月-12 16				

⚠️ 之前使用 P3 和 SureTrak 的用户会习惯显示最早开始和最早完成日期，但是当进度进行时不应该显示最早开始和最早完成日期，因为这会给你错误的信息。在正常进度计算条件下应一直显示开始和完成日期。

15.1.5 计划日期

计划完成计算为**计划开始**加上**原定工期**，**原定工期**在某些行业版中标为**计划日期**。这些项总为相关，因此：

- 修改了**计划开始**将会通过**原定工期**改变**计划完成**，
- 修改了**计划完成**将永久性改变**原定工期**，
- 修改了**原定工期**将会改变**计划完成**。

当作业**没有**开始时，

- 在作业没有开始时，**计划日期是**通常与**开始**和**完成**相连的。

> ***i*** 　　　　**仅**当作业没有开始，且**项目窗口，计算**标签页的"**对于未实际开始的作业，连接 预算 和完成时值**"选项选取时，**原定**和**完成时**工期才相连。

- 它们**不**与**最早日期**相连。
- **计划开始**可手动编辑，在**开始**日期相连时，也会被改变，但**最早开始**是**不会**改变的。当项目计算进度时，**计划开始**和**开始**会重置为最早日期。
- **计划完成**可编辑且与**完成**日期和**原定工期**相连。修改**计划完成**将会改变**完成**日期和**原定工期**。重新计算进度会使用新的**原定工期**重新计算并设定**计划完成，**
- 因此，对**计划开始**的修改会因重新计算进度而颠倒，但是对**计划完成**的修改会影响**原定工期**所以不会因为重新计算进度而颠倒。

当作业进行中时：

- 当设定了**实际开始**日期时，**计划开始**日期不变，这与**计划开始**不同。因此在**实际开始**设定前**计划开始**与**开始日期**是一样的。
- **计划完成**计算为**计划开始**日期加上**原定工期**。
- 在作业开始后，**尚需工期**可独立与**原定工期**编辑。**计划完成**可能与**完成**的日期不同，设定为等于**最早完成**。

当作业完成时：

- **计划日期**与所有其他数据项都不相连。

15.1.6 关于计划日期的问题

> ⚠ 这是本书中最重要的段落之一，你必须确定你明白计划日期，且了解如何避免其产生的问题。

要想解释和理解计划日期是十分复杂的，请仔细阅读。综上所述：

- 当一个作业**未开始**时，计划日期匹配最早开始和最早完成。
- 当一个作业**完成**或**进行中**时，计划日期与作业在标记为已开始之前最近的作业状态一致。

在进度更新的过程中：

- 假设数据日期移至新的数据日期且项目以计算了进度，
- 这样所有未开始的作业都会有未来的开始和完成日期，
- 到了这时，每个分配了一个实际开始（应该与数据日期相连且在过去）且为进行中的作业都会有一个**计划日期**既不：
  - ➤ 与作业标记为已开始之前的状态相同，也不
  - ➤ 与作业标记为已开始甚至已完成之后的状态相同。

> ⚠ 因此，在此时的这种情况下，计划日期持有不相关的日期，不应该由于任何原因显示或使用。

但计划日期在软件很多地方都默认使用，数据库管理员和用户必须注意它们在哪里使用及如何避免显示他们。

- 计划日期在没有分配目标计划时显示为**项目目标计划**栏和**第一目标计划**栏，

⚠️ 永远不要显示目标计划栏或栏位，除非创建和分配了一个目标计划项目，否则目标计划栏和栏位就会代表不相关的数据。

- 这些计划日期在作业设定为**自动计算实际**时会被**本期进度更新**功能和**更新进展**功能使用。因此，进行中作业的**实际开始**日期和**最早完成**日期将在没有提醒的情况下变为计划日期值。

⚠️ 确保你从不在已发展的进度上使用**更新进展**功能，否则进行中作业的**实际开始**日期和**最早完成**日期将在没有提醒的情况下变为计划日期值。

- 当在**管理员(A)**， **管理设置(P)**...，**赢得值(V)**标签页下设置为**预算 与计划日期**时，从目标计划进度而来的**计划日期**将会显示为目标计划栏；因此进行中进度的目标计划栏也会不正确。

⚠️ 确定**管理员(A)**， **管理设置(P)**...，**赢得值(V)**标签页下的这个值设定为**完成时值与当前日期**或**预算 值与当前日期**。当进度没有加载资源或费用时，这两个用哪一个都没有关系。关于这些设定的详细内容见段落 17.3.6。

15.1.7 尚需最早开始和完成

这两个数据代表未开始或进行中作业的未完成部分，可以开始和完成的最早日期。

- 当作业完成时它们为空白。
- 可用与计划日期一样的方式编辑。

  - ➢ 当**尚需最早开始**被编辑为比计算进度还晚的日期时，会有一个用**开始不早于**条件限制**尚需最早开始**的选项。如果不设定，那么作业在计算进度时就会向前移至它的初始位置。

  - ➢ 当编辑**尚需最早开始**时，**尚需工期**也会被编辑且永久改变。计算进度不会使进度退回初始位置。

15.1.8 尚需最晚开始和完成

这两个数据代表作业未完成部分可开始和完成的最晚日期。

- 当作业完成时为空白且不能编辑，

- 可能不能显为栏，

- 设定为等于**最晚日期**。

作业代码	作业名称	尚需最晚开始	尚需最晚完成
A1010	新作业A		
A1020	新作业B	02-七月-12 08	16-七月-12 16
A1030	新作业C	17-七月-12 08	17-八月-12 16

15.2 进度计算选项– 常用标签页

当项目的进度重新计算时，在**进度计算选项**小窗口有一些可用选项，选择**工具(T)**，**进度计算(S)**...，选项...打开：

- 按下 ▷ 默认 可重新选项为 P6 默认，而不像 Microsoft Project 保存你自己的为默认。

- 默认选项大都不错但有些需根据特定情况修改。

- 这些选项应用于当前打开进度的所有作业。

- 当多一个进度打开时，你应当仔细阅读**计算多个项目进度**章节以理解**默认项目**功能是如何运行的。

- 如果你导出一个进度至其他数据库，发送一个当前选项的备份是明智的做法，这样他们在导入至数据库时就可以进行检查，尤其当进度与其他项目一起打开时。再次提醒，你应当你应当仔细阅读**计算多个项目进度**章节以理解**默认项目**功能是如何运行的。

- 改变**进度计算选项**的选项可能会改变进度计算的方法，用户在进行修改时须十分小心。你可以考虑复制进度，创建一个目标计划，然后修改选项来观察对进度计算的影响到底是什么。

> *i* Primavera **进度计算选项**的默认值是很好的，建议除非用户有充分的理由，否则不要改变他们。

15.2.1 忽略与其他项目之间的逻辑关系

选择这个选项会忽略与当前未打开的其他项目之间的逻辑关系。

这些逻辑关系可在两个项目间创建当:

- 多于两个项目一起打开,或

- 当分配逻辑关系至一个当前没有打开的项目时,可使用**选择项目**查看作业,并在另一个项目中创建逻辑关系至一个作业。

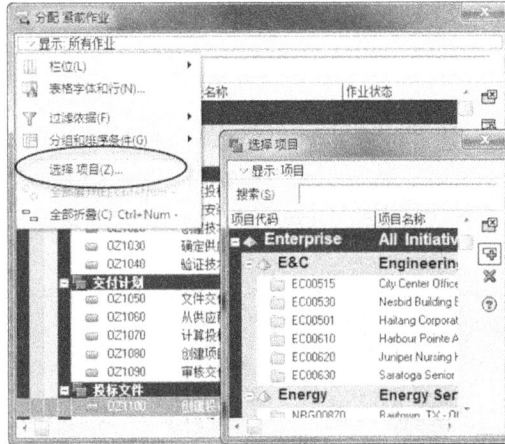

这个选项也会忽略**外部日期**,即**外部最早开始**和**外部最晚完成**日期。

外部日期为项目从 Primavera Contractor 和/或其他 P6 数据库导出并导入至 P6 时创建的限制条件。他们与最早开始和最晚完成限制条件类似,用于表明最开始提供导入进度的关键路径计算的最早开始和最晚完成日期的逻辑关系,

这些日期在不注意它们被创建或其运行方式时会使人十分迷茫,下图所示的负浮时即为这些日期在作业的工期增加了 41 天之后创建:

作业代码	外部最早开始	外部最晚完成	总浮时	2014					
				月	六月	七月	八月	九月	十月
A1000	20-六月-14 17		-41d						
A1010			-41d						
A1020		25-八月-14 08	-41d						

当你从其他数据库导入项目时,确保你**总是**检查外部日期并理解他们如何运行。

如果你在同一个数据库导出再导入,那么外部日期一般不会被创建,但是逻辑关系会根据原定进度中的连接方式重新建立。

另一方面,如果原定进度被删除,那么这些外部日期也可能会被创建。

15.2.2 开口作业标记为关键作业

开口作业为没有后续作业的作业，其浮时至项目末端。选取此项将在它们没有后续作业时把它们变为零总浮时的关键作业。

- 开口 非关键：

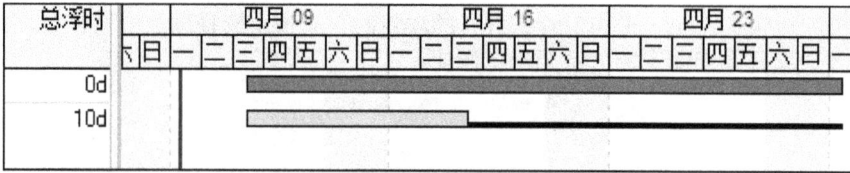

- 开口 关键：

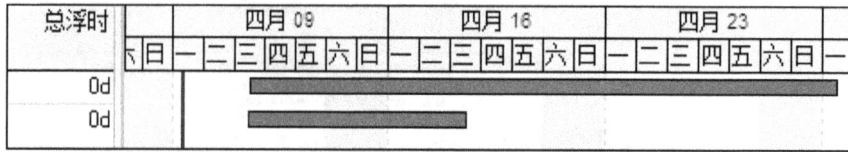

它也允许用户在不使用限制条件的同一个项目中显示多个关键路径，在你希望看到项目各个区域各自的关键路径时是很有用的。为了使这个功能可用，每个链接或事件的最后一个作业必须没有后续作业。

- 开口 非关键：

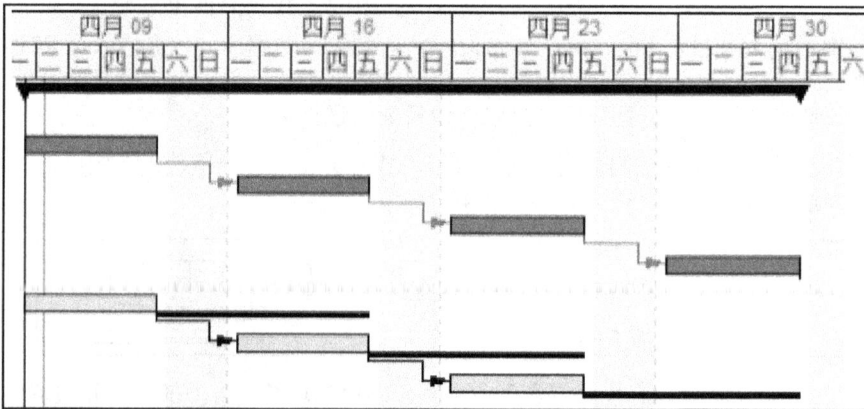

- 开口 关键：

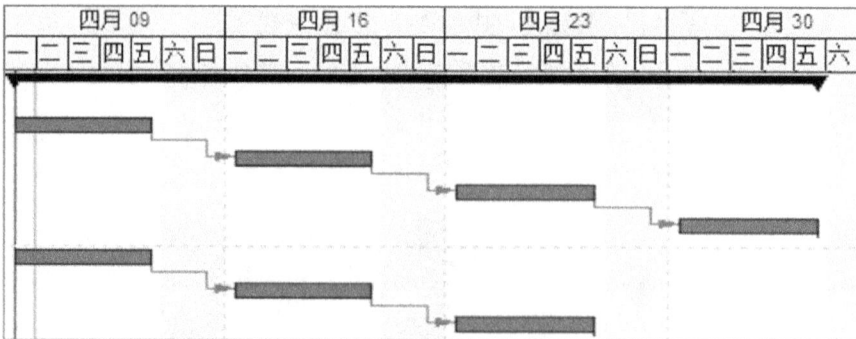

15.2.3 使用期望完成日期

这个选项的目的是为了给使用工时单的人为作业设置一个期望完成日期的限制条件。

一旦设定了期望完成日期，那么软件计算尚需工期从：

- 当作业未开始时为最早开始，或
- 作业开始时为数据日期，或
- 如果设定了停工和复工日期即为复工日期。

因此，期望完成日期可从工时单模块进行分配，且这个选项允许项目经理忽略随工时单上交的这些日期。

默认这个选项总为选择，且可在在**作业详情，状态**标签页下或从栏位分配期望完成限制条件以决定是否使用。

通常来说是不关闭的，下图所示为分配了期望完成限制条件的作业在计算进度前后此限制条件的作用。

- 计算进度之前：

作业代码	原定工期	尚需工期	期望完成日期	完成		一月 28							二月 04				
					六	一	二	三	四	五	六	日	一	二	三	四	五
A1000	4d	4d		31—月·13 16													
A1010	4d	4d	07-二月·13 16	31—月·13 16													

- 计算进度之后：

作业代码	原定工期	尚需工期	期望完成日期	完成		一月 28							二月 04				
					六	一	二	三	四	五	六	日	一	二	三	四	五
A1000	4d	4d		31—月·13 16													
A1010	9d	9d	07-二月·13 16	07-二月·13 16													

15.2.4 修改影响日期时自动进行进度计算

这与其他产品中的自动重新计算类似，在修改了会影响进度日常的数据时会重新计算进度。

P6 为数据库产品，自动计算进度会导致每次你修改时进度就重新计算一次。这会严重的影响效率，因为这个选项一般都不开启。

15.2.5 进度计算时平衡资源

平衡一个进度将会推迟作业直至资源变为可用，此为资源最优化的一种形式，这个选项在每次计算进度时会平衡项目资源。资源平衡在 20.6 段落介绍

i 不建议使用因为它会拖慢进度的计算，且每次计算时进度都会改变。

15.2.6 进度计算后重新计算分配费用

资源单价可在**资源窗口**的**数量及价格**标签页下设定为随时间改变：

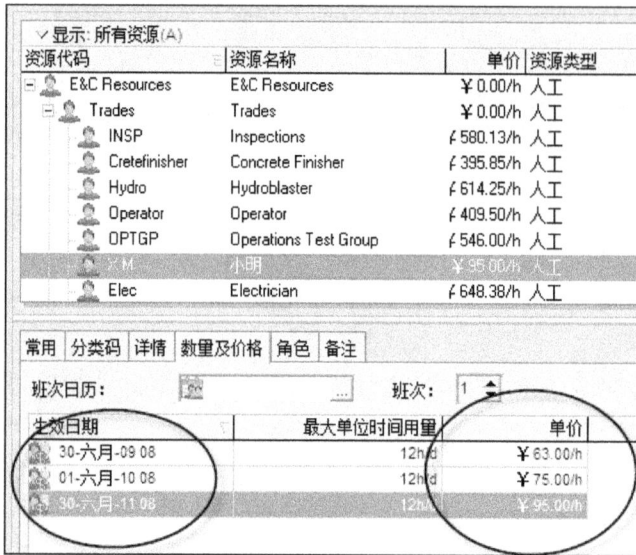

这个选项在资源根据时间有不同费用单价时可重新计算资源费用。

15.2.7 对进行中的作业进行进展计算时使用

当一个作业在其逻辑关系定义的紧前作业完成前就开始时就会发生"失序进展"。那么，逻辑关系就不被承认且后续作业失序开始。P6 中有三个选项用于当后续作业在紧前作业完成之前就开始时，计算后续作业的完成日期：

- 维持逻辑关系
- 进展跨越方式
- 实际日期

所选选项会在计算时应用于一个进度中的所有作业，选择**工具(T)**，**进度计算(S)**...并点击 ▷ 选项... 图标打开**进度计算选项**小窗口，这个选项在**对进行中的作业进行进展计算时使用**：

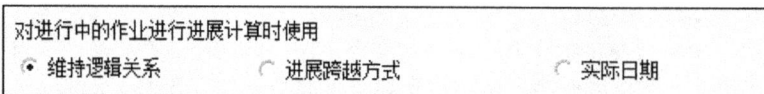

下图所示为更新进度前的作业状态：

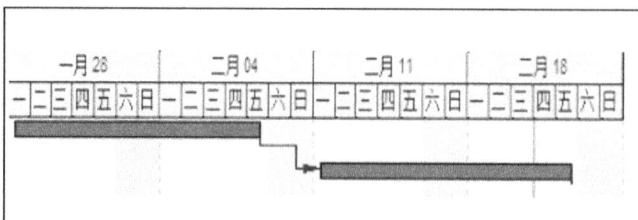

- **维持逻辑关系**

  在下面的例子中，逻辑关系保持在紧前作业和后续作业之间的作业未工作部分
  （尚需工期），在紧前作业完成之后继续。此逻辑关系构成部分关键路径且紧前
  作业没有浮时。

  注释： 此为推荐选项：

  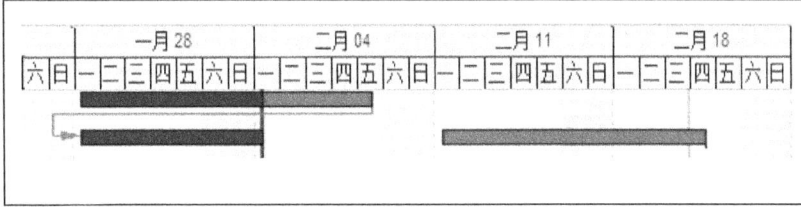

- **进展跨越方式**

  在这个例子中，紧前作业和后续作业间的完成到开始逻辑关系被忽视，作业未工
  作部分（尚需工期）在紧前作业完成之前就继续。

  注释： 此逻辑关系不为驱控关系，不能在下图例子中构成部分关键路径，且紧前
  作业有浮时：

  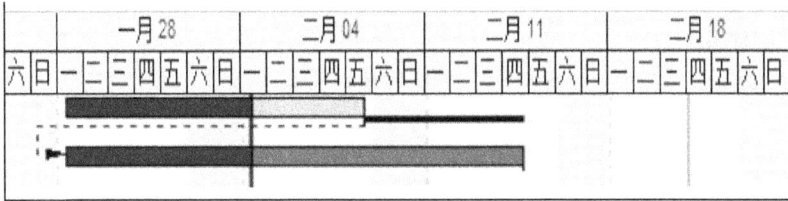

- **实际日期**

  这个功能当作业在未来有实际开始日期时使用，显然不符合逻辑。如使用这个选
  项，一个进行中作业的尚需工期将在作业在未来有实际开始和完成之后计算：

  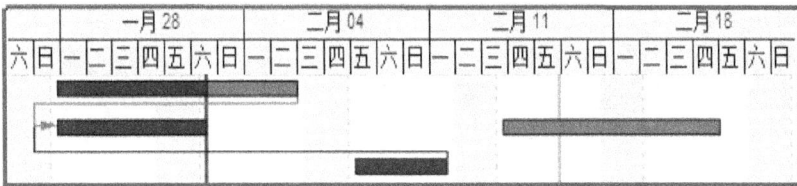

  当未来没有实际日期时，这个选项会按照维持逻辑关系计算。

  这种未来有实际的情况可能会在两个项目同时打开并有不同数据日期时出
  现。最好避免这种情况的出现并设定所有项目的数据日期相同。

  > **i** 维持逻辑关系和进展跨越方式不是 Microsoft Project 使用的术语，而在 P3
  > 和 SureTrak 中使用且与 Primavera 的运行方式相同。维持逻辑关系会有一个更
  > 保守的进度（较长工期进度），且更可能在关键路径上添加一个超出进展
  > （out-of-progress）关系并按所需进行调整。
  >
  > 如果你的进度在未来的实际日期与数据日期相同（当更新信息的收集时
  > 间不同且使用早期日期作为数据日期或多个项目打开时可能会发生），那么
  > 使用实际日期就会计算最保守的进度。

15.2.8 开始到开始延时计算

一个有开始到开始逻辑关系且有正延时的作业的后续作业，会在延时结束后才开始。当紧前作业的开始不遵循逻辑关系时，延时将从紧前作业计算出的最早开始或实际开始中计算得出。

- 实际开始会有一个不那么保守的进度：

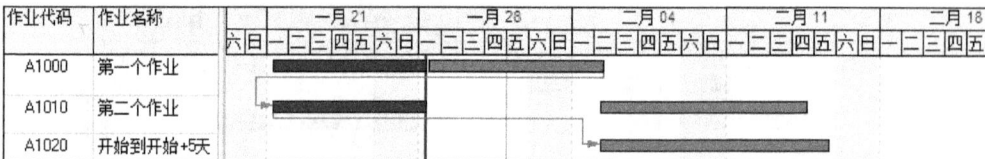

- 最早开始会有一个更保守的进度：

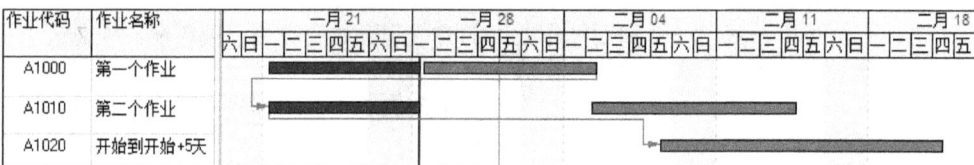

15.2.9 关键作业定义为

关键作业定义标准在**项目窗口，项目详情，设置**标签页下定义：

这些选项用于分析利用多日历的进度，可导致关键路径上的作业拥有浮时。

- **总浮时小于等于** – 作业可标记为关键且有所选浮时值。有时会使用一个很小的正值以隔开进度上临近的关键作业或在多日历进度上显示全部的关键路径。

- **最长路径** – 这个选项隔开进度中最长的作业链，应在使用多日历使用；有些组成部分关键路径的作业，当后续作业被分配一个更少或不同工作时间的日历时也还是会有浮时。

- 在下图的例子中，总浮时被设定为**总浮时小于等于零**，关键路径就会消失：

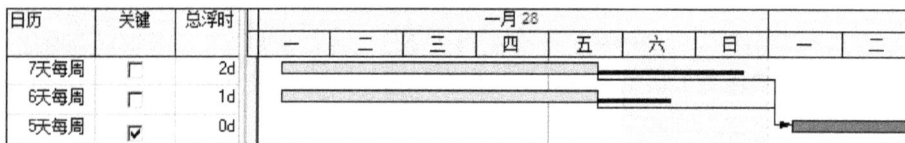

- 如果设定总浮时小于等于1天，结果如下图：

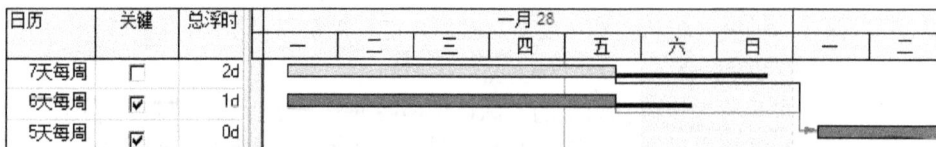

- 当总浮时设定为**最长路径**时结果如下图：

　　作用：建议在项目有多个日历时使用最长路径。

15.2.10 根据下列项的完成日期来计算浮时

　　此为 6.2 版本的新功能。当打开多于一个项目时，总浮时可根据每个独立项目或最长项目计算：

- 每个项目-在需要每个项目的关键路径时使用：

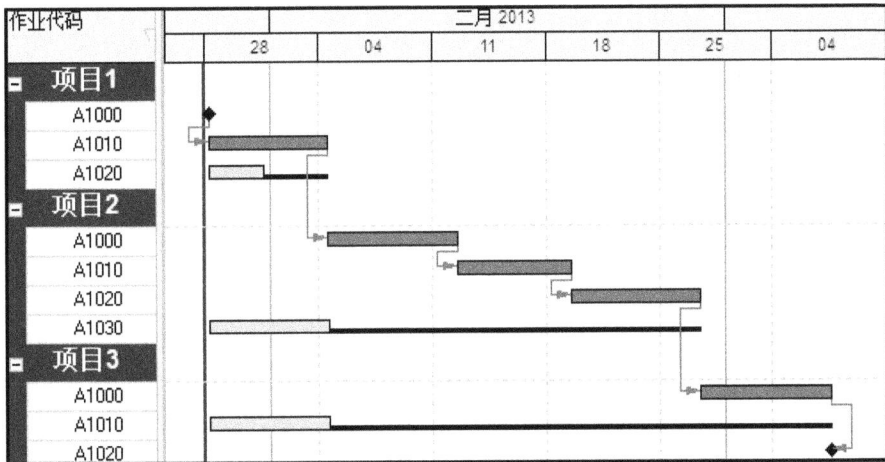

- 打开的项目-用于当所有 P6 项目都相关且浮时需基于最长项目时：

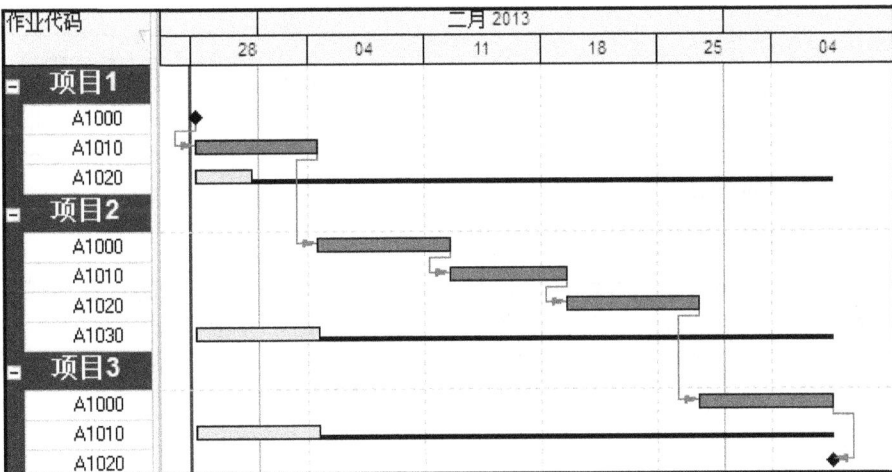

15.2.11 计算总浮时方式

有三种计算显示于仅 WBS 和配合作业的总浮时栏位的浮时值选项：

- 开始浮时=最晚开始-最早开始

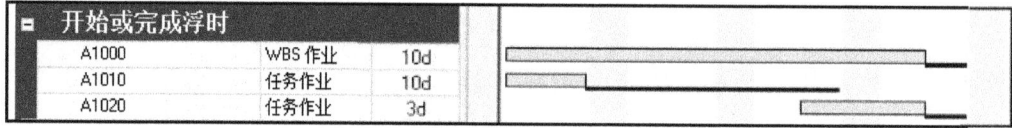

- 完成浮时=最晚完成-最早完成

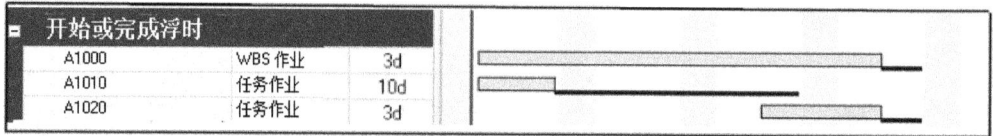

- 最小开始和完成浮时

  从上图可以看出总浮时栏仅显示完成浮时。

  最小开始和完成浮时为最保守但是完成浮时总会提供与总浮时栏相同的结果。

15.2.12 计算逻辑关系延时的日历

- 有四个计算作业延时的日历选项：

  1. **紧前作业日历**为默认，下面这个例子有一个 40 小时的延时，

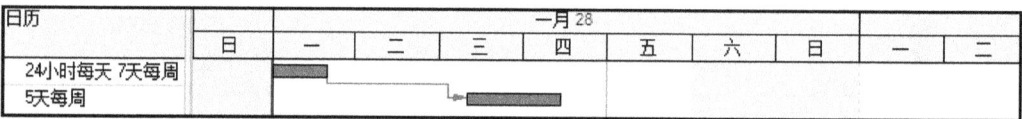

  2. **后续作业日历**，注意后续作业开始的变化，

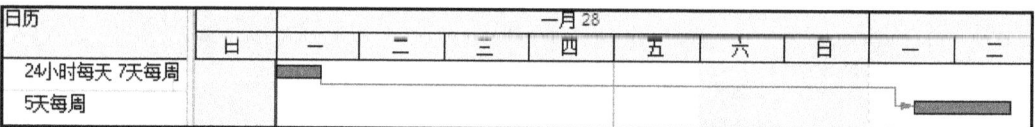

  3. **24 小时日历**，或

  4. **项目默认日历**。

  P3 和 SureTrak 使用紧前作业日历，Microsoft Project 2000 和 2002 使用项目日历，Microsoft Project 2003 到 2007 使用后续作业日历。Microsoft Project 还有一个实耗延时工期选项。Asta Powerproject 不分配逻辑关系的延时但是一个逻辑关系可能在紧前作业上有一个延时且在后续作业上也有一个延时。

15.2.13 进度计算选项 – 高级标签页

这个标签页下可选择计算多个关键路径的选项，在**实用工具**一章详细介绍。

15.3 设置目标计划

设置目标计划生成一个项目的完成备份，包括逻辑关系，记事本和分类码。你可以接着与目标计划比较当前的项目进展。

进度计划软件 P6 通常保存两种类型的目标计划 – 管理和上周期状态：

管理目标计划

这通常为一个原定的未进行进度的备份，为合同性认可的目标计划或目标进度，用于：

- 评估和向客户或顾客报告进展，
- 为基于这些目标计划进度的逾期索赔及其他合同索赔提供目标计划。

上周期状态目标计划

在某个时间点上会有进度的备份用于项目的管理：

- 通常它们用于衡量从一个报表期到另一个的损失，
- 允许管理层确定绩效并做出如何管理项目的决定，
- 它们在软件中的显示方式与管理目标计划一模一样，
- 这些目标计划通常在第一个周期更新后，已经发展了。

早期的版本在一个数据库中每个项目可保存最多 50 个目标计划，但在 6.0 及随后版本中保存数量不再有上限。

在复制项目的时候仍然有最多复制 50 个目标计划的限制。

- 保存的目标计划数量可在**管理设置**小窗口设定，选择**管理员(A)**， **管理设置(P)**...，**数据约定(D)**并在**每个项目的最大目标计划数**框设定。
- 随项目复制的目标计划也在**管理设置**小窗口设定，选择**管理员(A)**， **管理设置(P)**...，**数据约定(D)**并在**随项目复制的最大目标计划数**框设定。
- 最多四个目标计划，一个**项目目标计划**和三个**用户目标计划**，可显示并与当前项目比较。

> ⚠️ 如果另一个用户打开了项目，他只能看到一个**项目目标计划**而看不到其他**用户目标计划**。

- 一个目标计划项目可恢复至数据库为一个普通项目，之后才可以编辑和重新保存为目标计划项目。

在设定了目标计划之后，就可以与原定计划比较进展了。你可以查看你是否领先或落后于进度及相应的程度。目标计划进度应在你第一次更新进度之前建立起来。

15.3.1 创建目标计划

如需创建目标计划，确定项目打开并选择**项目(P)，维护目标计划...**以显示**维护目标计划**小窗口：

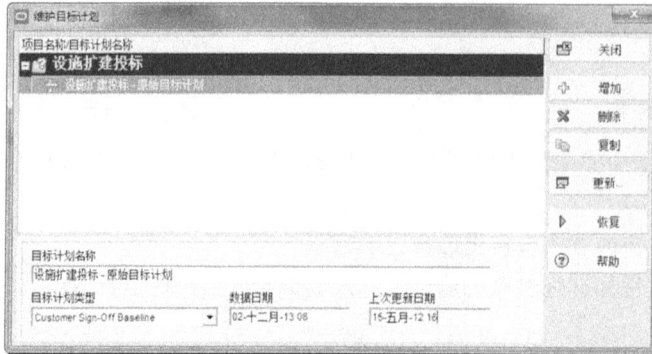

- 点击 ✛ 增加 图标打开**增加新目标计划**小窗口以创建一个新的目标计划：

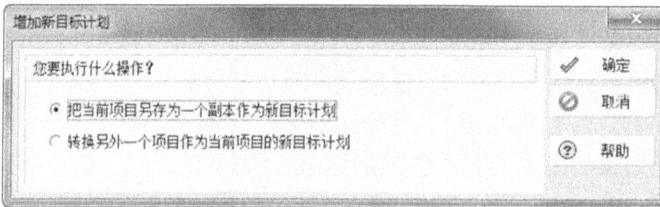

- 在此窗口的选项中二选一：
  - ➢ **把当前项目另存为一个副本作为新目标计划**将保存一个当前打开项目的备份，P6 会在名称后添加 B1, B2 等等并返回**目标计划**窗口，或
  - ➢ **转换另外一个项目作为当前项目的新目标计划**将打开**选择项目**小窗口，在此选择别的项目为目标计划。这个项目将从当前项目窗口移至**维护目标计划**小窗口，且不能再从**项目窗口**打开。
- 从下拉列表中分配一个**目标计划类型**，目标计划类型在**管理员(A)，管理类别(C)...**小窗口的**目标计划类型(B)**标签页定义。

15.3.2 删除目标计划

如需从数据库中删除一个项目目标计划：

- 选择**项目(P)，维护目标计划...**打开**维护目标计划**小窗口，
- 选择需删除的目标计划项目，并
- 点击 ✖ 删除 图标。

15.3.3 恢复目标计划至数据库为有效项目

如需恢复一个项目至数据库以便编辑或用于当前项目：

- 选择**项目(P)，维护目标计划...**打开**维护目标计划**小窗口，
- 确认此目标计划没有被分配，
- 选择需恢复的目标计划项目，并
- 点击 ▷ 恢复 图标。

15.3.4 更新目标计划

Primavera 5.0 版的**更新目标计划**新功能与 P3 的类似，可使目标计划进度从当前进度的数据更新或在不恢复目标计划进度时删除不再存在于当前进度的作业：

- 选择**项目(P)，维护目标计划...**并选择 [更新...] 图标打开**更新目标计划**小窗口：

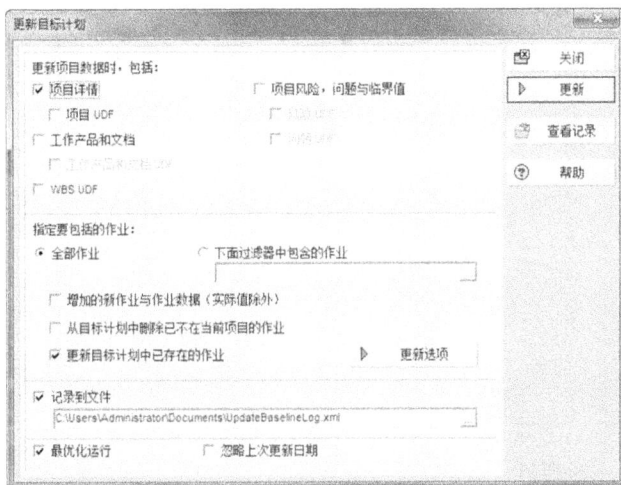

- 当选择**最优化运行**时，在更新过程中就会有一个错误对话框。
- **忽略上次更新日期**在项目更新时间不同且上次目标计划的更新对当前进度无效时使用，哪怕此目标计划使用更临近的数据更新。
- 选择 [更新选项] 打开**更新目标计划选项**小窗口已选择更新哪些数据项。

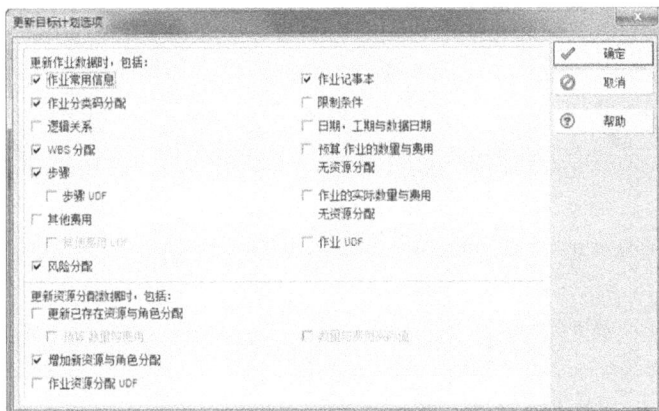

> ⚠️ 这是十分强大的一个功能，但是作者的经验和看法认为更新目标计划通常也是毁掉一个好的目标计划的最快方法，在使用这个功能之前应当保存一个目标计划的备份。还要注意，最好还是打开编辑和审核目标计划的改变而不是承担使用更新目标计划的风险。

15.3.5 目标计划随项目复制

Primavera 6.0 引入的选项可在**项目窗口**使用复制和粘贴功能复制一个项目时同时复制目标计划。

i 你必须在项目复制后手动重新分配目标计划。

15.3.6 设置目标计划项目

目标计划从**项目(P)，分配目标计划...**小窗口分配：

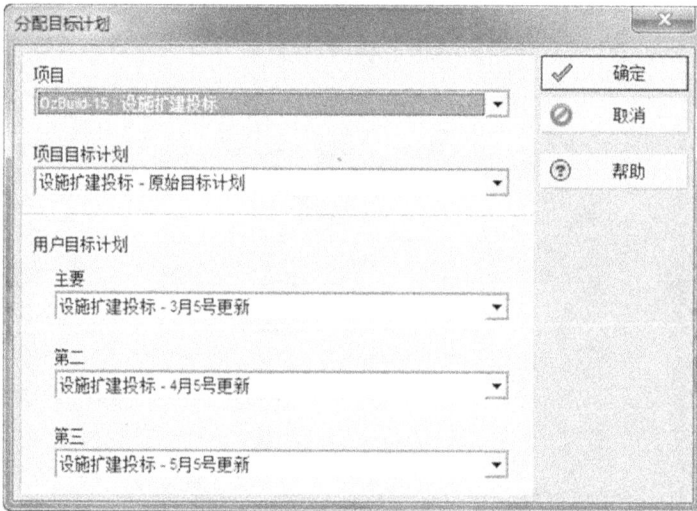

- 从**项目**下方的列表中选择设定哪个打开项目的目标计划。

- **项目目标计划**可用于计算**赢得值**。见**管理员(A)， 管理设置(P)...，赢得值(V)**，标签页的其他赢得值选项。这个目标计划对所有打开项目的用户可见。

- 使用**用户目标计划**下方的列表选择哪些其他目标计划项目需要显示，这些选项有**主要，第二**和**第三**用户目标计划。

⚠ 用户目标计划仅对设定此目标计划的用户可见。所以其他用户打开了项目并应用，比如一个显示用户目标计划的项目视图，也需要确定他们设定了与原定用户相同的目标计划。

- 赢得值的计算可通过使用当前项目的**第一目标计划**值或**目标计划**值。选择**项目窗口**的**设置**标签页，这与 P3 选项的**工具，选项，赢得值**类似。

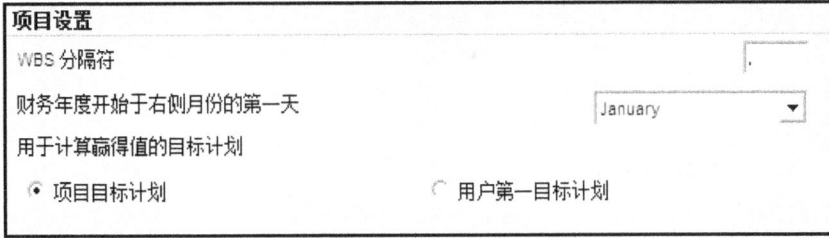

项目设置

WBS 分隔符	.
财务年度开始于右侧月份的第一天	January ▼
用于计算赢得值的目标计划	
⊙ 项目目标计划	○ 用户第一目标计划

- **管理员(A)，管理设置(P)...，赢得值(V)**标签页的**赢得值计算**部分有三个选项。这三个选项决定了读取哪些目标计划进度值来计算赢得值项，哪些栏显示为目标计划栏。**完成时值与当前日期**为分配资源时的作者首选项。

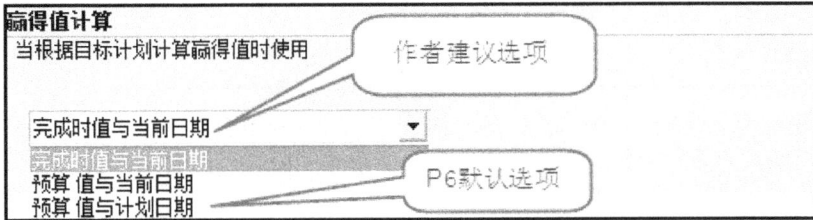

赢得值计算

当根据目标计划计算赢得值时使用   作者建议选项

完成时值与当前日期 ▼

完成时值与当前日期
预算 值与当前日期   P6默认选项
预算 值与计划日期

⚠ 当选择**预算 值与计划日期**时，这一般是软件加载时的默认值，那么计划日期就会显示为目标计划栏。你并不希望看到已发展的进度显示为目标计划，比如说：比较这一段时间的日期值与上一段时期的日期值。这是因为**计划日期**的数据不相关。

15.3.7 理解<当前项目>目标计划

⚠ 由于**计划日期**很难理解，且可能曲解进度目标计划，明白以下要点是十分重要的：

- **计划日期**被**分配目标计划**小窗口的**<当前项目>目标计划**使用。
- **<当前项目>目标计划**为**项目目标计划**和**主要用户目标计划**的默认目标计划。
- 当用户**没有**设定目标计划时，**<当前项目>目标计划**即在**目标计划栏**显示**计划日期**。
- **<当前项目>目标计划**并不是一个真正的目标计划，每次更新进度时日期都会改变且在已更新的进度中包含不相关的数据。
- **当前进度**这个说法通常用来形容正在计算进度的作业，**<当前项目>目标计划**这个说法就会很让人迷惑，因为它不是**当前进度**而是**计划日期**，与**当前进度**并不相同。

下图有三个栏:

- 最上方的栏表明开始和完成日期:
  - ➢ **开始**日期在作业未开始时设定为**最早开始**,在作业已开始时设定为**实际开始**。
  - ➢ **完成**日期在作业未完成时设定为**最早完成**,在作业已完成时设定为**实际完成**。
- 中间的栏为**<当前项目>目标计划**,即**计划日期**,
- 下方的栏位复制一个未进展项目的适当的目标计划。

  当没有进展时,所有栏都一样,见下图:

作业代码	作业名称	原定工期	开始	完成	六月 2014
A1000	新作业1	5d	02-六月-14 08	06-六月-14 17	
A1010	新作业2	5d	09-六月-14 08	13-六月-14 17	
A1020	新作业3	5d	16-六月-14 08	20-六月-14 17	

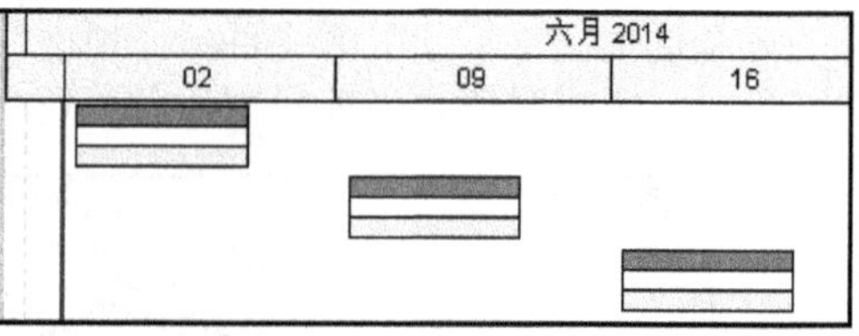

作业 1 被标记为已完成,数据日期移动,计划日期等于作业标记已开始前的开始和完成日期。未开始的作业,作业 2 和 3,**<当前项目>目标计划**已改变了它们的日期为开始和完成日期,见下图:

作业代码	作业名称	原定工期	开始	完成	六月 2014
A1000	新作业1	5d	03-六月-14 08 A	10-六月-14 16 A	
A1010	新作业2	5d	11-六月-14 08	17-六月-14 17	
A1020	新作业3	5d	18-六月-14 08	24-六月-14 17	

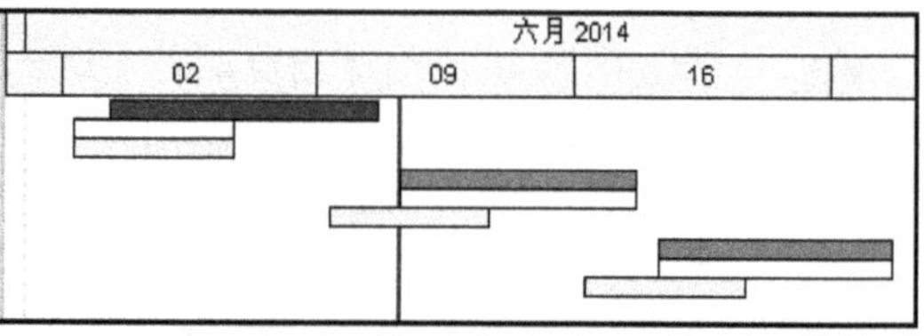

作业 2 被标记为进行中,数据日期移动,推迟了作业 3。作业 2 的计划日期(**<当前项目>目标计划**表示)匹配作业在标记开始前的状态,不是一个目标计划。作业 3 计划日期由**<当前项目>目标计划**栏表示,第二次改变并匹配新的开始和完成:

作业代码	作业名称	原定工期	开始	完成	六月 2014
A1000	新作业1	5d	03-六月-14 08 A	10-六月-14 16 A	
A1010	新作业2	5d	12-六月-14 08 A	20-六月-14 17	
A1020	新作业3	5d	23-六月-14 08	27-六月-14 17	

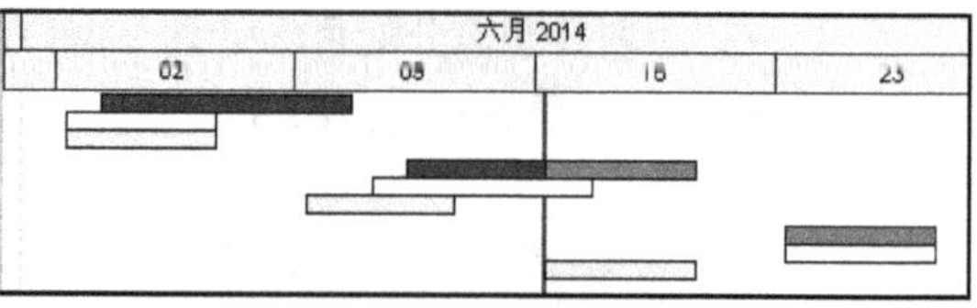

当用户不设定目标计划时,项目将**显示<当前项目>**(从计划日期,而不是当前进度的开始和完成日期)为目标计划栏,并影响:

- 每次更新时所有未开始作业会"重新分配计划进度"
- 已开始和已完成作业的计划日期,与作业在刚标记为已开始之前的作业的开始和完成日期相同。因此,这些作业的计划日期将包含不相关的数据。这在项目重新计算进度和数据日期前移时并标记作业为已开始时会发生。在这个时候,计划日期既不表明一个目标计划,也不是作业的上一周期状态或下一周期状态;它们包含的是不相关的数据因此永远不应该显示。

  这通常并不作为一个好的样本而被接受。

这就产生了一些相当重要的问题，需要仔细的管理：

- 如果没有设定目标计划且应用了显示目标计划栏的视图，用户没有设定的目标计划栏且包含从计划日期而来的不相关信息将会显示。这会造成误解，这些栏在每次进度更新时都会改变。

- 如果用户设定了一个主要目标计划，此为用户目标计划且仅对此用户可见。当别的用户打开项目，那么第二个用户将只能看到**<当前项目>目标计划**而不是其他用户的主要目标计划。这会导致在两个用户打开同一个项目时所看到的并不相同。

你也许愿意限制这个功能（见段落 17.2 和 24.4）仅可存取一个项目进度以避免显示**<当前项目>目标计划**。

15.3.8 显示目标计划数据

目标计划日期通过如下显示：

- 显示**目标计划**栏位，对**第二用户目标计划**和**第三用户目标计划**的已定义栏位更少：

  ➢ **目标**为**项目目标计划**，

  ➢ **目标 1**为**第一用户目标计划**

  ➢ **目标 2**为**第二用户目标计划**

  ➢ **目标 3**为**第三用户目标计划**

作业代码	作业名称	开始	完成	目标项目完成	目标项目开始	目标1 完成日期	目标1 开始日期
	设施扩建投标	02-十二月-13 08	27-一月-14 16	27-一月-14 16	02-十二月-13 08	27-一月-14 16	02-十二月-13 08
	技术规格	02-十二月-13 08	18-十二月-13 16	18-十二月-13 16	02-十二月-13 08	18-十二月-13 16	02-十二月-13 08
OZ1000	批准投标	02-十二月-13 08			02-十二月-13 08		02-十二月-13 08
OZ1010	决定安装要求	02-十二月-13 08	05-十二月-13 16	05-十二月-13 16	02-十二月-13 08	05-十二月-13 16	02-十二月-13 08
OZ1020	创建技术规格	06-十二月-13 08	12-十二月-13 16	12-十二月-13 16	06-十二月-13 08	12-十二月-13 16	06-十二月-13 08
OZ1030	确定供应商构成	13-十二月-13 08	16-十二月-13 16	16-十二月-13 16	13-十二月-13 08	16-十二月-13 16	13-十二月-13 08
OZ1040	验证技术规格	17-十二月-13 08	18-十二月-13 16	18-十二月-13 16	17-十二月-13 08	18-十二月-13 16	17-十二月-13 08
	交付计划	19-十二月-13 08	21-一月-14 16	21-一月-14 16	19-十二月-13 08	21-一月-14 16	19-十二月-13 08

- 在**栏**小窗口选择合适的栏以在栏图表区域显示目标计划栏：

显示	名称	时间标尺	用户开	用户定	过滤器	预览
☐	项目目标计划栏	项目目标计划栏			正常	▭
☐	项目目标计划里程碑	项目目标计划栏			里程碑	▽ ▽
☐	第一目标计划	第一目标计划栏			正常	▭
☐	第一目标计划里程碑	第一目标计划栏			里程碑	△ △
☐	第二目标计划	第二目标计划栏			正常	▭
☐	第二目标计划里程碑	第二目标计划栏			里程碑	▽ ▽
☐	第三目标计划	第三目标计划栏			正常	▭
☐	第三目标计划里程碑	第三目标计划栏			里程碑	△ △

15.4 自测题13 – WBS、配合作业和设置目标计划

背景

我们首先来看 WBS 和 LOE 作业是如何工作的再设置目标计划。

任务 – WBS 作业

打开你的 **OzBuild 投标**项目文件并完成以下步骤：

1. 应用 **OzBuild 自测题10 – 有浮时**视图

2. 在**投标文件** WBS 节点下创建一个新的作业：

   ➢ 作业代码 OZ1140

   ➢ 名称 **WBS 作业**并

   ➢ 使用作业窗口，常用标签页分配它的作业类型为 WBS 作业，

3. 计算进度并观察是如何计算的。

4. 拖拽 WBS 作业至**交付计划** WBS 节点并计算进度观察如何运行。

5. 拖拽 WBS 作业至**技术规格** WBS 节点并计算进度：

6. 打开**工具(T)**, **进度计算(S)**....，选项小窗口，更改**计算总浮时**为**开始浮时**：

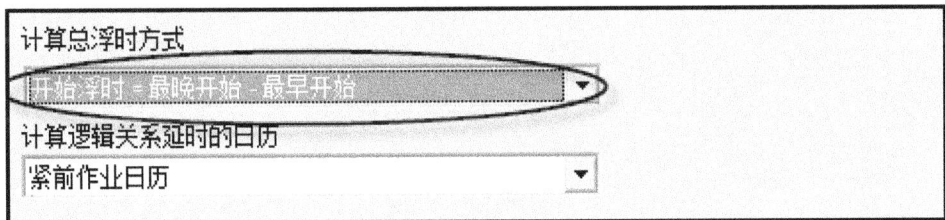

见下页...

7. 计算进度之后你会发现总浮时现在与开始浮时的值一样了，但是浮时栏成就显示完成浮时值：

8. 前往进度计算选项小窗口，把**计算总浮时**改为**完成浮时**并计算进度。

任务 – LOE 作业（配合作业）

9. 应用 **OzBuild 自测题 10 – 没有浮时**视图

10. 修改 WBS **作业类型**为**配合作业**并重命名为 **LOE 作业**。

11. 打开栏小窗口并确认配合栏是显示的，

12. 拖拽 OZ1140 作业至**交付计划** WBS 节点并按作业代码排序，

13. 增加 OZ1060 和 OZ1140 的 SS（开始到开始），OZ1140 和 OZ1070 的 FF（完成到完成）逻辑关系并观察如何计算。

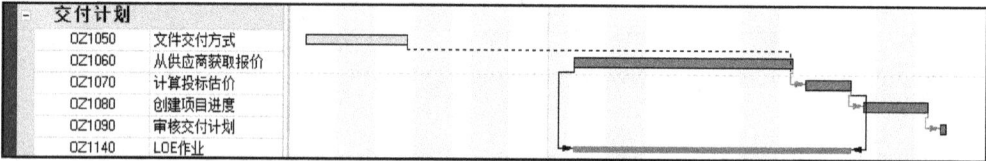

14. 增加 OZ1050 和 OZ1140 的 SS 关系，OZ1140 和 OZ1110 的 FF 关系并观察如何计算。

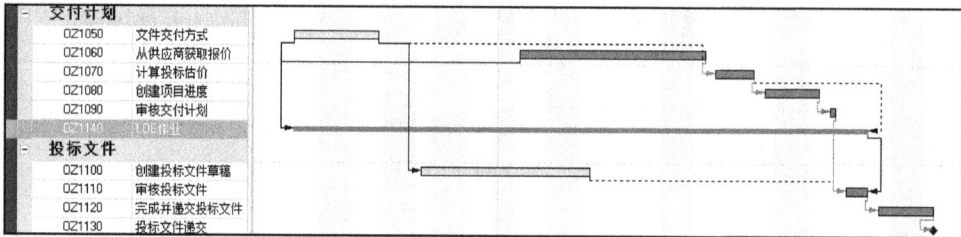

15. 删除 LOE 作业。

任务 – 设置目标计划

16. 选择**项目(P)，维护目标计划...**保存当前项目的备份为目标计划并命名为**设施扩建投标 – 目标计划**。

17. 分配适当的目标计划类型，比如 **Customer Sign-Off（顾客签审）**，（选项根据你的数据库变化）并关闭窗口。

18. 选择**项目(P)，分配目标计划...** 并设定这个为你的**项目目标计划**和**主要目标计划**并关闭**分配目标计划**小窗口。这可以确保任何目标计划栏显示的为一个真正的目标计划而不是计划日期。

19. 应用 **OzBuild 自测题 10 – 有浮时**视图，不保存当前视图，把这个保存一个新视图名为 **OzBuild 自测题 13 – 目标计划**。

20. 如果需要创建，并显示以下栏：

    ➢ 所有的当前进度栏，实际、尚需和关键尚需，里程碑和汇总。

    ➢ 完成百分比栏，

    ➢ 浮时栏（总浮时）和负浮时栏（负浮时），

    ➢ 项目目标计划栏和项目目标计划里程碑，

    ➢ 为了显示清楚确保不要显示文字。

21. 显示以下栏位：

    ➢ 作业代码

    ➢ 作业名称

    ➢ 作业完成百分比

    ➢ 原定工期

    ➢ 尚需工期

    ➢ 开始

    ➢ 完成

    ➢ 总浮时

    ➢ 差值 – 目标项目完成日期

22. 确保时间标尺为每日或每周。

23. 选择**编辑(E)，用户设置(R)，日期 (D)**标签页显示 24 小时格式，但不要显示分钟。

24. 保存你的视图。

见下页...

25. 检查你的结果：

作业代码	作业名称	作业完成百分比	原定工期	尚需工期	开始	完成	总浮时	差值 - 目标项目完成日期
设施扩建投标			35d	35d	07·十二月·2015 08	27·一月·2016 16	0d	0d
技术规格			13d	13d	07·十二月·2015 08	23·十二月·2015 16	8d	0d
OZ1000	批准投标	0%	0d	0d	07·十二月·2015 08		6d	0d
OZ1010	决定安装要求	0%	4d	4d	07·十二月·2015 08	10·十二月·2015 16	6d	0d
OZ1020	创建技术规格	0%	5d	5d	11·十二月·2015 08	17·十二月·2015 16	6d	0d
OZ1030	确定供应商构成	0%	2d	2d	18·十二月·2015 08	21·十二月·2015 16	6d	0d
OZ1040	验证技术规格	0%	2d	2d	22·十二月·2015 08	23·十二月·2015 16	8d	0d
交付计划			18d	18d	24·十二月·2015 08	21·一月·2016 16	0d	0d
OZ1050	文件交付方式	0%	4d	4d	24·十二月·2015 08	31·十二月·2015 16	8d	0d
OZ1060	从供应商获取报价	0%	8d	8d	04·一月·2016 08*	13·一月·2016 16	0d	0d
OZ1070	计算投标估价	0%	3d	3d	14·一月·2016 08	16·一月·2016 16	0d	0d
OZ1080	创建项目进度	0%	3d	3d	18·一月·2016 08	20·一月·2016 16	0d	0d
OZ1090	审查交付计划	0%	1d	1d	21·一月·2016 08	21·一月·2016 16	0d	0d
投标文件			18d	18d	04·一月·2016 08	27·一月·2016 16	0d	0d
OZ1100	创建投标文件草稿	0%	6d	6d	04·一月·2016 08	11·一月·2016 16	8d	0d
OZ1110	审查投标文件	0%	2d	2d	22·一月·2016 08	25·一月·2016 16	0d	0d
OZ1120	完成并递交投标文件	0%	2d	2d	26·一月·2016 08	27·一月·2016 16	0d	0d
OZ1130	投标文件递交	0%	0d	0d		27·一月·2016 16*	0d	0d

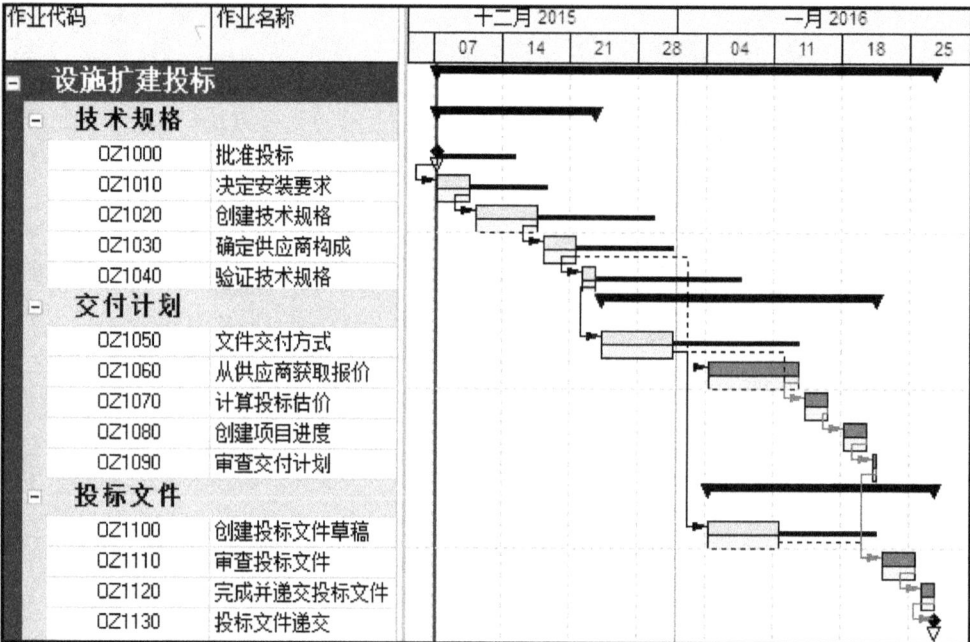

注释： 为了显示清晰，上图的目标计划栏比 primavera.com.au layout 的更粗且为黄色方便使用黑白图书的读者阅读。

16 更新一个无资源的进度

现在目标计划已经设定，我们可以开始跟踪进展了，定期监控和控制这一重要阶段开始。这一过程对帮助尽早抓住问题是很重要的，因而可使它们对项目成功结束造成的影响降至最低。监控进展的主要步骤为：

- 保存一个**目标计划**进度，如上一章所述，

- 在**数据日期**记录或标注进展。

- **更新**或**发展**进度：

  ➢ 完成的作业分配**实际开始**和**实际完成**日期，

  ➢ 进行中的作业分配**实际开始**日期，并调整作业的**尚需工期**和**完成百分比**，

  ➢ 根据截至目前的生产效率调整未开始的工作，并

  ➢ 项目范围的改变应当被增加为新的作业。

- 计算项目的进度同时移动**数据日期**至新的**数据日期**并重新计算所有作业的日期。**数据日期**也可在更新作业之前从**项目窗口**，**日期**标签页下移动。

- 比较和汇报计划进展和实际进展，如果需要，修订计划和进度。

  与多个目标计划比较作业的状态是有用的，例如：

- 原定计划可能代表一个目标计划，用于查看与原定计划的区别。

- 上一期，可能为另一个目标计划，用于查看自上次更新后的变化。

在你达到这个阶段的时候，你应该有一个用于比较当前计划和原定计划的进度，可显示项目在哪儿落后或超前。如果你落后，你课改可以使用这个进度以计划适当的补救措施使项目回归正轨。

这一章包含下列主题：

主题	菜单命令
• 保存和删除并设置一个**目标计划**	如需保存目标计划，选择**项目(P)**，**维护目标计划...**，显示**维护目标计划**小窗口。
• 分配目标计划项目	目标计划在**项目(P)**，**维护目标计划...**小窗口分配。
• 记录进展	如何记录进展的指南
• **维持逻辑关系**和**进展跨越方式** ·	选择**工具(T)**，**进度计算(S)...**点击 ▶ 选项... 图标打开**常用进度计算选项**小窗口。
• 设定**当前数据日期**和**计算项目进度。**	打开**进度**小窗口： • 选择**工具(T)**，**进度计算(S)...**或 • 按下 **F9** 键，或 • 点击 🕐 图标

16.1 记录进展的实用方法

一般来说一个项目每一周，两周或每个月更新一次。很短的项目可能每天更新或甚至根据班次或小时更新。作为一个指南，一个项目通常来说应在它的生命周期内更新 12 到 20 次，高风险项目的更新次数应比低风险项目多。项目进展应在**数据日期**或临近的时间进行记录，进度人员在得到信息的时候再进行进度的更新。

下列通常为在更新项目时记录的每个作业的信息：

* 作业开始日期和时间，
* 完成作业所需的天数和小时数，或作业预期完成的日期和时间，
* 完成百分比，及
* 如已完成，作业完成的日期和时间。

进度的打印稿可用于记录当前进度的进展，通常在更新项目前制出。理想来说，进展应当在实地检查工作情况时记录，或由一个很熟悉这个工作的人记录，即使通常都不可能。保存这个标注的记录用于自己的参考是一个很好的做法，确认你知道这个标注的数据日期及数据时间（如有必要的话）。

通常，一个状态报告或标注表，比如下图所示为一个应用了超前 4 周过滤器的进度，会被发放至标记项目进度的工作人员手中。标注完的表会退回进度人员手中并在软件中输入数据，及为解决纠纷备案。

可在**分组并排序**小窗口为每个负责组放置一个分页符，当进度打印时，每个人都会有他们自己作业的那一页，无论是进行中的还是即将开始的。这对大型项目来说尤其有用。

作业代码	作业名称	尚需工期	原定工期	实际完成百分比	开始	实际开始	停工日期	复工日期	完成	实际完成
⊟ **设施扩建投标**		34d	39d		03·十二月·13 08 A	03·十二月·13 08			27—月·14 16	
⊟ **技术规格**		9d	13d		03·十二月·13 08 A	03·十二月·13 08			18·十二月·13 16	
OZ1000	批准投标	0d	0d	100%	03·十二月·13 08 A	03·十二月·13 08				
OZ1010	决定安装要求	0d	4d	100%	03·十二月·13 08 A	03·十二月·13 08			05·十二月·13 16 A	05·十二月·13 16
OZ1020	创建技术规格	5d	3d	40%	05·十二月·13 08 A	05·十二月·13 08			12·十二月·13 16	
OZ1030	确定供应商构成	2d	2d	0%	13·十二月·13 08				16·十二月·13 16	
OZ1040	验证技术规格	2d	2d	0%	17·十二月·13 08				18·十二月·13 16	

接下来要讨论的其他电子方式也可用做收集数据，无论用什么方法，都需收集同样的数据。

有几种收集项目状态数据的方法：

* 给每个负责人发送一份打印表，手动标记并退还至进度人员。
* 从 Primavera 剪切和复制数据至其他文档，例如 Excel，并发送以附件形式发送这些文档至责任人。
* 通过给责任人进度软件的权限以更新项目。不建议给几个人同一个项目的权限。个人使用进度可通过在使用多个项目时，使每个进度人员存取每个项目；或通过 WBS 节点分配权限，且仅有一人可更新他们所分配的 WBS 节点的作业。
* 当 Primavera 工时单完成时，这个过程可用于更新作业。

有些项目包含许多人员。这种情况下，写下步骤就变得十分重要，可确保更新信息的收集：

- 及时收集的习惯，
- 一致性，
- 完整性，及
- 在可用格式下。

> *i* 对进度人员很重要的一点是意识到有些人理解进度是很困难的。当一个组织内有很多具有不同技能级别的人员时，提供多于一种的更新数据的方式是必须的。你甚至会发现你必须跟一些人坐下来讨论才能拿到正确的数据，而其他人乐意直接把这些信息发电子邮件给你。

16.2 理解概念

进度计算使用一些术语和概念，有些为 Primavera 专用的需要在更新项目进度前明白。

> *i* 用户必须在更新项目时一直显示时间，否则 P6 有时会选择时间 00:00 作为开始或完成的时间，这通常并不理想。

16.2.1 作业生命周期

一个作业的生命周期有三个时段：

- **未开始** – **最早开始**和**最早完成**日期从**紧前作业**，**限制条件**，和**作业工期**计算得出。
- **进行中** – 作业有一个**实际开始**日期但是没有完成。
  - ➢ 分配一个**实际开始**日期以覆盖（Override）计算**最早开始的开始限制条件**和**开始逻辑关系**。
  - ➢ 结束日期可从**尚需工期**或**完成限制条件**或**完成逻辑关系**计算得出。
- **已完成** – 作业已成为过去，**实际开始**和**实际完成**日期已输入 Primavera，且它们覆盖所有的逻辑和限制条件。

16.2.2 分配作业的实际开始日期和时间

这一部分解释了 Primavera 如何分配一个**已完成**或**进行中**作业的**实际开始**。

- **实际开始**日期可点选**已开始**框在**实际开始**项分配，或
- 在**实际开始**栏位输入一个日期。

这个日期覆盖**最早开始日期**。

- 作业的**实际开始**日期在点选此项时设定为等于**开始**日期。

- 点击**已开始**选项右边的□图标打开**实际开始**日期日历，可分配一个不同的开始日期。这个日期不应该比项目数据日期的晚，在未来的作业有一个已分配的开始日期是不合符逻辑的。

- 可在**实际开始**栏位分配**实际开始**。

16.2.3 分配作业的实际完成日期和时间

这与实际开始的分配方式一样且也应在过去。一个**实际完成**日期覆盖**最早完成**日期并忽略完成日期限制条件及完成逻辑关系。

16.2.4 计算进行中作业的工期

工期

Primavera 有很多工期项，我们在下面讨论其中的四个：

- 作业的**原定工期**（某些行业版称之为**计划工期**）为使用**作业日历**计算的从**最早开始**到**最早完成**的工期，在作业还未开始时计算。当输入了**实际开始**时，这个工期将不会重新计算或直接用作进度计算，但可以编辑。

- **实际工期**为作业的工作工期，工期从：

  > **未开始**作业的**实际开始**到**数据日期**，或

  > 停工**进行中**作业的**实际开始**到**停工日期**，或

  > **已完成**作业的**实际开始**到**实际完成**。

- **尚需工期**为一个**进行中**作业的未工作工期，为一个作业从**数据日期**或**复工日期**到**最早完成**日期的工期。

- **完成时工期 = 实际工期 + 尚需工期**。在一个作业开始前，**实际工期**等于零，**尚需工期**等于**原定工期**。

- 在作业未开始且**项目窗口**，**计算**标签页下的**对于未实际开始的作业，连接 预算和完成时值**项选择时，**原定工期**与**尚需工期**相连。

- 尚需栏基于**尚需工期**，尚需工期可能在**数据日期**后的一段时间开始，这样就经常使进行中作业的**数据日期**和**尚需开始**间有一个缺口。

> *i* Microsoft Project 中内置的**原定工期**，**实际工期**，**尚需工期**间的部分连接在 Primavera 中不存在。

完成百分比

如**在 WBS 下增加和组织作业**章节所讨论，这一部分为了此章的完成性再复述一遍。

如果打算使用**完成百分比类型**更新（状态或进展）进度的话，就需要对其有一定的了解。在 Primavera 中可为每个作业单独设置这个选项，新作业的默认选项可在**完成百分比类型**下拉菜单进行选择。Primavera 有很多可在栏位显示的作业完成百分比种类，我们现在重点讨论其中四个：

作业完成百分比，仅可相关至以下三种完成百分比的一种并总与甘特图栏显示的完成百分比相关：

- 实际完成百分比
- 工期完成百分比
- 数量完成百分比

　　三种完成百分比选项，每个新作业都可分配项目默认**完成百分比类型**，并可随需要在之后为每个作业进行编辑。

　　因此，当为一个作业选择**实际完成百分比**时，**作业完成百分比**和**实际完成百分比**相关，对任意一个所做的改动都会改变另外一个。

默认完成百分比

　　每个项目新作业的**默认完成百分比类型**可在**项目窗口，详情**小窗口的**默认**标签页分配：

- 每个新作业的**完成百分比类型**都设定为**默认完成百分比**且可随时更改。

完成百分比类型

- **工期完成百分比**-计算**原定工期**和**尚需工期**（Primavera 翻译为**尚需费用工期**，这应该是一个翻译错误，也许会在更新包中进行修复）的比例且相关，改变一项将会改变另一项。当**尚需工期**设定为大于**原定工期**时，完成百分比总会为零。这与 P3 和 SureTrak 在选择**相关剩余工期和完成百分比**选项时计算完成百分比类似。

- **实际完成百分比**-用户可以输入一个作业的完成百分比，这个数值独立于作业工期。这与 P3 和 SureTrak 在**不选择相关剩余工期和完成百分比**选项时计算完成百分比类似。

- **数量完成百分比**-这里完成百分比从资源实际和尚需数量计算得出，改变一项将会改变另一项，当多于一个资源被分配时，所有资源的所有实际数量将会成比例改变，**更新资源**章节将会详细讲述。这与 Microsoft Project 的工作完成百分比类似。

> 数量完成百分比从所有人工和非人工资源的值计算得出，所以当作业分配了多于一种类型的资源时要小心。比如说，软件可以为混凝土量增加人工小时数和挖掘小时数。

作业完成百分比

作业完成百分比项与在**作业窗口，详情**小窗口的**常用**标签页分配给一个作业的**完成百分比类型**项或**完成百分比类型**栏位相关：

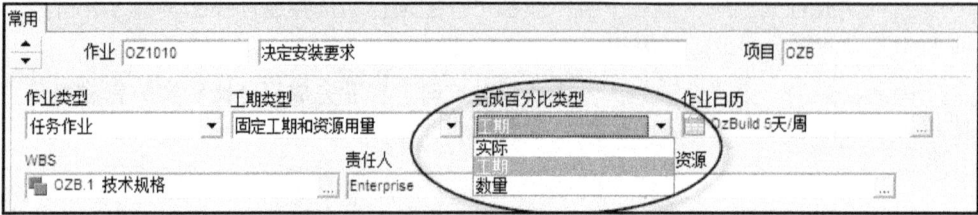

作业完成百分比也与**完成百分比栏**相关，这个值在**完成百分比**栏可看得出来。

16.2.5 汇总栏进展计算

汇总栏比如 WBS 节点栏不能像 Microsoft Project 一样被更新，因为它们为虚拟作业，数据从所在组的作业汇总得来。

16.2.6 理解当前数据日期

当前数据日期也被称作**数据日期**（**Data Date**），**更新日期**（**Update Date**），**状态日期**（**Status Date**），**进展日期**（**Progress Date**），**截至日期**（**As At Date**），**现在时间**（**Time Now**），**报表日期**（**Report Date**）和**项目数据日期**（**Project Data Date**）。Primavera 有一个**数据日期**，称作**当前数据日期**，与 P3 和 SureTrak 的**数据日期**工作方式类似。

Primavera 的**当前数据日期**在进度上显示为一条垂线，可在**栏图表选项**小窗口调整数据日期垂线的格式。

P6 中的**当前数据日期**的功能为：

- 将作业已完成的部分与未完成的部分分开；
- 计算或记录**当前数据日期**前至今的所有费用和小时数，并预测**当前数据日期**后的费用和小时数；
- 当不使用停工和复工功能时，使用**作业日历**从**当前数据日期**加上**尚需工期**计算一个进行中作业的**完成日期**。

16.3 更新进度

下一时段为作业输入标记信息以更新进度。

当处理大型进度时，通常会创建过滤器从而开发一个前瞻型进度，仅显示近期将开始的未完成和好未开始的作业。

进度可使用以下方法更新：

- 使用下方窗格**详情**小窗口**状态**标签页的项目，或
- 显示合适的跟踪栏位：
  - ➢ 创建你自己的视图，或
  - ➢ 在已有视图中插入所需栏位。

16.3.1 使用详情小窗口状态标签页更新作业

确认你显示时间，之后打开**状态**标签页：

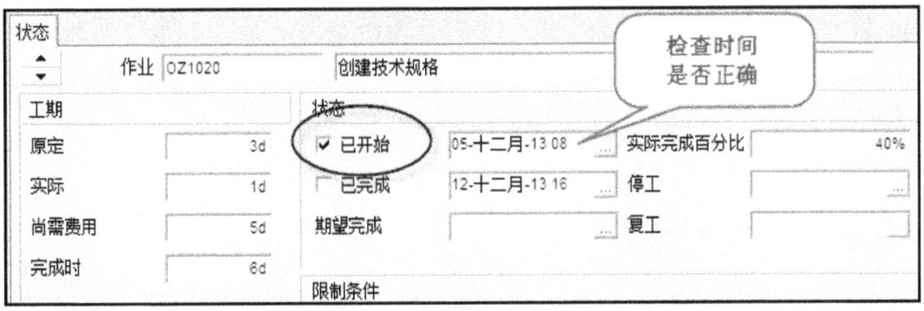

更新已完成作业：

- 检查**已开始**项，如果与显示日期不同输入实际**开始日期和时间**。
- 检查**已完成**项，如果与显示日期不同输入实际**完成日期和时间**。

  更新进行中作业：

- 检查**已开始**项，如果与显示日期不同输入实际**开始日期和时间**。
- 当**工期类型**为**工期百分比**时，**工期完成百分比**与**尚需工期**相连：
  - ➢ 编辑**尚需工期**以计算**完成百分比**，或
  - ➢ 输入**完成百分比**，软件计算**尚需工期**，或
  - ➢ 输一个比**原定工期**大的**尚需工期**，**工期百分比**将持续为零，直至**尚需工期**小于**原定工期**。

无论计算**尚需工期**的方法是什么，在进度重新计算之后，作业的结束日期计算为使用**作业日历**时的**当前数据日期**加上**尚需工期**。

⚠️ 需要注意的是工期完成百分比不会修改尚需工期为一整天，作业因为会在一天的一半完成。这会导致所有的后续作业在那天中间开始和完成。

更新一个**未开始**的作业：

- 需审查未开始作业的**原定工期**，**逻辑关系**和**限制条件**。

16.3.2 使用栏位更新作业

更新作业的一个有效方法为在栏位中显示数据，这可通过以下方法实现：

- 在已有视图插入所需栏位，更可以
- 创建有一个有所需栏位的视图并使用这些栏位更新进度。

16.4 进展聚光灯和更新进展

Primavera 5.0 版引入了高亮在更新期中会进展的作业的新功能。这个功能叫做**进展聚光灯**，与 P3 和 SureTrak 的进展聚光灯功能类似；不过，它并没有 SureTrak 的倒退进展和不更新资源的格外功能。

用户接着可选部分或所有应当更新的作业并使用**更新进展**功能进行更新，好似它们完全如预期般进展。有时使用像**进展聚光灯**这样的功能**自动更新**一个项目会简单些，只需在更新第二部接着调整实际日期和尚需工期，尤其当项目按计划实施时。

⚠️ **更新进展**功能在有进展进度上使用时必须小心，因为它并不如人们预料的那样，可能会在没有提示的情况下改变实际日期。这一主题在本章之后的部分将详细讲述。

聚光灯可以移动以反映新的数据日期通过：

- 拖拽数据日期，或
- 使用**工具**工具栏的**聚光灯**图标 。

16.4.1 拖拽数据日期高亮作业进行更新

拖拽数据日期高亮上一期应该进展的作业：

- 鼠标移至数据日期线显示双向箭头 ↔ ，再
- 按下鼠标左键并拖拽数据日期线至所需日期。
- 所有应在此间时间工作的作业都会高亮：

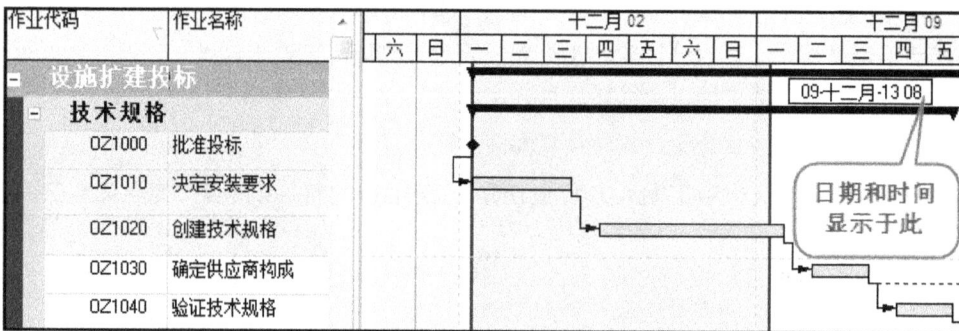

16.4.2 使用聚光灯图标聚光作业

聚光灯功能可高亮时间标尺设定的一小段时间内所有应进展的作业，如需使用**进展聚光灯：**

- 设定时间标尺与你的更新周期一样，如果你每周更新就在**时间标尺**小窗口设定时间段至周。

- 选择**显示(V)，进展聚光灯(P)**，或点击 ▢ 图标，下一个时间周期（如果你设定你的时间标尺为一周）将会高亮。

- 第二次点击**进展聚光灯** ▢ 返回聚光灯至数据日期。

你现在可以更新进度了。

16.4.3 使用更新进展更新一个项目

如需使用**更新进展**小窗口更新进度，选择**工具(T)，更新进展(U)...：**

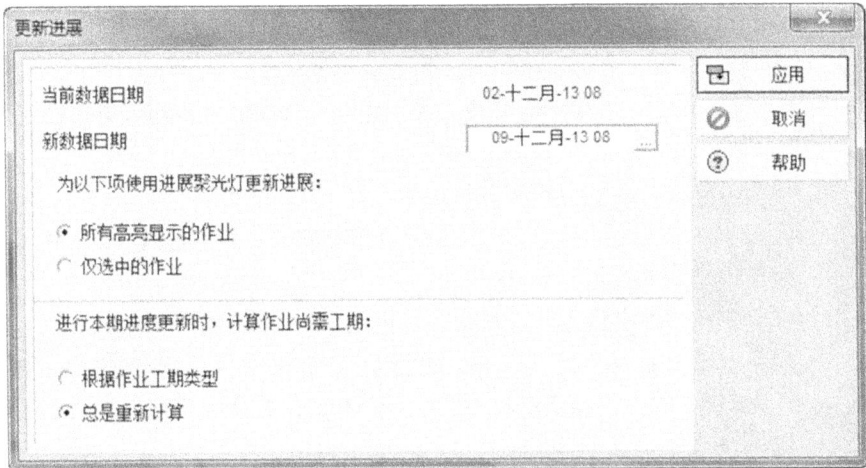

⚠ 与 P3 和 SureTrak 不同的是，Primavera 的**更新进展**功能使用**计划开始**和**计划完成日期**（不是**最早开始**和**最早完成**）设定进行中作业的**实际开始**和**实际完成日期**。

因此，当一个进行中作业的**计划日期**与**实际开始**和**实际完成**日期不同且作业自动更新至完成时，那么这些日期都会设定为**计划日期**，**实际开始**也许会变化，**实际完成**可能没设定至原定的**最早完成**。

下图显示了最早栏（上方栏）和显示了计划日期的作为目标计划的当前项目（下方栏）：

作业名称	原定工期	开始	完成	十二月 2013		
				02	09	16
新作业 1	5d	03-十二月-13 08 A	05-十二月-13 12 A			
新作业 2	5d	06-十二月-13 08 A	11-十二月-13 16			
新作业 3	5d	12-十二月-13 08	18-十二月-13 16			

见下页...

下图显示了在上图进度中应用**更新进展**后的影响。作业 2 的实际开始发生了变化，作业 2 的实际完成设定为计划日期，与原定最早开始不同：

作业名称	原定工期	开始	完成	十二月 2013		
				02	09	16
新作业 1	5d	03-十二月-13 08 A	05-十二月-13 12 A			
新作业 2	5d	09-十二月-13 08 A	13-十二月-13 16 A			
新作业 3	5d	12-十二月-13 08 A	18-十二月-13 16			

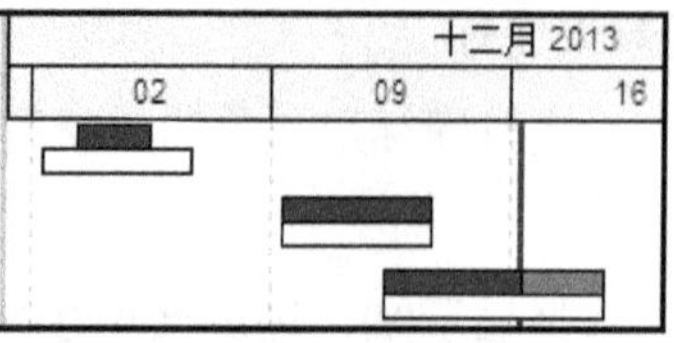

注释：当你希望你的作业可以自动更新至最早日期（像在 P3、SureTrak 和 Microsoft Project 中）而不是计划日期时，你不应该不在一个有进展的进度上使用这个功能。

你可以考虑使用全局更新设定在运行进展聚光灯前设定计划日期为开始和完成日期，但是这也会改变原定工期并使工期百分比不能正确计算。

设定**新数据日期**的方法有几种：

- 在**项目窗口，日期**标签页选择一个新的数据日期，
- 当从**进度**小窗口计算进度时选择一个新的数据日期，
- 在打开**更新进展**小窗口前使用**进展聚光灯**功能，这样**新数据日期**就会被设定为高亮的数据日期，或

  ➢ 打开窗口时选择**新数据日期**。

  ➢ 或者所有高亮的作业都可更新，抑或在打开窗口前已选择了一些并只更新所选作业。

  ➢ 如需更新所有作业，选择**所有高亮显示的作业**按钮，或

  ➢ 如需更新所选作业，在选择**工具(T)，更新进展(U)**...前高亮作业（按下 **Ctrl 键**并点击你希望更新的作业），然后在**更新进展**小窗口点选**仅选中的作业**按钮。

选项**进行本期进度更新时，计算作业尚需工期**：决定了尚需工期如何计算：

- **根据作业工期类型**将考虑截至目前的作业类型和小时，并据作业工期类型重新计算尚需工期。
- **总是重新计算**将覆盖作业工期类型，把作业当做固定资源用量和固定单位时间用量作业计算作业尚需工期和小时。
- 点击 [🖳 应用] 将按所有作业都根据进度完成的情况更新进度。

16.5 *停工和复工*

Primavera 5.0 版的停工和复工功能可使工作暂停并在随后日期复工。打开**作业详情**小窗口的**状态**标签页并输入**停工**和**复工**日期。这与 P3 和 SureTrak 的功能工作的方式类似，在一个作业中建立仅一个断点。

下面的例子显示了一个设定了停工日期和复工日期的作业：

- 这个功能在作业已经开始时使用，一般来说停工日期在过去，复工日期在将来。
- 在你记录停工日期时作业必须有一个实际开始日期。
- 仅有独立式作业和任务作业可以停工和复工。
- 停工时间并不计算为部分作业工期，资源在这段时间也不能计算进度。

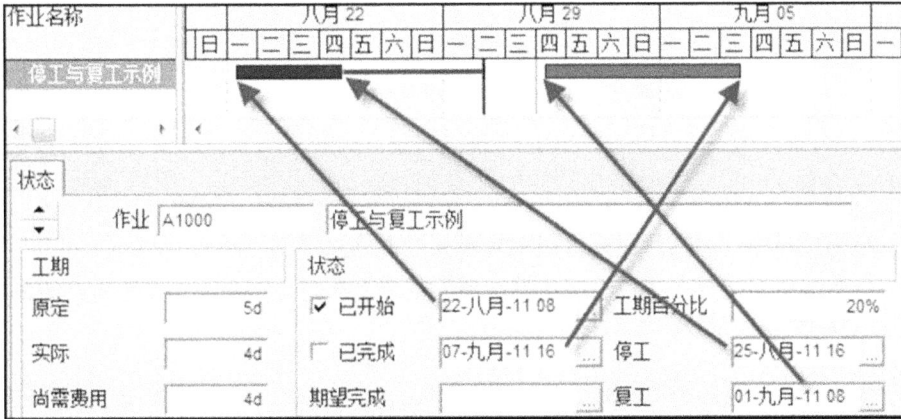

停工和复工时间可能设定为某天的不正确的时间，作者发现停工通常设定在某天的开始，复工一般设定在某天的结束；这两个默认设定都不符合逻辑。因此你应当**总是**在设定停工和复工日期时显示时间以确保它们的正确性。

16.6 计算项目进度

在任何时候，但是通常在更新了部分或所有作业之后，项目才可以计算进度：

- 打开**进度**小窗口：

  ➢ 选择**工具(T)，进度计算(S)...**，或

  ➢ 按下 **F9** 键，或

  ➢ 点击 ⌖ 图标。

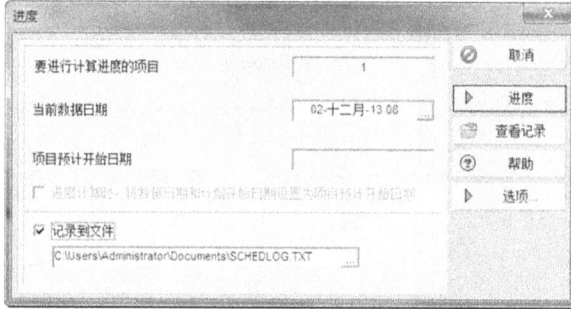

- 从框中选择修订的**当前数据日期和时间**并点击 ▷ 进度 图标。
- 软件将在考虑逻辑关系和**进度计算选项**的基础上从尚需工期重新计算所有的最早完成日期和新的**当前数据日期**。

16.7 与目标计划比较进展

通常进度日期都会有变化，更常见的是会延迟。变化的完整范围在没有目标计划栏与更新了的进度比较时并不是那么明显。

如需在**栏图表**显示一个或多个**目标计划栏**，你必须打开**栏**小窗口并在**显示**框点选一个或多个目标计划栏。

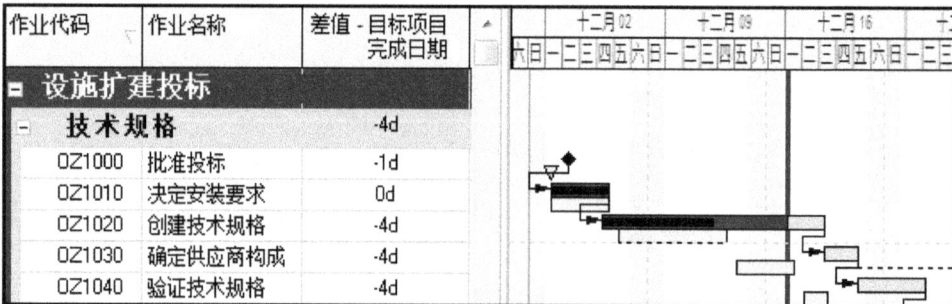

如果你想看见开始和完成日期的差值，可显示**差值 – 目标开始日期，差值 – 目标完成日期，差值 – 目标 1 开始日期，**和**差值 – 目标 1 完成日期**栏位。

ℹ️ 第二和第三目标计划日期的差值栏位并不是标准的栏位，但是可从全局更新计算。

⚠️ 如本章前面所讨论的，当一个**项目目标计划**或**主要用户目标计划**栏在没有设定目标计划时显示时，**<当前项目>**（基于**计划日期**）将会显示。进行中项目的**<当前项目>/计划日期**并不是目标计划，因而包含不相关的数据。

16.8 *在甘特图显示进展线*

此为 Primavera P6 版本 7 的新功能。

进展线显示了作业离目标计划的领先或落后的远近程度，可使用项目目标计划或主要用户目标计划且有四个选项：

- **目标计划开始日期**和**作业开始日期**的区别，

- **目标计划完成日期**和**作业完成日期**的区别，

- 基于**作业完成百分比**连接进展点，

- 基于**作业尚需工期**连接进展点。

显示一个进展线有几个组成部分：

- 首先，进展线可使用**显示(V)**, 栏, 选项 窗口的**进展线**图标调整格式，也可在甘特图区点击右键打开：

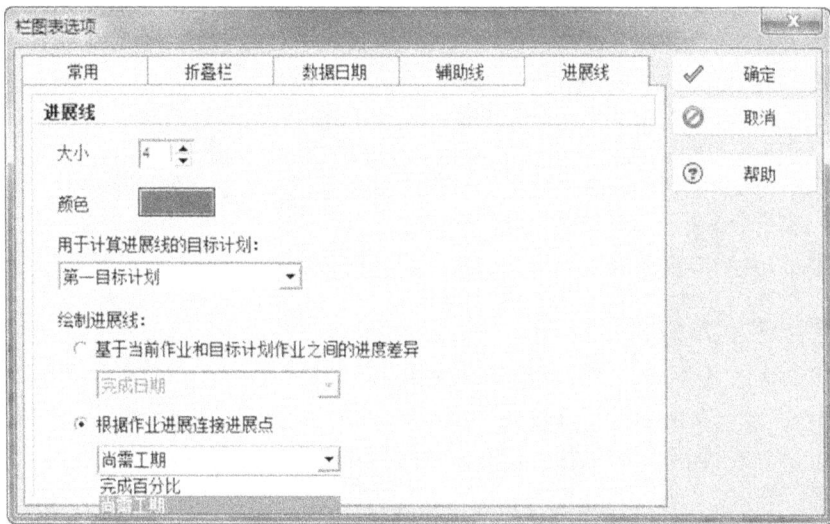

- 选择**显示(V)**, **进展线**隐藏或显示**进展线**。

- 如果你使用完成百分比或尚需工期的任一个，你必须显示在**用于计算进展线的目标计划**处所选的合适的目标计划栏：

- 下图显示了上面的**完成百分比**选项：

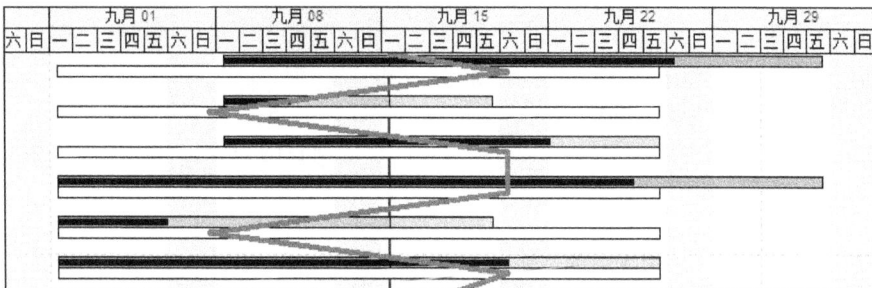

16.9 *纠正措施*

　　数据延误在一个作业重新计算进度至比原定计划晚完成时会发生。可采取两方面措施：

- 首先是接受延误，这很少能接受，但是是最简单的答案。

- 第二种是查看进度并评估你如何可以改进结束日期。

　　回归项目至原定完成日期的解决方案必须由项目负责人授权。

　　建议的把项目带回正轨的解决措施包括：

- 减少在或临近关键路径的作业的工期。当作业应用资源时，这可能包括增加在作业上工作的资源。

- 提供更多的工作时间并修改日历，比如从一周五天的改变一周六天的日历，这样每周可以有更多的时间工作于作业。

- 减少项目范围并删除作业。

- 修改作业逻辑关系使作业同时开始。这可以通过在完成到开始关系上引入负浮时达成，可维持一个闭合网络。负浮时将允许后续作业在紧前作业完成前开始，这也通常是现实中的实际情况。

- 替代完成到开始逻辑关系为开始到开始逻辑关系。作业现在在同一时间平行进行，这样有可能建立一个开放式网络，因为紧前作业可能已没有一个完成后续作业，这个作业工期的演唱也可能不会影响关键路径。为了维持关键路径，应避免这个选项或添加一个完成到完成的后续作业以完成一个闭合网络。

- 修改计划从而改变逻辑以减少关键路径的总长度。

16.10 *更新进度的清单*

　　在更新一个进度前，你应该检查以下项目：

- 确保你总是显示时间，从**编辑(E)**，**用户设置(R)**，**日期(D)**标签页选择并检查所有的开始和完成日期及时间都符合逻辑。当你更新项目时你就能看出来这些时间是有意义的。

- 检查所有作业的**完成百分比类型**；作者建议这里设定为**实际**。

- 检查**工具(T)**，**进度计算(S)...**，**选项...**。默认的通常都不错，但是如果你有多个日历，你应当考虑使用**最长路径**选项。

- 检查**管理员(A)**，　**管理设置(P)...**，**赢得值(V)**标签页**没有**设定为**预算 值与计划日期**，这样你就不会在目标计划进度看到**计划日期**了。

- 在创建目标计划之后，确认你没有留下**<当前项目>**为项目或主要目标计划。

- 确保所有的实际日期都与分配的日期相同，且这些日期都是已经过去的时间。

- **永远不要**在有进展的进度上使用更新进展，因为这样会改变你的进行中作业的实际开始日期和完成日期为计划日期。

- 在更新后保存一个你的进度，包括所有目标计划项目的完成备份，用于日后的索赔分析。

16.11 自测题 14 – 进展和目标计划的比较

背景

在第一周结束时，你必须更新进度并报告项目的进展和延误。

任务

1. 我们将在第一周的末尾更新进度。

2. 如下图所示更新**作业**底部窗格**状态**标签页的项目作业：

作业代码	作业名称	实际开始	实际完成	作业完成百分比	尚需工期
设施扩建投标		08-十二月-2015 08			31d
技术规格		08-十二月-2015 08			9d
OZ1000	批准投标	08-十二月-2015 08		100%	0d
OZ1010	决定安装要求	08-十二月-2015 08	10-十二月-2015 16	100%	0d
OZ1020	创建技术规格	10-十二月-2015 08		60%	6d
OZ1030	确定供应商构成			0%	2d

3. 按下 F9 键重新计算项目进度打开**进度**小窗口：

   ➤ 改变当前数据日期为 14-十二月-15 08:00，为周一早上。

   ➤ 点击 ▷ 选项... 图标打开**进度计算选项**小窗口并确认选择**维持逻辑关系**，

   ➤ 关闭**进度计算选项**小窗口，

   ➤ 点击 ▷ 进度 重新计算进度，

   ➤ 按下图检查答案。

作业代码	作业名称	作业完成百分比	原定工期	尚需工期	开始	完成	总浮时	差值 - 目标项目完成日期
设施扩建投标			35d	30d	08-十二月-2015 08 A	27-一月-2016 16	0d	0d
技术规格			15d	10d	08-十二月-2015 08 A	29-十二月-2015 16	6d	-2d
OZ1000	批准投标	100%	0d	0d	08-十二月-2015 08 A			-1d
OZ1010	决定安装要求	100%	4d	0d	08-十二月-2015 08 A	10-十二月-2015 16 A		0d
OZ1020	创建技术规格	60%	5d	6d	10-十二月-2015 08 A	21-十二月-2015 16	4d	-2d
OZ1030	确定供应构成	0%	2d	2d	22-十二月-2015 08	23-十二月-2015 16	4d	-2d
OZ1040	验证技术规格	0%	2d	2d	24-十二月-2015 08	29-十二月-2015 16	0d	0d
交付计划			16d	16d	30-十二月-2015 08	21-一月-2016 16	0d	0d
OZ1050	文件交付方式	0%	4d	4d	30-十二月-2015 08	05-一月-2016 16	6d	-2d
OZ1060	从供应商获取报价	0%	8d	8d	04-一月-2016 08*	13-一月-2016 16	0d	0d
OZ1070	计算投标估价	0%	3d	3d	14-一月-2016 08	16-一月-2016 16	0d	0d
OZ1080	创建项目进度	0%	3d	3d	18-一月-2016 08	20-一月-2016 16	0d	0d
OZ1090	审查交付计划	0%	1d	1d	21-一月-2016 08	21-一月-2016 16	0d	0d
投标文件			16d	16d	06-一月-2016 08	27-一月-2016 16	0d	0d
OZ1100	创建投标文件草稿	0%	6d	6d	06-一月-2016 08	13-一月-2016 16	6d	-2d
OZ1110	审查投标文件	0%	2d	2d	22-一月-2016 08	25-一月-2016 16	0d	0d
OZ1120	完成并递交投标文件	0%	2d	2d	26-一月-2016 08	27-一月-2016 16	0d	0d
OZ1130	投标文件递交	0%	0d	0d		27-一月-2016 16*	0d	0d

见下页...

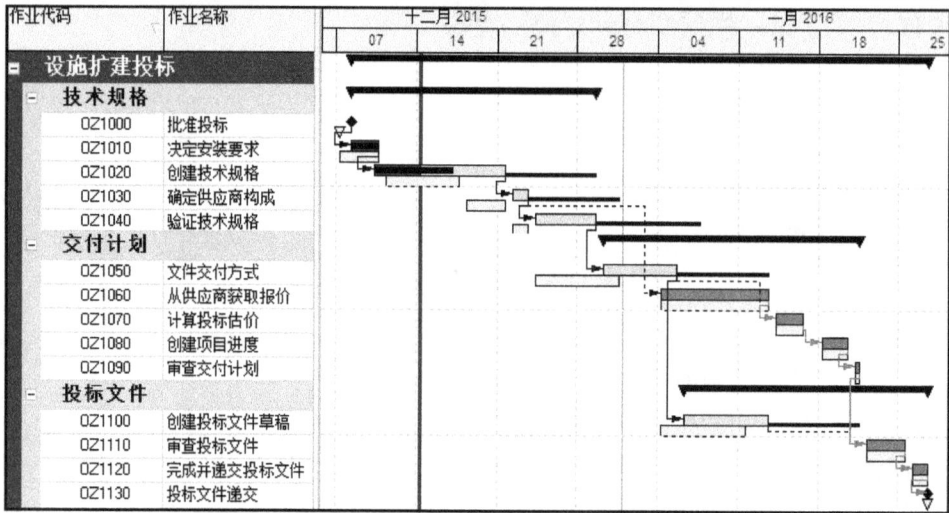

作业代码	作业名称
设施扩建投标	
技术规格	
OZ1000	批准投标
OZ1010	决定安装要求
OZ1020	创建技术规格
OZ1030	确定供应商构成
OZ1040	验证技术规格
交付计划	
OZ1050	文件交付方式
OZ1060	从供应商获取报价
OZ1070	计算投标估价
OZ1080	创建项目进度
OZ1090	审查交付计划
投标文件	
OZ1100	创建投标文件草稿
OZ1110	审查投标文件
OZ1120	完成并递交投标文件
OZ1130	投标文件递交

注释：下方栏为目标计划，**创建技术规格**作业最晚进度计算创建的作业的推迟在上图很明显。.

4. 打开**创建技术规格**作业的**常用**标签页并修改完成百分比类型为**工期**，重新计算可看到**完成百分比**变为 0%。现在完成百分比和尚需工期间的连接已经建立，因此完成百分比和尚需工期已不能从作业完成百分比处单独输入了。作业完成百分比值为零，这是因为尚需工期比原定工期要大。

作业代码	作业名称	作业完成百分比	原定工期	尚需工期
设施扩建投标			35d	30d
技术规格			15d	10d
OZ1000	批准投标	100%	0d	0d
OZ1010	决定安装要求	100%	4d	0d
OZ1020	创建技术规格	0%	5d	6d

5. 在**创建技术规格**作业的**状态栏**标签页输入 20%完成，尚需工期将会减至 4 天，你也会发现作业完成百分比和尚需工期间的连接。

作业代码	作业名称	作业完成百分比	原定工期	尚需工期
设施扩建投标			35d	30d
技术规格			15d	10d
OZ1000	批准投标	100%	0d	0d
OZ1010	决定安装要求	100%	4d	0d
OZ1020	创建技术规格	20%	5d	4d

6. 现在修改**创建技术规格**作业的完成百分比为 50%。

7. 重新计算进度。

8. 确认你显示工期子单位的小时数，打开**编辑(E)，用户设置(R)，时间单位(U)**标签页勾选**工期格式子单位小时**框和**显示工期单位**。

9. 这可使尚需工期不再以整天表示，两天长的作业，比如说作业 0Z1030，现在跨越了三天因为它在一天的中间开始和完成。

作业代码	作业名称	作业完成百分比	原定工期	尚需工期	开始	完成	总浮时	差值 - 目标项目完成日期
设施扩建投标			35d	30d	08-十二月-2015 08 A	27-一月-2016 16	0d	0d
技术规格			11d 4h	6d 4h	08-十二月-2015 08 A	22-十二月-2015 12	9d 4h	1d 4h
0Z1000	批准投标	100%	0d	0d	08-十二月-2015 08 A			-1d
0Z1010	决定安装要求	100%	4d	0d	08-十二月-2015 08 A	10-十二月-2015 16 A		0d
0Z1020	创建技术规格	50%	5d	2d 4h	10-十二月-2015 08 A	16-十二月-2015 12	7d 4h	1d 4h
0Z1030	确定供应商构成	0%	2d	2d	16-十二月-2015 12	18-十二月-2015 12	7d 4h	1d 4h
0Z1040	验证技术规格	0%	2d	2d	18-十二月-2015 12	22-十二月-2015 12	9d 4h	1d 4h
交付计划			19d 4h	19d 4h	22-十二月-2015 12	21-一月-2016 16	0d	0d
0Z1050	文件交付方式	0%	4d	4d	22-十二月-2015 12	30-十二月-2015 12	9d 4h	1d 4h
0Z1060	从供应商获取报价	0%	8d	8d	04-一月-2016 08*	13-一月-2016 16	0d	0d
0Z1070	计算投标估价	0%	3d	3d	14-一月-2016 08	16-一月-2016 16	0d	0d
0Z1080	创建项目进度	0%	3d	3d	18-一月-2016 08	20-一月-2016 16	0d	0d
0Z1090	审查交付计划	0%	1d	1d	21-一月-2016 08	21-一月-2016 16	0d	0d
投标文件			19d 4h	19d 4h	30-十二月-2015 12	27-一月-2016 16	0d	0d
0Z1100	创建投标文件草稿	0%	6d	6d	30-十二月-2015 12	08-一月-2016 12	9d 4h	1d 4h
0Z1110	审查投标文件	0%	2d	2d	22-一月-2016 08	25-一月-2016 16	0d	0d
0Z1120	完成并递交投标文件	0%	2d	2d	26-一月-2016 08	27-一月-2016 16	0d	0d
0Z1130	投标文件递交	0%	0d	0d		27-一月-2016 16*	0d	0d

10. 工期不为整天的情况通常是不考虑的，可通过使用实际完成百分比并以整天形式输入尚需工期来避免。

17 用户和管理设置及进度计算选项

这一章我们来看看以下主题:

- 用户设置
- 管理菜单,从可选客户端移除
- 管理设置,从可选客户端移除
- 管理类别,从可选客户端移除
- 各项默认,设置默认项目和语言

从可选客户端移除的功能可在 web 工具中存取。

17.1 *用户设置*

选择**编辑(E)**,**用户设置(R)**打开用**户设置**小窗口,用于建立一些用户定义的参数,可决定数据如何显示。

用户设置小窗口在显示**资源使用剖析表**或**资源直方图**时可通过在底端视图的右侧点击右键打开。

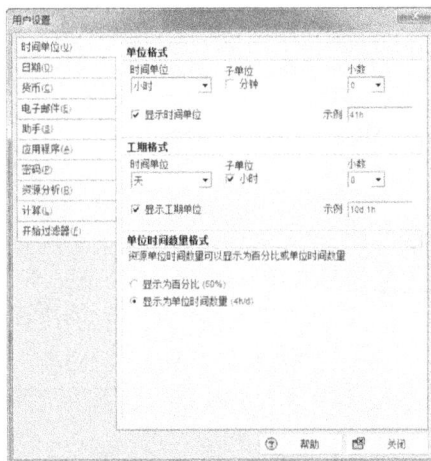

17.1.1 时间单位标签页

这个标签页的**单位格式**部分用于定义显示资源信息和资源分配的**时间单位**格式,比如:天或小时。

此标签页的**工期格式**部分用于定义作业工期显示的**时间单位**格式,比如:天或小时。

i 右图显示作者的建议设置。

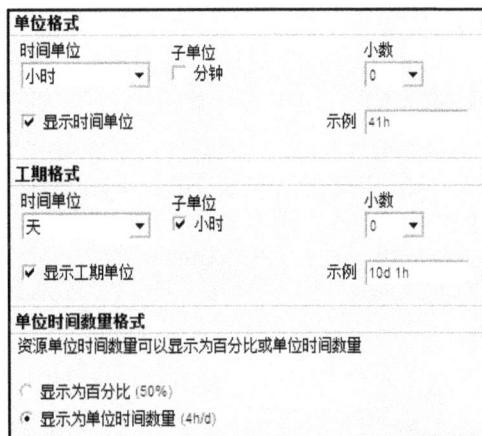

此窗口的**单位时间数量格式**部分使用 Microsoft Project 类型的调整**单位时间资源格式**的选项,显示资源利用为一个百分比(50%)或单位时间数量(4h/d – 4 小时/天)。因为有几个选项;比如说:分配至一个作业的三个人可显示为很多种格式包括:

- 300%
- 24h/d
- 3d/d
- 3h/h

17.1.2 日期标签页

日期标签页都可自我解释，用于调整日期和时间的显示格式。

注释： 只用两个字符显示年或隐藏年是不可能的，且总会有一个日期分隔符，这样会导致日期栏位更宽。

右图为作业推荐设置。

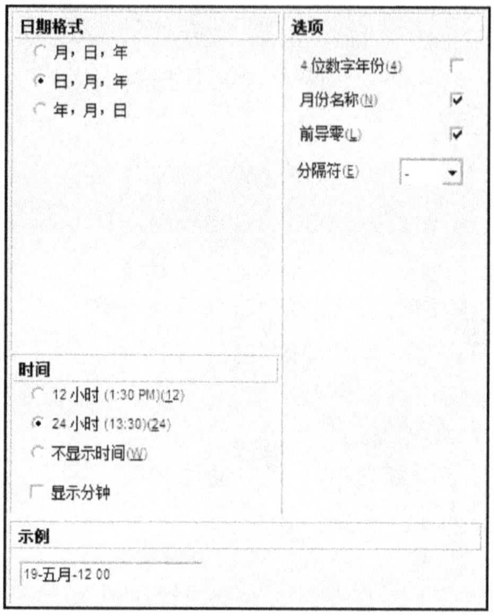

作者建议**时间**应当一直显示以使用户可以看到 Primavera 在分配实际日期、限制条件日期、停工和复工日期时所选择的时间是什么。通常 Primavera 会选择 00:00，为所选日期的凌晨。

作者建议**月份**名称应当一直显示以避免美国日期格式的月/日/年与其他国家日期格式的日/月/年造成的混淆。

17.1.3 货币标签页

货币选项标签页可选择显示费用的货币符号。

货币小窗口，可从**管理员**菜单下打开，用于定义基本货币。所有的费用都保存为**基本货币**，所有其他的**货币**都为使用**基本货币**值和汇率的计算值。

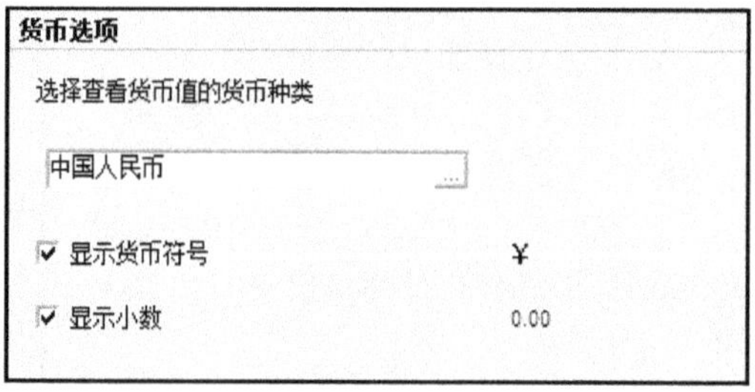

两个货币拥有同样的符号是允许的，如果一个用户选择了其他的货币，那么用户显示的所有费用都会转换了其他的值。

这个选项必须很小心使用，如果你不需要多种货币，那么建议你应当只留下一种货币而删除其他的以避免可能出现的问题。如果你使用多种货币，那么确保所有都有不同的标识而避免混淆。

17.1.4 电子邮件标签页

电子邮件协议标签页设置用户的电子邮件系统。

17.1.5 助手标签页

助手标签页指定在创建**资源**和**作业**时运行的向导。

注释：建议两个都关掉，因为当你知道如何使用这款软件时直接在所需项手动输入信息更快。

17.1.6 应用程序标签页
启动窗口

- **应用程序启动窗口**指定了在软件启动时显示哪个 Primavera 窗口。

  ➢ 如果你一直都在一个项目工作，那么设定这个为**作业**，在关闭 Primavera 时不要关闭项目；下次你打开 Primavera 你将直接在**作业窗口**打开你的项目。

  ➢ 如果你一直工作于好几个项目，那么选择**项目**，下次你就会在**项目窗口**。

- **在启动时显示问题导航器对话框**仅当你希望在软件启动时查看问题才应选择。

- **在启动时显示欢迎对话框**会在启动时显示一个欢迎对话框，一般不显示因为这会降低用户加载软件的速度。

应用程序日志文件

- **将内部功能的运行轨迹写入日志文件**可建立一个名为 ERRORS LOG 的所有数据输入的日志。支持人员可使用这个日志，不过除非他们要求，一般是不启用这个功能的。

分组和排序

- 这里可定义分组带显示的是什么信息；可单选或多选名称或代码。这个设置在分组并排序小窗口不可用的情况下可起作用，比如说**紧前作业**和**后续作业**小窗口。

- Primavera 5.0 版引入了名为**重新自动排列**的功能，在 8.1 版中移除并替换为**自动重组**命令。

栏位

- Primavera 5.0 版引入了**统计周期**（**Financial Periods - 财务周期**），可定义栏位中显示的周期。

> _**i**_　当很多统计周期建立时，你可能需要向下翻几百行才能找到例如**过滤器**这样的小窗口中的数据项。你应当限制那些正在使用的显示的统计周期的数量。

17.1.7　密码标签页

用户密码标签用于修改用户密码。

管理员(A)，　**管理设置(P)**...，　**常用(G)**标签页可启用你的公司密码策略。

> **用户密码**
>
> 单击 密码 按钮可更改当前应用程序密码。
>
> 　　　　　　　　🖵　密码

17.1.8　资源分析标签页

资源分析(R)标签页有两个部分：

所有项目

- **所有项目**选项可定义使用哪些项目计算**资源直方图**的资源尚需值。

随时间分布的数据

- 在**跟踪窗口**或 **Portfolio Analysis** 可以拖拽项目在时间上前进或后退，此操作可创建一套新的日期名为**预测日期**。**跟踪窗口**的**资源直方图**和**资源剖析表**时间可使用选择**尚需最早日期**的当前进度或修订的**预测日期**。

> **所有项目**
>
> 在资源直方图和剖析表中显示所有项目时，所有打开的项目和下面指定的关闭项目都将被包括在内。
>
> ○ 所有关闭的项目（模拟分析项目除外）
> ● 带有平衡优先级的全部关闭项目
> 　　　　　　　　大于/等于 [5 ▲▼]
> ○ 仅打开的项目
>
> **随时间分布的数据**
>
> 在资源直方图和剖析表中，使用以下方式显示随时间分布的尚需最早数据
>
> ● 尚需最早日期
> ○ 预测日期
>
> 随时间分布的资源计算的间隔：[　　▼]
> 　　　　　　　　　　　　小时
> 显示角色限量基于　　　　天
> ○ 自定义角色限量　　　周
> ● 已计算主要资源的限量　月

- **随时间分布的资源计算的间隔：**这个选项决定了显示资源直方图和资源剖析表数据的时间增量。

  当这个设定为天，时间分布数据显示为小时，所有的小时都会在第一个小时小时。

  选择小时将会分散资源至他们计算的进度处，但这会消耗电脑资源。

>
> **随时间分布的资源计算的间隔：**必须等于或小于时间标尺，否则资源数据将会显示在时间标尺的第一个时间增量上而不是分布于整个时间周期。

- **显示角色限量基于 –** Primavera 在 6.0 版中引入了**角色限量**，即为在**资源直方图**显示**角色增量**的选项。一个角色可定义限制为六个资源但只分配四个主要资源。这个选项允许你决定是否你愿意显示四个基于可用资源的限制，还是六个基于角色的分配限量。

17.1.9 计算标签页

理解这个选项是十分重要的。

计算标签页下的**资源分配**有两个选项：

- **保留现有分配的数量、工期和单位时间数量**。使用这个选项时，随着资源的增加或删除，分配至一个作业的小时总数也会增加或减少。每个资源的小时数都会独立计算。

- **根据作业工期类型重新计算现有分配的数量、工期和单位时间用量**。当作业的第二个和随后的资源增加或移除时，作业分配的总小时数不会变化，除非作业类型为**固定工期和单位时间用量**。

根据作业工期类型重新计算现有分配的数量、工期和单位时间数量与
Microsoft Project 的设定作为为 Effort Driven 类似，P3 和 SureTrak 没有类似功能。

⚠️ 　　　　使用这个选项，当你向作业添加或从作业移除资源时，工作的总小时数不变且工作会划分至所有资源。

　　　　因此，分配资源将会减少每个资源的工作量，缩短作业工期或减少每个资源分配的单位时间周期数量。

　　　　作者建议使用默认的**保留现有分配的数量、工期和单位时间数量**。选择这个时，每个资源工作都独立于其他作业分配的资源。

- **分配配备**为 Primavera 5.0 版的新功能，在**用户选项**小窗口的**计算**标签页可用，允许用户设定默认为：

  ➢ 当为一个已有分配的资源分配替补资源时，选择单位时间数量。

  ➢ 为一个分配至角色的资源选择单价。

  这个选项用于选择已有的资源，新资源或在每次资源/角色被替换时进行提示。

17.1.10 开始过滤器标签页

　　开始过滤器(F)选项可为资源、角色、OBS、作业分类码和费用科目选择过滤器，可应用于当前项目或所有所有的数据。

　　当你打开一个窗口，例如**资源窗**口时，你可能会发现没有任何数据显示出来。这就有可能是因为这里的设置。

　　注释：作者建议选择**查看所有数据（无过滤器）**，这样你在打开窗口例如**资源窗**口时不至于看见一个空白的屏幕。

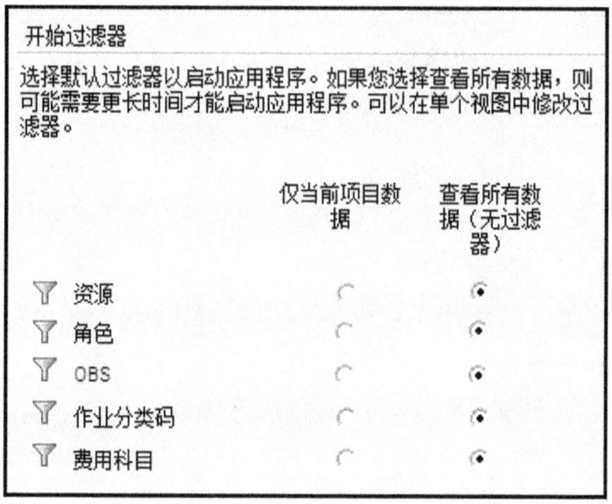

开始过滤器		
选择默认过滤器以启动应用程序。如果您选择查看所有数据，则可能需要更长时间才能启动应用程序。可以在单个视图中修改过滤器。		
	仅当前项目数据	查看所有数据（无过滤器）
🔽 资源	○	◉
🔽 角色	○	◉
🔽 OBS	○	◉
🔽 作业分类码	○	◉
🔽 费用科目	○	◉

17.2 管理员菜单

用户、OBS 和项目之间的连接将在**管理企业环境**章节详细讲述。这一部分为管理员菜单内容的介绍。

管理员菜单在 P6 专业版可用，但是从 P6 可选客户端移除并只能从网络存取。

P6 专业版

管理员命令打开**管理员**窗口。

根据 Primavera 的安装方式及你的权限设定，你可能使用部分或全部的菜单设定。

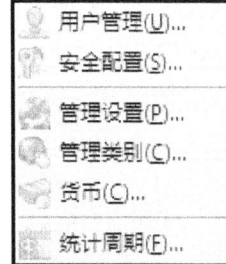

P6 可选客户端

网络**管理员**菜单为管理命令的位置，这与专业客户端十分类似。

本书不会讲述网络命令，但是它们的操作方式一模一样。

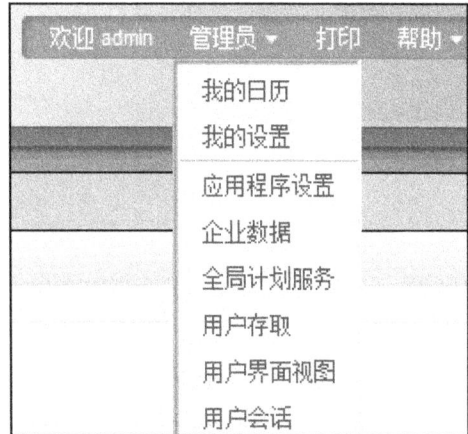

17.2.1 用户

用户小窗口用于增加和删除系统用户。可记录下列信息：

- **常用**标签：个人名称（姓名），登录名，密码和**资源窗口**的资源代码。
- **联系信息**标签：个人电话号码和电子邮件。
- **全局权限**标签：用户可修改的全局信息可在此通过分配**全局配置定义**。

> ℹ️ **全局权限**标签为用户使用受限资源处。

- **项目权限**标签：这里可分配**用户**至一个或多个 OBS 节点且仅可介入与那些 OBS 节点相关的项目。用户使用的级别为指定的**安全配置**控制的项目。
- **模块存取权限**标签：这里可以为用户分配执照。在用户可以操作系统前需要先分配执照。

用户也可在**组织分解结构（Organizational Breakdown Structure – OBS）**小窗口分配至一个 OBS 节点。

17.2.2 安全配置

安全配置小窗口用于设定权限。

- 可在此建立**全局配置**和**项目配置**。
- **全局配置**可创建和/或编辑以存取分配至用户的特定的企业功能。
- **项目配置**可创建和/或编辑以存取特定的项目功能。
- 在用户被分配至一个或多个**组织分解结构**节点时，用户会被分配一个**项目配置**。

- 每个 OBS 节点的每个用户可分配不同的**项目配置**，但是 EPS 节点和项目仅可被分配至一个 OBS 节点。

⚠️ 仔细评估**安全配置**并分配每个人员至适当的级别非常重要。

除了管理员之外，任何人都不应该删除关键数据比如项目和 EPS 节点。

17.2.3 货币

货币小窗口用于定义系统货币，货币项为：

- **货币代码**
- **货币名称**
- **货币符号**
- **汇率**

如需设定你国家的货币为基本货币，你需要编辑**货币代码**和**货币符号**因为永久点选使用的基本货币为第一个货币。

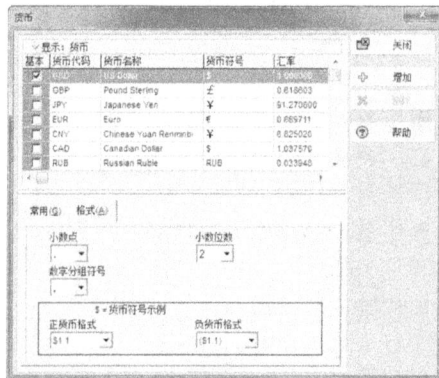

⚠️ 见本章前面货币部分的提示内容，删除所有不需要的货币并设定所有货币都有特定的符号。

17.2.4 统计周期

此处可创建与保存周期绩效相关的统计周期。

更多细节见**赢得值**章节的保存周期绩效部分。

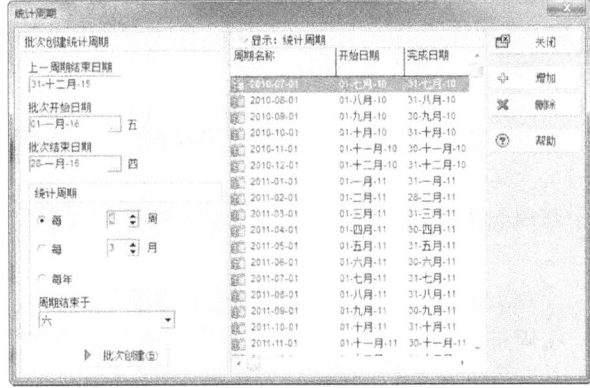

当有数据反映每个周期完成的工作量或费用支出，而不仅仅是截至目前周期的平均数时，就必须使用统计周期。周期数据通常用于创建 S-曲线。

17.2.5 工时单日期

这个选项从 P6 专业版移除。**工时单**仅可从网络程序进行管理。

17.3 *管理设置*

这个小窗口设定了 Primavera 的默认设定。

管理设置小窗口有好几个标签页，在本章接下来的部分将会详细讲述。

如果你没有**管理设置**的权限，那么这些选项可被你所在公司的系统管理员设置。

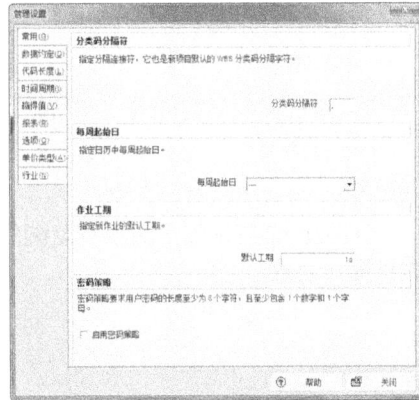

有些设置仅可在此修改。描述为**默认**的项目可在其他窗口修改。

选择**管理员(A)**， **管理设置(P)**...打开**管理设置**小窗口。

17.3.1 常用标签页

- **分类码分隔符**设定新项目 WBS 分类码和其他例如费用科目的分类码的默认分隔符。**分类码分隔符**也可在**项目窗口**的**设置**标签页为每个项目设定。

- **每周起始日**设置时间标尺和日历左边栏位显示的**每周的第一天**。

- **作业工期**为新作业设定默认的作业工期。

- **密码策略**。6.2 版加入的功能，要求密码的长度至少为 8 个字符，且至少包含一个数字和一个字母。

i 默认通常为周日，应被修改为周一，这样才能使时间标尺的日历日为一个工作日，这一般要比一个非工作日有用的多。

17.3.2 工时单标签页

工时单标签 8.1 专业版移除，但在网络程序中可用。

17.3.3 数据约定标签页

数据约定(D)标签页定义：

- 所有层级分类码结构的最大层次数，

- 每个项目的最大作业分类码数，

- 每个项目的最大目标计划数。

Primavera 6.0 版增加了**随项目复制的最大目标计划数**。

17.3.4 代码长度标签页

代码长度(L)标签页定义了分类码代码项而不是代码描述的最大字符数。

17.3.5 时间周期标签页

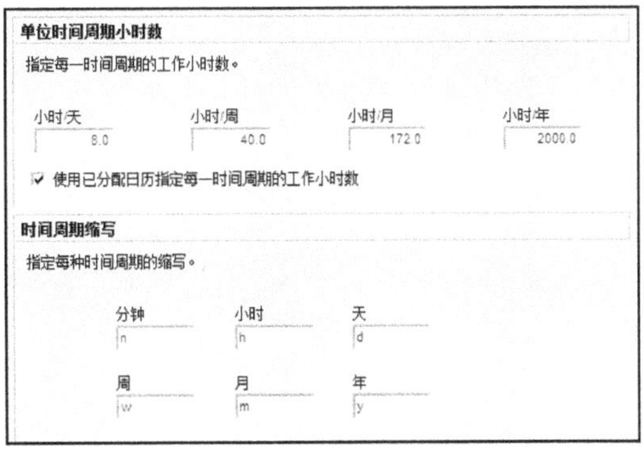

- **每个时间周期的小时数**的值用于从一个时间周期单位转换至另一个，比如说从天转为小时。因此，一个 5 天的作业如用图中的设定应计算为 40 个小时。

- **注释：** 一定要理解这些转换的含义。参考**日历**章节的更多内容。

- 选择**使用已分配日历指定每一时间周期的工作小时数**可使用户编辑每个日历的**单位时间周期小时数**。

  ⚠ 当使用多个具有不同小时每天的日历时，选择这项是十分重要的，且用户需正确设置每个日历的**单位时间周期小时数**。

- **时间周期缩写**用于表明显示周期。

  译者发现以英文缩写显示时间周期会比以中文显示节约地方且更加容易明白，读者应根据自己的实际情况做出相应的调整。

17.3.6 赢得值标签页

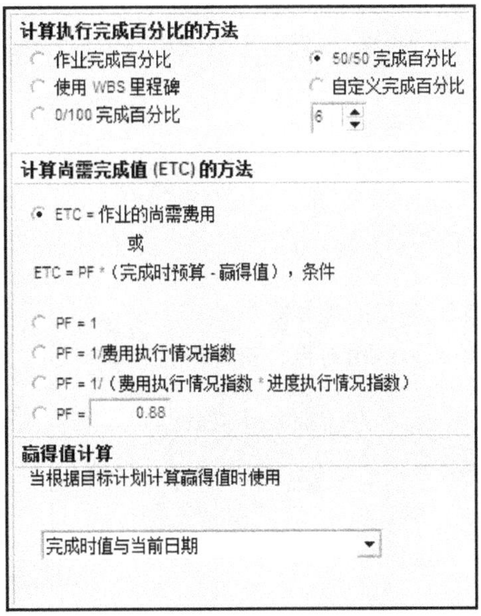

更多内容见**赢得值**章节。

这个标签页设定了计算赢得值的 WBS 默认，每个 WBS 可单独修改并应用于一个 WBS 节点的所有作业。

- **计算执行完成百分比的方法**可选择计算赢得值的公式。

- **计算尚需完成值(ETC)的方法**可选择计算 ETC 的公式。ETC 为计算项，独立于**完成时项**但包含同样的值。

- **赢得值计算**可选择计算赢得值的一些选项并显示目标计划栏。Primavera 默认设置通常为**预算值与计划日期**，这个选项永远都不应该用，请仔细阅读下面的提示。

  ⚠ 用户应仔细阅读计划日期部分因为**预算值与计划日期**的设定将会有所有进行中目标计划可能显示不想当的日期为目标计划日期的风险。

17.3.7 报表标签页

报表的页眉和页脚小窗口可设定报表的默认标签。

这些也可在打印时进行调整。

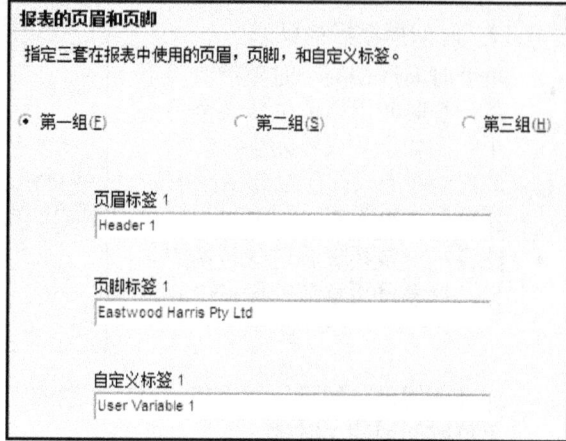

17.3.8 选项标签页

- **指定汇总和存储资源分布的时间间隔**标签设定时间周期，比如周或月，用于在 WBS 和资源/角色分配层级存储汇总作业数据。

- **Project Architect** 和 **Web Access Server URL** 选项从专业版中移除。

- **允许链接到 Contract Management**（原先称为 Expedition）可在安装时链接到此模块。

17.3.9 单价类型标签页

Primavera 有五种资源单价类型，**单价类型**小窗口可重命名单价的名称。你可能有几种单价，比如说：

- 内部咨询，
- 外部咨询，
- 准备证据，和
- 给出证据。

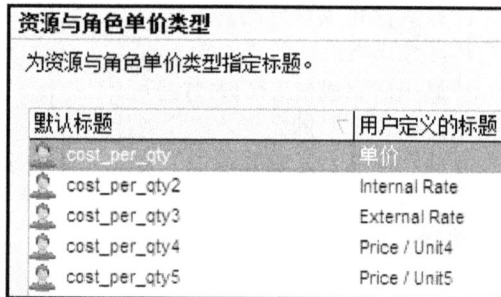

17.3.10 行业标签页

行业类型决定了一些项目的术语。在早期版本中，这在软件加载时设定；现在可在**管理员(A)，管理设置(P)..., 行业(N)**标签页设定。

你需要重新启动 P6 才可应用修改。

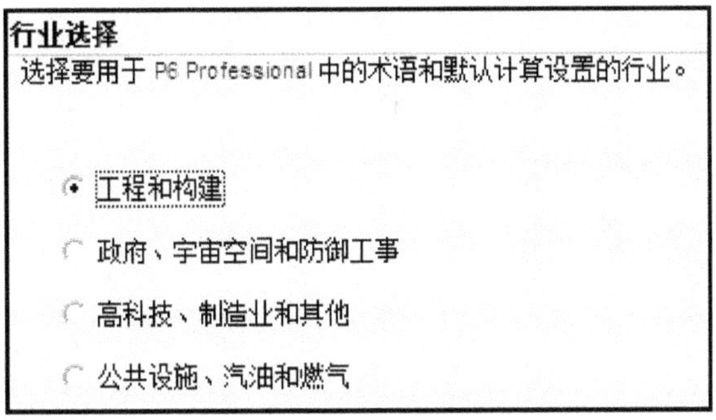

下表显示了不同的术语类别：

行业类型	术语	项目比较工具名称
工程和构建	预算数量和费用 原定工期	Claim Digger
政府、宇宙空间和防御工事	计划数量和费用 计划工期	Schedule Comparison
高科技、制造业和其他	计划数量和费用 计划工期	Schedule Comparison
公共设施、汽油和燃气	预算数量和费用 原定工期	Claim Digger
其他行业	计划数量和费用 计划工期	Schedule Comparison

工程和构建：

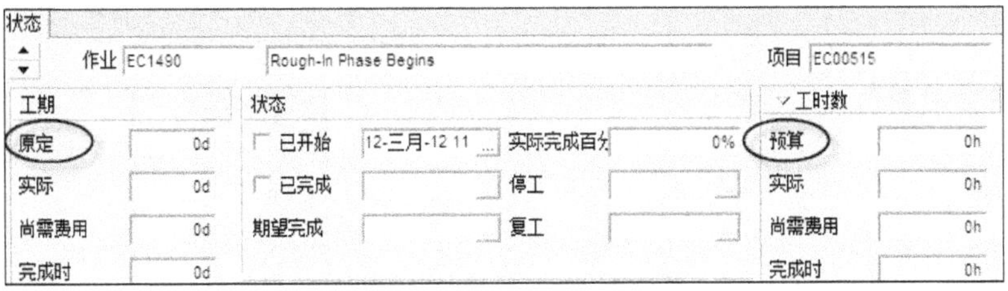

政府、宇宙空间和防御工事：

17.3.11 管理类别

管理员(**A**), 管理类别(**C**)...
小窗口可定义全局数据项目。
此窗口通俗易懂不再赘述。下
列类别可在此定义:

- 目标计划类型

- 其他费用类别

- **WBS 类别**

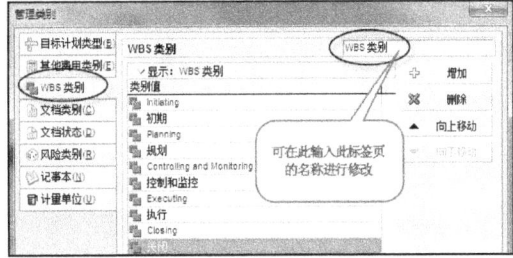

- **文档类别**

- **文档状态**

- **风险类别**

- **记事本**

- 计量单位 – 用于材料资源

单位缩写	单位名称
ea	Each
个	每个
$	$
¥	人民币
tons	Tons
吨	吨
LS	Lump Sum
总额	总额

WBS 类型定义了可分配至 WBS 节点的一系列分类码，允许 WBS 结构在不同系列的分类码下重新组织。

⚠ 由于管理类别内的类型或单位小窗口的内容都没有翻译，译者在此给出一些相应的解释仅供参考（英文下方的为的相应中文解释）。用户应根据自己的实际情况及项目需要创建合适的类别内容。

17.4 各种默认值

17.4.1 默认项目

选择**项目(P)，设置默认项目 (P)...**打开**设置默认项目**小窗口。当打开多个项目时，使用默认项目的设置：

- 计算和平衡所有打开项目的进度。
- 新的数据项目，比如问题，在增加至数据库时分配至默认项目。

⚠ 当计算多个项目的进度时，所有项目的所有进度计算选项都变为**默认项目**的。数据管理员需要认真考虑这个问题，此问题在**计算多个项目进度**章节会详细讲述。

17.4.2 设置语言

选择**工具(T)，设置语言 (N)...**可打开**设置语言**小窗口，在此选择栏位标题和菜单项显示的语言。

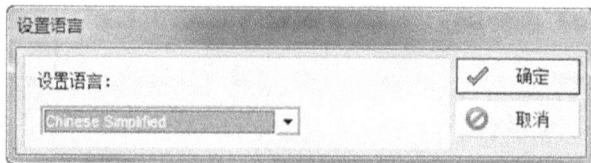

18 创建角色和资源

传统上，规划和进度计划软件定义一个**资源**为完成作业所需的某件东西或某个人，有时有有限的可用性。这包括人员或人员组，材料，设备和钱。

Primavera 可以分配费用，一个日历，一个或多个角色和一些个人信息至一个**资源**。

Primavera 有名为**角色**的功能。一个角色用于项目的规划阶段，代表一个技能或职位。之后，在作业开始前，一个角色会分配一个特定个体，被定义为一个资源。角色可被同时分配至资源和作业。当需要从资源库中替换一个作业分配的角色为一个个体时，可在所有资源上按角色进行搜索。Primavera 允许分配单价至角色。

Primavera 中有大量可用的资源功能，本书在不涉及过多细节的情况下，将概述重要的资源相关的功能，使你可以创建并分配角色和资源至你的进度中。

这一章将着眼于：

主题	菜单命令
创建**角色**	选择**企业(N)**，**角色(O)**...打开**角色**小窗口。
创建**资源**	打开**资源窗口**： • 选择**企业(N)**，**资源(R)**...，或 • 点击**企业**工具栏的![图标]图标。
编辑**资源日历**	选择选择**企业(N)**，**日历(C)**...，打开**日历**小窗口。

遵循下列步骤以在 Primavera 进度中创建和使用资源：

- 在**资源窗口**创建资源。
- 如果需要，在**角色**小窗口创建**角色**。
- 从**资源窗口**或**角色**小窗口为角色分配资源。
- 如果资源有特殊的时间要求的话，修改资源日历。

18.1 理解资源和角色

一般有两种使用资源功能进行资源规划的方法：

- 个体资源，和
- 资源组

18.1.1 个体资源

这些资源通常为负责完成作业或任务的个人，与他们所分配的作业相关，在 P6 中以名称识别。

这一般是办公室环境下的工作，比如一个 IT 发展开发项目，工时单通常由工作人员完成且工时单系统与进度计划系统直接相连。

在这种情况下，进行中作业的更新通常由个人完成，此人为分配至一个作业的一个资源，一般通过工时单系统，且进度人员在项目更新时有审核职责。

18.1.2 资源组

这些资源代表人员组，如建筑工地内的职业或学科。超大型项目组或群，可能由设备和很多不同的职业组成，也会被考虑。工作的负责人不是分配至作业的一个资源，进行工作的个人将不能把他们的工时单直接分配至进度中的作业。

还有，在这种环境下，进度人员通常会更新作业和资源。建议这时分配作业最小数量的资源，因为每个进度添加的资源都需要被更新，随着更多资源的添加，进度人员的工作量将会不断增加。

资源最小化可使进度变简单且使管理大型进度更加容易。这不是通过胡乱的为进度填满充足的资源或不重要的资源能实现的，而是通过在大型项目中把职业或学科分为组和群得以实现。

当使用资源组时，角色功能就会显得多余，但可用于规划承包商类型或项目中使用的实际承包商。

18.1.3 输入和输出资源

当你创建你的资源时，你可能会考虑它们为下列的内容：

- **输入资源** – 这些资源为完成工作所需且代表项目费用：
  - 个人的名称。
  - 人员组的职业，学科或技能。
  - 单个设备或机械的名称。
  - 设备或机械组的类型。
  - 资源组比如由设备和机械组成的组，群或队伍。
  - 材料。
  - 钱
- **输出资源** – 这可能为项目的可交付成果或结果，可能与项目收益有直接关系：
  - 完成的规格。
  - 砌的砖。
  - 挖掘机装填的材料吨数。

> ➤ 书面代码行。

> ➤ 完成的测试。

这一类资源通常用于矿业环境，计算和/或平衡以吨数和量数的输出的进度。

输入和输出资源值和时间之间的分析和不同可用于代表现金流，现金头寸和项目利润（或亏损）。

进行工作所属的合同类型通常决定了客户是否对输入资源更感兴趣，还是对输出资源更感兴趣。

18.1.4 理解角色

为了理解资源长期需求，在项目或企业层级的评估可能由长期规划的角色和短期计划的资源相组合构成。

角色被分配作业用于长期规划，资源代表短期计划分配角色的个人，也可表示作业分配。

下面直方图右边的浅色区域名为**未配备资源的尚需数量**的部分显示了未满足需求，资源的已满足需求为左边的深色区域名为**已配备资源的尚需数量**。

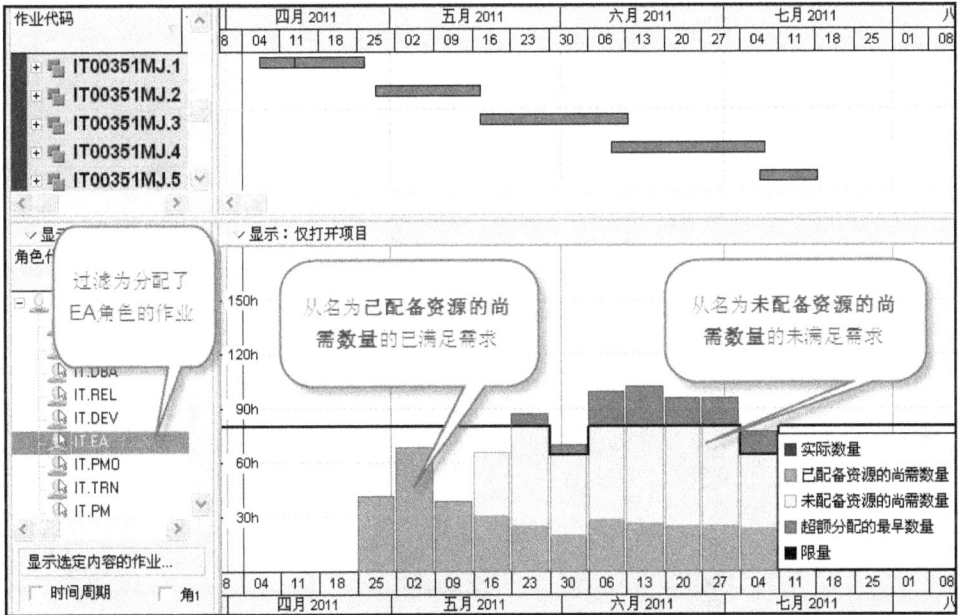

如果你是一个建设承包商且没有分配个人什么工作，那么你可能会考虑仅使用资源，因为它们比角色的功能要多。

18.2 *创建角色*

角色创建、编辑和删除的方法与 WBS 类似。

如需创建、编辑或删除一个**角色**，选择**企业(N)，角色(O)...**打开**角色**小窗口：

角色小窗口可用的调整格式、过滤和排序功能如下：

- 点击**显示：所有角色(A)**并点击**过滤依据(Z)**并在菜单中选择角色过滤为**所有角色**还是**当前项目的角色**。

- 点击**角色代码**或**角色名称**标题，以**角色代码**或**角色名称**排序角色。

- **角色**也可以**图表**图显示，必须调整**角色**小窗口的大小才可有效使用这个功能。

- **查找**功能（或 **Ctrl+F**）用于搜索角色名称。

- **打印**功能可打开**打开预览**窗口，允许打印当前列表的角色。

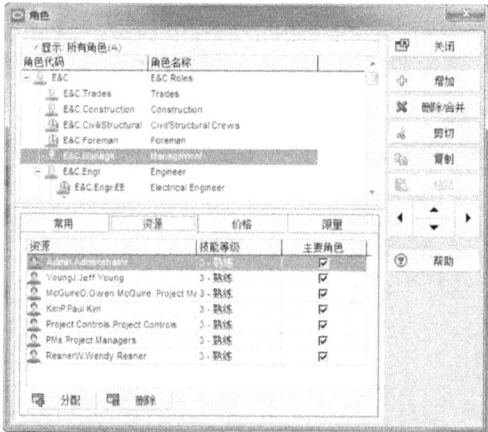

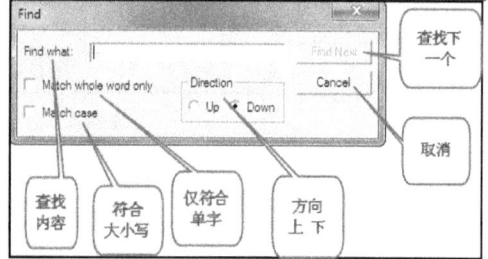

i 查找窗口由于未翻译，在此译者给出相应的解释：

在**常用**标签下，可分配每个角色一个：

- **角色代码**，用于分配角色至作业的独特编码。
- **角色名称**，技能或职业的名称。
- **职责**，这里你可输入关于角色职责的文字、超链接和图片。

在**资源**标签下，可分配每个角色：

- 至一个或多个资源。
- 资源默认分配为**技能等级**为"3 – 熟练"，可之后修改为列表所示的任一选项。
- 资源可被分配为**主要角色**，代表了他们通常分配的任务或工作。
- 当**编辑(E)**，用户设置**(R)**，资源分析**(R)**标签页的**显示角色限量基于选项**设定为**已计算主要资源的限量**时，**主要角色**同时也会与角色的可用性相连。

Primavera 支持**角色单价**。角色可最多分配 5 个单价（与资源的单价数相同），在完成工作的实际资源分配至作业前，用于项目的估价和现金流预测。

- 点击**价格**标签编辑角色单价，并
- **角色单价**类型取自**管理员(A)**，　**管理设置(P)...**，**单价类型(A)**标签页设置的**资源单价类型**。

> *i* 角色单价不能随时间改变或平衡，但是资源可以。

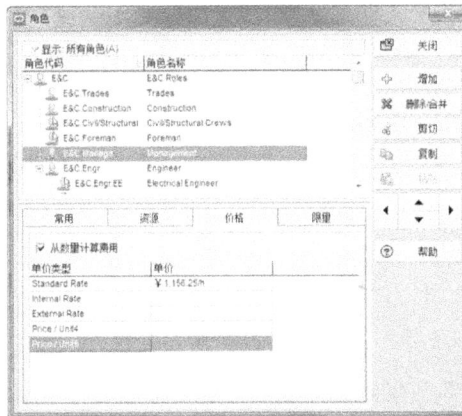

- **价格**和**限量**标签的数据栏位可点击栏位标题进行排序。
- 当项目创建时需选择项目的默认单价，可在**项目窗口**，**资源**标签页的**分配默认值**区域修改。

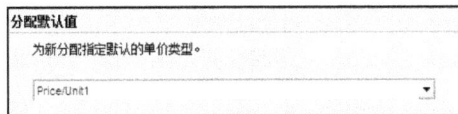

不同的客户可能要求不同的单价，比如内部项目单价及外部客户的不同类型的单价。

> *i* 当一个公司有很多客户时，五个资源和角色单价可能会不够用。有一些选项包括为每个项目创建一系列新的资源，或一个新的数据库，抑或不选择连接费用和数量的选项并为每个资源单独输入一个值。

18.3 在资源窗口创建资源

如需创建、编辑或删除资源，打开**资源窗口**：

- 选择**企业(N)**，**资源(R)...**，或
- 点击**企业**工具栏的图标。

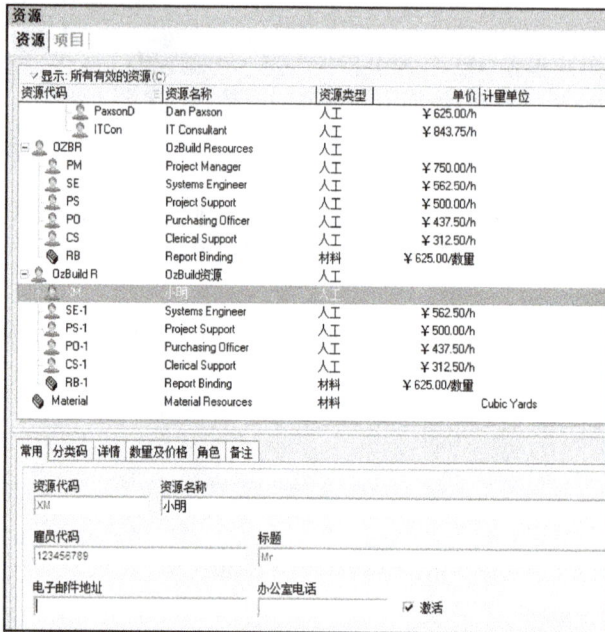

- 在**资源窗口**：
  - 表明没有分配至一个打开项目的**资源**，
  - 表明分配至一个打开项目的**资源**。
  - 和表明一个未分配和已分配的**非人工资源**，
  - 和表明一个未分配和已分配的**材料资源**。

18.3.1 资源分解结构 - RBS

资源可用与创建 WBS 类似的方式以层级形式增加和组织。

上图的 OzBuild 资源列于一个高级别的名为 **OzBuild 资源**的节点之下，Primavera 系统称这个结构为一个**资源分解结构**（**Resource Breakdown Structure**）或 **RBS**。

18.3.2 调整资源窗口格式

　　显示：所有有效的资源(C)下的菜单有很多余其他窗口类似的功能：

- **详情(D)**显示或隐藏底部窗格的**详情**窗口。

- **图标视图(V)**以图表形式显示资源。如需使用这个格式，**分组和排序条件(G)**必须设置为**默认(Y)**或在**自定义(C)**...选项中以资源进行分组。

- **栏位(L)**、**表格字体和行(N)**...、**过滤依据(F)**及**分组和排序条件(G)**选项与**作业窗口**格式的调整方式类似。点击菜单观察每个的可用选项是什么。

- 当**资源**以层级形式组织时，**全部展开(E)**和**全部折叠(C)**选项的工作方式与其他窗口类似，会展开和卷起资源。

18.3.3 增加资源

　　新的资源的增加和删除方式与**作业窗口**的作业增加方式类似。使用 **Insert** 键，点右键选择**增加(A)**或使用**编辑**工具栏的增加图标。

18.3.4 常用标签页

　　这个标签页的项目都通俗易懂：

- **资源代码**必须在数据库内唯一，**资源名称**必须输入，

- **雇员代码，电子邮件地址，标题**（此处软件的翻译不准确，应为称呼）和办公室电话为可选项，

- 当**激活**框未选时，资源即未激活表明资源不可用。当分配资源至作业时，有过滤器可仅显示激活的资源。

18.3.5 分类码标签页

　　资源分类码可分配给资源，允许额外的项目在**资源使用剖析表**和**资源窗口**排序和报告。

- **资源分类码**可在**资源分类码**小窗口定义，选择**企业(N)，资源分类码(S)**...打开并点击　修改　图标。

- 独立的**资源分类码值**可选择**企业(N)，资源分类码(S)**...，在**资源分类码**小窗口添加至**资源分类码**。

- 资源分类码接着可在视图中选择用来分组和排序资源。

18.3.6 详情标签页

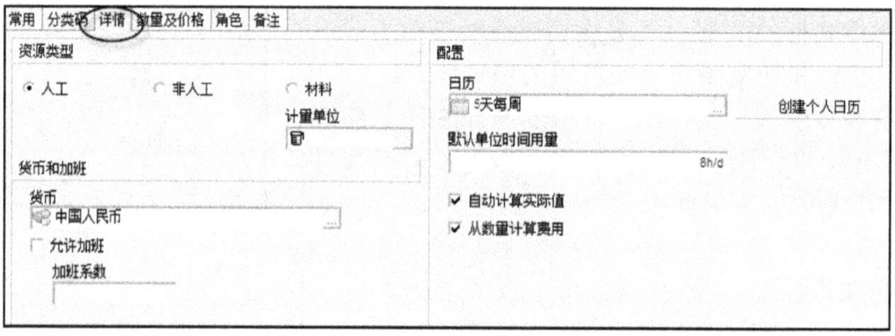

资源类型

资源有三种类型:

- **人工**,用于人员
- **非人工**,用于项目工作所需的设备
- **材料**,用于材料/物资。

材料资源

可平衡并与其他资源有以下的不同点:

- 它们可被分配一个**计量单位**,可在**管理员(A)**, **管理类别(C)...**,**计量单位(U)**标签页创建。这个不可用于人工和非人工资源。

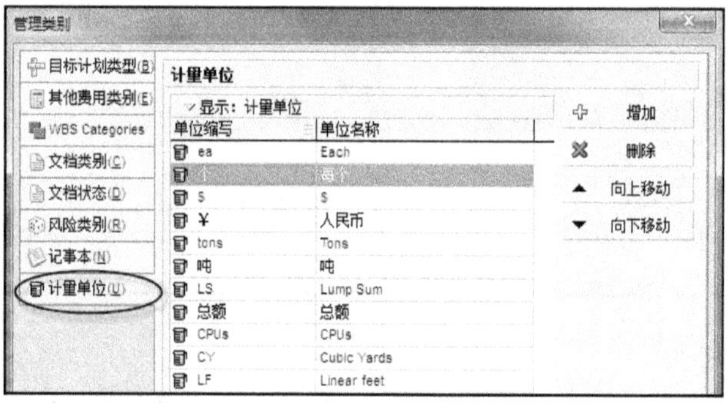

- 它们不能被分配一个角色。
- 它们不能记录加班。

    材料资源不在**作业窗口**显示数量,这与其他产品比如 P3、SureTrak 和 Asta Powerproject 不同。这些值可在其他视图显示比如**资源分配窗口**和报表中。

货币

资源可能与另外的**货币**相关，这不会影响资源数量单价费用的输入方式，但是会提供更多用于排序和报表的标签机制。费用以默认货币形式保存但是可使用所选货币的汇率显示为所选货币值。

加班

当**允许加班**项选择时，**人工资源**允许在 **Primavera 工时单**系统记录**加班**，得于**数量单价**的费用乘以**加班系数**。

日历

这里资源被分配一个**全局**或**共享资源日历**。

- **共享资源日历**可创建并分配至多于一个资源，这个主题在本章的下一部分会详细讲述。

- 点击 創建个人日历 图标为这个资源创建一个**个人日历**。

  注释：这个日历用于显示资源限量，与分配至作业的日历无关。

默认单位时间用量

默认单位时间用量为资源在第一次分配至作业时所取的值，与 Microsoft Project 类似，**单位时间周期用量**可显示为**百分比**或**单位时间**。

- 选择**编辑(E)**，**用户设置(R)**，**时间单位(U)**标签页，并从**单位时间数量格式**部分选择以哪种方式显示：

单位时间数量格式		默认单位时间用量
资源单位时间数量可以显示为百分比或单位时间数量		100%
⊙ 显示为百分比 (50%)		默认单位时间用量
⦿ 显示为单位时间数量 (4h/d)		8h/d

比如说：你有一个 12 辆卡车的车队，一般你分配每个装填器四辆卡车。这时你就可以分配**默认单位时间用量**为 400%，或 4d/，或 32h/d 前提为卡车每天工作 8 个小时。

资源和作业自动计算实际值

当资源的**自动计算实际值**选项不选时，这个资源的工作可从 Primavera 工时单系统读取或手动输入。

但当选择**作业自动计算实际值**选项时，这会使所有作业资源分配都变为**自动实际值**，无论资源窗口的设定是什么。

当用户使用**本期进度更新**功能且作业或资源设置为**自动计算实际值**时，Primavera 基于尚需工期和实际数量计算尚需数量，通过从预算数量减掉尚需数量得出。尚需数量有好几种更新方法，会在下章讨论。

Primavera 有好几个地方都显示资源**自动计算实际值**的项：

- 对每个资源，在**资源窗口**，**详情**标签页；
- 当显示时，在**资源窗口**的栏位中，及
- 对每个分配至作业的资源，在**作业窗口**底部窗口的**资源**标签页显示。

这个选项**仅**能在**资源窗口**对一个资源开启和关闭，如果在**资源窗口**修改，这会影响这个资源所属的所有项目的所有资源分配。

作业自动计算实际值项可在**作业窗口**显示为一个栏位。

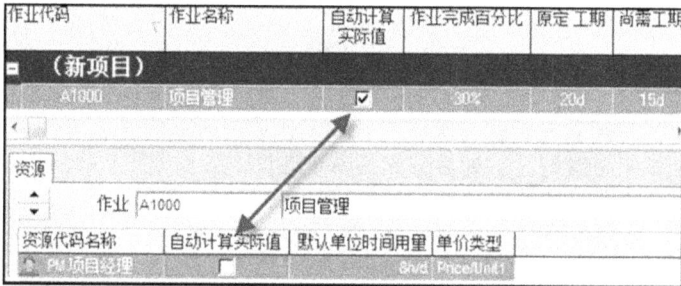

从数量计算费用

当选择这个选项时，资源的费用当分配至作业时从**资源单位时间用量**计算；当不选时，当资源分配至作业时费用为零。这在 P6 早期版本中称为 **Cost Units Linked**。

当资源已被分配至作业时，在**作业窗口**的**资源**标签页就会有一个名为**从数量计算费用**的资源分配项可用。选择这个选项用于匹配**资源窗口**的**从数量计算费用**项。

作业窗口名为**从数量计算费用**项与**资源窗口**的**从数量计算费用**项不相关，仅在资源分配至作业时采用这个设置。

下图显示了不选择**从数量计算费用**项时的资源；因此，费用不从**资源数量单价**计算得出。

18.3.7 数量及价格标签页

生效日期及单价

每个资源可最多拥有五个单价（价格/数量 – Price/Unit），这些单价可随时间变动。

- **生效日期**代表某个时间点的单价的修改或可用性。
- 如需显示其他单价，它们的栏位应在**数量及价格**标签页显示。
- 名为**单价**到**单价 5** 的栏位可在**管理员(A)**， 管理设置(P)...，**单价类型(A)**标签页编辑它们的说明。这些标题与角色共享。
- 当增加一个单价时，生效日期为从单价应用的日期开始。

班次

资源班次与平衡同时使用，除非使用它们否则不要分配。**资源班次**在**资源最优化**章节介绍。

- 选择**企业(N)**，**资源班次(E)...**，可在**资源班次**小窗口创建**资源班次**，
- 一个资源工作的**资源班次**和班次数量在**数量及价格**标签页，**班次日历：**分配。

18.3.8 角色标签页

- 在这个标签页下，一个资源可分配超过一个角色，及角色的**技能等级**
- 当分配多个角色时，有一个会分配为**主要角色**。

角色代码	角色名称	技能等级	主要角色
Oz.BM	投标经理	3 - 熟练	☑
Oz.SC	进度人员	4 - 精通	☐

18.3.9 备注标签页

可在此添加记事但是不可用记事本主题。

18.4 自测题 15 – 增加资源至数据库

背景

这个自测题仅会使用资源且这些必须增加至数据库。

我们已经更新了我们的当前项目，但是我们需要一个没有更新的项目用于下面的分配资源的作业。因此，我们将不得不恢复更新当前进度之前保存的目标计划进度，以用来为这个练习提供一个未进展的进度。

注释：如果你与其他人共同使用这个数据库完成这个自测题，那么每人的资源代码都必须独一无二，比如你可以再每个资源的末尾加上你的缩写。培训课程指导或数据管理员需在这里提醒。

任务

1. 选择**项目(P)，分配目标计划...**并通过设定目标计划为**<当前项目>**移除所有的项目目标计划。

2. **注释：**目标计划栏将显示计划日期，所以应被移除。

3. 使用**项目(P)，维护目标计划...**恢复项目。

4. 前往**项目窗口**可见已恢复的目标计划文件。

5. 重命名已恢复的目标计划项目为**设施扩建投标 – 有资源进度**并修改项目代码为**OZB-R**。
    注释：用户共享一个数据库将需要使用独特的项目代码。

6. 打开已恢复的项目。

7. 打开**用户设置**小窗口，按下图设置**计算**和**时间单位**标签页。

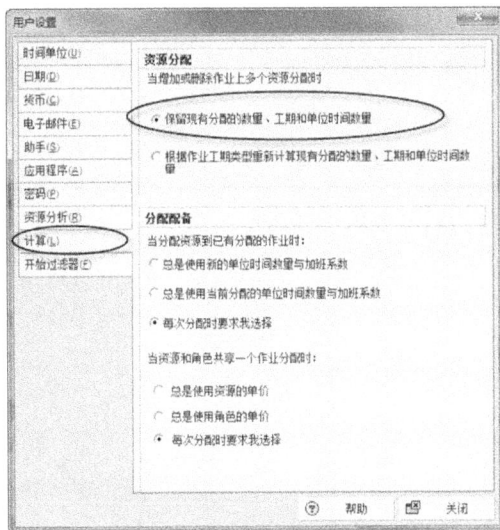

见下页...

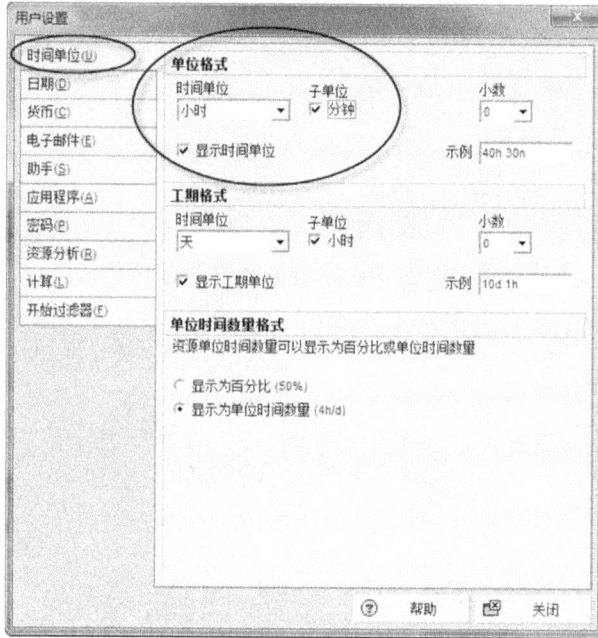

8. 现在打开**资源窗**口。

9. 如果没有显示任何资源，那么从**显示**：菜单选择所有资源：

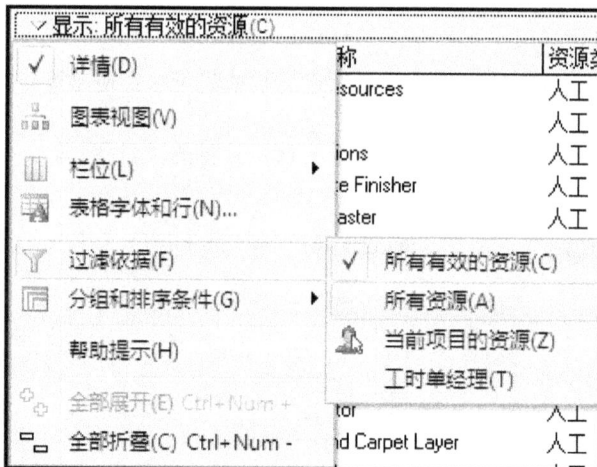

10. 按下图调整**资源窗**口的栏位格式。

11. 按下图所示增加资源：

> 如果**新资源向导**显示了，关闭它因为手动输入资源更快。

> **计量单位**可能在你的数据库中不可用，你可在**管理员(A)**， **管理类别(C)**...中添加或不分配。

> **单价**必须在底部窗格输入。

注释：如果你与他人共用一个数据库完成本自测题，那么每人的资源代码都必须独一无二，可在每个资源代码某位添加你自己的缩写。

资源代码	资源名称	资源类型	单价	计量单位
OBR	OzBuild资源	人工	¥ 0.00/h	
PM	项目经理	人工	¥ 120.00/h	
SE	系统工程师	人工	¥ 90.00/h	
PS	项目支持	人工	¥ 80.00/h	
PO	采购主管	人工	¥ 70.00/h	
CS	文书支持	人工	¥ 50.00/h	
RB	报表装订	材料	¥ 100.00/数量	

12. 你可能需要使用**移动**工具栏的箭头移动资源至正确的缩进位置：

13. 设置所有资源的**默认单位时间用量**为 8 小时每天。

14. 为所有资源选择一个全局 **5** 天工作日的日历，每天 8 小时，你的可能称之为标准 5 天/周或类似的名称。

15. 选择每个资源的**从数量计算费用**及**自动计算实际值**选项。

16. 确认**数量及价格**标签下资源的**生效日期**设置为 2015 年 12 月 7 日或更早，否则在资源最优化自测题平衡资源时，资源就会被推迟并晚于这个日期。

19 分配角色、资源和其他费用

在规划阶段，会分配**角色**至作业以了解长期的资源需求，之后它们会在知道谁会干什么工作的时候被**资源**替代。如果你不使用命名的资源，那么你也不应当考虑使用角色，因为资源比角色拥有更多的功能。资源可分配：

- 直接至一个作业，或
- 至分配到作业的角色。

资源有三种类型，**人工，非人工**和**材料**，如上一章所讨论的。人工资源有额外的功能包括加班、资源日历、班次和用户定义的自动计算费用的方式。人工和非人工资源与 Microsoft Project 的 **Work Resources**，**材料**资源与 Microsoft Project 的 **Material Resources** 类似，但是并不会在**作业窗口**的栏位显示数量。

Primavera 还有一个名为**其他费用**的功能，可在没有资源时分配费用至作业，可分配一个工程量且默认为一。这个功能与 Microsoft Project 的 **Cost Resource** 功能类似。随着项目的进行，实际和完成时的数量和花费可与同资源一样的方式分配至花费，花费数量可能在**作业窗口**的栏位不显示数量，可能不会分配资源曲线，但是也许会在作业开始前分配花费；在作业完成时会有尚需花费，且可被分配至里程碑。

这一章将覆盖以下主题：

- 理解资源计算和术语
- 项目和作业窗口的资源和角色设置
- 详情状态小窗口
- 作业类型和工期类型
- 分配和移除角色及分配资源
- 资源和作业工期计算和资源延时
- 费用
- 分配资源的建议设置

主题	菜单命令
- 设置**单位时间数量格式**和**资源分配**	选择**编辑(E)，用户设置(R)**打开**用户设置**小窗口并选择**时间单位(U)**标签页和**计算(L)**标签页。
- 设置**默认工期类型**和**默认作业类型**	在**项目窗口**的**默认**标签页设置这些默认项。
- 分配一个**角色**至一个作业	选择作业详情小窗口的资源标签页，并点击分配工具栏的 图标已打开分配角色小窗口。
- 分配一个**资源**至一个已分配至作业的**角色**。	从**资源详情**标签页选择要分配资源的角色并点击**分配**工具栏的 图标以打开**按角色分配资源**小窗口。
- 分配一个**资源**至一个没有**角色**的作业	选择要被分配资源的作业并点击**分配**工具栏的 图标已打开**分配资源**小窗口。

19.1 *理解资源计算和术语*

资源在被分配至一个作业后有三个主要的组成部分：

- **工程量**（**Quantity**），意为完成作业所需**工作**的小时或天或**材料**工程量，在 Primavera 中称之为**数量**（**Units**）。

- **资源数量单价**在 Primavera 中称为**单价**，及

- **花费**，从**资源数量单价** x **数量**计算得出。

每个资源和费用的**花费**和**数量**都有同样四个项，即**预算**，**尚需**，**实际**和**完成时**。这些项之间关系的改变由作业是否未开始、进行中或已完成来决定。

- 当一个作业还没有开始且完成百分比为零时，那么；

  > **预算**通常与**尚需**和**完成时**相连，因此改变一项也会同时改变另外两项，所以它们永远相等，且

  > **实际**将会零。

- 当作业被标记为已开始，一般也是在进行中且完成百分比在 0.1% 到 99.9% 之间时，那么：

  > **预算**不与**尚需**及**完成时**相连，因此允许进行及**完成时**值与**预算**值（当前的进度），或一个**目标计划预算**值，抑或一个**目标计划完成时**值相比较，且

  > **完成时** = **实际** + **尚需**并与**完成百分比**相连，改变一个值将会改变其他的值。

- 当作业已经完成且完成百分比为 100% 时，那么：

  > **尚需**被设定为零，且

  > **完成时** = **实际**。

花费和数量的预算值与完成时值相连，直到：

- 作业被标记为已开始或有一个完成百分比，或

- **项目窗口计算**标签页的**对于未实际开始的作业，连接 预算 和完成时值**取消选择，见下图：

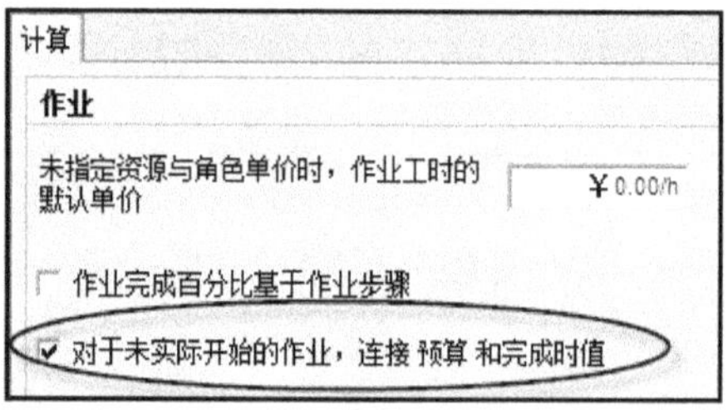

在 P3 中，当一个项目已被批准且在维持预算基础上需要重新估价时，通常不连接**预算和完成时**。

P6 中的这个功能对未开始的作业来说，也会不相连**完成时工期**与**原定工期**，这增加了应被避免的另一个复杂问题。

当前完成时花费通常与目标计划项目预算或目标计划项目完成时值进行比较。因此当前进度的预算值实际上很多余且最好不显示。

19.2 *项目窗口资源设置*

作业窗口的设置决定了每个独立作业和资源是如何计算的，这会在下一部分介绍。

影响一个项目中所有资源如何计算的设置和默认（可对每个资源分配修改）可在**项目窗口**设定且适用于所有作业和资源。

19.2.1 资源标签页

P6 专业版**项目窗口**的**资源**标签页移除了 Progress Reporter（进展报表）（在 6.2 及早期版本中称之为工时单）。

分配默认值

- Primavera 中有五种资源单价，一个可被设定为项目默认值。在分配至一个作业后，可使用**作业窗口**的**资源**标签页的**单价类型**项修改资源单价。

作业日期受资源驱控

- 这在下部分会详细介绍。

资源分配

- 选择**资源可以多次分配给同一作业**可使一个资源多次分配至一个作业。当需要在一个作业的初期分配一个资源，且在末期分配一个带延时的资源时，这个功能是很有用的。

  比如说，有人可能想在作业的第一天分配一个起重机来协助安装而也会在最后一天分配一个以协助拆解。这个选项在需要分配一个资源两次至一个作业时需要被选择。

19.2.2 理解资源选项以驱控作业日期

一个资源有以下相连的项，对**原定延时**或**原定工期**的修改将会改变一个或两个日期：

- **原定延时**。从作业开始日期至资源开始日期的工期，即资源开始工作的日期。
- **原定工期**。一个资源工作的工期。
- **开始**。资源开始日期 = 作业开始日期 + 资源原定延时。
- **完成**。这个日期由作业开始日期 + 原定延时 + 原定工期得到。

当**驱控作业日期**选项不选时，可在作业工期之外计算一个资源。在下面的例子中，作业都为 5 天长，分配至每个作业的资源都要工作 10 天，这就导致了资源超过负荷。资源认可作业开始日期但不认可完成日期。

现在每个作业的**驱控作业日期**选项都被选择，作业现在 10 天长且资源没有超过负荷。

⚠️ 建议**作业日期受资源驱控**选项一直都选择，这样资源会被分配为**驱控作业日期**可保证所有的工作都被包括在一个作业的工期内。

作业日历控制着作业开始，因此当作业为独立式作业时，设定一个允许资源在需要开始时可以开始工作的作业日历是十分重要的。所以如果有一个在早上 4:00 am 开始的早班的话，作业日历也应在 4:00 am 开始甚至更早。

当进度有复杂的资源日历时，可以考虑把所有的独立式作业设定使用 24x7 的日历，那么所有的资源工作都会由资源日历控制了。

19.2.3 计算标签页

项目窗口的**计算**标签页：

计算	
作业	**资源分配**
未指定资源与角色单价时，作业工时的默认单价　　¥ 50.00/h	更新实际数量或费用时
	○ 尚需 + 实际
☐ 作业完成百分比基于作业步骤	⊙ 完成时 - 实际
☑ 对于未实际开始的作业，连接 预算 和完成时值	☑ 工期完成百分比更新后，重新计算实际数量和费用
○ 重新设定 原定 工期和数量等于尚需值	☐ 分配资源的费用发生变化时，则更新数量
⊙ 重新设定尚需工期和数量等于 原定 值	☑ 关联累计实际和本期实际的数量和费用

作业 – 未指定资源与角色单价时，作业工时的默认单价

这个单价也用于当一个作业没有分配角色或资源但在**作业窗口**的**状态**标签页分配了一个工程量时，计算资源花费。

这个标签页的其他功能影响有资源作业的更新，这将在**更新一个有资源的进度**章节讲到。

19.3 用于分配资源的用户设置

选择**编辑(E)**, **用户设置(R)**打开**用户设置**小窗口:

19.3.1 单位时间数量格式

选择**时间单位(U)**标签页,**单位时间数量格式**可调整 Microsoft Project 类型的**单位时间资源格式**以显示资源利用率为百分比或单位时间数量。

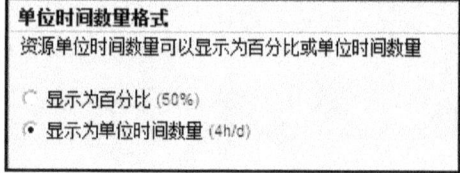

> **单位时间数量格式**
> 资源单位时间数量可以显示为百分比或单位时间数量
>
> ○ 显示为百分比 (50%)
> ● 显示为单位时间数量 (4h/d)

19.3.2 资源分配

计算(L)标签页有两个**资源分配**的选项:

> **资源分配**
> 当增加或删除作业上多个资源分配时
>
> ● 保留现有分配的数量、工期和单位时间数量
> ○ 根据作业工期类型重新计算现有分配的数量、工期和单位时间数量

- **保留现有分配的数量、工期和单位时间数量**。使用这个选项时,随着资源的增加或删除,分配至一个作业的小时总数也会增加或减少。每个资源的小时数都会独立计算。

- **根据作业工期类型重新计算现有分配的数量、工期和单位时间数量**。当作业的第二个和随后的资源增加或移除时,作业分配的总小时数不会变化。

  注释:这个功能在作业类型设定为**固定工期和单位时间用量**时不能使用。

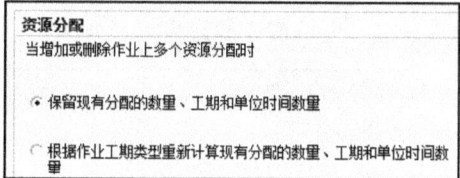

i　**根据作业工期类型重新计算现有分配的数量、工期和单位时间数量**与 Microsoft Project 的设定作业为 Effort Driven 类似;**保留现有分配的数量、工期和单位时间数量**与 Microsoft Project 的 Non Effort Driven 一样。

P3 和 SureTrak 没有类似功能。作者建议使用**保留现有分配的数量、工期和单位时间数量**为默认设定,因为每个独立的资源分配不会随着资源从作业的添加或移除而改变。

19.3.3 分配配备

分配配备选项都很好理解,当资源和角色有不同单价时需要仔细考虑。如果不明白且没有正确设置,资源可能最后在分配至一个角色或已有资源时会有不正确的数量单价。

当两个用户有不同设定时,这可能导致一个进度的同一个资源有两个不同的单价。

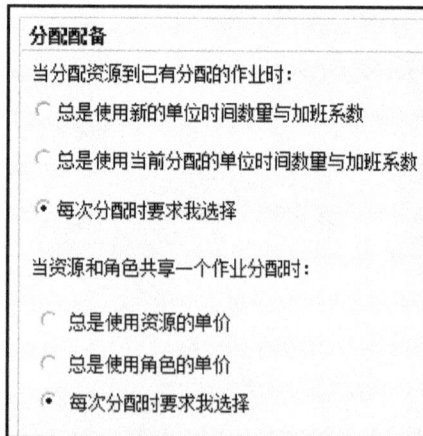

> **分配配备**
>
> 当分配资源到已有分配的作业时:
> ○ 总是使用新的单位时间数量与加班系数
> ○ 总是使用当前分配的单位时间数量与加班系数
> ● 每次分配时要求我选择
>
> 当资源和角色共享一个作业分配时:
> ○ 总是使用资源的单价
> ○ 总是使用角色的单价
> ● 每次分配时要求我选择

19.4 *作业窗口的资源设置和默认值*

19.4.1 详情状态小窗口

这个小窗口的右侧有一个名为**工时数**的部分，如下图所示。这个下拉菜单可使你选择这里显示的数据是什么。

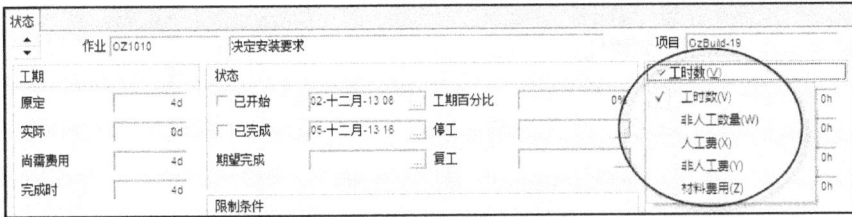

这个窗口的输入项与分配至资源的值之间相连：

* 这个窗口的值为分配至资源和角色的值的总和。
* 当编辑这些值时，它们将改变分配至资源和角色的值。

注释：你可以在**状态**标签页输入一个**工时数**而不分配资源，当分配资源时，这个资源将会采用**状态**标签页的这个值。此单价在**项目窗口**的**计算**标签页，**作业标签 – 未指定资源与角色单价时，作业工时的默认单价**设定。

19.4.2 作业类型

在**作业窗口**的**常用**标签页下可分配五种**作业类型**：

作业类型	注释
任务作业	分配为任务作业的作业在计算进度时认可它们的**作业日历**，完成日期从作业日历计算得出。
独立式作业	分配为独立式作业的作业在计算进度时认可**资源日历**。这与 P3 和 SureTrak 的独立式作业类型类似，即资源独立工作且不需要在同一时间可用。 作业完成日期的计算在资源分配的**驱控作业日期**选项选择时，会基于最长的资源工期。 ⚠ **注释**：作业开始日期使用作业日历计算，而不是资源日历，当资源日历比作业日历的工作小时数长时将有可能推迟一个作业的开始。

作业类型	注释
配合作业（LOE）	这种作业类型会跨越其他作业，因此开始日期、完成日期及工期可能会随着作业的开始或完成日期由于计算进度或更新过程中的改变而改变。LOE 作业类型与 P3 和 SureTrak 的 Hammock 类似，但是有更多可以控制开始和完成日期的逻辑关系；Microsoft Project 没有类似的功能。 这一类型的作业忽略显示的浮时计算且不创建关键路径。 以下逻辑关系可以控制开始日期： • 完成到开始紧前作业 • 开始到开始紧前作业 • 开始到完成后续作业 • 开始到开始后续作业 完成关系可被下列逻辑关系控制： • 完成到完成紧前作业 • 开始到完成紧前作业 • 完成到开始后续作业 • 完成到完成后续作业 分配至一个配合作业的资源在进度**资源平衡**时将不在计算中考虑。 配合作业不能被分配**限制条件**。 当创建一个 **LOE** 作业而栏未显示时，检查**栏**小窗口以确认创建了一个 LOE 栏且设定为显示。
开始里程碑	此作业类型用于表明项目的一个阶段、时段或重大事件的开始。 • 它仅有一个开始日期，没有工时或完成日期。 • 它可仅有分配**开始限制条件**。 • 它可能没有分配时间依存型资源但可能会有： ➢ 从用户列表分配一个**所属者**，表明谁对此作业负责。"所属者"为 Primavera 6.0 版本的新作业项，可使一个**非**资源用户分配负责一个作业。 ➢ **作业窗口**、**常用**标签页分配**主要资源**可更新里程碑，但不会分配或记录花费的精力。

作业类型	注释
完成里程碑	此作业类型用于表明项目的一个阶段、时段或重大事件的完成。 • 它仅有一个完成日期，没有工时或开始日期 • 它可仅有分配**完成限制条件**。 • 它可能没有分配时间依存型资源但可能会有： ➢ 从用户列表分配一个**所属者**，表明谁对此作业负责。"所属者"为 Primavera 6.0 版本的新作业项，可使一个**非资源用户**分配负责一个作业 ➢ **作业窗口**、**常用**标签页分配的**主要资源**可更新里程碑，但不会分配或记录花费的精力。
WBS 作业	Primavera 5.0 版新的 **WBS 作业**为一个跨越所有作业工期的作业，分配完全一样的 WBS 节点；与配合作业不同的是，它并没有任何紧前作业或后续作业。 因此，当跨越作业的最早开始或最晚完成其中一个改变时，WBS 作业的工期也会改变。这在项目进行中且作业没有达到原定进度日期的要求时可能会发生，或当一个作业的工期改变时，抑或在逻辑改变时，进度平衡资源时都有可能发生。 这个功能计算 WBS 作业工期的方式与 P3 或 SureTrak 计算 WBS 作业或 SureTrak 的 Topic activities 一样；与 Microsoft Project 计算汇总作业工期的方法类似，只是不需要像在 Microsoft Project 中降级作业到详细的作业下。 WBS 作业可用于： • 过滤 WBS 作业以在汇总级别报告， • 在汇总级别输入预计花费，可在使用详细作业计算 WBS 的总工期时做出现金流表，及对项目的日常管理，以及 • 当在作业级别做记录不可取或不实际时，可在汇总级别记录花费和小时数，尤其当详细作业很容易变化时。 作业如何分组不会影响，因为它们总是会跨越拥有同一个 WBS 分类码的作业。

19.4.3 工期类型

工期类型在一个资源被分配至一个作业后变为有效。

所有新作业的**工期**类型可在**项目窗口**的**默认**标签页设置且所有新作业都会被分配此工期类型。

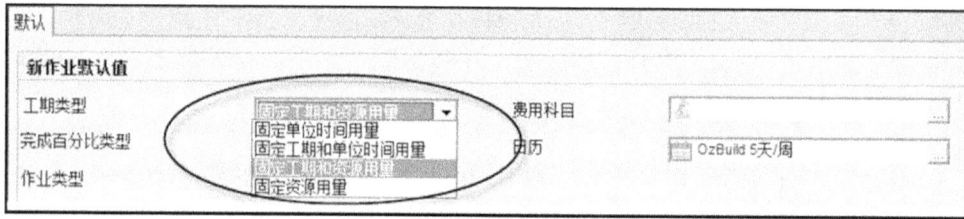

每个新作业的**工期类型**可在**作业窗口**的**常用**标签页进行修改，或通过显示**工期类型**栏位进行修改：

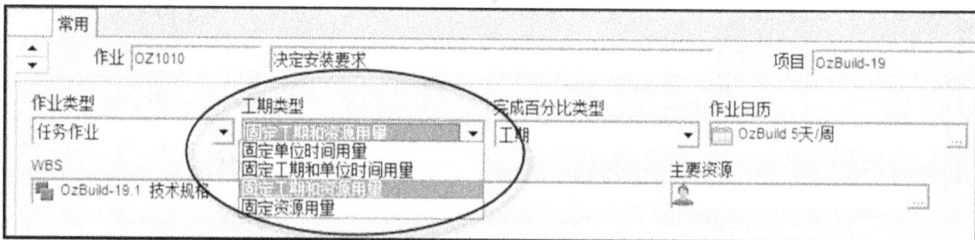

工期类型决定了当等式中的其它其中一项改变时，下列哪一个变量会改变：

- 资源用量 = 每时间周期的资源用量 x 工期

比如说：一个有 2 个人每天工作 8 小时的 40 小时的作业将花 20 个小时或 2.5 天：

- 40 小时的工作 = 每小时 2 个人 x 20 个小时

当作业进行中时，这个等于可改为：

- 尚需资源用量 = 每时间周期的资源用量 x 尚需工期

Primavera 有四个工期类型的选项，Microsoft Project 有三个，P3 和 SureTrak 有两个（这更好理解）。

Primavera 所用的术语，解释软件对待工期、资源用量和单位时间周期资源用量之间逻辑关系的方法与 Microsoft Project、P3 和 SureTrak 不同。Primavera 比其他产品的选项要多，这样有更多的灵活性。下表应该可使这些选项变得清晰易懂。

工期类型的用途

工期类型	用途
• 固定工期和资源用量	**选项 1** 这个选项用于，当资源被增加或移除，或是单位时间用量改变时，一个作业的工期不应该变化。 比如说：当完成一个作业的时间为固定，需要调整资源直到在不改变作业工期的前提下建立一个满意的资源负载。 **选项 2** 工期的改变将会改变单位时间用量；不过资源用量将不变。 如果一人被分配至一个作业每天工作 8 个小时且作业的工期翻倍，那么将有一个人在此作业上每天工作 4 小时，并且作业将需要同样的资源小时数才能完成。 **重点**：完成时预计（Estimate at Completion – EAC）**将不会**在作业工期改变时发生变化且资源数量**将会**改变。
• 固定工期和单位时间用量	这种**工期类型**会使用户设置(R)，**计算(L)**标签页的**根据作业工期类型重新计算现有分配的数量、工期和单位时间数量**这个选项失效。 **选项 1** 此选项用于，当资源被增加或移除，或是单位时间用量改变时，一个作业的工期不应该变化。 比如说：当完成一个作业的时间为固定，需要调整资源直到在不改变作业工期的前提下建立一个满意的资源负载。 **选项 2** 工期的改变将会改变资源用量；不过单位时间用量会保持不变。 比如说：当有两个人被分配至一个作业且此作业的工期延长时，将仍会有两个人在工作，只是会工作更长的时间。 **重点**：完成时预计**将会**在作业工期改变时发生变化且资源数量**将不会**改变
• 固定资源用量	此选项用于当完成一个作业所需的工作量一定的情况。 比如说：如果需要砌 8000 块砖，砌砖工每小时可以砌 100 块砖，那么工作量为一个砌砖工干 80 个小时，2 砌砖工干 40 个小时及 4 个砌砖工干 20 个小时。对工期或单位时间用量的修改将不会改变完成此作业所需的小时数。
• 固定单位时间用量	这个选项在不考虑作业工期时，完成一个作业所需的人数一样的情况使用。 比如说：如果一个机器需要两个人操作，那么分配至此作业的资源就为 200%，修改资源用量或工期的其中任意一个将不会改变单位时间用量，因而总会有两个人在操作机器。

如果资源的单位周期数量或尚需用量改变，**固定资源用量和固定单位时间用量**作业的工期将会改变。作者建议使用：

- 当完成时预计必须不能变化时使用**固定工期和资源用量**，
- 当人员数量必须保持不变时使用**固定工期和单位时间用量**。

下表显示了当一个变量改变时，四个选项各自的逻辑关系的变化，且

- **用户设置(R)**，计算**(L)**标签页的**保留现有分配的数量、工期和单位时间数量**在这里被选择使用：

工期类型	状态栏的工时数变化	作业工期的变化	资源数量的变化	单位时间周期数量的变化	增加或移除资源
固定单位时间用量	工期改变	资源用量改变	工期改变	工期改变	作业数量改变，资源数量不变，工期不变
固定工期和单位时间用量	单位时间用量改变	资源用量改变	单位时间用量改变	资源用量改变	作业数量改变，资源数量不变，工期不变
固定资源用量	工期改变	单位时间用量改变	工期改变	工期改变	作业数量改变，资源数量不变，工期不变
固定工期和资源用量	单位时间用量改变	单位时间用量改变	单位时间用量改变	资源用量改变	作业数量改变，资源数量不变，工期不变

下表显示了当一个变量改变时，四个选项各自的逻辑关系的变化，且

- **用户设置(R)**，计算**(L)**标签页的**根据作业工期类型重新计算现有分配的数量、工期和单位时间数量**在这里被选择使用：

工期类型	状态栏的工时数变化	作业工期的变化	资源数量的变化	单位时间周期数量的变化	增加或移除资源
固定单位时间用量	工期改变	资源用量改变	工期改变	工期改变	**作业数量不变，资源数量改变，工期改变**
固定工期和单位时间用量	单位时间用量改变	资源用量改变	单位时间用量改变	资源用量改变	作业数量改变，资源数量不变，工期不变
固定资源用量	工期改变	单位时间用量改变	工期改变	工期改变	**作业数量不变，资源数量改变，工期改变**
固定工期和资源用量	单位时间用量改变	单位时间用量改变	单位时间用量改变	资源用量改变	**作业数量不变，资源数量改变**，工期不变

- 表中右边栏位的粗体部分表明了与上表的不同。

- **用户设置(R)**，计算**(L)**标签页的**保留现有分配的数量、工期和单位时间数量**在**工期类型**选为**固定资源用量**时将不能保持作业数量不变。

19.5 *分配和移除角色*

如需分配一个角色至作业：

- 选择一个或多个要分配角色的作业，

- 选择**作业详情**小窗口的**资源**标签页，

- 点击**分配**工具栏的 图标打开**分配角色**小窗口，

- 使用**显示：过滤依据(F)**菜单选择任一：

  - ➢ **所有角色(A)**，显示数据库中的所有角色，

  - ➢ **当前项目的角色(C)**。此选项仅显示分配到这个项目的角色，或

  - ➢ **自定义(Z)**...，可打开一个**过滤器**小窗口，使用户通过创建一个过滤器限制显示的角色数量。

- 使用 **Ctrl** – 点击功能选择一个或多个角色分配至一个作业，

- 接着分配一个角色：

  - ➢ 点击 图标，或

  - ➢ 双击其中一个角色。

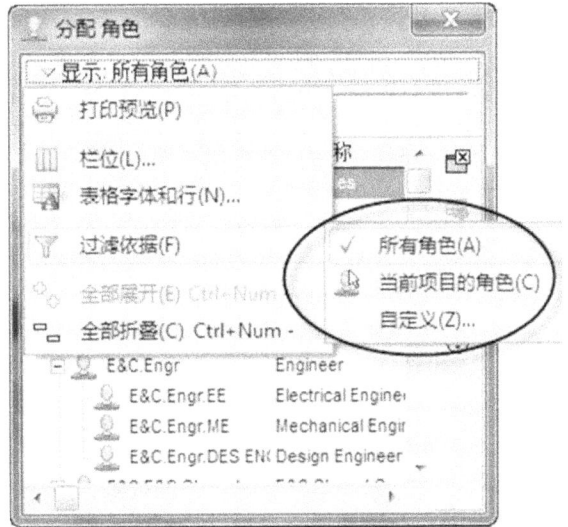

如需显示下图，你可能需要调整**资源详情**小窗口的栏位格式。

在这时，可根据需要编辑角色的小时数和花费。

如需移除一个角色：

- 选择此角色，并

- 点击 删除 图标。

19.6 *分配和移除资源*

　　资源可直接分配至:

- 已分配了角色的一个作业,或
- 没有角色的一个作业。

19.6.1 分配资源至已分配的角色

　　如需分配资源至一个已分配到作业的角色:

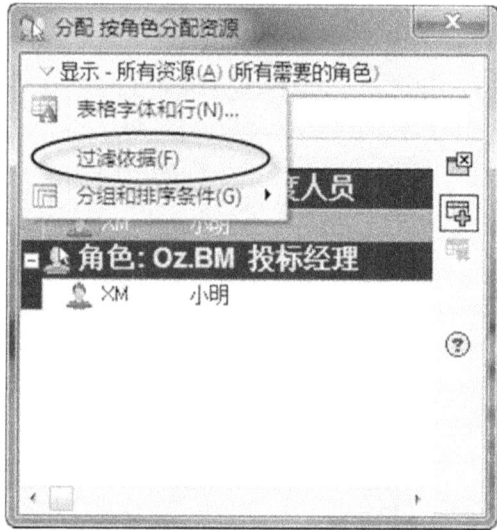

- 选择如要分配资源的作业,
- 从**资源详情**标签页选择要分配资源的角色,
- 点击**分配**工具栏的图标打开**按角色分配资源**小窗口,
- 点击**显示:**菜单并选择**过滤依据(F)**打开**过滤器**小窗口,
  - ➢ **所有需要的角色**:选择查看所有分配至作业的角色。
  - ➢ **已配备资源的角色**:显示分配了资源的角色。
  - ➢ **需要的未配备资源的角色**:显示没有分配资源的角色。
  - ➢ **具有要求技能等级的未配备资源的角色**:显示没有分配资源的角色且需要资源有特定的技能等级。

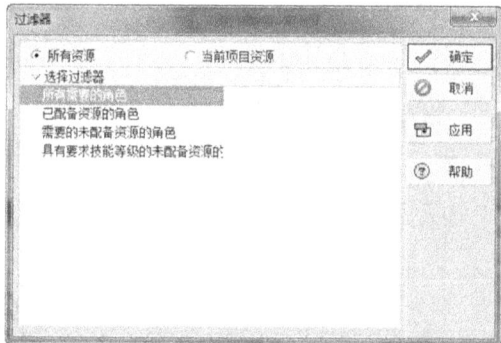

- 从**过滤器**小窗口选择你希望显示在**分配角色**窗口的资源,
- 点击 应用 返回**按角色分配资源**小窗口,
- 在**按角色分配资源**小窗口点击你希望分配的资源,
- 分配资源:
  - ➢ 双击此资源,或
  - ➢ 点击图标。

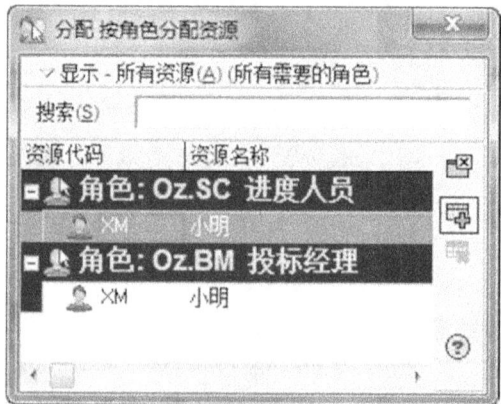

19.6.2 分配资源至没有角色的作业

如需分配资源至一个作业：

- 选择需分配资源的作业，

- 从**分配**工具栏点击 图标打开**分配资源**小窗口，

- 点击**显示：**菜单并选择**过滤依据(F)**，接着从这三个选项中选择你希望在**分配资源**小窗口显示的资源，

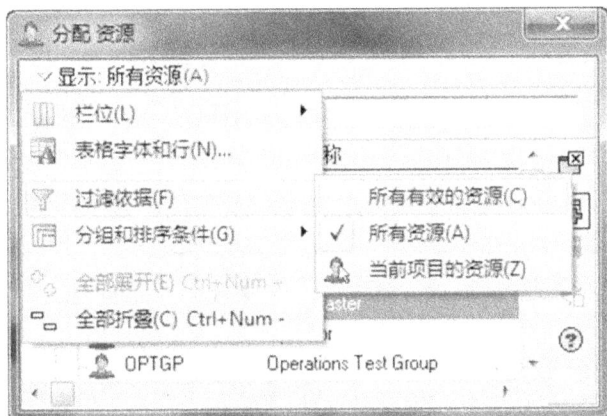

- 如需分配资源：

  > 双击此资源，或

  > 点击 图标。

你现在可以为每个资源编辑小时数或单位时间周期数量了。

19.6.3 移除一个资源

在你从一个有多个资源分配的作业移除一个资源前，你必须注意你的**资源分配**设置。这些设置决定了在删除资源时，分配至作业（或工作）的总数量是否将会减少或保持不变。

如需移除一个资源，在底部窗格的资源标签页选择一个或多个资源并选择：

- 点击 **Del** 键，或

- 点击屏幕底端的 图标，不是**编辑**工具栏的 图标：

  在最后一个资源移除后将会出现一个通知：

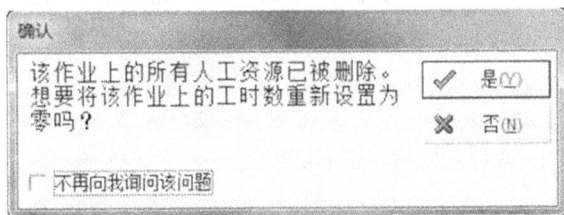

- 如果你选择 ，那么**作业窗口，状态标签页**的资源数量值将为零，且**作业窗口，状态标签页**的资源花费将从所输入的值进行计算。

如果你选择 [❌ 否(N)] 那么：

- **作业窗口，状态标签页**的数量值将被设定等于资源被删除前的值，且
- **作业窗口，状态标签页**的花费值将从**项目窗口，计算**标签页的值进行计算。

计算	
作业	**资源分配**
未指定资源与角色单价时，作业工时的默认单价 ⬭ ￥ 50.00/h	更新实际数量或费用时 ○ 尚需 + 实际 ● 完成时 - 实际
☐ 作业完成百分比基于作业步骤	☑ 工期完成百分比更新后，重新计算实际数量和费用
☑ 对于未实际开始的作业，连接 预算 和完成时值	☐ 分配资源的费用发生变化时，则更新数量
○ 重新设定 原定 工期和数量等于尚需值 ● 重新设定尚需工期和数量等于 原定 值	☑ 关联累计实际和本期实际的数量和费用

- 这时，你可以在**作业窗口，状态标签页**看到分配至作业的数量和花费，即使没有分配任何资源，这并不是很理想。

⌄ 工时数		⌄ 人工费(X)	
预算	80h	预算	￥ 4,000.00
实际	0h	实际	￥ 0.00
尚需费用	80h	尚需费用	￥ 4,000.00
完成时	80h	完成时	￥ 4,000.00

⚠️ 当你在这种情况下分配资源至作业时，此资源将采用**作业窗口，状态标签页**设定的数量值，而忽略**资源窗口**设置的**默认单位时间用量**；但一般来说是从资源单价来计算资源值的。

19.8.4 多次分配资源至一个作业

项目窗口资源标签页，**资源分配**标题下的选项可使资源多次分配至一个作业。

资源可在一个作业开始的时候分配至工作，并在之后作业结束时与**资源延时**一期再次分配。

资源	
资源分配	
☑ 资源可以多次分配给同一作业	

19.7 资源和作业工期计算及资源延时

19.7.1 作业工期

当多个资源被分配至一个作业时，作业的工期（或者一个进行中作业的尚需工期）从最长的资源工期（或一个进行中作业的资源尚需工期）得出。

在多个资源被分配至一个作业且有不同的数量和/或单位时间用量时，资源可能会有不同的工期。

在下列的例子中，作业工期为 10 天，从项目支持的 10 天的**资源原定工期**得出：

角色代码	资源代码名称	原定 延时	原定 工期	尚需数量	尚需单位时间用量
Oz.BM	PM.项目经理	0d	5d	40h	100%
Oz.SC	PS.项目支持	0d	10d	40h	50%
Oz.SE	SE.系统工程师	0d	5d	40h	100%

当所有资源被设置为驱控时，与 P3 和 SureTrak 的计算方式类似。

19.7.2 资源延时

资源可分配一个延时，为从作业的开始到资源开始工作时间的时长。

在下面的例子中，作业工期为 12 天，从项目经理的 7 天的**资源原定延时**和 5 天的**资源原定工期**得出：

角色代码	资源代码名称	原定 延时	原定 工期	尚需数量	尚需单位时间用量
Oz.BM	PM.项目经理	7d	5d	40h	100%
Oz.SC	PS.项目支持	0d	10d	40h	50%
Oz.SE	SE.系统工程师	0d	5d	40h	100%

19.8 其他费用

其他费用被设计用于一次性的非资源型花费，可能包括：

- 购买办公室设备已建立一个项目办公室，
- 差旅费，
- 付给顾问报告的款项，
- 保险花费，以及
- 培训课程。

其他花费的创建可使用：：

- **项目其他费用窗口**并分配至一个作业，或
- 在一个作业的**费用标签页**下的创建。

19.8.1 项目其他费用窗口

项目其他费用窗口的打开可通过：

- 点击**项目**工具栏的⬚图标，或
- 选择**项目(P), 其他费用(E)**。

创建一个新的**费用**与创建一个新作业类似：

- 选择**编辑(E), 增加(A)**，接着
- **选择作业**小窗口将出现并选择与作业相关的费用。

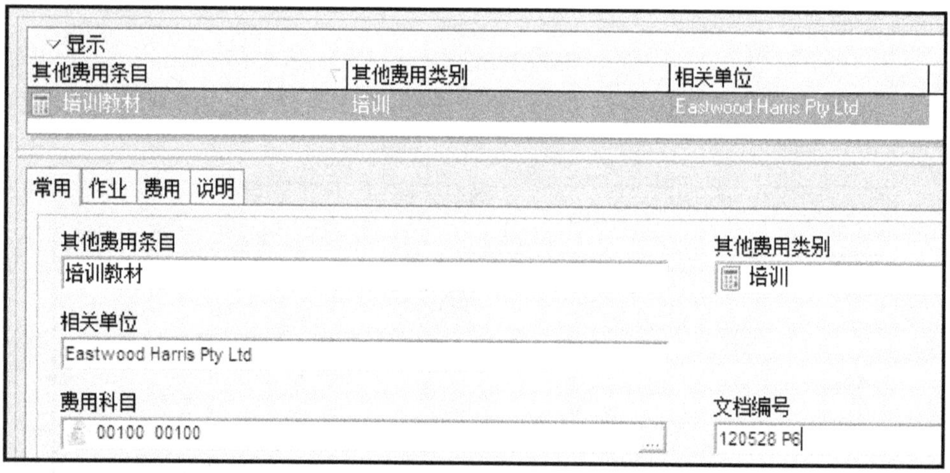

在地段窗口的标签输入以下信息：

- **常用标签**
  - ➢ **其他费用条目** – 可输入费用说明的自由项。
  - ➢ **相关单位** - 可输入相关单位或供应商名称的自由项。
  - ➢ **其他费用类别** – 选择费用类别，可在**管理类别**小窗口自行创建。

> **费用科目** – 如你希望根据一个费用科目查看或报告费用的话，你可以选择一个费用科目。费用科目与 Primavera 其他的层级结构的创建方式类似，比如说 WBS，可选择**企业(N)**，**费用科目(A)**...。

> **文档编号** – 输入可代表购买订单、合同或发票号等文档编号的自由项。

- **作业**标签显示的信息主要从作业得来，分布类型可进行编辑：

> **分布类型** – 这可使你选择费用的资金流分布为作业的开始、完成或随工期均匀分布。

- **费用**标签的项目都通俗易懂，可输入以下信息：

> **预算数量，实际数量，尚需数量和完成时数量** – 其他费用项的工程量。当创建一个费用时，默认值设定为 1；如果设定为零，那么费用也设定为零且费用这时不能输入。

> **单价** – 每个费用项的花费，

> **计量单位** – 费用的单位；例如，每个、米、立方等等。

> 选择**自动计算实际值**以允许软件基于**尚需工期**计算实际和尚需费用及数量。

> 其余项在作业开展后使用。

- **说明**标签可输入费用项的详细说明。

19.8.2 作业窗口的其他费用标签页

这个标签页可有**项目其他费用窗口**显示的所有的数据栏位，可在此编辑这些项目：

19.9 创建有资源进度的推荐设置

本章介绍的主题的顺序同样也应当在准备分配资源至作业时被考虑用做一个理想的顺序。

最简单的计算选项应被用于默认，只有当有一个特定进度计算要求时才应当考虑更复杂的选项。

下表罗列了在创建一个有资源进度时应当考虑的过程和推荐选项。在添加作业前设定好所有的参数是十分重要的，否则将会在修改很多作业的参数上浪费大量时间。这些设置不一定会适用于每个项目，但对经验较少的用户来说会是一个不错的起点。

步骤	推荐设置
• 选择**编辑(E)**，**用户设置(R)**，打开**用户设置**小窗口并选择**时间单位(U)**标签页，在此设定**单位时间数量**格式。	选项会**百分比（50%）**或**单位时间数量（4h/d）**。这里根据个人喜好进行设定，作者常用（**4h/d**）因其可减少打字数。
• 选择**编辑(E)**，**用户设置(R)**，打开**用户设置**小窗口并选择**计算(L)**标签页，在此设定**资源分配**选项。	推荐选择**保留现有分配的数量、工期和单位时间数量**。当选择此选项时，分配至一个作业的总小时数会随着资源的添加或删除和相应的增加或减少。每个资源的小时数都会独立计算。 **分配配备**下的选项需要仔细的考虑及理解，这样当资源被分配至角色及资源分配改变时，用户可以明白作业的哪个数量单价和数量费用会被保留。
• 在**项目窗口**，**默认**标签页设置默认的**作业类型**。	推荐使用**任务作业**，因为此选项不使用资源日历，这使得进度更加简单。
• 在**项目窗口**，**默认**标签页设置默认的**工期类型**。	推荐使用**固定工期和资源用量**。当选择此选项时，当资源分配被修改时，作业工期不会改变；当作业工期被修改时，资源用量不会改变，因为你预估的小时数和费用将不会改变。
• 在**项目窗口**，**默认**标签页设置默认的**完成百分比类型**。	作者偏好使用**实际**，因为此选项可使作业完成百分比独立于作业工期。
• 在**项目窗口**，**资源**标签页设置默认的**资源分配值**。	除非使用多个单价，否则应选择 **Price/Unit**（用户应根据自己的需要自行命名）。 选择**作业日期受资源驱控**。

19.10 自测题 16 – 分配资源和费用至作业

背景

资源现在必须被分配至它们特定的作业。

任务

打开 OzBuild 有资源项目并完成以下步骤。

1. 应用 **OzBuild 自测题 10 – 有浮时**视图并保存为 **OzBuild 自测题 16 – 分配资源**视图。

2. 在**作业窗口**的上端显示**甘特图**，下端显示**作业详情**窗口的**资源**和**其他费用**标签页。

3. 如下图所示分配作业**创建技术规格**一个其他费用：

4. 按下图所示调整**资源**标签页的格式：

5. 按下图设置你的**用户设置**：

见下页...

6. 按下图在甘特图区添加**资源**栏位。

7. 使用**资源**标签页的 ![增加资源] 图标分配以下资源至不同的作业：

作业代码	作业名称	资源
设施扩建投标		
技术规格		
OZ1000	批准投标	
OZ1010	决定安装要求	项目经理,系统工程师
OZ1020	创建技术规格	系统工程师
OZ1030	确定供应商构成	采购主管
OZ1040	验证技术规格	项目经理,系统工程师
交付计划		
OZ1050	文件交付方式	项目经理
OZ1060	从供应商获取报价	采购主管,项目经理
OZ1070	计算投标估价	项目支持
OZ1080	创建项目进度	项目支持
OZ1090	审核交付计划	项目经理,系统工程师
投标文件		
OZ1100	创建投标文件草稿	文书支持,项目经理
OZ1110	审核投标文件	项目经理,系统工程师
OZ1120	完成并递交投标文件	项目经理,报表装订
OZ1130	投标文件递交	

8. 在报表装订输入 3 为预算数量及完成时数量。

9. 如下图所示添加栏位并得出以下的答案：

作业代码	作业名称	资源	完成时工时数	完成时人工费用	完成时其他费用	完成时材料费用	完成时总费用
设施扩建投标			520h	￥49,760.00	￥5,000.00	￥300.00	￥55,060.00
技术规格			152h	￥14,800.00	￥5,000.00	￥0.00	￥19,800.00
OZ1000	批准投标		0h	￥0.00	￥0.00	￥0.00	￥0.00
OZ1010	决定安装	项目经理,系统工程师	64h	￥6,720.00	￥0.00	￥0.00	￥6,720.00
OZ1020	创建技术	系统工程师	40h	￥3,600.00	￥5,000.00	￥0.00	￥8,600.00
OZ1030	确定供应	采购主管	16h	￥1,120.00	￥0.00	￥0.00	￥1,120.00
OZ1040	验证技术	项目经理,系统工程师	32h	￥3,360.00	￥0.00	￥0.00	￥3,360.00
交付计划			224h	￥21,520.00	￥0.00	￥0.00	￥21,520.00
OZ1050	文件交付	项目经理	32h	￥3,840.00	￥0.00	￥0.00	￥3,840.00
OZ1060	从供应商	采购主管,项目经理	128h	￥12,160.00	￥0.00	￥0.00	￥12,160.00
OZ1070	计算投标	项目支持	24h	￥1,920.00	￥0.00	￥0.00	￥1,920.00
OZ1080	创建项目	项目支持	24h	￥1,920.00	￥0.00	￥0.00	￥1,920.00
OZ1090	审核交付	项目经理,系统工程师	16h	￥1,680.00	￥0.00	￥0.00	￥1,680.00
投标文件			144h	￥13,440.00	￥0.00	￥300.00	￥13,740.00
OZ1100	创建投标	文书支持,项目经理	96h	￥8,160.00	￥0.00	￥0.00	￥8,160.00
OZ1110	审核投标	项目经理,系统工程师	32h	￥3,360.00	￥0.00	￥0.00	￥3,360.00
OZ1120	完成并递	项目经理,报表装订	16h	￥1,920.00	￥0.00	￥300.00	￥2,220.00
OZ1130	投标文件		0h	￥0.00	￥0.00	￥0.00	￥0.00

10. 修改**用户设置(R)**，**时间单位(U)**，单位格式，时间单位为天并观察区别：

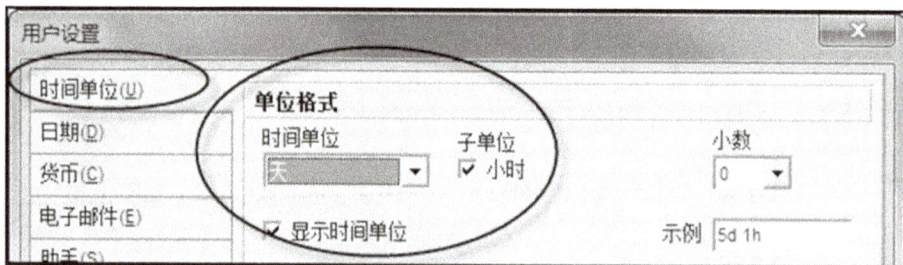

11. 你会注意到没有栏位可以显示完成时材料数。

作业代码	作业名称	资源	完成时工时数	完成时人工费用	完成时其他费用	完成时材料费用	完成时总费用
设施扩建投标			65d	￥49,760.00	￥5,000.00	￥300.00	￥55,060.00
技术规格			19d	￥14,800.00	￥5,000.00	￥0.00	￥19,800.00
OZ1000	批准投标		0d	￥0.00	￥0.00	￥0.00	￥0.00
OZ1010	决定安装	项目经理,系统工程师	8d	￥6,720.00	￥0.00	￥0.00	￥6,720.00
OZ1020	创建技术	系统工程师	5d	￥3,600.00	￥5,000.00	￥0.00	￥8,600.00
OZ1030	确定供应	采购主管	2d	￥1,120.00	￥0.00	￥0.00	￥1,120.00
OZ1040	验证技术	项目经理,系统工程师	4d	￥3,360.00	￥0.00	￥0.00	￥3,360.00
交付计划			28d	￥21,520.00	￥0.00	￥0.00	￥21,520.00
OZ1050	文件交付	项目经理	4d	￥3,840.00	￥0.00	￥0.00	￥3,840.00
OZ1060	从供应商	采购主管,项目经理	16d	￥12,160.00	￥0.00	￥0.00	￥12,160.00
OZ1070	计算投标	项目支持	3d	￥1,920.00	￥0.00	￥0.00	￥1,920.00
OZ1080	创建项目	项目支持	3d	￥1,920.00	￥0.00	￥0.00	￥1,920.00
OZ1090	审核交付	项目经理,系统工程师	2d	￥1,680.00	￥0.00	￥0.00	￥1,680.00
投标文件			18d	￥13,440.00	￥0.00	￥300.00	￥13,740.00
OZ1100	创建投标	文书支持,项目经理	12d	￥8,160.00	￥0.00	￥0.00	￥8,160.00
OZ1110	审核投标	项目经理,系统工程师	4d	￥3,360.00	￥0.00	￥0.00	￥3,360.00
OZ1120	完成并递	项目经理,报表装订	2d	￥1,920.00	￥0.00	￥300.00	￥2,220.00
OZ1130	投标文件		0d	￥0.00	￥0.00	￥0.00	￥0.00

⚠ 在多用户环境下，所有用户的用户设置都相同是十分重要的，否则每人可能会显示不同的完成时数量。

12. 再修改修改用户设置(R)，时间单位(U)，单位格式，时间单位为小时。

13. 保存你的视图为 **OzBuild 自测题 16 – 分配资源**。

20 资源最优化

进度现在需要资源最优化以便：

- 减少峰值并平衡资源需求，从而减少调动和设备返空费，或降低对工地设施的需求，
- 减少对可用资源数量的资源需求，
- 当项目通过收益筹资时减少对可用现金流的需求。

20.1 审核资源负载

有很多工具可审核资源负载，包括显示一个视图或运行一个报表。时间标尺间隔会影响显示。视图在此不会详细介绍，因为大部分都简单易懂。

20.1.1 作业使用剖析表

这个窗口的显示可点击 图标或选择**显示(V)**，**显示于底部(H)**，**作业使用剖析表**。

- 这可以显示分配至作业的所有资源费用和数量的总数：

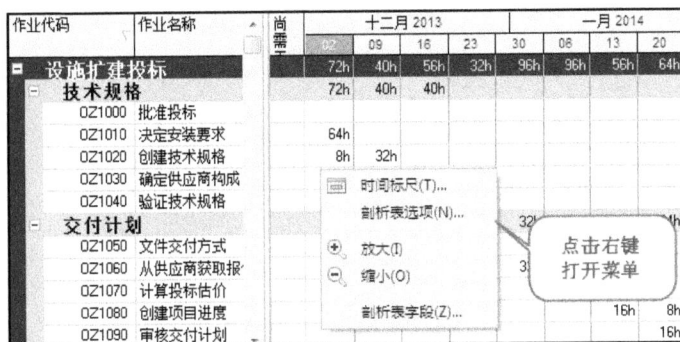

- 点击右键将会显示一个菜单，**剖析表字段(Z)...**选项可选择资源和费用信息的累积和时间间隔显示。

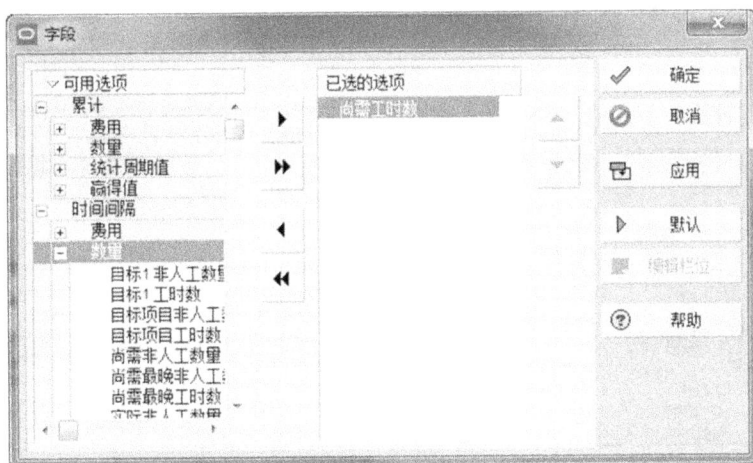

累积**费用数量**和**材料资源数量**在此不可用。

- **剖析表选项(N)**...可允许计算资源的平均数：

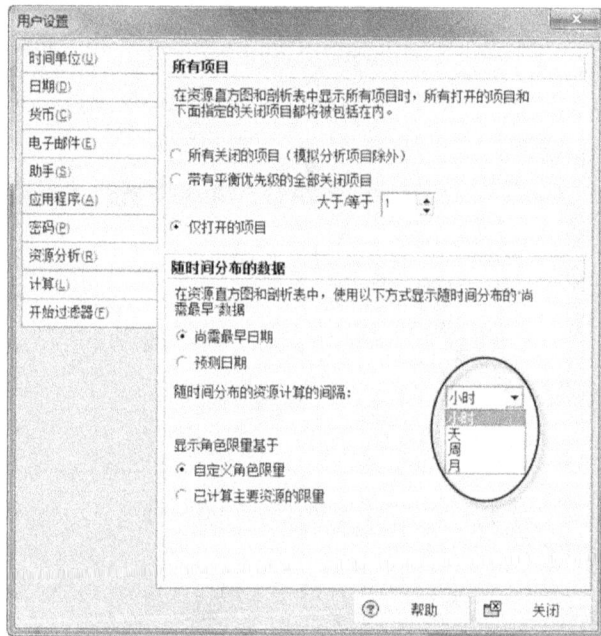

单位可在**用户设置(R)**，**时间单位(U)**标签页调整格式，如果最小时间单位为一小时，确保**用户设置(R)**，资源分析**(R)**的**随时间分布的资源计算的间隔**设定为小时；否则，当时间标尺打开至小时时数据将不能正确显示：

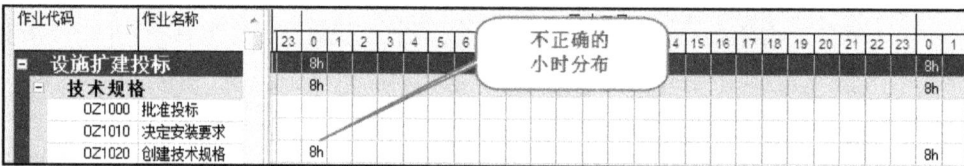

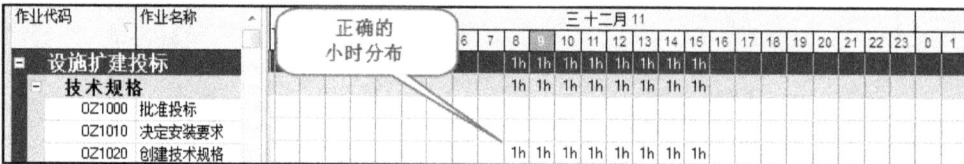

20.1.2 作业使用直方图

直方图的显示可点击 图标或选择**显示(V)**，**显示于底部(H)**，**作业使用直方图**。

- 它显示所选的或所有作业的总资源直方图。右键点击直方图选择显示的选项：

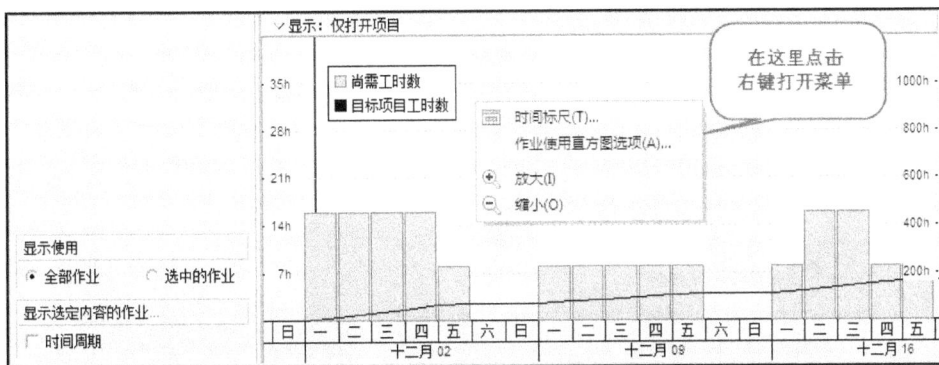

- **作业使用直方图选项(A)**…菜单可打开**作业使用直方图选项**小窗口：

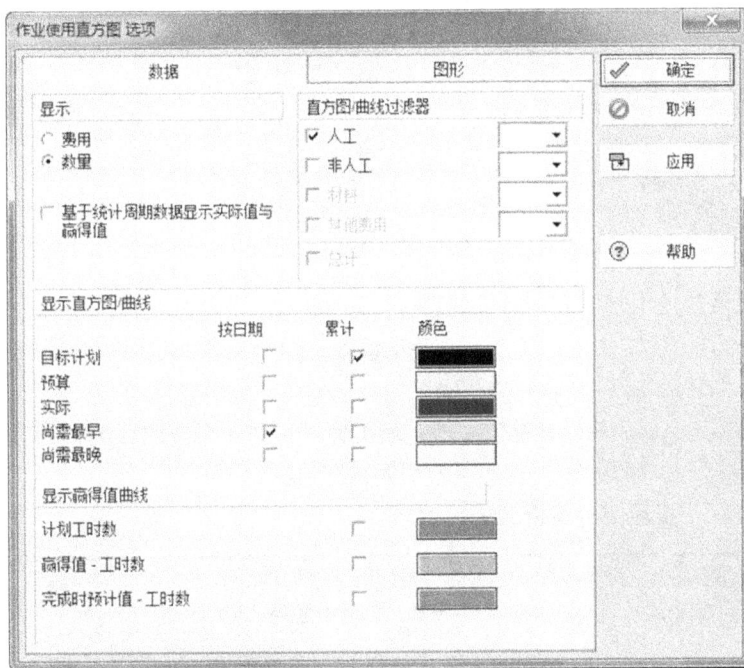

阅读**作业使用直方图选项**小窗口的说明可能对这些选项的信息出处不是很清楚，**赢得值**章节将会详细的阐述这些选项。下面的功能会影响图形的显示：

- 项目的目标计划，
- **用户设置(R)**，**时间单位(U)**标签页的设置，
- **项目窗口**，**设置**标签页，**项目设置**部分，用于计算赢得值的目标计划，
- **管理员(A)**，**管理设置(P)**…，**赢得值(V)**，**赢得值计算**部分。

20.1.3 资源使用剖析表

可点击 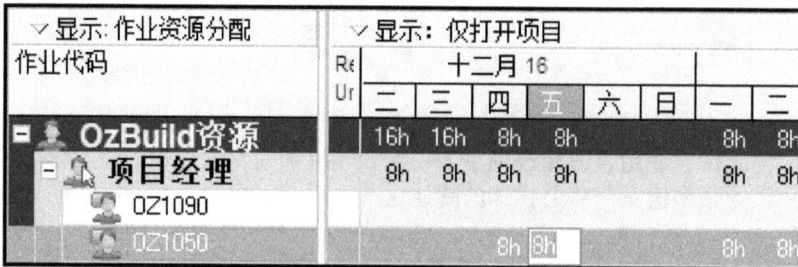显示（软件翻译错误：悬浮窗口及显示于底部的**作业使用剖析表**应为**资源使用剖析表**）或选择**显示(V)**，**显示于底部(H)**，**资源使用剖析表**。

- 这个页面有三个窗口显示分配至作业的资源。

- 每个窗口在点击右键时都有一个菜单。

- **用户设置(R)**，**时间单位(U)**标签页可调整单位的格式。

- 如果最小时间单位为一小时，确保**用户设置(R)**，**资源分析(R)**的**随时间分布的资源计算的间隔**设定为小时；否则，当时间标尺打开至小时时数据将不能正确显示。

- 当左边窗口有多个资源被选择时，相对应的资源作业就会显示在中间和右边的窗口中：

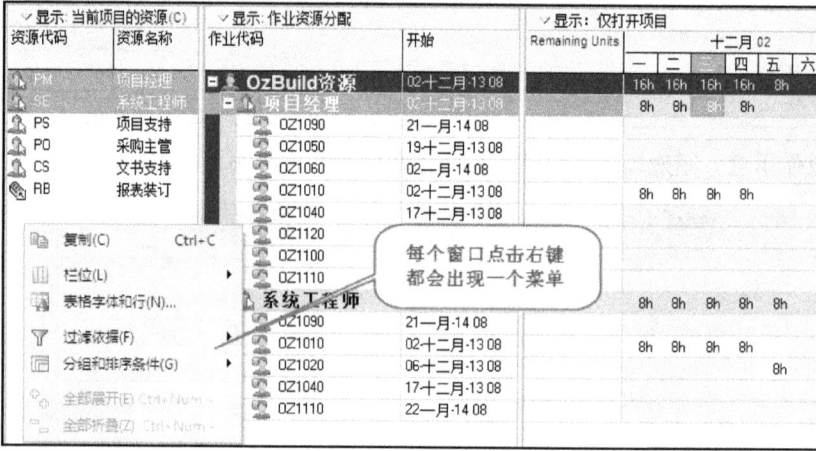

20.1.4 编辑资源使用剖析表 – 桶式规划

Primavera 6.0 版本的这个新选项可手动编辑资源分配值。这可提高对一个作业的间歇型工作的资源分配的控制。

这与编辑 Microsoft Project 的资源使用表类似，可使一个资源分配"具有轮廓 - Contoured"；P3 或 SureTrak 没有类似的功能。

下图显示了**资源使用剖析表**的可编辑值。

每个时间周期，因此都会包含不同的值。

⚠️ 如果你打算使用桶式规划资源，建议你练习使用这个功能；因为作者发现此过程对一个进行中作业的未完成部分会给出一些有趣的结果。

20.1.5 显示资源直方图

点击 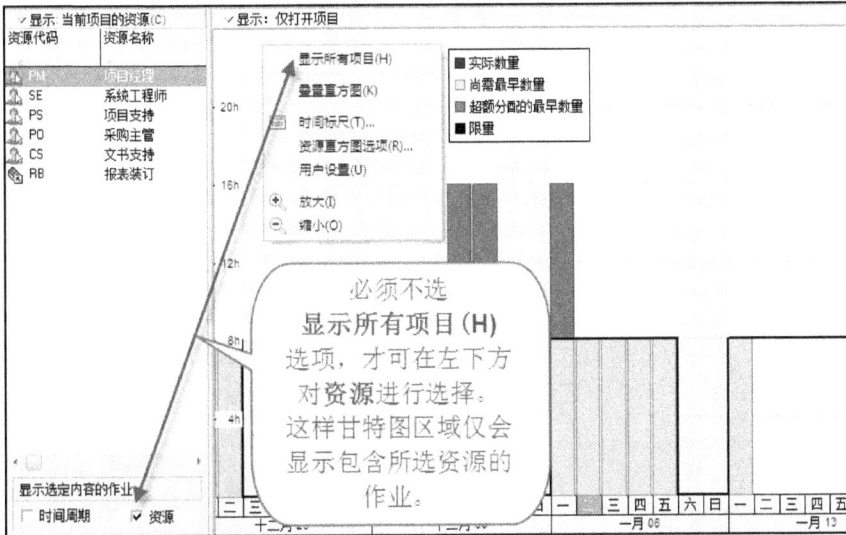 图标或选择**显示(V)**，**显示于底部(H)**，**资源直方图**。

- 这个小窗口的选项与之前段落提到的类似，
- 这个菜单可选择叠置或独立直方图：

i 当**作业类型**设置为**任务作业**时，可使用资源日历显示资源可用性，作业会使用作业日历计算进度。

20.1.6 资源直方图显示 S 曲线

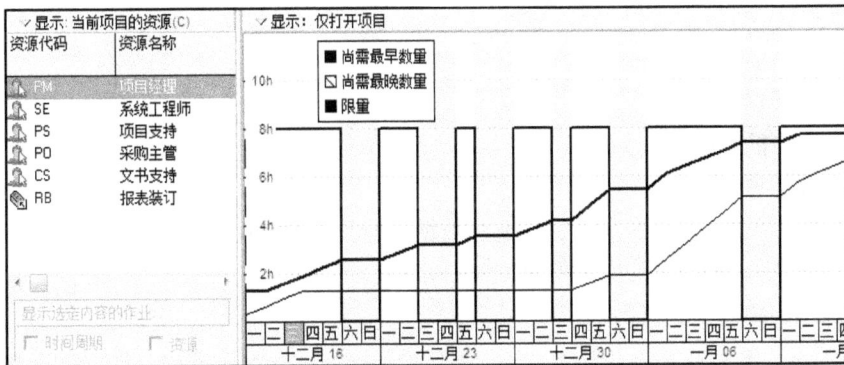

你必须准备练习使用这些调整格式的菜单，在每个上面显示的窗口点击右键以理解所有的选项，这包括：

- 角色或资源，
- 所有资源，所有作业资源和当前项目的资源，
- 显示周期和累积值的选项，或除以一个数得到的平均值，
- 过滤器选项，以及
- 分组和排序选项。

20.2 *资源分配窗口*

资源分配窗口有一些十分有用的功能，尤其当你想复制和粘贴数据至 Excel 时。

这个视图实际上是一个时间阶段视图，通过默认分组的资源、角色或作业，可显示：

- 累积和周期总数
- 所有资源类型的费用
- 所有资源类型的数量

此视图不显示费用花费或费用数量，所以在一个有费用的现金流项目上使用这个视图不能给出项目的总值。项目级别的资源数量总数，仅当使用过滤器显示一个资源类型时可用。

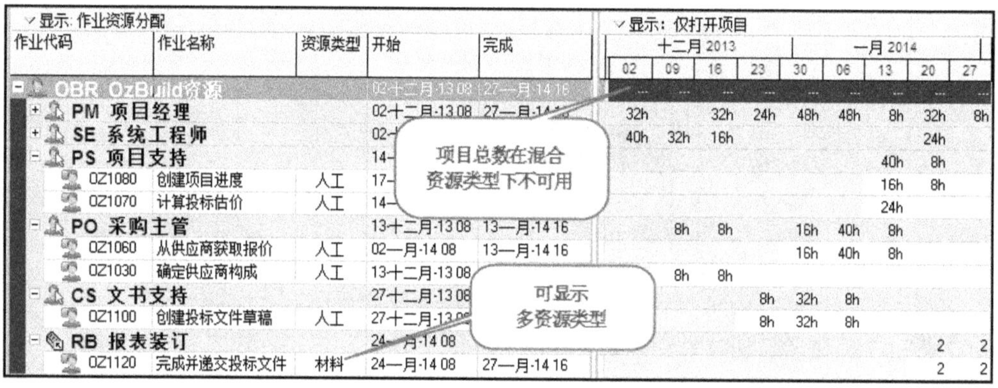

20.3 *复制和粘贴至 Excel*

以下数据可复制并粘贴至 Excel：

- 作业窗口的作业数据
- 作业使用剖析表
- 跟踪窗口的表格
- 资源分配窗口

作者的经验显示资源使用剖析表的数据**不能**复制并粘贴至 Excel，但可从资源分配窗口获取相似的数据进行复制和粘贴。

你应该注意以下的问题：

- **用户设置**应当合适，特别是日期的格式，这在你想以日期粘贴这些数据至 Excel 时会很重要。
- 末尾有一个"A"粘贴日期可使用 Excel 命令的**查找并替换**进行移除。你可能需要在"A"前面输入一个空格，这样你就不会删除包含字母 A 的内容了。
- 如需移除日期末尾的"*"符号，你必须在查找并替换中使用"~"语句，否则单独的"*"将会替换表中的所有数据。

20.4 直方图和表格的其他工具

Oracle Primavera 也出售名为 **Primavera Earned Value Management** （**Primavera 赢得值管理**）的扩展报表软件包，可允许产出很多报表，比如时间阶段表、泡沫报表及周期变量。

联系你的本地 Oracle Primavera 分销商或查看 Oracle Primavera 网站以获取更多信息。

20.5 解决资源峰值和冲突的方法

解决资源过载问题的方法有：

- **修正项目计划**。修正项目计划以减少资源冲突，比如改变工作顺序，外包工作，或使用工地外预加工等等。

- **改变工期**。延长工作工期以降低资源需求，这样一个 10 人干 5 天的作业可被延长至 5 人干 10 天。

- **资源替换**。用另一个可用资源替换这个资源。

- **增加工作时间**。这可使资源更早的用于其他工作，可通过增加每周的工作日或每天的工作小时实现。

- **分离作业绕过需求峰值**。有些软件可使作业分离，这可使工作分离并绕过资源需求的峰值。Primavera 没有这个功能，但是，一个作业可分离为两个独立的作业以使作业在需求峰值的时间暂停。如果需要相关至一个目标计划，那么可创建两个新的作业以代表分离并把原来的作业改为 hammock，从而跨越两个新作业；注意显示 LOE 目标计划栏。

- **平衡进度的资源**。这个方法会推迟作业直至资源可用。

- **资源曲线**或**手动编辑资源剖析表**可提供一定程度的帮助。

20.6 资源平衡

20.6.1 资源平衡的方法

在使用资源和表格确定了资源过载或不足之后，进度现在可能必须要进行平衡才可以减少资源的需求峰值。平衡被定义为推迟作业直到资源可用。有几种推迟作业的方法可以平衡一个进度：

- **关掉自动计算和拖拽作业**。这个选项不维持一个关键路径，且会在重新计算时回复至原始进度。这个选项在合同需要维持一个关键路径进度时是不使用的，因为进度将不能正确计算。

- **限制作业**。应用一个限制条件以推迟作业，直至资源从一个更高优先级作业处变为可用的日期。这个并不是一个推荐的方法，因为高优先级作业的推迟也许不能平衡进度的资源。

- **顺序逻辑**。共享同样资源的作业可根据它们的优先级顺序应用逻辑关系。在这个过程中，会产生一个资源驱控的关键路径。如果链中的第一个作业被推迟，那么这一作业链就将被推迟。但进度的资源并不是无法平衡的，且关键路径也会得到维持。这种情况下，后续作业可能会提前进行，那么就必须手动编辑逻辑。

- **平衡功能**。软件的资源平衡功能可在不使用限制条件或逻辑的前提下，推迟作业以达到资源的平衡，并基于用户定义的参数找出作业的最佳顺序。再次说明，由于此选项不能维持由工期和逻辑关系产生的关键路径，它不应该在合同要求以这种方式产生关键路径的进度时使用。平衡功能可用于建立一个最佳的进度计算顺序，并应用逻辑顺序以保持平衡的日期来创建一个关键路径。

  资源平衡功能通过推迟作业直至资源变为可用达到资源使用的最优化，因为减少了资源需求的峰值。这个功能可能会增加一个项目的长度。

  初学者在使用平衡功能时应极度小心。

- 它需要进度人员对软件的资源计算功能有扎实的了解。

- 平衡会增加一个进度的复杂性，且需求一个不同的方式以建立一个进度。原则上，顺序逻辑被优先级所替换但仍应维持一个闭合网络。

  你理解软件如何操作的能力将很大程度中决定你是否有信心可以在大型进度上最大化的使用平衡资源的功能。推荐你使用小型简单进度进行试验以得到平衡资源的经验，并在尝试一个复杂进度前理解平衡资源会出现的问题。

20.7 *资源平衡功能*

- 这一部分概括了资源平衡功能，这包括：

- **资源平衡**小窗口，

- 平衡示例，包括资源班次，

- 平衡资源指南，及

- 如果资源未被平衡该怎么办。

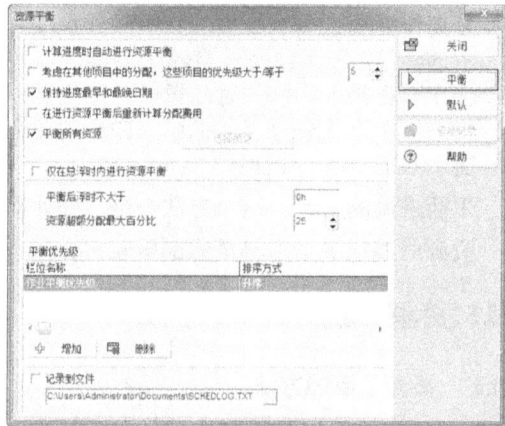

20.7.1 资源平衡小窗口

资源平衡小窗口可使你分配大部分平衡的先决条件。选择**工具(T)**，**资源平衡(L)**...打开**资源平衡**小窗口：

- **计算进度时自动进行资源平衡** – 在每次进度重新计算时都会平衡进度的资源，这并不推荐。

- **考虑在其他项目中的分配，这些项目的优先级大于/等于** – 平衡资源并在同时考虑其他项目的需求。平衡优先级可在**项目窗口**的**常用**标签页设置。

- **保持进度最早和最晚日期** – 简单来说，当不选时，就使用了**最晚平衡**的选项。由于这个计算有一些复杂，这会在接下来的章节详细解释。**最晚平衡**在时间上从作业的最晚日期推进作业以迎合资源可用性，并在不推迟项目完成日期的前提下，提供作业可以开始和完成的最晚日期。

- **在进行资源平衡后重新计算分配费用** – 用于资源**生效日期**和**单价**。这些功能允许资源时间上费用的改变。当这个选项选择时，如果一个作业移至一个不同的价格区间内，资源费用的重新计算将基于资源**单价**。

- **平衡所有资源** – 如果选择，进度会平衡所有的资源；如果不选，会打开**选择资源**小窗口并在此选择一个或多个资源进行平衡。

- **仅在总浮时内进行资源平衡**

  ➢ 当选择时，平衡过程不会产生负浮时，但可能不会完成平衡一个进度的资源。因此，作业将会被推迟直到所有的浮时都被消耗掉，平衡将不会延长项目的完成日期。这个选项也会同时自行选择**保持进度最早和最晚日期**选项。

  ➢ 当不选时，平衡将允许作业延伸到在**项目窗口日期**标签页分配的**项目必须完成日期**之外，或超过进度计算出的最晚日期并会创建**负浮时**。

  ➢ **平衡后浮时不大于** – 与**仅在总浮时内进行资源平衡**一起使用，如果作业的浮时降至分配至以下将不能平衡作业的资源。

  ➢ **资源超额分配最大百分比** –与**仅在总浮时内进行资源平衡**一起使用，可使资源可用性翻倍，尽管这个新的限量并不会在直方图限量中显示。

- **平衡优先级** – 设置平衡的优先级，作业会根据第一行选择的数据项被分配资源。如果两个作业在第一行有同样的值，那么会使用第二行的优先级。作业代码为用于分配资源的终值。平衡优先级的选项有很多，以下为可以考虑的一部分：

  ➢ **作业平衡优先级**项可设置从1最高到5最低；默认至3正常。有优先级1最高的作业会最先分配资源。

  ➢ **作业代码**或**用户定义字段**及其他许多数据项比如**尚需工期**，**最早开始**，**总浮时**和**最晚开始**也可以用于设置平衡的优先级。

20.8 平衡示例

两个简单的例子可帮助你理解软件是如何工作的：

- 第一个会允许进度在有正浮时时进行平衡，
- 第二个将**不允许**进度在有正浮时时进行平衡，且可能会产生负浮时。

i 推荐你建立一个小型进度并熟悉这些不同的选项，直到你理解软件到底在做什么且是如何操作的；再考虑在大型进度中使用。

在你精通掌握了如本章提供的小型进度的平衡资源后，你接着应该考虑平衡更复杂进度的资源。

20.8.1 有正浮时的平衡

下图显示了未平衡的进度：

- 项目的**必须完成日期**设定为二月 27 日。
- 直方图显示最早和最晚资源直方图都过载。
- 显示的栏位**最早，尚需，最晚**和**总浮时**：

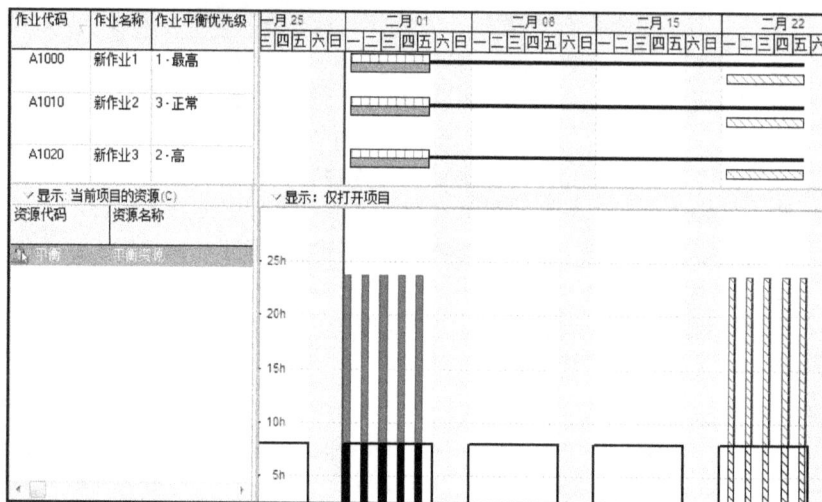

最早栏–　▭▭▭▭

尚需栏–　▓▓▓▓

最晚栏–　▨▨▨▨

在关掉所有平衡选项对**选择资源...**进行平衡后：

- 最早和最晚平衡会发生，且最早和最晚直方图被平衡。
- 最早和尚需栏有同样的日期且被平衡。
- 总浮时为最晚和最早完成之间的区别，如果作业间有逻辑关系的话会给出一个类似的结果。

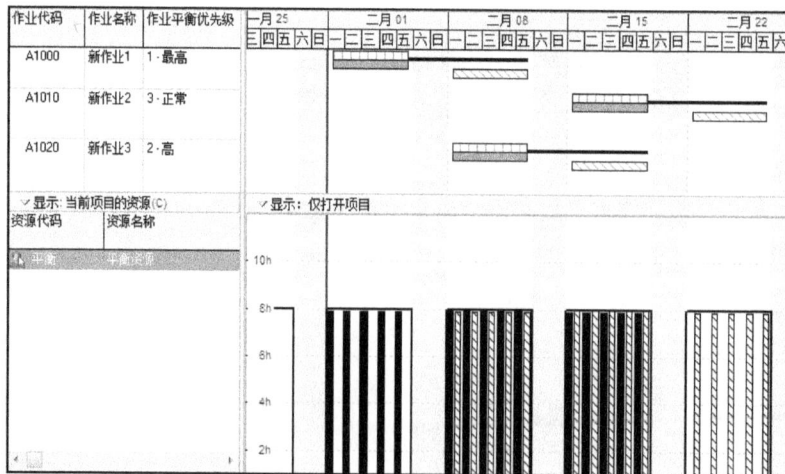

选择**保持进度最早和最晚日期**选项：

- 最早平衡和尚需日期会发生且最早直方图被平衡。

- 最晚平衡**没有**发生且最晚直方图**没有**被平衡。

- 最早和最晚栏**没有**被平衡。

- 总浮时为最晚和尚需完成日期之间的区别，如作业间**没有**逻辑关系会给出一个类似的答案。

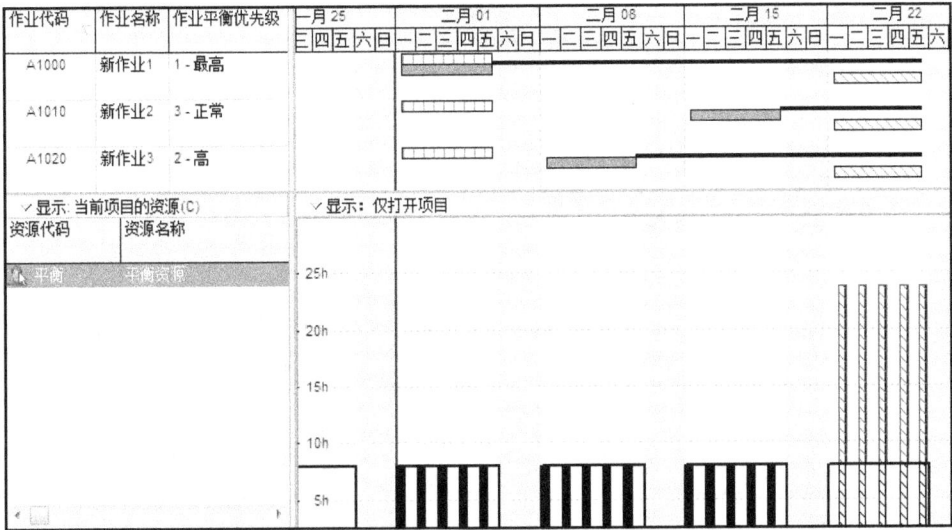

20.8.2 无正浮时的平衡

下图显示未平衡的进度：

- 项目的**必须完成日期**设定为 2 月 13 日。

- 直方图显示了最早和最晚资源直方图为过载。

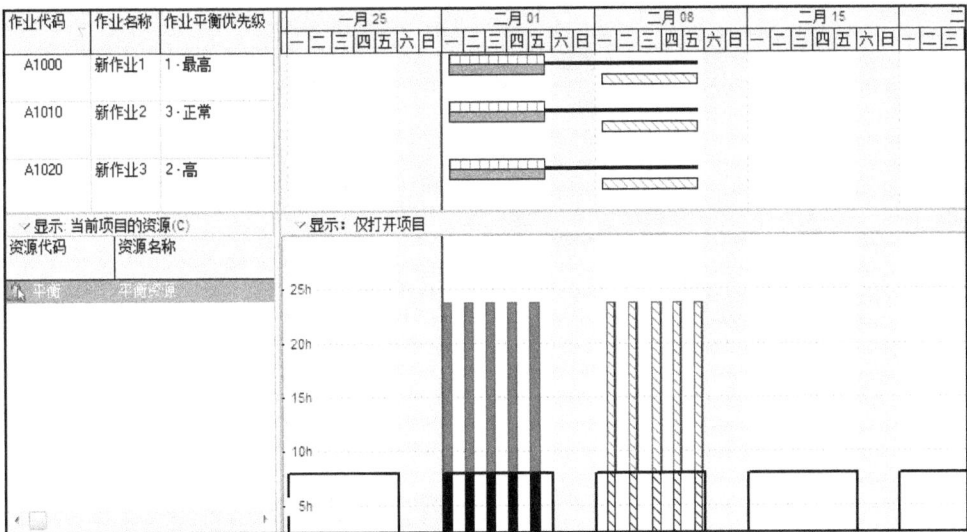

关闭所有选项平衡之后对**选择资源...**进行平衡后：

- 最早和最晚平衡发生，且最早和最晚直方图被平衡。
- 最早和尚需栏有同样的日期且被平衡，产生负浮时。
- 总浮时为最晚和最早完成之间的区别，如果作业间没有逻辑关系会给出类似的结果。

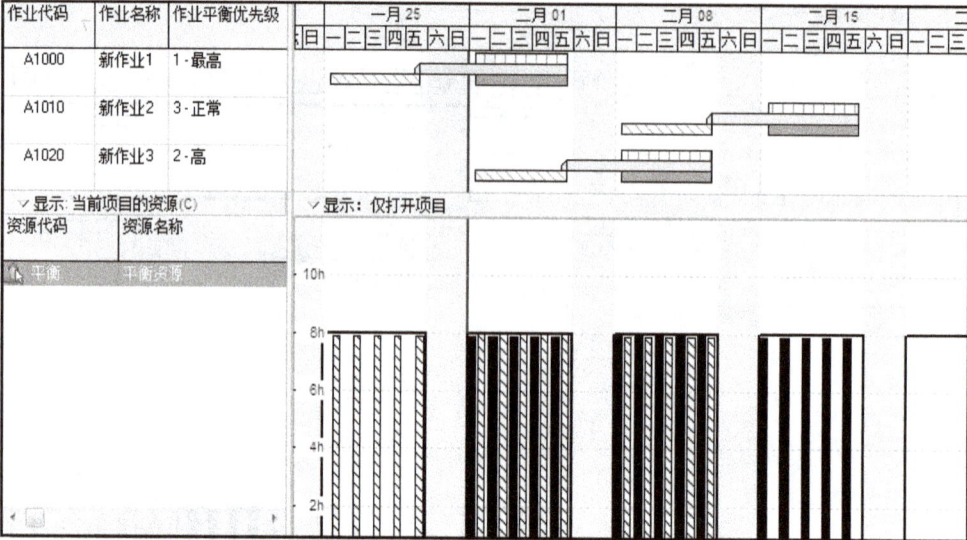

当选择**保持进度最早和最晚日期**选项：

- 最早平衡发生且最早直方图被平衡。
- 最晚平衡**没有**发生且最晚直方图**没有**被平衡。
- 最早和最晚栏**没有**被平衡。
- 尚需栏被平衡且产生负浮时。

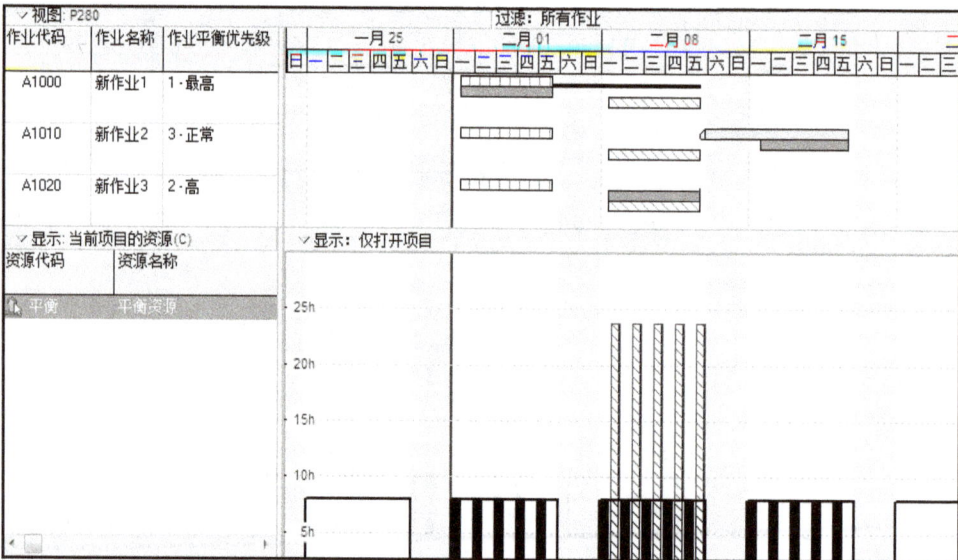

当选择**保持进度最早和最晚日期**及**仅在总浮时内进行资源平衡**时：

- 尚需日期的最早平衡发生，且很可能不产生负浮时。
- 有最低优先级的作业新作业 2 被留在了数据日期。
- 最晚平衡**没有**发生且最晚直方图**没有**被平衡。
- 最早栏**没有**被平衡。

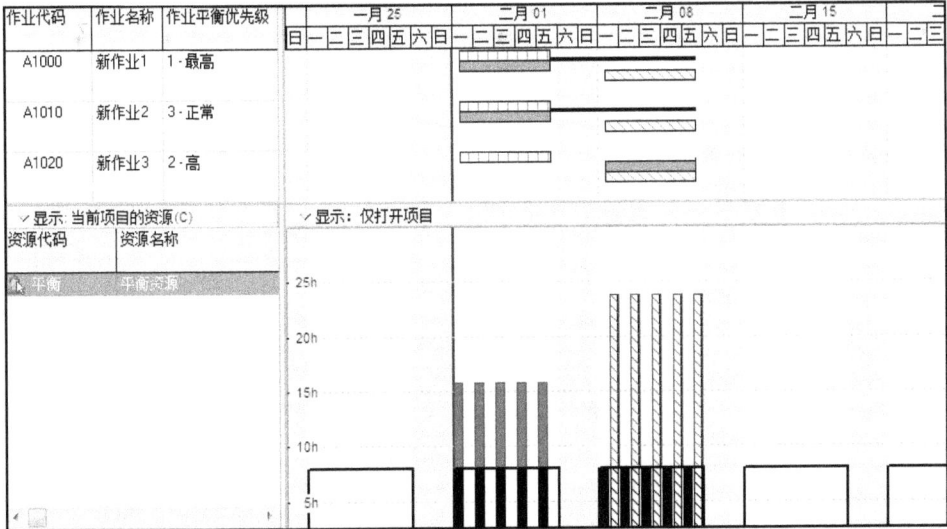

20.9 *资源班次*

资源班次可以当有不同数量的资源用于各种班次时建立资源可用性模型。下面的内容概括了一些重点：

资源班次：

- 应与独立式作业一起使用，
- 在资源被分配至作业后设置为驱控作业日期。

与其他产品不同的是，当一个作业设定为独立式作业时，作业日历仍旧被用于作业的开始，但不是完成。

在尝试使用班次之前，用户对软件有相当程度的熟悉度或与其他有经验的人员一起工作。

20.9.1 创建班次

选择**企业(N)**，**资源班次(E)**...打开**资源班次**小窗口：

当增加一个班次时，总数必须为 24 小时：

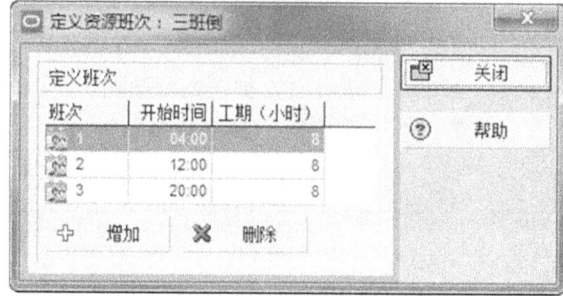

20.9.2 分配班次至资源

班次可在**资源窗口数量及价格**标签页分配至一个资源，可由不同的可用性（**最大单位时间用量**）和单价（**Price/Unit**）分配至每个班次。

这个例子显示班次 3 没有分配资源，因此代表一个 2 班次。

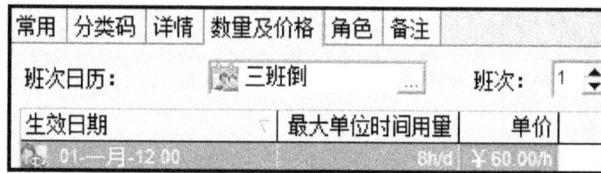

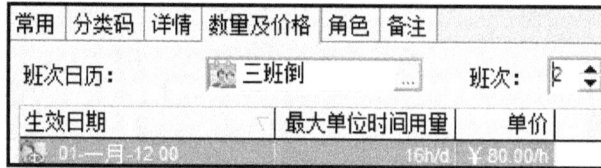

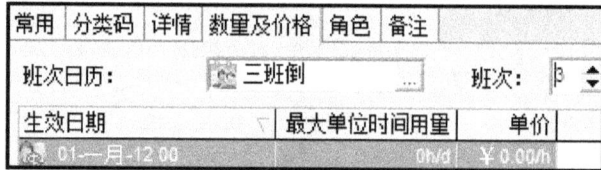

当资源被分配至一个打开项目的作业时，会在其头部有一个小箭头：

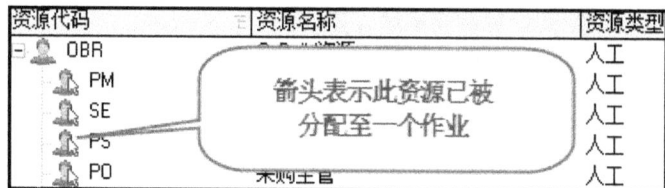

箭头表示此资源已被分配至一个作业

20.9.3 有班次的平衡

班次在使用平衡功能时是被认可的。下面的例子显示了一个使用每天 24 小时，一周 7 天作业日历的作业，且使用前一页设置的班次，所有的作业都被设定为独立式作业及驱控作业日期。平衡前，根据班次可用性显示资源限量的情况：

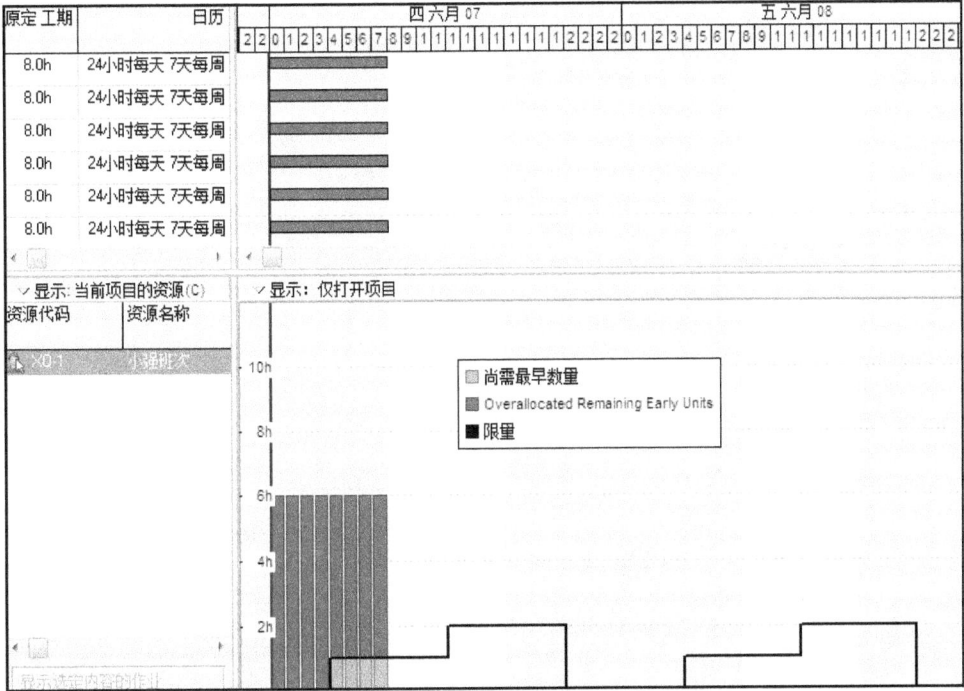

在所有选项**都不选**并平衡所选资源后：

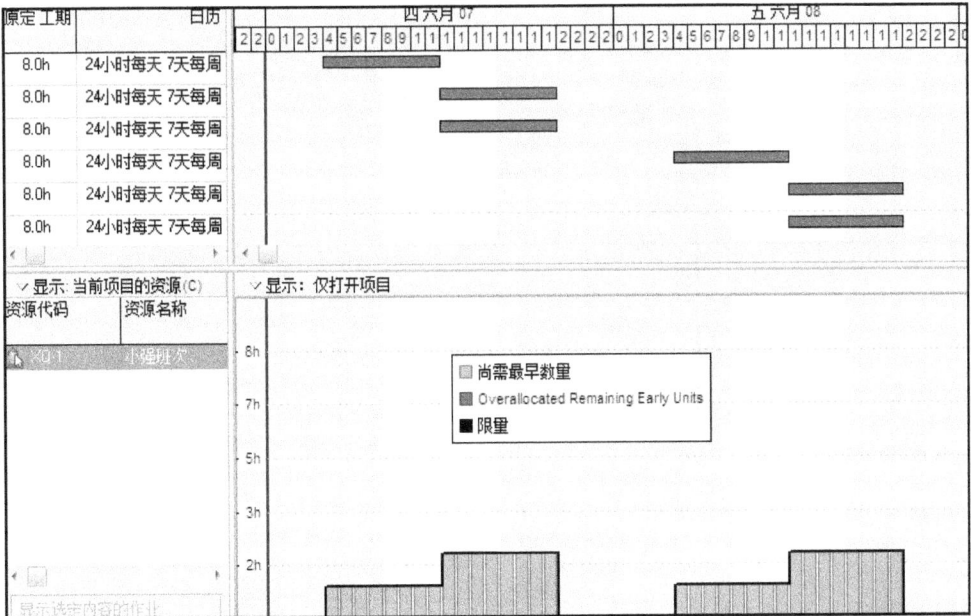

下面的例子为一个使用每天 8 小时，每周 7 天日历的作业：

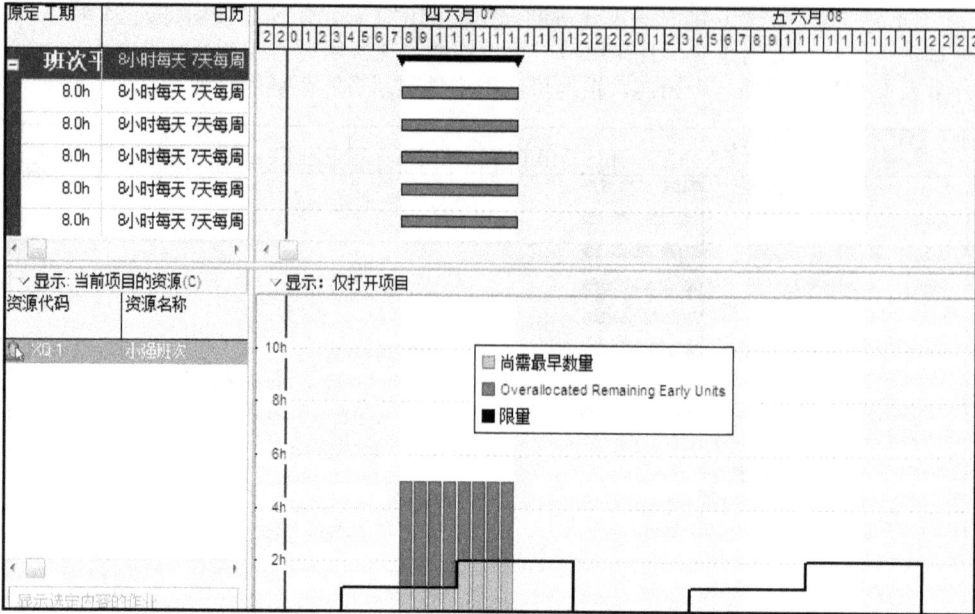

在这种情况下，平衡时，每个作业的的每个开始都会考虑作业日历，班次会在作业开始时间之后使用，尽管作业为独立式作业：

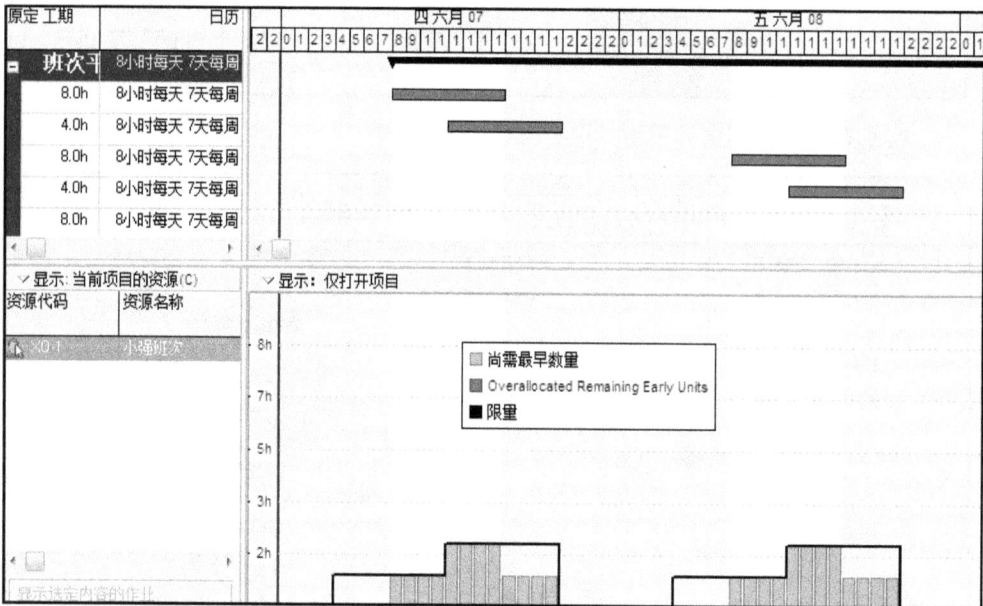

当资源设置为**非驱控作业日期**时，资源仍旧可以平衡，但是：

- 工作在第一个作业的开始日期和时间开始进行，而不是资源班次的开始。
- 作业栏不会在工作仍旧进行时显示。
- 当**默认日历**设为每周 7 天，每天 24 小时时，作业也不会在班次开始的时间开始。

你会发现当使用班次时，能够正确计算资源的最好选项为：

- 作业使用的日历应与资源班次相同或有更多的工作小时，这样不会推迟资源工作的开始；
- 设置资源为**资源驱控**，以认可资源日历；
- 设置资源**驱控作业日期**，以保证作业栏随着平衡后的资源移动；
- 创建一个小型进度并进行试验以保证进度可按你的思路操作并理解发生了什么。

20.10 *平衡指南*

平衡一个进度的资源的技能是通过实践和经验得来的，用户在尝试平衡一个复杂进度前有一些基本原理需要牢记于心。

- 如果你不是一个很有经验的进度计划软件的用户，那么强烈建议你在尝试平衡一个复杂进度的资源前，一定要在使用 Primavera 方面有相当的经验，尤其如果你想尝试一个发展中的进度。你将需要这方面的经验以解决当平衡一个进度时经常会出现的一些复杂的问题。

- 你需要在进度建立的初期尝试不同的进度结构。在不平衡时，进度人员一般会应用软逻辑（顺序逻辑）以避免在同一时间发生很多的作业。如果平衡是你计算进度的方法，那么软逻辑就该在进度建立的初期避免使用。

- 进度的所有用户和审核人员必须理解和明白一个平衡过的进度可能会极大程度上的改变，并且作业会添加或移除或修改，抑或优先级的改变。

- 在平衡时有一些原理需要考虑：

  - ➢ 仅平衡过载的资源，且你不易进行补充或有一个绝对限量。

  - ➢ 尽量每次平衡一个资源并审核直方图以确保每个资源都被平衡。如果一个资源未被平衡且直方图显示过载，你将需要审核下一页提供的清单并重新平衡。这个过程通常都会找到一个驱控过载资源，平衡此资源会平衡整个项目。

  - ➢ 所有的资源都分别平衡之后，你应当开始平衡两个资源接着三个资源。不要一次平衡所有的资源，因为进度将不按预期进行计算，并会不切实际的推迟项目的完成日期。

  - ➢ 切勿期望一个完美的结果；你要满足于一个达到你要求的平均的资源使用率，在一定周期内，比如几个月。在作业临近开始时挑选出未来资源需求的小峰值。

如需理解平衡是如何推迟或改变作业工期，你将需要注意你的进度中到底使用的是上面提到的哪种组合，你接着需要明白每个组合在一个非平衡的环境中是如何计算的。

20.11 *如果资源未被平衡该怎么办*

一个无法平衡的项目会使你十分的郁闷，当你的进度不能平衡时，可以尝试以下这些方法：

- 你在选择资源小窗口选择了需要平衡的资源么？需要平衡的资源必须在选择资源小窗口进行选择。

- 你在资源窗口设置了限量么？资源需要一个限量才可以平衡。

- 当你分配一个资源至一个作业时，如果作业的单位时间用量大于资源列表的设定值，那么资源就不能被平衡。发生的情况为当：

  - ➢ **资源窗口**的**资源限量**减少时，或

  - ➢ 作业被分配一个**单位时间用量**大于**限量**的资源，或

  - ➢ 当作业有**固定资源用量**且作业的工期被减少时，因为使所分配的**单位时间用量**超过了**资源**小窗口的最大可用量。

- 你是否为一个未平衡的作业分配了一个**强制限制条件**？有强制限制条件的作业不能被平衡。

- 你是否选择了**仅在总浮时内进行资源平衡**的选项？这个选项可使没有浮时的作业进行平衡。

20.12 *资源曲线*

资源曲线可使一个非线性的资源分配以与 P3 和 Microsoft Project 类似的方式计算进度。这通常用于长作业，没有一个线性的资源分配要求。

资源曲线可在**作业窗口**、**资源**标签页的**曲线**栏位进行分配：

下图的电路走线作业分配了一条钟形（bell-shaped）资源曲线：

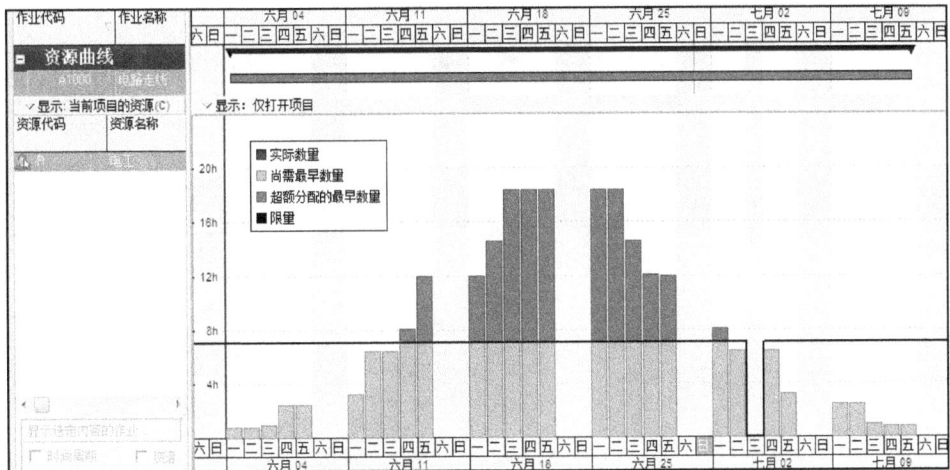

如需创建并使用**资源曲线**：

- 由于曲线名称没有进行翻译，建议用户自己创建所需的曲线并进行修改，默认的曲线无法修改名称，译者在此给出几个相应的曲线）

- **默认**曲线不可被删除或编辑但可以在**修改资源曲线**小窗口复制。

- **全局**曲线可编辑、复制或删除。

- 如需创建一个新的曲线，点击 [增加] 图标打开**选择要复制的资源曲线**小窗口并选择一个复制的曲线。

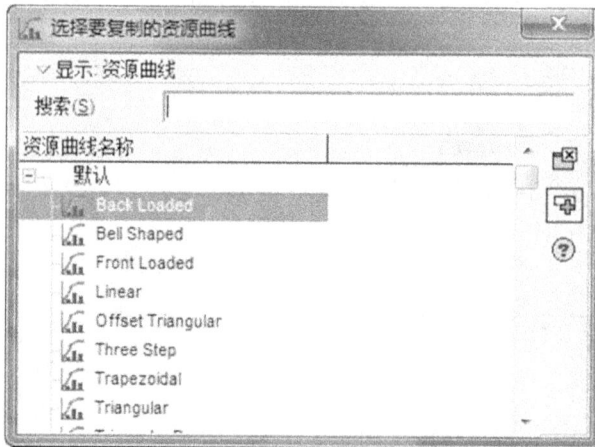

- 你将返回**资源曲线**小窗口并可修改标题。

- 点击 [图 修改...] 图标打开**修改资源曲线**小窗口:

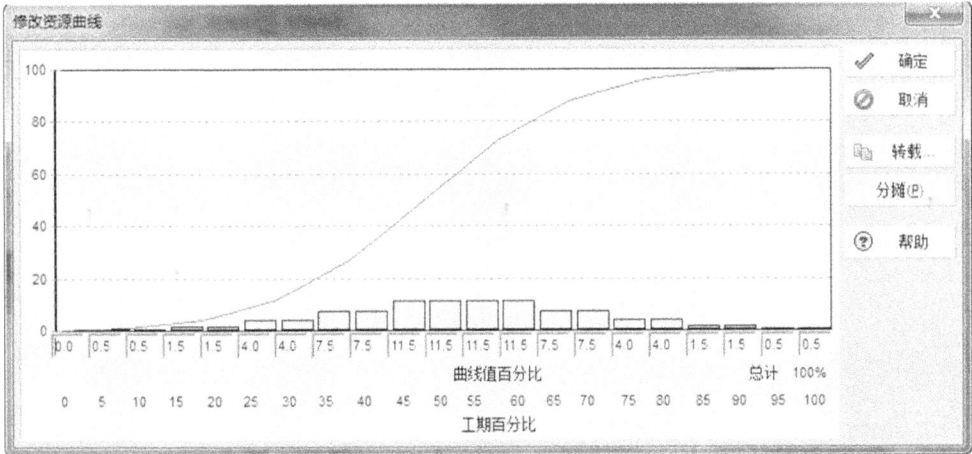

- 修改百分比以得到理想的形状:

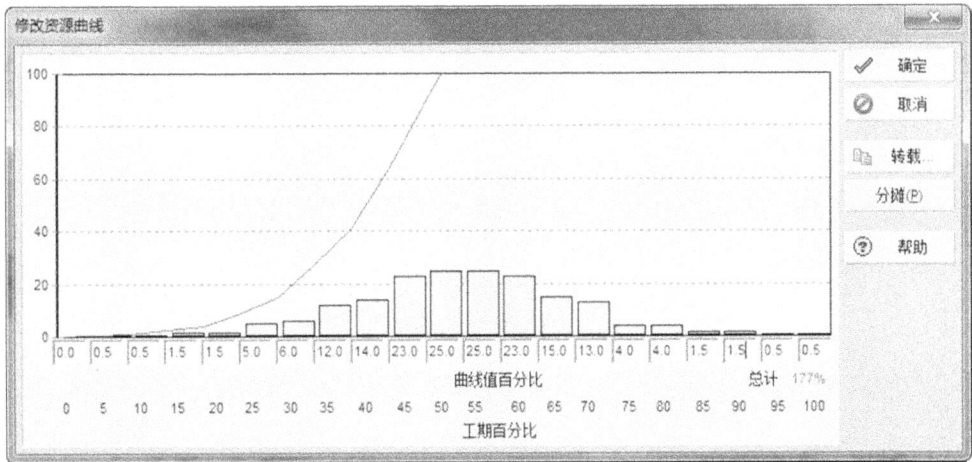

- 点击 [分摊(P)] 使百分比加至 100%:

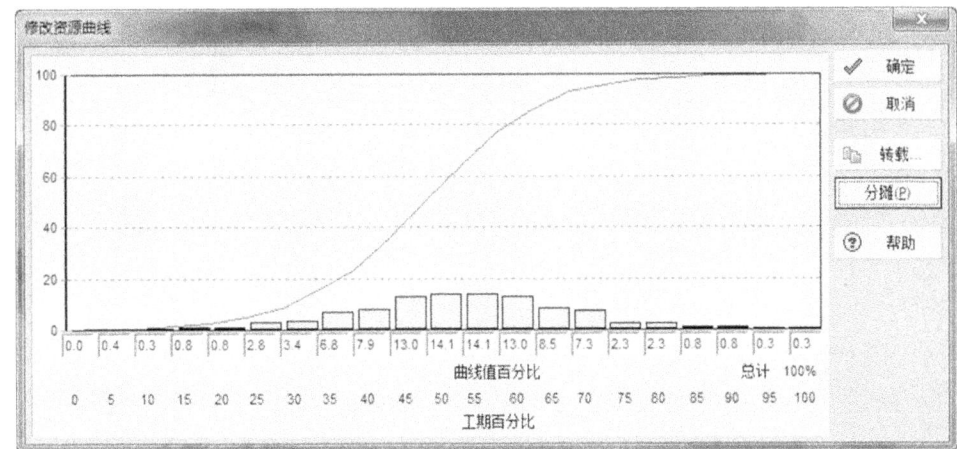

你现在可以分配这个曲线至一个作业了。

20.13 自测题 17 – 资源最优化

任务

1. 应用 **OzBuild 10 – 有浮时**视图。

2. 点击 图标显示**作业使用剖析表**。下图显示了每个作业每周的小时数，调整时间标尺至周：

作业代码	作业名称	十二月 2015					一月 2016			
		30	07	14	21	28	04	11	18	25
设施扩建投标			72h	40h	48h	24h	160h	88h	56h	32h
技术规格			72h	40h	40h					
OZ1000	批准投标									
OZ1010	决定安装要求		64h							
OZ1020	创建技术规格		8h	32h						
OZ1030	确定供应商构成			8h	8h					
OZ1040	验证技术规格				32h					
交付计划					8h	24h	80h	72h	40h	
OZ1050	文件交付方式				8h	24h				
OZ1060	从供应商获取报价						80h	48h		
OZ1070	计算投标估价						24h			
OZ1080	创建项目进度								24h	
OZ1090	审查交付计划								16h	
投标文件							80h	16h	16h	32h
OZ1100	创建投标文件草稿						80h	16h		
OZ1110	审查投标文件								16h	16h
OZ1120	完成并递交投标文件									16h
OZ1130	投标文件递交									

3. 点击 图标显示**资源使用剖析表**。

4. 使用窗口底端左侧的**显示**，**过滤器**选项仅显示**当前项目的资源**，

5. 为**显示选定内容的作业**选择**资源**（屏幕左下角），这将仅显示分配了这个资源的作业。

6. 增加时间标尺至每天间隔。

见下页...

7. 选择**项目经理**（窗口左下方），将会显示项目经理资源表，

8. 选择**资源**（左下方窗口的最下面），将会选择分配了项目经理的作业，

9. **项目经理**有几天过载了（每天 16 个小时），他/她要同时进行两个作业的工作：

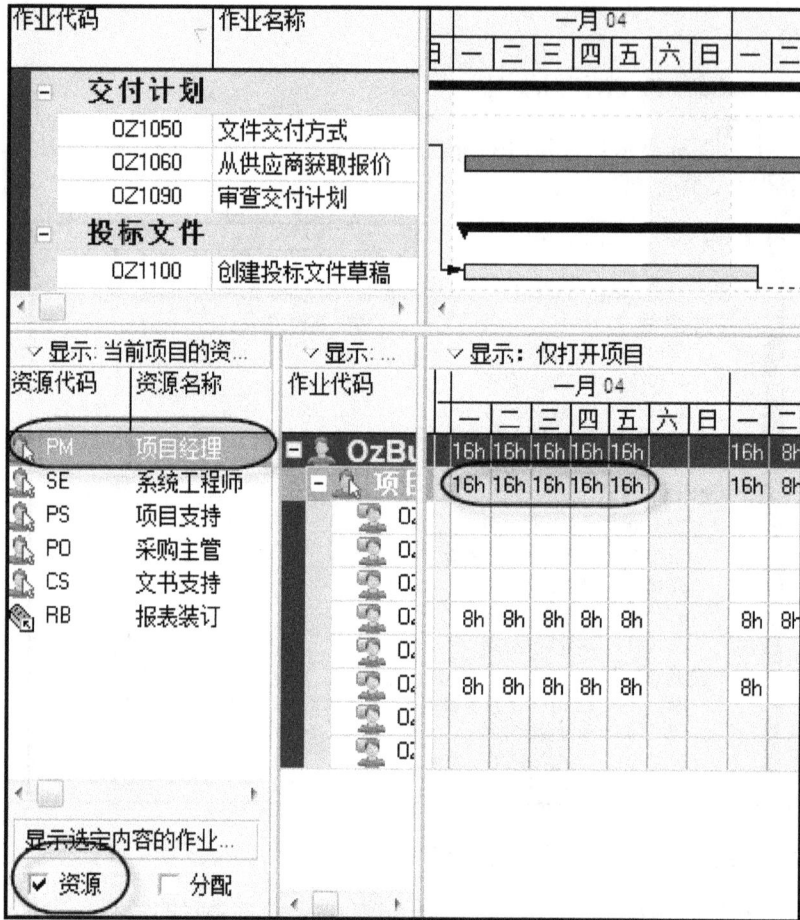

10. 点击 图标显示**资源直方图**；你还将注意到项目经理从十二月底到一月初都过载了。

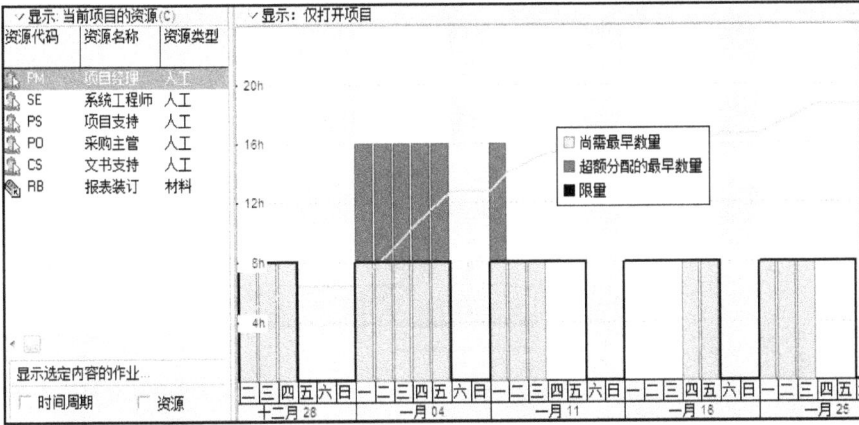

11. 选择其他资源。项目支持看起来在一月 18 日周六过载了。这是因为有些作业使用每周 6 天的日历而资源日历为每周 5 天：

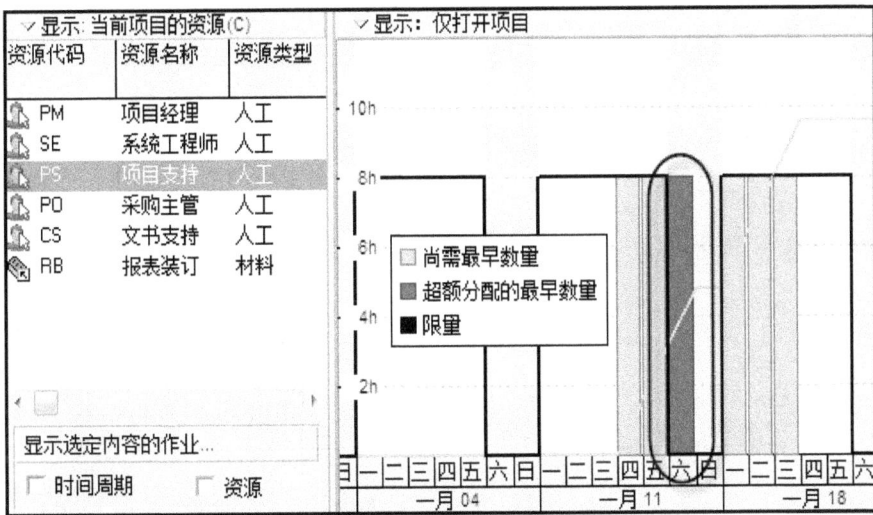

12. 在这时，资源可适时的使用几个方法进行优化包括：

> 分配不同的资源，或

> 减少作业的分配，或

> 增加顺序逻辑以平衡进度，或

> 分离作业，在 P6 中只能通过创建两个作业实现，或

> 使用桶形规划功能，或

> 使用 Primavera 平衡功能。

13. 我们现在将试着使用平衡功能。

14. 首先我们将创建并分配一个目标计划并显示目标计划栏，这通过：

> 选择**项目(P)**，**维护目标计划...**并保存一个已有项目的拷贝创建一个目标计划，

> 选择**项目(P)**，**分配目标计划...**并选择这个为你的**项目目标计划**和**主要用户目标计划**，这可确保目标计划栏不是空白，就是显示**目标计划**而不是**计划日期**。

> ➤ 应用 **OzBuild 自测题 13 – 目标计划**视图，这应该会显示目标计划栏。

> ➤ 若出现了一个黄色的垂直带，这是由**进展聚光灯**线创建的。拖拽**进展聚光灯**线回至**数据日期**。

15. 点击 图标显示**资源直方图**，

16. 选择**当前项目资源**。

17. 增加时间标尺为每天。

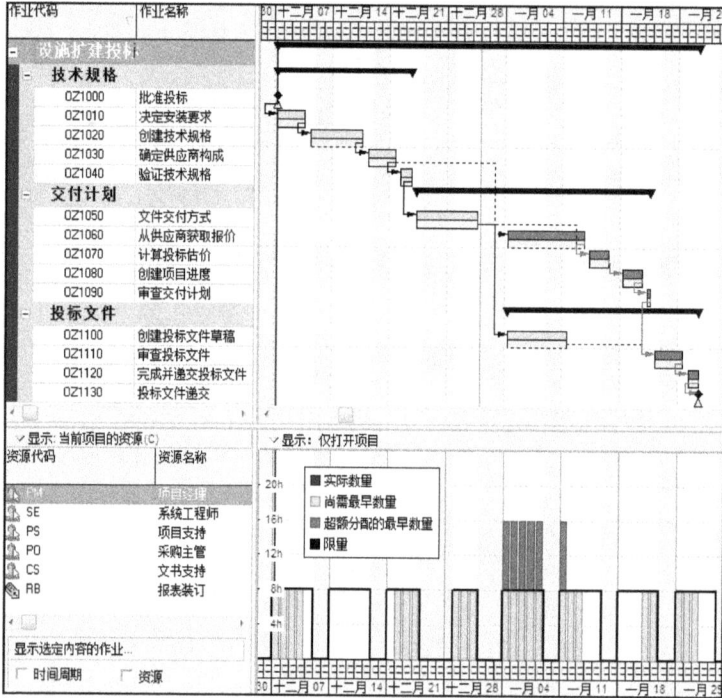

见下页...

18. 保存视图为 **OzBuild 自测题 17 – 平衡**。

19. 选择**工具(T)**，**资源平衡(L)**...。

20. 按下图设置选项：

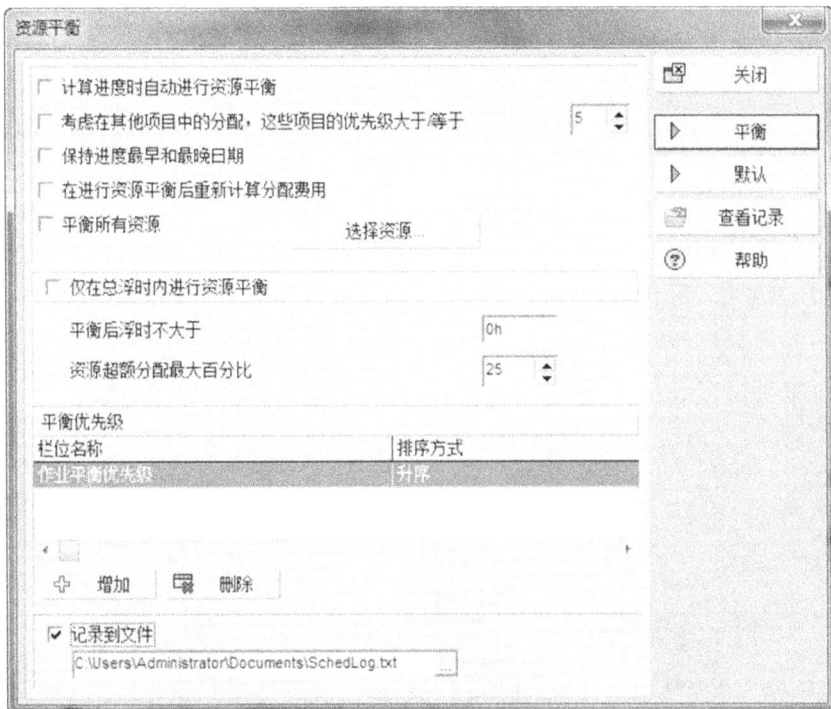

21. 点击 选择资源... 图标并仅选择**项目经理**进行平衡：

22. 点击 确定(O) 图标返回**资源平衡**小窗口，

23. 点击 [▷   平衡] 图标以平衡**项目经理的**资源分配：

> **项目经理的**分配将被平衡，

> 由于你的进度的最后一个作业有**完成不晚于**的限制条件，你将会发现有负浮时，且

> 将会出现一个目标计划差值。

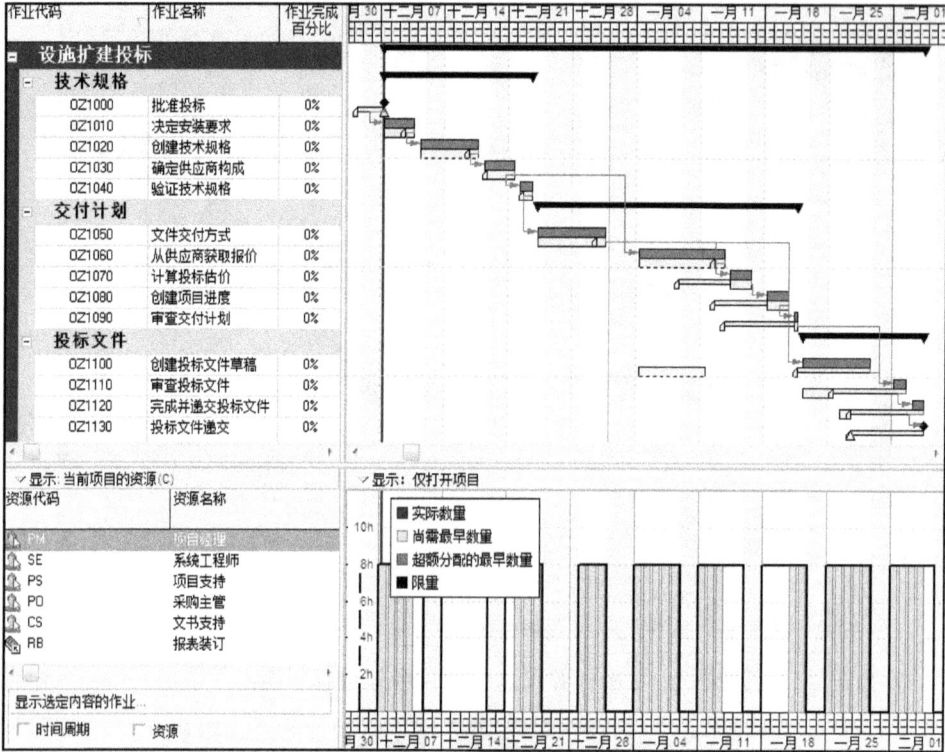

24. 点击 **F9** 重新计算进度并进而使其不平衡。

25. 你现在可能想练习并重新创建本章的一些其他例子了。

26. 在这个自测题的最后，计算项目的进度不要使其平衡。

21 更新一个有资源的进度

一般来说在一个项目周期内进行 10 到 20 次更新是最好的。有些公司根据会计期更新进度，通常为每个月一次。这个频率对工期不到一年的项目来说太长了，因为一个月内就会有很多变化。因此，更频繁的更新可更早的确定问题。

更新一个有资源的项目需要考虑一系列的设置和选项，它们相互影响并需要用户有大量的实际操作和经验才可理解并熟练掌握。

阅读本章后，当你即将在一个实际项目中工作前，经验不足的用户应通过以下方式使用软件增强信心：

- 创建一个新的项目并设置**默认**、**设置**和**选项**以符合你希望输入信息的方法，以及你想要 Primavera 如何计算项目数据。

- 创建两到三个作业并分配每个作业两到三个资源。

- 模拟更新一个进度的过程，进行作业和资源的更新，并观察所得结果。

- 如果你没有得到你想要的结果，修改设置和默认值。重新更新并记下设置和默认值作为将来的参考。

你的公司可能已经设定了一些设置，而你可能没有权限修改这些设置。那么你仍应该在一个虚拟项目内试验更新的过程，使用与你的实际项目数据类似的模拟数据，如果需要修改你有权限进行修改的设置。

更新一个有资源的项目在两个特定步骤内发生：

- 日期、工期和逻辑关系的更新方法已在**更新一个无资源的进度**章节进行了概述；

- 资源、费用数量（小时和数量）及花费，截至目前实际和完成时接下来进行更新。这些值 Primavera 可从完成百分比自动更新；或从会计和工时单系统导入；也可从 Primavera 工时单系统更新。

必须决定进度中输入或导入什么数据，以及软件到底计算什么数据，软件的选项必须设置得当。

这一章阐述了以下主题：

- 理解**预算**值和**目标计划项目**
- 理解资源相关的**当前数据日期**
- 更新一个有资源进度所需的信息
- 项目和作业窗口默认值
- 更新资源和其他费用（Expenses）
- 审核更新后的进度

21.1 理解预算值和目标计划项目

21.1.1 费用和数量预算值

Primavera 中的预算值在资源或其他费用被分配至一个作业时，为每个资源和其他费用分配了数量和费用（Cost）。

预算值属于当前项目且在所有的目标计划项目中。

预算值通常在一个作业还没开始时默认与完成时值相连，但在作业被标记为已开始或有一个完成百分比的进行中作业时，这些值就变为不相连。

在作业还未开始时，如你想重新预估项目费用并与之前的值进行比较，你可以：

1. 在重新预估项目前创建一个目标计划项目并与目标计划比较你审核后的费用，或

2. 在**项目窗口，计算**标签页不选**对于未实际开始的作业，连接预算和完成时值**将会不相连：

   ➢ **预算费用**于**完成时费用**

   ➢ **预算数量**于**完成时数量**

   ➢ **原定（计划）工期**于**完成施工期**

   不相连原定和完成时工期的选项可能并不是最期望的，但是这个选项不包括设置一个目标计划。这因此增加了更多的复杂性，建议不使用除非进行高级进度的计算。

21.1.2 目标计划项目和值

一个目标计划项目为一个项目的完整拷贝，包括逻辑关系、资源分配和其他费用。

创建和分配目标计划项目已在**更新一个无资源的进度**章节进行了介绍。

- **目标计划日期**也被称作目标日期（Target Dates），通常被认为是一个未进展项目的批准项目最早开始和最早完成日期，可通过保存一个目标计划项目进行记录。
- **目标计划工期**为一个作业的原定计划工期，从一个作业的最早开始到最早完成计算。这并不是 P6 的计划工期值。
- **目标计划费用**也称作预算代表了原定项目费用预估。这些数据可与实际费用和完成时费用（或完成时预估）进行比较。
- **目标计划数量**也被称为预算工程量代表了项目数量的原定预估。这些数量可与资源消耗进行比较。

目标计划值为项目进展衡量的值，所有这些值都可当前项目值进行比较并显示与原定计划的差值。

一个目标计划通常会在第一次更新一个项目之前创建。

Primavera 差值栏位使用目标计划项目的目标计划数据计算差值。

21.2 理解当前数据日期

数据日期是一个标准的进度计算术语，它也被称作**审核日期、状态日期、报表日期、截至日期、当前时间**及**更新日期**。

- **数据日期**为进度中分离过去和将来的日期。它通常不会在将来但是一般都会在近期的过去，这是由于更新进度所需的收集信息花费的时间。

- **实际费用**和**工程量/小时数**或**实际工作**在数据日期前出现。

- **费用**和**工程量/完成时小时数**或**完成时工作**在数据日期之后出现。

- **实际工期**从**实际开始**到**当前数据日期**计算得出。

- **尚需工期**为完成一个作业所需的工期。它从**当前数据日期**向前到最早完成日期计算得出，或一个进行中作业的计算从**当前数据日期**使用：

  - ➤ **作业日历**，当作业类型为任务作业或独立式作业但没有分配资源时，或

  - ➤ **资源日历**，当作业类型为独立式作业且使用最长资源工期时。

> Primavera 有一个数据日期，即**当前数据日期**，与 P3 和 SureTrak 的数据日期运行方式相同。Microsoft Project 有四个与更新一个进度相关的日期。Microsoft Project 状态日期与 Primavera **当前数据日期**的功能类似。

21.3 更新一个有资源进度所需的信息

一个项目的进度通常在一段时期的末尾更新，比如每天、周或月。更新一个进度的主要目的之一是建立于与计划的区别，这一般会保存为一个目标计划，和当前进度。

下列为更新一个有资源进度所需的信息：

在更新周期完成的作业：

- 作业的**实际开始**日期。

- 作业的**实际完成**日期。

- **人工资源、材料资源**和**其他费用**消耗或花费的**实际费用**和**工程量**（数量）。这些可通过软件计算或收集并输入进软件。

在更新周期开始的作业：

- 作业的**实际开始**日期，

- **尚需工期**或**期望完成**日期，

- **实际费用**和/或**实际工程量**。仅在这些准备输入进软件时，

- **完成时工程量**和**完成时费用**。仅在这些准备输入进软件时，

- **完成百分比**。

未开始的作业：

- 逻辑、限制条件或工期的改变，或

- 预估**费用**、**小时数**或**工程量**的改变及

- 增加或移除作业以表示范围的改变。

  进度在这些信息收集之后可以进行更新。

其他考虑因素

Primavera 通常默认计算：

- 完成时数量和依次实际数量，通过尚需工期和资源数量之间的关系。
- 完成时费用和实际费用，通过资源数量单价和资源数量之间的关系。

当这些关系比关闭时，数量和费用可以手动输入。

进度的标注副本可用于记录当前进度的进展，通常在更新项目前制出。理想来说，标注应当在实地检查工作情况时记录，或由一个很熟悉这个工作的人记录，即使通常都不可能。保存这个标注的记录用于自己的参考是一个很好的做法，确认你知道这个标注的数据日期及数据时间（如有必要的话）。

通常来说，一个状态报告或标注表会分配给负责标注项目进展的人员。可在每个负责人组带处添加一个分页符，当进度打印出来时，每个人都会有各自的作业表，这些作业可为进行中或即将开始。这在大型项目中尤其有用。标注表接着会返还至进度人员手中用于在软件系统中输入数据。

其他的电子方式，比如 Primavera 工时单系统或基于邮件的有图表或 pdf 附件的系统，可用于收集数据。无论使用哪种方法，都需要收集同样的数据。

建议每个进度仅有一人进行更新，当有多人更新一个进度时出现错误的可能性会大大增加。

21.4 *项目窗口更新有资源进度的默认值*

项目窗口的设置影响一个项目中被更新的所有作业。当有多于一个项目打开时，**默认项目**的设置计算或平衡所有打开项目的进度。默认项目在**设置默认项目小窗口**，通过选择**项目(P)**, **设置默认项目(P)...**打开。请阅读**计算多个项目进度**章节获取更多信息。

项目窗口的**计算**标签页设置了一些重要的资源默认值：

计算	
作业	**资源分配**
未指定资源与角色单价时，作业工时的默认单价 ￥50.00/h	更新实际数量或费用时 ○ 尚需 - 实际 ◉ 完成时 - 实际
☐ 作业完成百分比基于作业步骤	☑ 工期完成百分比更新后，重新计算实际数量和费用
☑ 对于未实际开始的作业，连接 预算 和完成时值	☐ 分配资源的费用发生变化时，则更新数量
○ 重新设定 原定 工期和数量等于尚需值 ◉ 重新设定尚需工期和数量等于 原定 值	☑ 关联累计实际和本期实际的数量和费用

- **作业**

  ➢ **未指定资源与角色单价时，作业工时的默认单价**。当一个作业在**作业、状态**标签页分配了一个数量但没有分配资源时，这个单价将会用于计算人工和非人工数量的费用。

  ➢ **作业完成百分比基于作业步骤**。Primavera 的**步骤**功能可使作业分解成称为步骤的元素。每个元素在步骤标注为已完成时都有特定的完成百分比。在使用步骤时必须选择**实际完成百分比**。

  ➢ 不选**对于未实际开始的作业，连接预算和完成时值**可使用户重新预估未开始作业的费用或工程量，同时保留作业的**原定预算**。这同时也不连接一个未开始作业的**原定工期**于**完成时工期**。与 P3 Autocost Rule Number 6 类似，在 Primavera 4.1 版本引入。

  ➢ 下面的两个选项**重新设定原定工期和数量等于尚需值**和**重新设定尚需工期和数量等于原定值**决定了当进展从作业移除时如何设置原定工期和数量。这也在 Primavera 4.1 版引入。

- **资源分配**

  ➢ **更新实际数量或费用时**。此处有两个选项，这与 P3 Autocost Rule Number 3 相同：

  > **尚需+实际**。当输入实际费用时，完成时增加实际费用的量。

  > **完成时 – 实际**。当输入实际费用时，完成时不改变且尚需完成减少了实际的值。这为作者首选项，因为完成时直到被实际值超过前都不会改变。

  ➢ **工期完成百分比更新后，重新计算实际数量和费用**。这个选项连接工期完成百分比于预算和尚需完成，因此工期完成百分比的增加将会增加实际并减少尚需完成值以保持完成时不变。

➢ **分配资源的费用发生变化时，则更新数量**。

当选择此选项时，费用的改变将会重新计算数量；

当不选此选项时，数量改变之后，费用的变化可能不与其相关；

这允许分别从一个会计系统导入费用和从一个工时单系统导入小时数。

关联累计实际和本期实际的数量和费用。这与 P3 的 Autocost Rule Number 6 一样。选择这个选项时，当你输入一个**本期实际**时，**至今实际**将会计算为原定值增加了**本期实际**的的值。或者，你可以输入**至今实际**，那么 Primavera 将会计算**本期实际**。当不选时，这两项不相连，你可以在每项输入任何数据。如果此项目没有打开这个选项就会变为灰色，用于在数据输入中修正错误，这可在使用**保存本期完成值**功能时允许对数据错误的修复。

21.5 *作业窗口 – 完成百分比类型*

有三种**完成百分比**类型可被分配至每个作业。默认值取自**项目窗口**、**默认**标签页的设置。

- **实际**
- **工期**
- **数量**

21.5.1 分配项目默认完成百分比类型

一个项目的默认**完成百分比类型**在**项目窗口**的**默认**标签页分配至项目中创建的每个新作业。这可在任何时间修改，仅会影响自那时起创建的新作业：

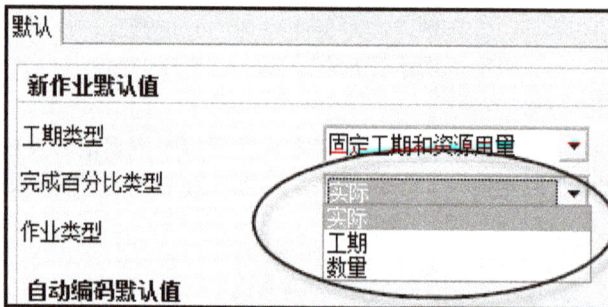

在创建一个作业之后，**完成百分比类型**可在**作业窗口**的**常用**标签页修改：

作业完成百分比可在**作业窗口**的**状态**标签页更新，此处也显示了**完成百分比类型**：

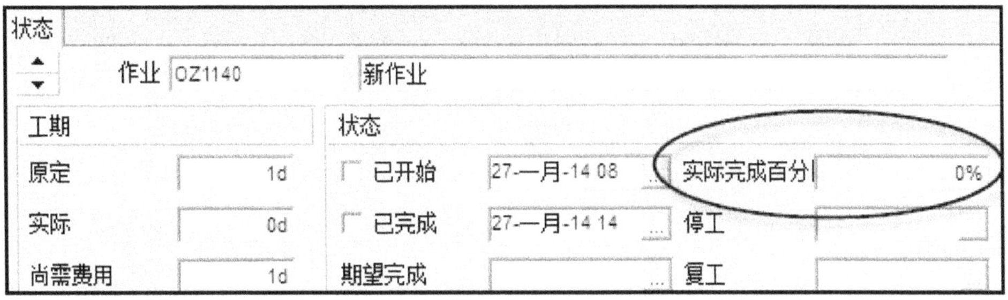

每个**完成百分比类型**都有自己的数据栏位且总是被计算。

同时也有一个**作业完成百分比**栏位可连接至并显示分配至作业的**完成百分比类型**栏位。见下图：

作业代码	作业名称	完成百分比类型	作业完成百分比	实际完成百分比	工期完成百分比	数量完成百分比
A1000	实际完成百分比	实际	50%	50%	0%	0%
A1010	工期完成百分比	工期	50%	0%	50%	0%
A1020	数量完成百分比	数量	50%	0%	0%	50%

作业完成百分比依次连接至栏完成百分比，因此实际上**完成百分比类型**决定了栏上完成百分比显示的方式。

21.5.2 实际完成百分比类型

一个分配了实际完成百分比类型的作业可以在**实际完成百分比**或**作业完成百分比**处输入实际完成百分比。这一项不会对进度计算造成影响且不相连于资源数量或作业的实际和尚需工期。

实际完成百分比在使用**步骤**记录进展时必须使用。

实际完成百分比类型通常在一个作业的进展在 Primavera 之外衡量时使用。比如说，一个作业代表了电缆的安装，使用电缆安装长度进行衡量，完成百分比计算于：

- 完成百分比 = 电缆安装的数量/电缆安装的工程量。

举例说明，作业可能只有分配的安装人工，因此安装人工参数不可用于衡量作业完成百分比。其次，由于作业的完成百分比基于所安装的电缆长度，作业完成百分比（工作进展）可与资源**数量完成百分比**（使用的人工数量）进行比较，从下列等式进行计算：

- 数量完成百分比 = 实际数量/完成时数量

此例子用下图做示范：

- 作业实际完成百分比设置为 50%。
- 作业数量完成百分比的 20% 从实际数量的 12.00 小时和完成时数量的 60.00 小时计算得出，而不是从预算数量的 48.00 小时。

完成百分比类型	作业完成 百分比	实际完成 百分比	工期完成 百分比	数量完成 百分比	预算 总价
实际	50%	50%	0%	20%	¥ 2,400.00

资源

作业 A1000　　　　完成百分比实际

预算 数量	实际数量	尚需数量	完成时数量	数量完成百分比
48.00h	12.00h	48.00h	60.00h	20%

在添加第二个资源之后，作业数量完成百分比的 40% 计算为两个资源实际数量与完成时数量之和：

- 作业数量完成百分比 = 实际工时数/完成时工时数
- 因此，40% =（12+36）/（60+60）

完成百分比类型	作业完成 百分比	实际完成 百分比	工期完成 百分比	数量完成 百分比	实际工时数	完成时 工时数
实际	50%	50%	0%	40%	48.00h	120.00h

资源

作业 A1000　　　　完成百分比实际

预算 数量	实际数量	尚需数量	完成时数量	数量完成百分比
48.00h	36.00h	24.00h	60.00h	60%
48.00h	12.00h	48.00h	60.00h	20%

21.5.3 工期完成百分比类型

使用工期完成百分比时，连接会以下项之间建立：

- **工期完成百分比**
- **原定工期**
- **尚需工期**

工期完成百分比只有在分配了一个实际开始日期之后才可以输入且应当在过去的当前数据日期。

对一个参数的改变将会改变：

- 改变**工期完成百分比**将会改变**尚需工期**，及
- 改变**原定工期**或**尚需工期**将会改变**工期完成百分比**：

完成百分比类型	作业完成 百分比	实际完成 百分比	工期完成 百分比	数量完成 百分比	实际工时数	完成时 工时数
工期	40%	0%	40%	50%	16.00h	32.00h

状态

作业 A1000　　　　完成百分比 工期

工期		状态			
原定	5d	☑ 已开始	05-九月-14 0	工期百分比	40%
实际	1d	☐ 已完成	10-九月-14 1	得工	
尚需费用	3d	期望完成		复工	

实际工期从**实际开始**到**当前数据日期**的工期计算得出。

作业**数量完成百分比**仍旧从资源数量计算得出。

21.5.4 数量完成百分比类型

当选择**数量完成百分比**类型时：

- 此选项会在**作业完成百分比**和作业**数量完成百分比**之间创建一个连接，且

- **数量完成百分比**由**实际数量**和**完成时数量**之间的关系计算得出。

21.6 使用步骤计算作业完成百分比

作业的完成百分比可使用步骤进行定义，一个步骤是可衡量的或可定义的完成一个作业所需的任务。总的来说，如需使用步骤：

- 步骤模板的创建可通过选择**企业(N)，作业步骤模板(V)**...打开**作业步骤模板**小窗口。（此处仅有英文模板，用户应根据自己需要自行定义）。

- 按需求增加步骤并分配它们的权重，这将用于分摊作业的完成百分比。

- 选择**项目窗口、计算**标签页下的**作业完成百分比基于作业步骤**选项；

- 在**作业窗口**的**常用**标签页为每个使用步骤衡量的作业选择**完成百分比类型**为**实际**；

- 选择**作业窗口**的**步骤**标签页，

- 调整你希望显示的栏位格式，

- 增加你需要的步骤数量或从步骤模板导入，

- 按需要编辑名称，

- 编辑**步骤权重**这样**步骤权重百分比**可反映此步骤的期望值，

- 每个步骤完成时选择**已完成**选择框，这将更新完成百分比。

- **尚需工期**可使用**全局更新**通过**实际完成百分比**的**步骤完成百分比**进行更新，以设置数量完成百分比等于实际完成百分比。

21.7 更新进度

21.7.1 更新一个项目的设置、默认值和选项

大部分的 Primavera 选项都很好，但是仍有一些需要修改。在更新一个进度前需要考虑和检查的选项为：

功能	讨论
• 完成百分比类型	作者倾向当资源为**输入**资源时使用**实际完成百分比**，比如作业的实际操作人员。这可使可交付成果完成百分比独立于工作的资源进行衡量，因而允许已完成的可交付成果与资源消耗进行比较。
• 作业类型	已知工期的作业应设定为**任务作业**且会使用作业日历（而不是资源日历）计算作业的完成日期。 **独立式作业**（资源作业 —Resource Dependent）的使用情况仅为，当资源有可用性问题且仅能通过使用**资源日历**才能解决的时候。 **配合作业和 WBS 作业**很有用但初级用户应避免使用因为它们增加了一级不必要的麻烦。
• 项目窗口计算标签页	**项目窗口**的**计算**标签页设置了一些需要注意理解的重要资源默认值，以使进度按所期望的方式进行计算。 **项目窗口，计算**标签页的**关联累计实际和本期实际的数量和费用**选项应在**保存周期执行情况**时选择。
• 工期类型	作业偏向于使用**固定工期和资源用量**因为改变作业工期或单位时间数量不会改变尚需完成值。这种工期类型也设置了**用户设置，计算**标签页的**资源分配**选项为**根据作业工期类型重新计算现有分配的数量、工期和单位时间数量**。
• 工时单	工时单可用于更新无、一些或所有资源的实际值。使用工时单的公司应有管理其使用的规程。工时单不在本版的范围内但是如果使用它们的话，实际值在应用前应仔细检查以确保它们符合逻辑。
• 资源费用计算	每个独立资源分配的资源费用可从资源数量单价计算得出。 每个资源分配有一个名为**从数量计算费用**的项。当选择这个时，此资源的费用从资源数量计算得出。 **资源窗口，详情**标签页的**从数量计算费用**选项为每个新资源分配设置了**从数量计算费用**的默认值。 这两项不相连且资源分配的设置可随时更改。

功能	讨论
• 资源窗口详情标签页	• **自动计算实际值** 　　这一项连接至所有的资源分配。当一个资源选择这项时，Primavera 基于尚需工期和实际数量计算尚需数量，通过从预算数量减掉尚需数量得出。 　　未选择的资源分配选项可通过应用**作业自动计算实际值**选项进行覆盖。 • **从数量计算费用** 　　当资源被分配至一个作业时有一个名为**从数量计算费用**的可用选项。当选择时，资源的费用在一个资源增加至一个作业及无论何时资源数量发生变化时，从**资源单位时间用量**计算得出。
• 常用进度选项	需要重点检查的选项之一为**对进行中的作业进行进展计算时使用**选项，因为这些会影响进展外顺序是如何操作的。这些选项应仔细检查以保证当进度重新计算时你了解会发生什么。 作业倾向于使用**维持逻辑关系**因为这个会给出一个更保守的进度，且哪些需要编辑的逻辑关系可以进行编辑以反映所需维持的逻辑关系。
• 步骤	如决定使用步骤更新一个进度，**项目窗口计算**标签页应选择**作业完成百分比基于作业步骤**选项，且每个作业都必须在**作业窗口**的**常用**标签页下分配**实际完成百分比类型**。
• 赢得值计算	**管理员(A)**，**管理设置(P)...**，**赢得值(V)**标签页，当一个目标计划已进展时，**必须不能设置为"预算值与计划日期"**，否则目标计划将会显示计划日期且这在进度进展时会包含不相关的数据。

21.7.2 更新日期和完成百分比

进度应首先按**更新一个无资源的进度**章节所介绍的进行更新。总的来说，这一项的完成通过输入：

- **已完成**作业的**实际开始**和**实际完成**日期。
- **进行中**作业的**实际开始**、**完成百分比**和/或**尚需工期**。
- 调整**未开始**作业的**逻辑**、**限制条件**和**工期**。

在更新**完成百分比**之前，应检查**完成百分比类型**以确保实际和尚需工期、费用和数量按需要进行计算。这最好是在项目创建时设置项目默认值完成，并在增加作业和分配资源时调整这些设置。

21.8 更新资源

计算资源数据的可用排列有很多。由于 Primavera 提供很多的选项，给出所有资源计算的可用组合是不现实的。

资源数量和费用的更新可使用下列的其中一种方法：

- 从工时单自动输入进展，名为**本期进度更新**的过程，或
- 使用名为**更新进展**的功能。这种方式**不**推荐，这是因为当进度已进展时，可能会存在**实际开始**和**最早完成**被 P6 修改的风险，或
- 使用**作业窗口**的**资源**标签页输入数据，或
- 使用**作业窗口**，**状态**标签页右边的部分输入数据，或
- 从 Excel 导入。可导入实际日期和尚需工期但是不能导入停工和复工。

21.8.1 资源标签页

资源标签页可用于更新资源**数量**（和费用如果使用**从数量计算费用**项不相连数量和费用时）。可创建一个更新视图并根据你的更新方法调整资源标签页栏位的格式；见下图：

资源代码名称	自动计算实际值	从数量计算费用	预算 数量	计量单位	实际费用	实际数量	尚需费用	尚需数量	完成时费用
XH.小红	☑	☑	8.00h		¥240.00	6.00h	¥320.00	8.00h	¥560.00
XB.小白	☑	☑	8.00h		¥300.00	6.00h	¥100.00	2.00h	¥400.00
XL.小兰	☑	☑	8.00h		¥240.00	6.00h	¥80.00	2.00h	¥320.00

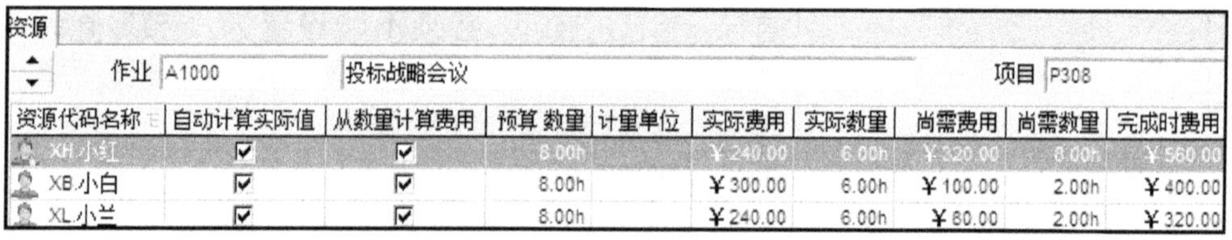

21.8.2 状态标签页

右边的窗口可用于更新资源。

- 当仅有一个资源时，这个小窗口和所分配的资源值之间会有一个直接的连接。
- 当有多个资源时，对这个小窗口做出的修改将会对所有的资源值有部分的改变。

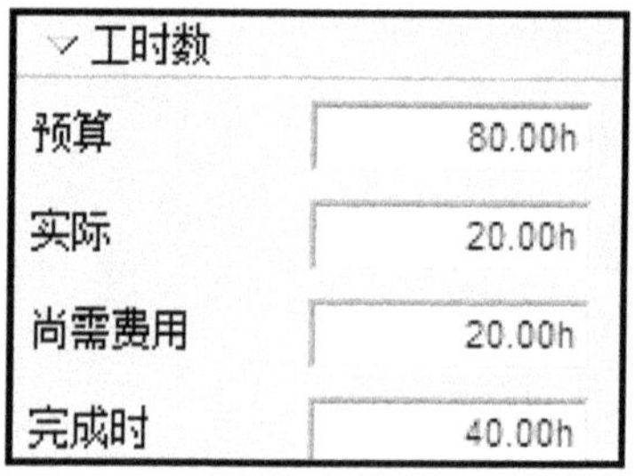

21.8.3 本期进度更新

此功能自动：

- 根据资源调整作业状态，好似它们如计划日期（这可能会改变实际日期和当前进度日期）般进行，且仅会更新从旧的到新的数据日期这一期间的作业。

- 在 Primavera 工时单系统应用实际值。

如需更新本期进度：

- 选择**工具(T)**，**本期进度更新(A)**...打开**本期进度更新**小窗口，

- 输入**新数据日期**并点击 图标。

- 如果有多个项目打开，可为每个项目选择不同的数据日期。

- 作业需要选择作业的**自动计算实际值**项才可使此功能应用于一个作业及分配至此作业的所有资源。

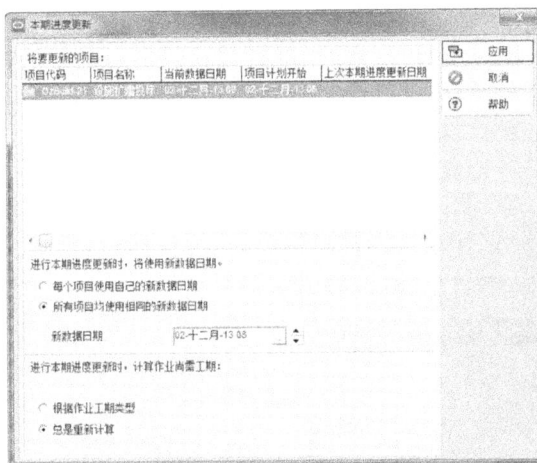

- 当**自动计算实际值**项没有选择时只有在**资源窗口**选择了**自动计算实际值**项的资源才会被更新。如果有一个资源选了而另一个没有选，那么选了的资源将会更新而没选的资源的工作将会推迟到直到**当前数据日期**之后。

使用**本期进度更新**时有一些很重要的问题必须明白：

- 这个功能使用**计划日期**，而不是当前进度日期来进展一个进度，所以此功能可能会改变实际开始日期和最早完成日期。这个计算过程使得此功能对大多数进度人员来说是毫无用处的。

- 本期进度更新功能不同于与 P3/SureTrak 的"更新进展"功能或 Microsoft Project 的"更新项目"功能，这两种都视项目为按当前进度来进展且更新所有的作业和资源。本期进度更新功能仅更新有资源的作业；它们都不会改变任何已有的实际日期，不像 Primavera 的更新进展和本期进度更新会改变日期为计划日期而包含不相关的数据。

- 当**作业自动计算实际值没有**选择时，仅分配了**自动计算实际值**资源的作业会更新它们的日期为计划日期；

- 当**作业自动计算实际值选项**时，这些作业都会更新它们的日期为计划日期；

- 有了**进展聚光灯**的引入，看起来并不需要使用**本期进度更新**自动更新一个项目，而可以使用**更新进展**和/或**进展聚光灯**。但是由于**更新进展**功能也会重置**实际日期**为**计划日期**，这使得此功能对大多数进度人员来说也是毫无用处的。

- 最开始可以先使用**全局更新**来设置**计划**日期为**开始**和**完成**日期，但是这会导致原定工期的改变从而使工期百分比的计算不正确，且用户有可能会忘记运行全局更新。

21.9 更新其他费用

其他费用的更新方式与资源类似，在**作业窗口**的**其他费用**标签页进行。其他费用不会详细介绍，但是有一些关于它的一些说明你可能会发现很有用：

- 其他费用不会从任何完成百分比自动更新而必须手动更新。

⚠️ 当从 Primavera 时间表模块导入数据时，其他费用的**自动计算实际值**选项才可与**本期进度更新**一起使用。

- 其他费用在它们的作业被标记为已开始或已完成时可能会分配了一个费用；而资源不会。这在表示承包商的调动费用（mobilization costs）时很有用。这些在数据日期计算进度。

- 其他费用可能在它们的作业在**没有**标记为已开始前有一个尚需费用；资源则没有。这在表示承包商的决算后费用（back charges）或滞留（retention）时很有用。这些在计划日期计算进度。

- 其他费用必须被分配一个用量和数量单价。用量的默认值为一。
- 其他费用用量可能不能在以下显示：
  - ➢ **作业窗口**栏位，或
  - ➢ **资源使用剖析表**，或
  - ➢ **资源直方图**，或
  - ➢ **作业使用剖析表**，或
  - ➢ **跟踪窗口**，或
  - ➢ **资源分配窗口**。
- 其他费用用量可在以下显示：
  - ➢ **报表**，或
  - ➢ **作业详情**的**其他费用**标签页，或
  - ➢ **其他费用窗口**。

ℹ️ 因此把其他费用数据导入系统是很容易的，但是把**其他费用数量**数据导出系统就会很困难。

21.10 自测题 18 – 更新一个有资源的进度

背景

我们现在需要在 15 年十二月 14 号更新作业和资源。

任务

1. 如果你没有完成之前的平衡资源自测题，那么你将需要创建并分配一个目标计划且显示目标计划栏：

    ➢ 选择**项目(P)**，**维护目标计划...**通过保存一个已有项目的副本创建一个目标计划，

    ➢ 选择**项目(P)**，**分配目标计划...**并选择这个目标计划同时为你的**项目目标计划**和主要**用户目标计划**，从而确保目标计划栏不是空白就是显示目标计划，而不会显示**计划日期**。

2. 应用你的 **OzBuild 自测题 13 – 目标计划**视图，目标计划栏应当显示。

3. 前往**项目窗口**的**计算**标签页确保你的设置如下图所示，此为标准设置。

4. 分配**项目经理**至作业**创建技术规格**，因为此资源在预估阶段被遗漏了，这将会在当前进度和目标计划数量和费用之间产生明显的区别。

5. 保存视图为 **OzBuild 自测题 18 – 更新资源**并如下图所示调整栏位格式。显示项目目标计划栏。

6. 在**作业**，**状态**标签页或栏位输入以下数据手动更新进度。

作业代码	作业名称	实际开始	实际完成	尚需工期	作业完成百分比
设施扩建投标		07-十二月-2015 08		31d	
技术规格		07-十二月-2015 08		9d	
OZ1000	批准投标	07-十二月-2015 08		0d	100%
OZ1010	决定安装要求	07-十二月-2015 08	09-十二月-2015 16	0d	100%
OZ1020	创建技术规格	09-十二月-2015 08		2d	40%

见下页...

7. 当你练习本次自测题时你应当创建几个视图，一个用于实际日期和工期，一个
    用于数量，一个用于费用，还有一个用于百分比。费用视图会在作业栏位和资
    源标签页显示费用。数量 视图应在作业栏位和资源标签页显示数量。

8. 计算进度并移动**数据日期**至 14-十二月-15 08:00。

作业代码	作业名称	实际开始	实际完成	尚需工期	作业完成百分比
设施扩建投标		07-十二月-2015 08		30d	
技术规格		07-十二月-2015 08		6d	
OZ1000	批准投标	07-十二月-2015 08		0d	100%
OZ1010	决定安装要求	07-十二月-2015 08	09-十二月-2015 16	0d	100%
OZ1020	创建技术规格	09-十二月-2015 08		2d	40%
OZ1030	确定供应商构成			2d	0%
OZ1040	验证技术规格			2d	0%

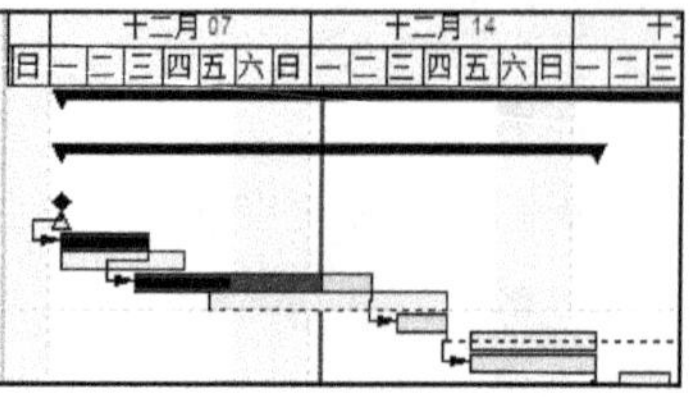

9. 创建一个 **OzBuild 自测题 18 – 数量**的视图如下图资源标签页显示栏位。观察资源
    是如何被更新的。

10. OZ1010 已经完成了所以没有尚需费用或尚需数量，且实际已被设定为等于预
    算，但是也可手动调整。

资源
作业 OZ1010　　　　　　决定安装要求

资源代码名称	尚需单位时间用量	预算 数量	实际数量	尚需数量	完成时数量
PM.项目经理	8h/d	32h	32h	0h	32h
SE.系统工程师	8h/d	32h	32h	0h	32h

11. 现在创建一个名为 **OzBuild 自测题 18 – 费用**的视图，调整栏位格式并检查费用：

资源
作业 OZ1010　　　　　　决定安装要求

资源代码名称	单价	预算 费用	实际费用	尚需费用	完成时费用
PM.项目经理	￥120/h	￥3,840	￥3,840	￥0	￥3,840
SE.系统工程师	￥90/h	￥2,880	￥2,880	￥0	￥2,880

12. OZ1020 为进行中且尚需数量和费用已从尚需工期和尚需单位时间用量计算得
    出，但也可手动调整。

资源
作业 OZ1020　　　　　　创建技术规格

资源代码名称	单价	预算 费用	实际费用	尚需费用	完成时费用
PM.项目经理	￥120/h	￥4,800	￥2,880	￥1,920	￥4,800
SE.系统工程师	￥90/h	￥3,600	￥2,160	￥1,440	￥3,600

13. 现在显示 **OzBuild 自测题 18 – 数量**视图并检查数量：

资源
作业 OZ1020　　　　　　创建技术规格

资源代码名称	尚需单位时间用量	预算 数量	实际数量	尚需数量	完成时数量
PM.项目经理	8h/d	40h	24h	16h	40h
SE.系统工程师	8h/d	40h	24h	16h	40h

14. 检查分配至 OZ1020 的专业咨询的费用；它们没有自动更新。更新实际费用为¥ 2,000,及尚需费用为¥4,500。

其他费用				
作业 OZ1020		创建技术规格		
其他费用条目	预算 费用	实际费用	尚需费用	完成时费用
专业咨询	¥5,000	¥2,000	¥4,500	¥6,500

15. 现在创建一个名为 **OzBuild 自测题 18 – 百分比**的视图并如下图所示显示完成百分比栏位。确保显示分组总计：

16. 在创建技术规格的实际完成百分比输入 80% 并观察作业完成百分比变为 80%，这是因为此作业完成百分比类型为实际：

作业代码	作业名称	作业完成百分比	实际完成百分比	工期完成百分比	数量完成百分比
设施扩建投标				14.29%	20%
技术规格				45.45%	58.33%
OZ1000	批准投标	100%	100%	100%	100%
OZ1010	决定安装要求	100%	100%	100%	100%
OZ1020	创建技术规格	80%	80%	60%	60%

17. 选择创建技术规格作业，打开状态标签页，在右边的框体内修改实际工时数从 48h 到 24h。注意数量完成百分比变为 30%，这是因为使用更少的小时数，但是尚需增加至 56 小时：

作业代码	作业名称	作业完成百分比	实际完成百分比	工期完成百分比	数量完成百分比
设施扩建投标				14.29%	15.71%
技术规格				45.45%	45.83%
OZ1000	批准投标	100%	100%	100%	100%
OZ1010	决定安装要求	100%	100%	100%	100%
OZ1020	创建技术规格	80%	80%	60%	30%

18. 现在打开 **OzBuild 自测题 18 – 数量**视图,现在两个资源每个都显示 12h 的实际和 28h 的尚需。**尚需单位时间用量**现在为 14h/d（14 小时/天），这是因为**作业类型为固定工期和资源用量**：

资源						
作业 OZ1020		创建技术规格				
资源代码名称	尚需单位时间用量	预算 数量	实际数量	尚需数量	完成时数量	
PM 项目经理	14h/d	40h	12h	28h	40h	
SE 系统工程师	14h/d	40h	12h	28h	40h	

19. 现在打开 **OzBuild 自测题 18 – 费用**视图，实际费用和尚需费用应被重新计算：

资源						
作业 OZ1020		创建技术规格				
资源代码名称	单价	预算 费用	实际费用	尚需费用	完成时费用	
PM 项目经理	¥120/h	¥4,800	¥1,440	¥3,360	¥4,800	
SE 系统工程师	¥90/h	¥3,600	¥1,080	¥2,520	¥3,600	

见下页…

20. 接着打开 **OzBuild 自测题 18 – 数量**视图并修改**创建技术规格**的**状态**标签页下的**尚需数量**为 24，注意资源的数量和费用的变化。

资源代码名称	尚需单位时间用量	预算 数量	实际数量	尚需数量	完成时数量
作业 OZ1020 — 创建技术规格					
PM.项目经理	6h/d	40h	12h	12h	24h
SE.系统工程师	6h/d	40h	12h	12h	24h

21. 现在打开 **OzBuild 自测题 18 – 费用**视图，实际费用和尚需费用应被重新计算：

资源代码名称	单价	预算 费用	实际费用	尚需费用	完成时费用
作业 OZ1020 — 创建技术规格					
PM.项目经理	¥120/h	¥4,800	¥1,440	¥1,440	¥2,880
SE.系统工程师	¥90/h	¥3,600	¥1,080	¥1,080	¥2,160

22. 创建一个名为 **OzBuild 自测题 18 – 目标计划比较**的视图并编辑栏位是你可以看到作业 OZ1020、技术规格 WBS 节点和项目的**完成时差值**：

作业代码	作业名称	作业完成百分比	目标项目工时数	完成时工时数	差值 - 目标项目工时数	目标项目总费用	完成时总费用	差值 - 目标项目总费用
设施扩建投标			520h	528h	-8h	¥55,060	¥58,000	¥-2,940
技术规格			152h	160h	-8h	¥19,800	¥22,740	¥-2,940
OZ1000	批准投标	100%	0h	0h	0h	¥0	¥0	¥0
OZ1010	决定安装	100%	64h	64h	0h	¥6,720	¥6,720	¥0
OZ1020	创建技术规	80%	40h	48h	-8h	¥8,600	¥11,540	¥-2,940
OZ1030	确定供应	0%	16h	16h	0h	¥1,120	¥1,120	¥0
OZ1040	验证技术	0%	32h	32h	0h	¥3,360	¥3,360	¥0
交付计划			224h	224h	0h	¥21,520	¥21,520	¥0
OZ1050	文件交付	0%	32h	32h	0h	¥3,840	¥3,840	¥0
OZ1060	从供应商	0%	128h	128h	0h	¥12,160	¥12,160	¥0
OZ1070	计算投标	0%	24h	24h	0h	¥1,920	¥1,920	¥0
OZ1080	创建项目	0%	24h	24h	0h	¥1,920	¥1,920	¥0
OZ1090	审核交付	0%	16h	16h	0h	¥1,680	¥1,680	¥0
投标文件			144h	144h	0h	¥13,740	¥13,740	¥0
OZ1100	创建投标	0%	96h	96h	0h	¥8,160	¥8,160	¥0
OZ1110	审核投标	0%	32h	32h	0h	¥3,360	¥3,360	¥0
OZ1120	完成并递	0%	16h	16h	0h	¥2,220	¥2,220	¥0
OZ1130	投标文件	0%	0h	0h	0h	¥0	¥0	¥0

23. 在这时，你可以用这个作业进行练习。不选**自动计算实际值**将可使你修改费用，这样它们就不会从资源单价自动计算了。

24. 你也可以再看一下其他的一些标签页比如**汇总**标签页。

22 组织项目数据的其他方法

工作分解结构 – WBS 功能在之前作为一种在层级结构下组织项目和作业的方法已经进行过讨论。Primavera 中也有其他的可用功能用于作业、资源和项目信息的分组、排序和过滤：

- 作业分类码
- 用户定义字段（UDF）
- WBS 类别
- 资源分类码
- 费用科目
- 企业项目结构（EPS）层次作业分类码

> *i* Primavera 中没有诸如在 P3 和 SureTrak 中的作业代码分类码这样的功能。在 Primavera 中，每个作业必须有一个独特的作业代码但是并没有与其相关的逻辑分类码系统。有些用户会两次编码作业这样有些作业代码的字符就会与作业分类码一样。

22.1 *理解项目分解结构*

一个项目分解结构表示对项目进行层级式分解变为合理的功能性元素。有些公司有包含"条例"的高度组织和规律的结构用于创建和编码结构中的元素。有些客户也会对承包商强加一个 WBS 分类码用于报表和/或索赔款项。下面为这种结构的例子：

- **WBS** **工作分解结构**（**Work Breakdown Structure**）把项目分解成交付一个项目所需的工作元素。

- **COA** **账户分类码/编码**（**Code of Accounts**），也被称作**费用分解结构**（**Cost Breakdown Structure**）。一般这会包含进度这种没有的费用，比如保险和杂项开支。WBS 在这种情况下代表 COA 的一部分。

- **OBS** **组织分解结构**（**Organization Breakdown Structure**）显示一个项目的层级管理结构。Primavera 对这个分解结构有预先定义的项。

- **CBS** **合同分解结构**（**Contract Breakdown Structure**）显示分解成元素的合同。

- **SBS** **系统分解结构**（**System Breakdown Structure**），一种分解复杂系统为元素的**系统工程**方法。

- **PBS** **产品分解结构**（**Product Breakdown Structure**），此为 **PRINCE2** 术语，用于在项目管理（Project Management）和专业产品（Specialists Producsts）两个标题下分解项目的可交付成果。

22.2 *作业分类码*

作业分类码可用于从一个或多个打开项目中作业的分组、排序和过滤。

- **作业分类码**，例如阶段、职业或学科，通常在**作业分类码定义**小窗口进行定义。
- **作业分类码值**的定义在**企业(N)，作业分类码(C)**...小窗口，例如：
  - ➤ 设计、采购、安装和测试的阶段，
  - ➤ 砌砖、水管、电路的职业，及
  - ➤ 混凝土、机械、管道的学科。
- **作业分类码**的分配可在**作业窗口**使用底部窗格的**分类码**标签页或显示适合的作业分类码栏位。

> *i* P3 和 SureTrak 有一个 WBS 分类码层级机构的 WBS 分类码词典，这可有效的产出最大 20 层次的无限数量的 WBS 分类码。Microsoft Project 2002 引入了自定义大纲代码，为一个可分配至作业的层级式编码结构并可使作业在这些代码下进行分组。每个项目有 10 个可用代码，可重新命名以适应项目需要。Primavera 作业分类码功能与 P3 和 SureTrak 的 WBS 分类码功能及 Microsoft Project 的自定义大纲代码功能都类似，但每个分类码词典可以有无限数量的分类码词典和值，与 P3 和 SureTrak 不同的是，这是可以分级的。

22.2.1 理解作业分类码

作业分类码有三种类型：

- **全局作业分类码**可随时创建并应用于任何项目。
- **EPS** 的创建用于与某一 EPS 节点相关的项目，仅可分配至与此 EPS 节点相关的项目作业。因此你可能希望为铁路 EPS 的项目创建铁路 EPS 作业分类码，而为软件开发 EPS 的项目创建软件开发 EPS 作业分类码。
- **项目作业分类码**仅在项目打开时才可以创建且仅应用于它们创建时的项目。这些可以通过点击**作业分类码定义 – 项目**小窗口的 ⬤ 转为全局 图标转变为全局。

作业分类码可在**作业分类码**小窗口增加、删除或修改：

- 选择**企业(N)，作业分类码(C)**...打开**作业分类码**小窗口，
- 选择**全局**、**EPS** 或**项目**按钮的其中一个，这要根据分类码是否是为一个特定的项目或对所有项目可用，
- 在**编辑作业分类码**下方的下拉菜单选择需要编辑的**分类码结构**。
- 分类码结构的编辑方式与 WBS 分类码类似。
- 每个作业分类码都有一个分类码值和一个说明。分类码的长度在创建时进行定义，见下一部分。

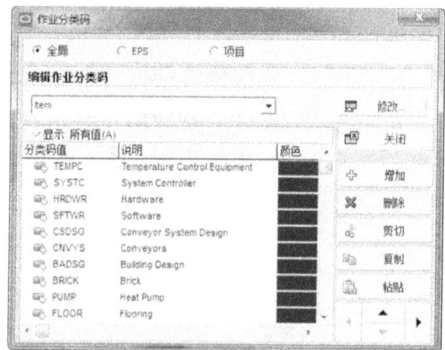

22.2.2 作业分类码的创建

这一过程可在数据库中创建一个项从而进行作业分类码的添加。

- 从**作业分类码**小窗口打开一个**作业分类码定义**小窗口，可选择：
  - ➤ **全局**
  - ➤ **EPS**，或
  - ➤ **项目，**

    每个小窗口略有不同。

- 点击 ⬚ 修改… 图标打开**作业分类码定义**小窗口。

- 作业分类码可在这些窗口内进行创建、删除或转为全局并重新排序。

- **最大长度**为分类码在**作业分类码**小窗口创建时分配的最大字符数量。

- **保密性分类码**允许通过用户保密性协议控制权限。

- **作业分类码定义 – 项目**小窗口有以下图标：
  - ➤ 🌐 转为全局 可使一个项目作业分类码转为一个全局作业分类码，
  - ➤ ◈ 转为 EPS 可使一个项目作业分类码转为一个 EPS 作业分类码。

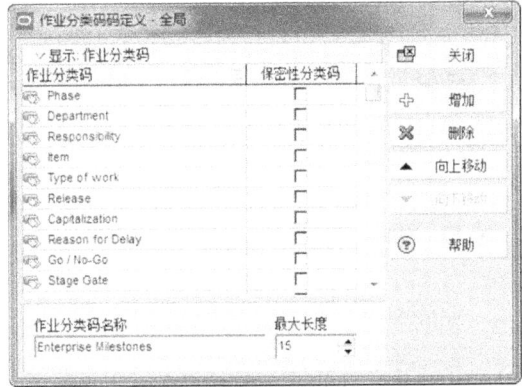

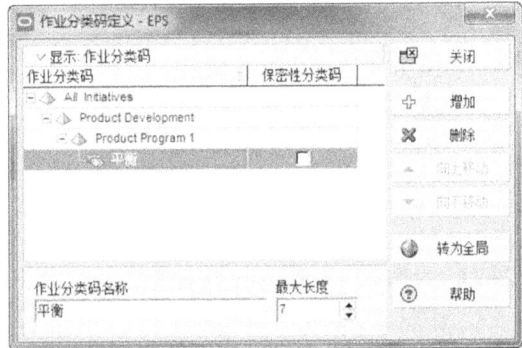

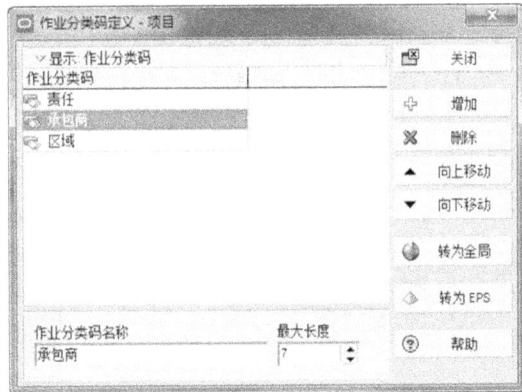

22.2.3 定义作业分类码值及说明

定义作业分类码与 P3 和
SureTrak 的创建分类码词典或
Microsoft Project 的重命名自定义大
纲代码类似：

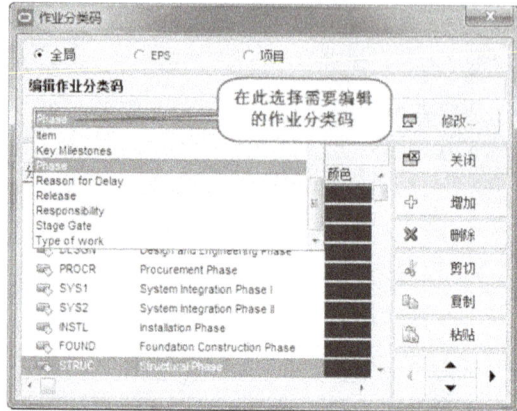

- 在**作业分类码**小窗口选择**全
  局**、**EPS** 或**项目**，
- 从下拉菜单选择需要编辑的**作
  业分类码**，
- 按与 WBS 分类码和说明一样的
  方法增加**作业分类码值**和**说
  明**。
- **作业分类码颜色**可在 8.1 和 8.2
  版本的**时间标尺逻辑图表**或 8.3
  及更新版本的 **Visualizer** 中使
  用。

22.2.4 为作业分配作业分类码值

作业分类码可分配至一个作
业：

- 选择底部窗格的**分类码**标签页并
  点击 [分配] 图标打开**分配作
  业分类码**小窗口分类一个作业分
  类码，或
- 显示合适的作业分类码栏位并：
  - ➢ 输入分类码，或
  - ➢ 双击作业分类码格打开**选
    择"分类码"**小窗口。

22.2.5 分配分类码时增加作业分类码

作业分类码可一边工作一边添加，因为**分配作业分类码**小窗口有一个名为**新**的图标允许作业分类码在分配的时候进行创建：

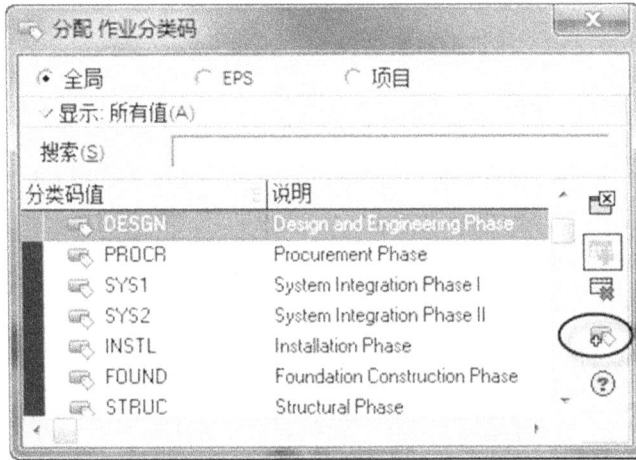

点击 图标打开**增加码值**小窗口并输入新的分类码值及分类码码值说明。

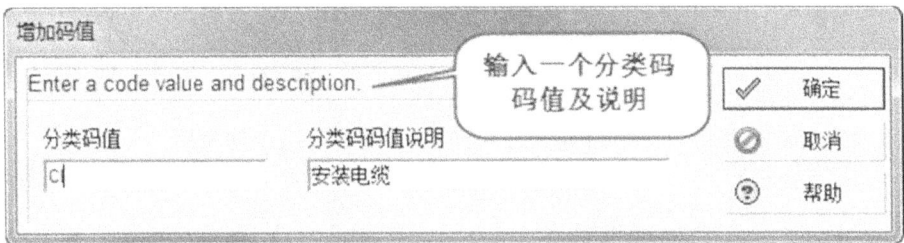

22.2.6 作业分类码的分组、排列和过滤

当有多个项目打开时，一个作业分类码可用于分组同一个分组码结构下的所有打开项目的作业。

作业分类码的分组及过滤方式与 WBS 分类码相同。

22.2.7 导入作业分类码

如果使用 Primavera Excel 导入功能随作业导入作业分类码，它必须在导入之前已经存在于数据库中；否则，分类码将不能被导入。

作业分类码的导入可通过加载软件开发包（Software Developers Kit - SDK）并使用 Oracle Primavera 知识库的一个可用 Excel 表。

22.3 *用户定义字段*

用户定义字段（User Defined Fields – UDFs）与 P3 的 Custom Data Items 或 Microsoft Project 的 Custom Fields 类似，可为数据库记录分配额外的信息。它们用于记录关于数据项的信息，作为作业分类码和其他预先定义的 Primavera 项的另一种模式。分配至用户定义字段的数据类型可以是设备数、订单数、差值或范围数，道路、铁路或管道修改；地址及额外的费用数据。

作业数据可使用与作业分类码类似的方式使用用户定义字段进行可以过滤、分组并排序。

数据可导入至这些字段，与作业分类码不同的是，数据项不一定在导入前存在于数据库内。

有很多预先定义的字段可以重命名并创建新的字段。用户定义字段的定义可为：

- 作业
- 作业资源分配
- 作业步骤
- 问题
- 项目其他费用
- 项目
- 资源
- 风险
- WBS
- 工作产品和文档

字段可从下面的列表分配一个**数据类型**：（由于有些**数据类型**没有翻译，译者在此给出相应的解释）

- Text（文本）–最多 255 个字符
- Start Date 和 Finish Date（开始日期和完成日期）–可用于创建栏
- Cost（费用）
- 指示器 – 从 ◉ ▽ ⊘ ★ 选择
- Integer（整数）
- 数字

在任何项目的字段输入一些数据之后，**数据类型**就不能再修改了。

i **用户定义字段**较之**记事本主题**的其中一个优势在于它们也可以在栏位中显示，且可剪切并粘贴至其他程序比如 Excel。

而且，用户定义字段的数据也轻易的从 Excel 导入且不会改变你的项目数据。你可能考虑导入数据至用户定义字段并在下一步全局更新这些信息于合适的位置。

- 因此资源数据需要导入至资源用户定义字段，而
- 作业数据需要导入至作业用户定义字段。

⚠ 你必须小心不要把一个用户定义字段的名字改为与 P6 的项一样，否则你在创建过滤器的时候就会分不清彼此。

你可以考虑在每个用户定义字段末尾添加一个句号，这样就可以清楚的看到哪个是用户定义字段，哪个是一个 P6 项。

选择**企业(N)**，**用户定义字段**...打开**用户定义字段**小窗口：

- 在小窗口左上角的下拉菜单选择**主题范围**。

- 使用 ⊕ 增加 和 ✖ 删除 图标创建和删除字段。

- 从下拉列表选择**数据类型**。（由于**用户定义字段**包含的默认**标题**软件没有翻译，用户应根据项目的需要自行创建并编辑）

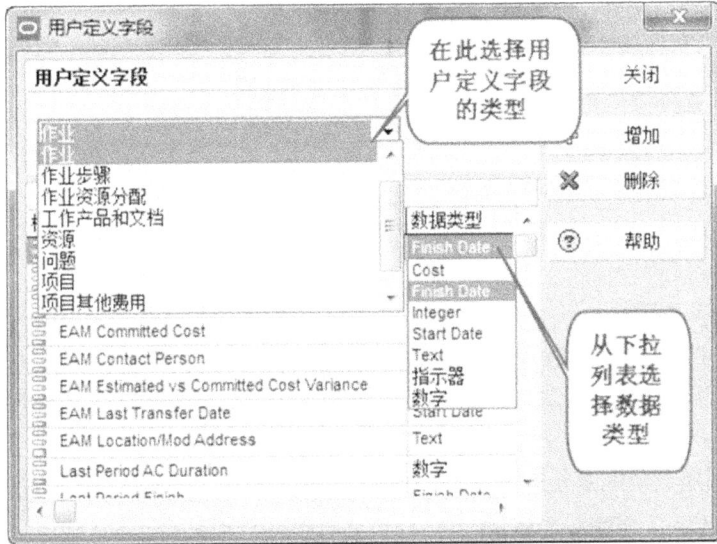

⚠️ 当增加新的字段或编辑标题时，用户定义字段列表将会立刻重排，你可能需要上下滚动鼠标才能在列表中找到它。

如需在一个用户定义字段显示或编辑数据，栏位应在合适的窗口显示。比如说，如果一个作业用户定义字段已经被创建了，那么就应选择作业窗口，字段将会在**用户定义**下面显示。

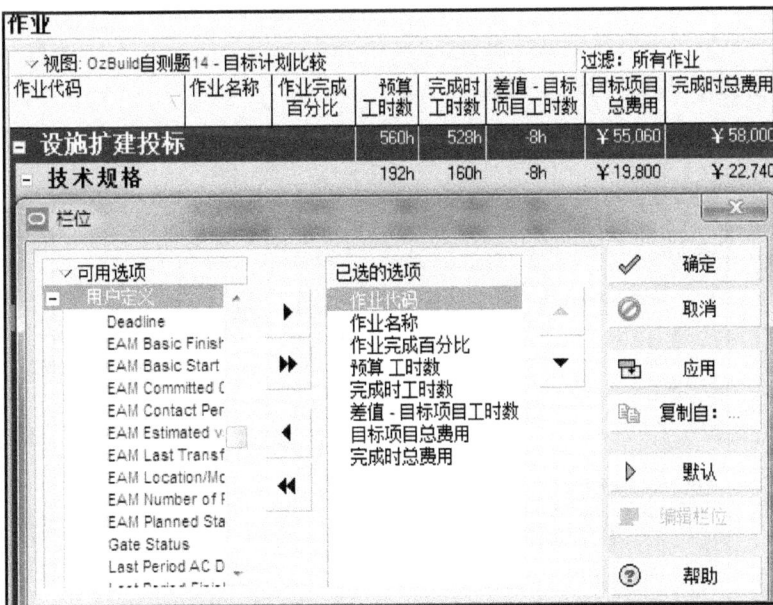

22.4 *WBS 类别或项目阶段*

WBS 类别在 **WBS 窗**口分配至 **WBS 节点**，可用于在不同的标题下分组和排序 WBS 节点，这与 P3 的项目分类码类似。

这样可以，例如：分步至一个项目 WBS 各处的所有设计 WBS 节点在一个标题下分组在一起，而不需要为每个作业分类一个作业分类码。

见段落 6.5 获取更详细的内容。

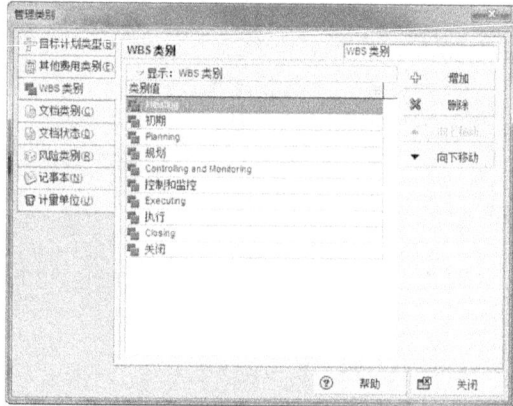

22.5 *资源分类码*

资源分类码对资源来说就如同作业分类码对作业一样，可允许资源根据这些分类码进行分组、排序和过滤。资源可有的分类码可分配比如办公室、地点或雇佣状态。

如需创建一个资源分类码：

- 选择**企业(N)**，**资源分类码(S)**...打开**资源分类码**小窗口。
- 资源分类码的创建、编辑和删除方式与作业分类码类似。

资源分类码可用于作业分类码相似的方式分配至资源：

- 打开**资源窗**口，
- 显示合适的分类码栏位，
- 打开**资源窗**口的**分类码**标签页。

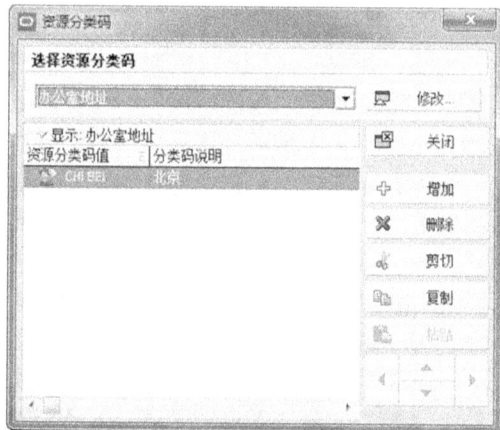

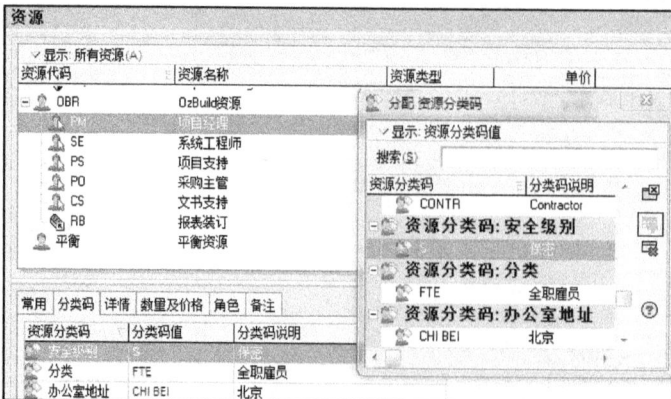

22.6 *费用科目*

费用科目对于资源分配就如同作业分类码于作业，目的用于反映一个项目的会计分类码结构。在 P3 中，Primavera 的费用科目是分配给一个资源的。它们可使资源数据分组和报表至费用科目中，这就允许预算可以计算并用于更新整体预算。

费用科目有作业分类码所没有的额外功能：

- 每个新资源或其他费用的默认费用科目可在**项目窗口**的**默认**标签页进行指定。这用于每个新资源或其他费用且不影响已有的分配。**项目默认费用科目**可随时修改：

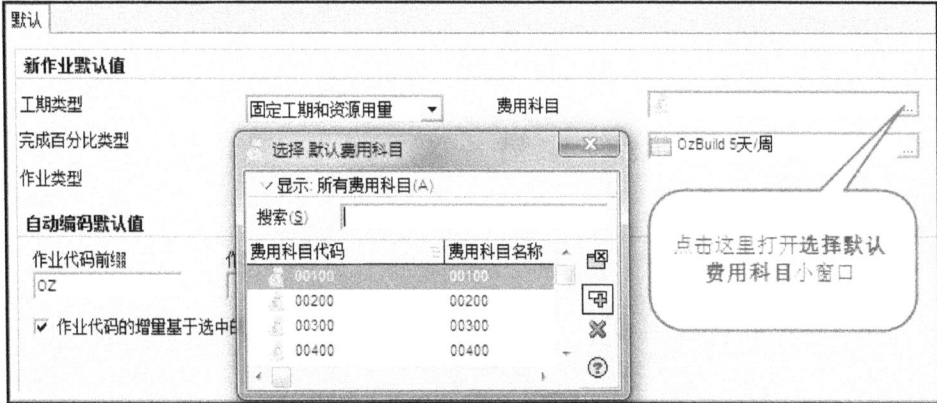

- 费用科目可重新分配并进行合并。
- 费用科目在创建时可以费用科目说明。

费用科目的创建：

- 在专业客户端的**费用科目**小窗口，通过选择**企业(N)**，**费用科目(A)**...打开**费用科目**小窗口；
- 在可选客户端，选择**管理员**、**企业数据**、**作业**、**费用科目**。

资源或其他费用的费用科目分配可通过在**作业窗口**底部窗格的**资源**和**其他费用**标签页显示费用科目栏位来完成。

22.7 *所属者作业属性*

"所属者"，Primavera 6.0 版的新作业项，可使一个不是资源的用户分配至一个作业。这个功能现在可使负责一个作业的人员从用户列表进行分配，此功能可与一个反馈（Reflection）项目结合使用。

22.8 *自测题 19 – 作业分类码和用户定义字段*

背景

这个自测题将会着重于创建一个作业分类码及一些 UDF。在下一个自测题中，你将使用全局更新填入这些 UDF。

我们将要创建一个可代表此项目部门（Department）责任的作业分类码。

任务 – 作业分类码

1. 选择**企业(N)，作业分类码(C)**...打开**作业分类码**小窗口，

2. 点击小窗口上方的**项目**按钮。

3. 选择 修改... 打开**作业分类码定义 – 项目**小窗口。

4. 选择 增加 并创建一个名为**墨尔本部门**的新分类码，分配**最大长度**为 3。

5. 点击 关闭 关闭此小窗口。

6. 如右图所示创建作业分类码值及说明。

7. 应用 **OzBuild 自测题 10-没有浮时**视图。

8. 按图所示添加部门栏位并保存此视图为 **OzBuild 自测题 19 – 分配分类码**视图。

9. 按图所示使用所有可用方法分配部门：

作业代码	作业名称	墨尔本部门
设施扩建投标		
技术规格		
OZ1000	批准投标	OBM
OZ1010	决定安装要求	OBM.EN
OZ1020	创建技术规格	OBM.EN
OZ1030	确定供应商构成	OBM.PR
OZ1040	验证技术规格	OBM.PS
交付计划		
OZ1050	文件交付方式	OBM.EN
OZ1060	从供应商获取报价	OBM.PR
OZ1070	计算投标估价	OBM.PR
OZ1080	创建项目进度	OBM.PS
OZ1090	审核交付计划	OBM.PS
投标文件		
OZ1100	创建投标文件草稿	OBM.PS
OZ1110	审核投标文件	OBM.PS
OZ1120	完成并递交投标文件	OBM.PS
OZ1130	投标文件递交	OBM

10. 现在根据**作业分类码墨尔本部门**进行分组并排序，根据开始日期排序。里程碑现在应该在屏幕顶端。

11. 显示项目目标计划栏及项目目标计划里程碑并移动它们至小窗口的底端以确保在当前进度栏上显示逻辑关系：

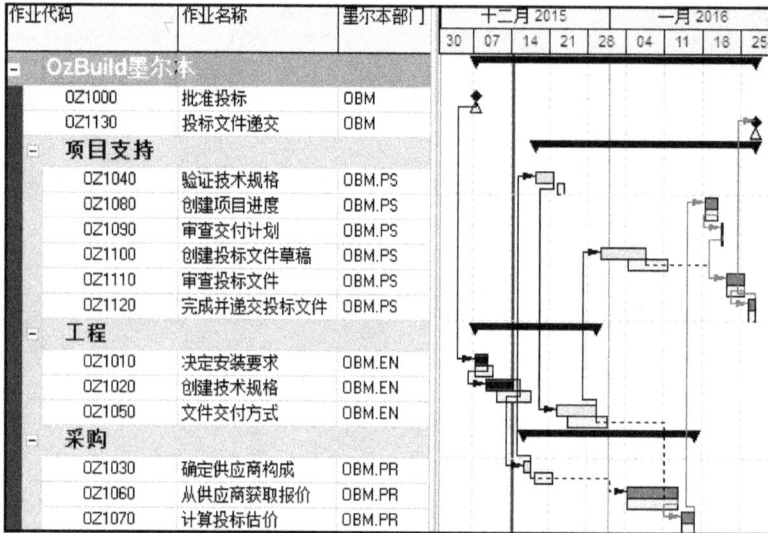

12. 现在根据 **WBS** 分组并排序，按作业代码排序。

13. 保存视图为 **OzBuild 自测题 19 – 作业分类码**。

任务 – 用户定义字段（UDF）

14. 我们现在要创建一些将要使用全局更新填入的用户定义字段。

注意：如果你在共享数据库下使用软件，教员将需要创建这些 UDF。

15. 选择**企业(N)**，**用户定义字段...**打开**用户定义字段**小窗口，

16. 在小窗口底端的下拉菜单选择**作业**，

17. 添加三个 UDF 名为：

- **末周期开始，数据类型**为 **Start Data**（开始日期）
- **末周期完成，数据类型**为 **Finish Date**（完成日期）
- **末周期完成时工期，数据类型**为**数字**。

18. 如下图所示显示栏位并分组 WBS 进行分组:

19. 保存视图为 **OzBuild 自测题 19 – UDF**。

23 全局更新

23.1 *介绍全局更新*

全局更新这个功能可在一个步骤内修改多个数据项。全局更新的使用可为：

- 分配资源至角色
- 根据某个要素增加或减少所选作业的工期
- 通过在原定说明的开始或末尾放置作业分类码创建新的作业说明
- 移除限制条件
- 修改日历。

在书写本书时，全局更新不可在**项目窗口**使用，这是由于全局更新不能使用项目数据的缘故。

本章旨在介绍**全局更新**并将包含以下主题：

- 全局更新的基本概念
- 指定更新说明
- 全局更新的简单示例
- 选择用于全局更新的作业
- 临时值及全局更新功能
- 全局更新更高级的示例。

在你理解原理之后你将可以自己设计一些使用全局更新的有趣方式。

建立一个如你所愿进行数据修改的全局更新是十分困难的。

当全局更新用于资源、完成百分比和工期时，你必须考虑你的自动计算费用规则。比如说，当尚需工期与完成百分比不相连时，改变原定工期将不会对已经开始作业的最早完成造成影响。

i 务必谨慎使用全局更新，因为这些将不可撤销。你可以考虑在应用全局更新之前复制你的项目或建立一个反馈项目。了解**全局更新报表**以审核你所做的修改，再永久性的应用这些修改。

23.2 全局更新的基本概念

全局更新可在迟些时间进行创建、保存和使用。

全局更新是不可以"撤销"的。

选择**工具(T)**，**全局更新(G)**...打开**全局更新**小窗口：

全局更新小窗口显示了项目中可用的全局更新列表。

- ⟨应用更新(A)⟩ 可在最后通过选择**全局更新报表**的 ⟨确认更新(O)⟩ 完成对项目数据的修改之前，查看**全局更新报表**的全局更新效果。

- ⟨新建(N)...⟩ 可创建一个新的全局更新。

- ⟨修改(M)...⟩ 可使你修改高亮的全局更新。

- ⟨删除(D)⟩ 可删除高亮的全局更新。

- ⟨复制(Y)⟩ 和 ⟨粘贴(P)⟩ 可创建一个已有全局更新的备份并进行编辑。

- ⟨导入⟩ 和 ⟨导出⟩ 用于从另一个 **Primavera** 更新文件（**Primavera Change File**）**pcf** 文件格式的数据内导入和导出全局更新。

> ⚠ **强烈**建议你在把一个全局更新变为永久性更新前，仔细查看**全局更新报表**所做的修改。
>
> **强烈**建议你在使用一个全局更新前制作你的项目的一个备份：在企业窗口复制项目，建立一个目标计划或使用一个反馈项目。

在使用 [新建(N)...] 或 [复制(Y)] 和 [粘贴(P)] 创建全局更新之后，选择

[修改(M)...]，你将看到第二个**修改全局更新**小窗口。

在这里你可以选择修改的数据并指定数据在何处运算。

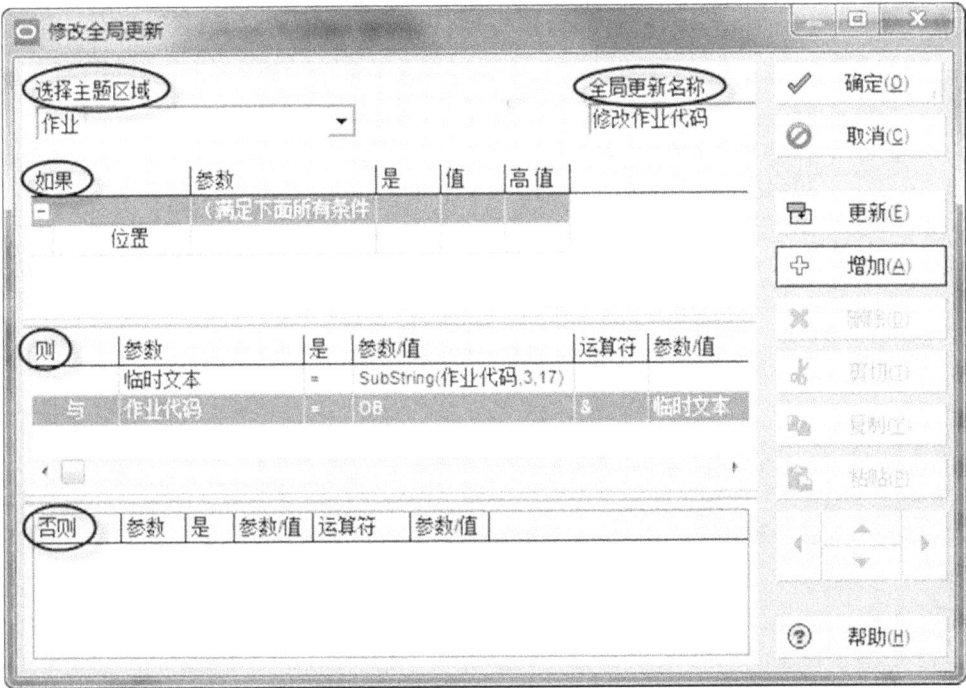

小窗口的顶端有一些框体：

- **选择主题区域**可选择作业、作业资源分配或项目其他费用，

- **全局更新名称**为在**全局更新**小窗口显示的名称。

这个小窗口的下方有三个部分，你将需要点入每个区域并使用 [增加(A)] 和

[删除(D)] 图标增加或移除条件或运行行：

- **如果**区域可以为所选的运算数据创建一个条件。这与创建一个过滤器类似。

- **则**区域可以指定应用于所选数据的运算。

- **否则**区域可设定一个选项，指定一个用于未选择数据的运算。

- [确定(O)] 接受更新所做的编辑但不执行。

- [取消(C)] 取消对更新所做的编辑。

- [更新(E)] 可使你在修改数据库前，在**全局更新报表**看到你得到的结果。

- 其他的命令都简单易懂，用于在全局更新内创建和编辑行，但你需要点入**如果**或
  则或**否则**区域才可以进行各区域的编辑。

23.3 指定更新说明

下图所示的基本全局更新将在原定工期大于 10 天的作业上，增加 5 天的尚需工期，并增加所有其他作业尚需工期的 20%。

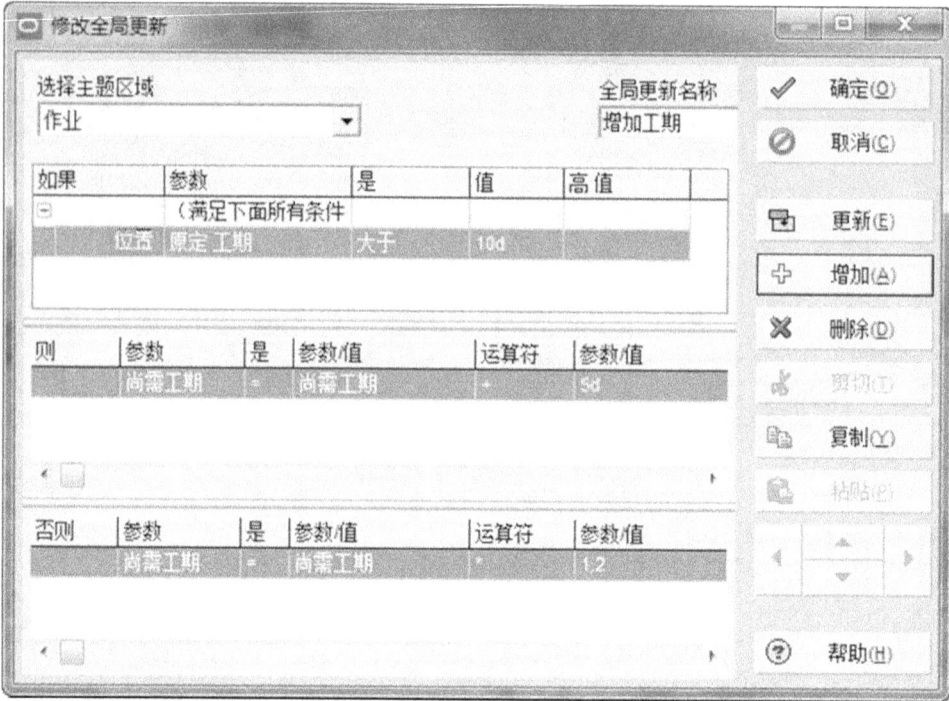

修改全局更新小窗口有三个区域：

- **如果**区域有 5 项，与过滤器的工作方式相同，用于选择所更新的数据。
- **则**区域有 5 项：
  - ➤ **参数** – 此为当**如果**说明满足时，将要进行修改的数据项。
  - ➤ **是** – 此为一个说明。
  - ➤ **参数/值** – 这是更新的源数据，当用于修改参数值时，可与**参数**的项一样。
  - ➤ **运算符** – 这是参数/值更新的方式。
  - ➤ **参数/值** - 这是将要用于更新的值或其他参数。

    如需输入一个数字、文本或值，你将需要从**参数/值**下拉列表选择**{自定义}**：

- **否则**区域的运算方式在**如果**说明**不**满足时与**如果**区域一样。

23.4 全局更新的简单示例

以下为全局更新的简单示例。

增加原定工期

此全局更新可增加原定工期项值的 20%，通过原定工期乘以 1.2。

选择主题区域			全局更新名称	
作业			增加原定工期20%	

如果	参数	是	值	高值
−	（满足下面所有条件			
	位置			

则	参数	是	参数/值	运算符	参数/值
	原定 工期	=	原定 工期	*	1.2

复制日期和工期

此示例将复制开始、完成和原定工期至自定义数据项区：

选择主题区域			全局更新名称	
作业			复制日期和工期	

如果	参数	是	值	高值
−	（满足下面所有条件			
	位置			

则	参数	是	参数/值	运算符	参数/值
	末周期开始	=	开始		
与	末周期完成	=	完成		
与	末周期完成时工期	=	完成时工期		

移除实际日期

设定一个空白项将会在某些情况下移除数据：

选择主题区域			全局更新名称	
作业			移除实际日期	

如果	参数	是	值	高值
−	（满足下面所有条件			
	位置			

则	参数	是	参数/值	运算符	参数/值
	实际开始	=			
与	实际完成	=			

23.5 选择用于全局更新的作业

很多时候，你可能想在符合某个特定条件的数据中应用全局更新，**如果**说明行用于选择数据，**则**行定义的运算将会被执行。不符合**则**条件的数据可通过在**否则**说明行定义的运算进行更新。

下面的例子将在完成百分比大于 50%的情况下使尚需工期加倍：

选择主题区域				全局更新名称	
作业 ▼				增加尚需工期	
如果	**参数**	**是**		**值**	**高值**
−	（满足下面所有条件				
位置	作业完成百分比	在范围之内		50%	99.9%
则	**参数**	**是**	**参数值**	**运算符**	**参数值**
尚需工期	=	尚需工期	*	2	

下面的例子将在原定工期超过 10 天的作业上再增加 5 天，并增加那些小于 10 天的作业 20%。

选择主题区域				全局更新名称	
作业 ▼				增加工期20%或增加5天	
如果	**参数**	**是**		**值**	**高值**
−	（满足下面所有条件				
位置	原定工期	大于或等于		10d	
则	**参数**	**是**	**参数值**	**运算符**	**参数值**
原定工期	=	原定工期	*	5d	
否则	**参数**	**是**	**参数值**	**运算符**	**参数值**
原定工期	=	原定工期	*	1.2	

23.6 全局更新的工期计算

⚠️ 当计算工期时，请记住 P6 以小时进行计算，如果你以天显示工期，那么你将需要适当对工期的乘以或除以 8 才可以得到正确的工期。

23.7 （满足下面任一条件）和（满足下面所有条件）

在**如果**部分的**参数**标题下有两个选项，（**满足下面任一条件**）和（**满足下面所有条件**）。这些的使用方式与过滤器中的**如果**说明的方式相同。

选择主题区域				全局更新名称
作业 ▼				修改原定工期

如果	参数	是	值	高值
−	（满足下面所有条件 ▼			
位置	（满足下面任一条件）	等于	2d	
与	（满足下面所有条件）	低于	OzBuild-23	

当选择（**满足下面任一条件**）时，全局更新将会在达到你任一所选条件时运行。

在下面的例子中，任一原定工期大于 2 天的作业，或分配至 WBS 节点 OzBuild -23 的作业，其原定工期都会加倍。

选择主题区域				全局更新名称
作业 ▼				修改原定工期

如果	参数	是	值	高值
−	（满足下面任一条件）			
位置	原定工期	大于	2d	
或	WBS	等于	OzBuild-23	

则	参数	是	参数值	运算符	参数值
	原定工期	=	原定工期	*	2

当选择（**满足下面所有条件**）时，每个所选条件都必须被满足才可使全局更新作用于数据。

在下面的例子中，只有原定工期大于 2 天的及分配分配至 WBS 节点 OzBuild -23 的作业，其原定工期才会加倍。

选择主题区域				全局更新名称
作业 ▼				改变原定工期

如果	参数	是	值	高值
−	（满足下面所有条件）			
位置	原定工期	大于	2d	
与	WBS	等于	OzBuild-23	

则	参数	是	参数值	运算符	参数值
	原定工期	=	原定工期	*	2

23.8 临时值

有些计算需要多个运算才可以达到所需的改变。可在**用户定义字段**保存一个**临时值**。这个**临时值**可接着用于随后的行。任一**用户定义字段**都可创建并作为临时值使用。

下面的例子用于计算基于数量费用得出尚需费用（Cost to Complete – CTC），数量费用的计算为实际费用除以实际数量，临时值在此用于保存用于第二行计算的数量费用。

选择主题区域					全局更新名称
作业资源分配 ▼					计算尚需费用
如果	**参数**		**是**	**值**	**高值**
—	〈满足下面所有条件〉				
位置	完成时工时数		不等于	0h	
与	数量完成百分比		大于	30%	

则	**参数**	**是**	**参数值**	**运算符**	**参数值**
	临时值	=	实际费用	/	实际常规工时数
与	尚需费用	=	临时值	*	尚需工时数

在这个例子中，实际费用/实际常规工时数可在**临时值**项内计算实际数量，尚需费用为数量单价乘以尚需工时数。

- 完成百分比必须大于 30%。

- 资源必须有一个数量。

- **临时值**，为一个临时的值代表单位数量的费用，计算为实际费用除以实际常规工时数，表明资源实际数量单价。

- 尚需费用等于尚需工时数乘以实际数量单价。

考虑你所分配至作业和资源的**自动计算**规则是十分重要的，否则你的全局更新会无法正常工作。在这种情况下，你可能不想选择**从数量计算费用**。

资源代码名称	从数量计算费用
SE 系统工程师	☐

23.9 全局更新功能

在**则**和**否则**下的**参数/值**项有一些可用于全局更新的功能，这些与 Excel 或 P3 的运算方式类似。这些功能可用于从其他数据项填入用户定义字段，作为编辑作业说明和作业代码过程的一部分。

全局更新功能	功能运算
• DayOfWeek(参数)	选择所选日期为周几。
• LeftString(参数,#)	从某项的开始选择#的字符。
• RightString(参数,#)	从某项的末尾选择#的字符。
• SubString(参数,a,b)	从字符 "a" 选择 "b" 数量的字符。

23.10 全局更新更高级的示例

在书写本书时，全局更新可用于分配资源至角色、替换资源，但不能分配资源至作业。

增加一个中间字符改变作业代码

下面的全局更新在作业代码的第二个字符之后增加了一个"C"：

选择主题区域				全局更新名称	
作业 ▼				修改作业代码	

如果	参数	是	值	高值	
−	（满足下面所有条件）				
位置					

则	参数	是	参数值	运算符	参数值
	临时1	=	LeftString(作业代码,2)	&	C
与	临时2	=	SubString(作业代码,3,20)		
与	作业代码	=	临时1	&	临时2

用全局更新增加资源

下面的例子在开始日期大于当前数据日期时，会分配一个资源，XL 小兰，为销售工程师的角色。

选择主题区域				全局更新名称	
作业资源分配 ▼				分配资源至角色	

如果	参数	是	值	高值	
−	（满足下面所有条件）				
	位置	角色	等于	销售工程师	
	与	开始	大于	CD	

则	参数	是	参数值	运算符	参数值
	资源代码名称	=	XL 小兰		

其他全局更新的应用

全局更新可用于以下用途，你可能会想查看一下样本数据库内提供的一些全局更新的样本：

- 使用两个用户定义字段及**连接**运算符，即"**&**"字符，在一个作业代码或其他项内增加一个中间字符。

- 为一个作业代码增加前缀。

- 用另一个资源替换当前资源。确保你检查**用户设置**、**计算**标签页的**分配配备**设置。

- 从**步骤完成百分比**更新**尚需工期**，这通过设置**工期完成百分比**等于**实际完成百分比**。

- 使用全局更新功能编辑作业名称。

  在应用**进展聚光灯**前设置**计划日期**等于**开始**和**完成**日期，这样避免**实际**日期被**进展聚光灯**修改。

23.11 自测题 20 – 全局更新

背景

我们想要复制当前的更新信息至上一个自测题创建的用户定义字段内。

任务

1. 应用 **OzBuild 自测题 19 – UDF** 视图。

2. 创建一个名为设置末周期数据的全局更新并添加以下参数：

➢ 末周期开始等于开始

➢ 末周期完成等于完成

➢ 末周期完成时工期等于完成时工期除以 8，这是因为 P6 以小时进行计算：

3. 运行全局更新并使用屏幕底部的图标确认更新：

你将会注意到 WBS 和项目末周期工期是不正确的，其值为下面的值的总和。为了解决这个问题你可以：

- 隐藏**分组并排序**小窗口的**分组总计**，或
- 再使用一个全局更新行，把工期设置为一个文本的 UDF，这样就不会在 WBS 和项目项内相加了。

见下页...

---

4. 创建并显示一个灰色的栏，在位置 3 表明从**末周期开始**到**末周期完成**。

显示	名称	时间标尺	用户开始日期	用户定义完成日期	过滤器	预览
☑	末周期	用户定义日期	末周期开始	末周期完成	全部 Activities	△▽

	栏样式		栏设置	
形状	△ ▼	☐ ▼	▽ ▼	
颜色				
图案	▼	■ ▼	▼	
行	3 ▲▼			

5. 按需要调整行高，你的进度应该看起来如下图所示且有三个栏

6. 保存视图为 **OzBuild 自测题 20 – 末周期栏**

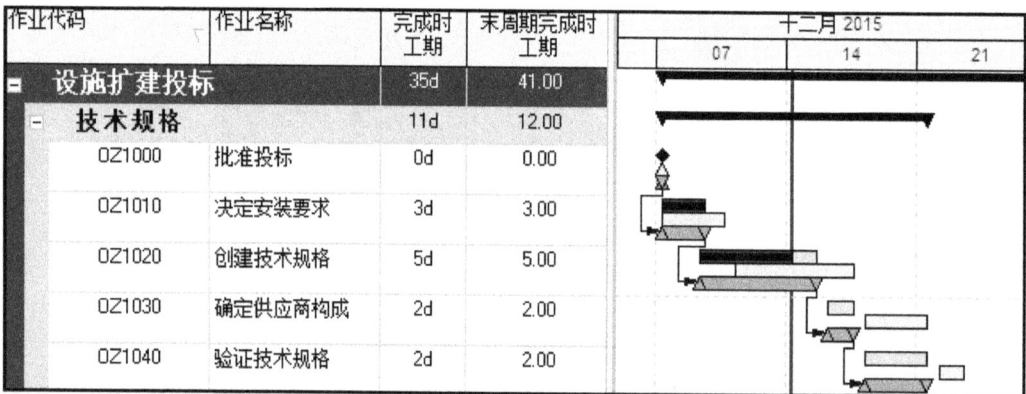

作业代码	作业名称	完成时工期	末周期完成时工期	十二月 2015		
				07	14	21
设施扩建投标		35d	41.00			
技术规格		11d	12.00			
OZ1000	批准投标	0d	0.00			
OZ1010	决定安装要求	3d	3.00			
OZ1020	创建技术规格	5d	5.00			
OZ1030	确定供应商构成	2d	2.00			
OZ1040	验证技术规格	2d	2.00			

7. 创建并运行一个全局更新以使交付计划阶段作业的原定工期乘以 2。

选择主题区域				全局更新名称	
作业 ▼				工期加倍	

如果	参数	是	值	高值
−	（满足下面所有条件）			
	位置 WBS	等于	OzBuild-23.2	

则	参数	是	参数/值	运算符	参数/值
	原定工期	=	原定工期	*	2

8. 计算你的项目进度：

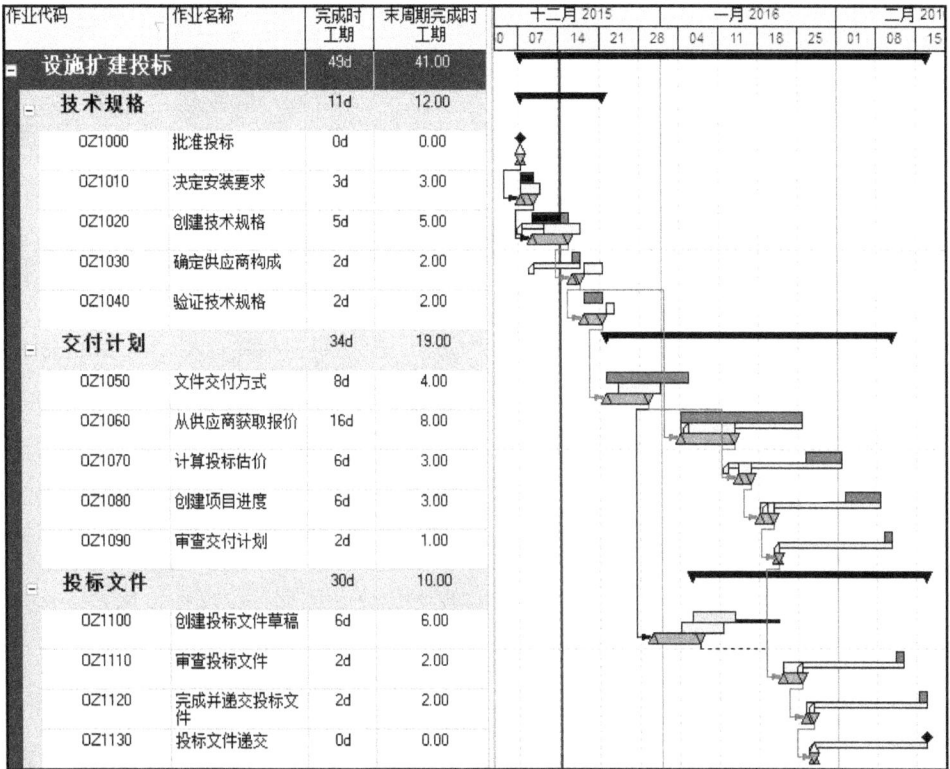

作业代码	作业名称	完成时工期	末周期完成时工期
设施扩建投标		49d	41.00
技术规格		11d	12.00
OZ1000	批准投标	0d	0.00
OZ1010	决定安装要求	3d	3.00
OZ1020	创建技术规格	5d	5.00
OZ1030	确定供应商构成	2d	2.00
OZ1040	验证技术规格	2d	2.00
交付计划		34d	19.00
OZ1050	文件交付方式	8d	4.00
OZ1060	从供应商获取报价	16d	8.00
OZ1070	计算投标估价	6d	3.00
OZ1080	创建项目进度	6d	3.00
OZ1090	审查交付计划	2d	1.00
投标文件		30d	10.00
OZ1100	创建投标文件草稿	6d	6.00
OZ1110	审查投标文件	2d	2.00
OZ1120	完成并递交投标文件	2d	2.00
OZ1130	投标文件递交	0d	0.00

9. 你将会看到此时产生了负浮时，且工期的改变能从栏及工期值的区别上看出。

24 管理企业环境

本章介绍了对企业环境的管理，并对之前涉及的内容进行了更彻底的讨论。

任命一个数据库管理人员是十分重要的，他/她需要对所有有多个用户的数据库的安全及维护负责。一个数据库如果没有严格的控制将会很快变得一片混乱。常见的问题包括多个资源代表同一个人，过多数量的视图、过滤器、日历及其他的分类码，重要数据的误删，以及对软件如何工作的误区或完全的忽视。数据库管理人员应负责对数据库的维护，包括但不限于以下职责：

- 确保软件的所有用户都经过培训
- 用户和安全配置
- 企业分解结构
- 组织分解结构
- 项目分类码
- 用户定义字段
- 全局和资源日历
- 角色和资源
- 全局视图和过滤器
- 创建项目及设定默认值
- 导入项目和其他数据。

管理员经常涉及的负责内容为：

主题	菜单命令
• 用户	选择**管理员(A)**，**用户管理(U)**...可创建一个用户。
• 安全配置	**安全配置**的创建通过选择**管理员(A)**，**安全配置(S)**...。
• 企业项目结构（EPS）	选择**企业(N)**，**EPS(E)**...可打开**企业项目结构**（EPS）小窗口。
• 项目组合	如需创建、编辑或删除一个**组合**，选择**企业(N)**，**项目组合(F)**...打开**项目组合**小窗口。 **文件(F)**，**打开(O)**...（项目）小窗口也允许对**组合**的选择。
• 组织分解结构（OBS）	选择**企业(N)**，**OBS**...打开**组织分解结构**小窗口。
• 项目分类码	选择**企业(N)**，**项目分类码(J)**...打开**项目分类码**小窗口。
• 计划任务	计划任务可通过选择**工具(T)**，**计划任务(J)**...打开**计划任务**小窗口。

24.1 多用户数据的显示问题

下列问题**必须**由数据库管理员妥善处理，这也在本书的其他部分有所涉及：

- 任一有权限的用户，可以在**企业，日历**小窗口重置数据库的**默认日历**，但是这个选项将会重置所有用户为同一日历。当一个公司的项目每天的工作小时及工作日不同时，那么你可能希望选择一个每周 5 天每天 8 小时的日历作为默认日历。

- 默认设置可使多人打开一个项目，除非使用了**文件(F)，打开(O)**...中的**只读**选项，或通过**安全配置**设定了权限。因此，可能有两个人可以进行修改并创建同一个项目的两个版本。最后保存的版本可能不如人所愿，这取决于谁关闭了什么及何时关闭的。**文件(F)，刷新数据(R)**...选项可使一个用户刷新项目数据来观察其他用户所做的修改。作者的经验表明仅有修改的数据被保存，因此项目的最终版本可能为两个用户版本的集合体。

- 当有多个项目同时打开且每个项目有不同的**进度计算选项**时，那么所有项目的**进度计算选项**都会被改变并在没有任何提示的情况下，永久设定为与**默认项目一**致。如果你打算同时打开多个项目，那么最好确保所有的项目有相同的进度计算选项。

- **用户目标计划**不是**项目目标计划**。当第二个用户打开一个包含有第一个用户设置的**主要用户目标计划**时，这个目标计划将不会被分配给第二个用户。当使用同样的视图显示项目时，显示**数据日期**的**<当前项目>目标计划**将会显示为**主要用户目标计划**。这即是说，两个用户打开同一个项目且使用同一个视图也会显示不同的数据。

- 两种**货币**可以有同样的符号，如果一个用户选择了不同的货币，那么此用户显示的所有费用将会换算为另一个值。这个选项需要小心使用，如果你不大需要多个货币，建议你把它们都删除以避免不必要的麻烦。如果你需要使用多个货币，那么你要确定所有的货币都有不同的符号以避免混淆。

- 用户在**用户设置**里有不同的**单位格式**将会使他们的单位显示不同的值，这在两个用户所做的同一个项目而得出两个不同的资源值报表时会使人迷惑。

> 对承包商来说，任命一个了解这些问题的数据库管理人员是极其重要的，他/她可以留心什么被发送给了客户并保证任何显示问题可以被隐藏或书面对客户进行解释。承包商也许希望考虑使系统用户和项目一致，因为这解决了很多问题。比如说，用户过滤器和视图，包括页眉和页脚，都默认为项目的设置，这可减少发送一个包含不正确页眉或页脚的报表的可能性。用户默认变为项目默认可解决显示问题。限制项目的权限为一个用户是很容易的，这样一次仅有一个人可以打开项目。

24.2 企业项目结构

你的公司很有可能已经定义了一个可用于新项目创建的 EPS（除非你的为 Primavera 的单机版），但是：

- 你可能需要为你的项目添加一个额外的 EPS 节点，或
- 如果你使用一个空白的数据库且没有定义 EPS，你将需要创建至少一个 EPS 节点以分配至你的项目。

如需增加、删除或修改 EPS 节点结构：

- 选择**企业(N)**，**EPS(E)**...打开**企业项目结构（EPS）**小窗口，或
- 可选客户端的网络版打开**项目、EPS、增加同级 EPS**；
- 此图显示了 Primavera 提供的演示数据库的 EPS。
- ⊹ 增加 图标可创建一个新的 EPS 节点。
- 节点接着被分配一个：
  - ➤ **EPS** 代码，
  - ➤ **EPS 名称**，及
  - ➤ **责任人**。

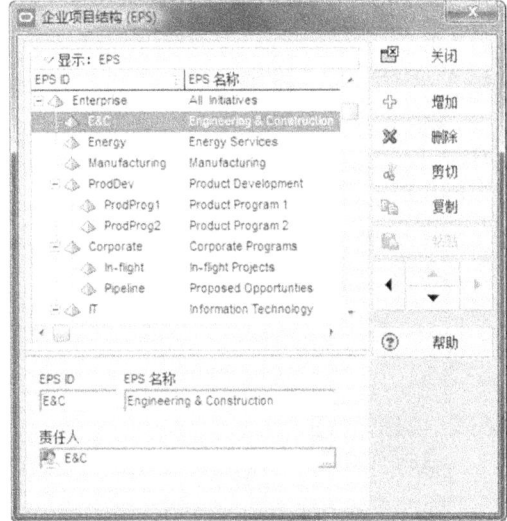

- 📋 粘贴 图标下面的箭头用于 EPS 节点的重新组织。
- 如果你需要，其他的图标用于修改结构。

24.3 项目组合

项目组合功能减少了**项目窗口**显示的项目数量：

- 如需创建、编辑或删除一个组合，选择**企业(N)**，**项目组合(F)**...打开**项目组合**小窗口。
- 使用这个小窗口创建项目组合及添加项目。一个**组合**可以是**全局**的，所有用户都可以使用；或仅用于分配的用户。
- **文件(F)**，**打开(O)**...（项目）小窗口也可以选择**组合**，这减少了在**打开**（项目）小窗口显示的项目数量。
- 在使用**文件(F)**，**打开(O)**...，**选择项目组合**进行了**组合**的选择后，仅在组合中的项目会在**项目窗口**显示。

ⓘ 这个功能在你的数据库有大量项目时是十分必要的。

24.4 组织分解结构 – OBS

OBS 为一个企业层级结构，用于代表公司的 OBS。

> **i** OBS 功能类似于安全网关且不一定要遵循你公司的 OBS。任何可使你分配用户权限至项目的结构一般都可以接受，有些公司只是复制他们的 EPS 为 OBS 并在 OBS 上使用一个项目分类码。

- 一个用户可在 EPS 分配至项目或节点，或在 OBS 小窗口分配至一个 WBS 节点。
- 一个分配了 EPS 的用户通常负责与 EPS 所有元素相关的所有项目。
- OBS 也可用于分配个人权限至项目和 WBS 节点。

24.4.1 创建一个 OBS 结构

如需创建、编辑或删除一个 OBS：

- 选择**企业(N)**，**OBS**...打开**组织分解结构**小窗口，或
- 可选客户端的网络用户，选择**管理员，用户存取**，OBS。
- 增加、删除及编辑 OBS 节点的方式与 WBS 类似。

24.4.2 常用标签页

OBS 的说明可在 **OBS 常用(G)** 标签页添加。

24.4.3 用户标签页

登录名可在 OBS **用户(U)** 标签页分配至 OBS，用户因此应被分配：

- 一个资源，当他们被分配至一个作业的工作时，
- 一个 OBS 节点，为他们所负责的工作或有权限的工作，及
- 一个分配他们权限的安全配置。

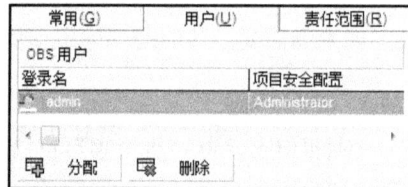

24.4.4 责任范围标签页

OBS **责任范围(R)** 标签页用于表明人员分配至哪个 EPS 或 WBS 节点。此人分配至：

- **项目窗口，常用** 标签页的一个项目。
- **项目窗口，常用** 标签页的一个 EPS 节点。
- **WBS 窗口，常用** 标签页的一个 WBS 节点。在 WBS 节点分配责任范围可在 WBS 节点下控制作业的权限，但不能防止用户查看全部的项目数据。

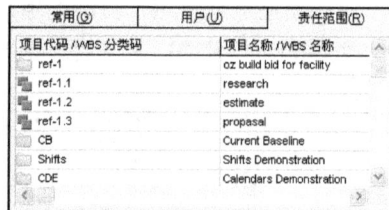

24.5 *用户管理、安全配置及组织分解结构*

这一部分将介绍这个主题。请参考 Primavera 管理员手册获取详细信息。

创建用户及分配权限的全景及过程为：

- 创建了 **EPS**，允许在每个节点下创建项目。这一般是公司网络驱动层次的一个镜像。

- **OBS** 的创建及作用为用户存取项目的一个安全网关。它不一定非要代表你公司的 **OBS**，通常设置为一个 **EPS** 的镜像。

- 一个**用户**的创建可通过选择**管理员(A)，用户管理(U)**…并分配每个用户：

  ➢ **全局安全配置**允许存取例如 EPS、OBS 之类的全局数据。

  ➢ 每个已分配 OBS 节点的**项目安全配置**可允许在一个项目内存取一个或多个 EPS 节点、项目或 WBS 节点。

  ➢ 对所有或单个**资源节点**的存取可从**资源窗口**分配至一个用户。此用户仅可查看并分配这个节点的资源，但是当它们被分配至作业时，用户就可以看到任何资源及与其相关的费用了。

  ➢ 存取软件证书允许用户登录并启动软件。

  ➢ 用户可在**资源窗口**分配至一个资源，因此允许工时单的使用。

  ➢ 一个或多个**资源**可被分配至一个或多个**角色**。

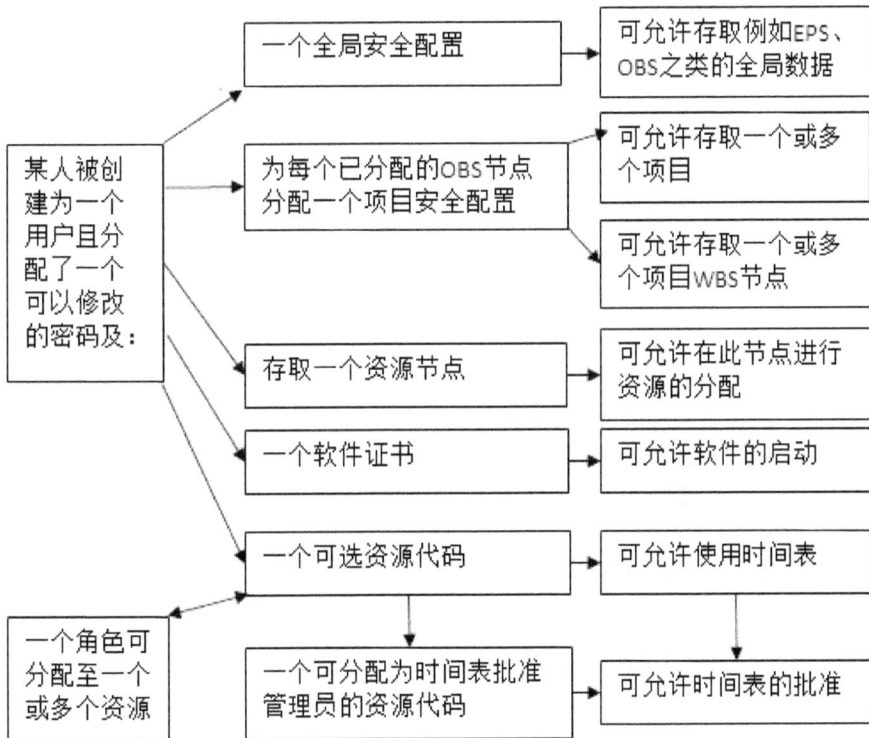

安全配置的创建通过选择：

- **管理员(A)**，**安全配置(S)...**，或
- 可选客户端的网络的**管理员，用户存取**，**全局**或**项目安全配置**。

配置有两种类型，**全局配置**和**项目配置**，可分配至用户允许存取例如只读、创建、删除等等：

- **全局配置**可控制存取**全局数据**，
- **项目配置**可控制存取一个或多个 **OBS 节点**，这通过分配**用户**至一个或多个 **OBS 节点**及分配一个适合的**项目配置**。

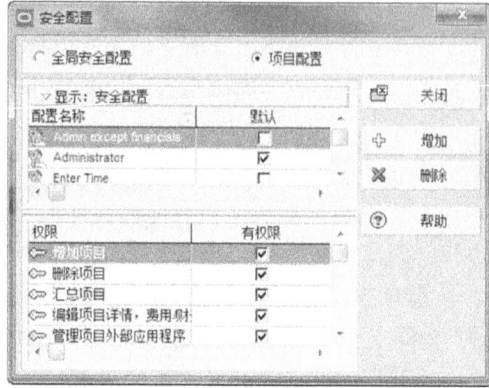

用户的创建通过选择：

- **管理员(A)**，**用户管理(U)...**，或
- 可选客户端网络的**管理员，用户存取，用户**。

每个用户分配：

- 一个**全局配置**可存取全局数据，
- 一个可选**资源节点**因而限制存取**资源窗口**的某个区域，及
- 一个或多个 **OBS 节点**和每个 **OBS 节点**的合适的**项目配置**。

因此，**OBS** 控制对项目的存取。每个分配至一个用户的 **OBS 节点**可分配不同的**项目配置**。

这样的结果为，一个用户可对某些项目进行读写而其他的为只读。

可选择**企业(N)**，**OBS...**对 OBS 进行编辑。

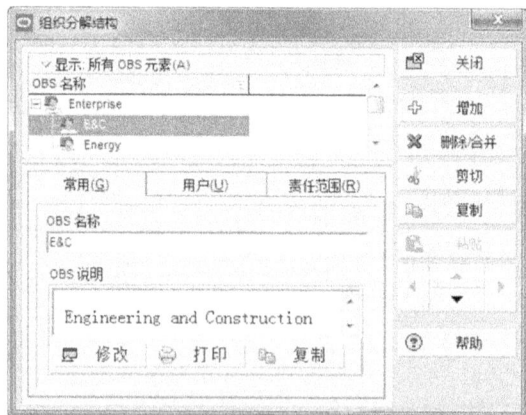

项目在被创建时分配至一个 OBS，此 OBS 节点必须提供所需的存取项目数据的权限。

WBS 节点可分配至每个用户，尽管不能防止他们查看所有的项目数据，但会限制他们仅能存取在 **WBS 窗口**分配的节点。

24.6 *项目分类码*

Primavera 项目分类码的工作方式与 P3 中的项目分类码类似。被分配至项目且可使项目在除 EPS 之外的结构下进行分组和排序。

比如说，当一个 EPS 代表办公室的实际位置的国家、省/市和县，项目分类码可给予项目标签，比如项目的原因、安全、规章、新产品及增产。项目可在这些标题下进行分组。

因此，项目分类码是用于分组和排序项目，这与作业分类码用于分组和排序作业的方式类似。

如需创建项目分类码：

- 选择**企业(N)**，**项目分类码(J)**...打开**项目分类码**小窗口，或
- 可选客户端的网络用户选择**管理员**、**企业数据**、**项目**、**项目分类码**。
- 项目分类码的创建、编辑和删除与作业分类码类似。

项目分类码在**项目窗口**分配至项目的方式与作业分类码分配至作业的方式相似，通过：

- 显示适当的分类码栏位，或
- 打开**项目窗口**的**分类码**标签页。

项目可在**项目窗口**使用分组并排序和过滤器功能进行分组、排序和过滤。

24.7 *在项目窗口对项目进行过滤、分组和排序*

项目在**项目窗口**的分组并排序及过滤与作业在**作业窗口**的方法相似。两个窗口调整视图、过滤器、栏位和栏的格式做法相同。

项目可分组在不同的项比如 **OBS**、**责任范围**、**项目分类码**及其他。见**分组、排序及视图**章节获取关于本主题的更详细内容。

项目可通过类似的项进行过滤，一些比较有用的过滤项目的项为**状态**、**责任经理**和**项目分类码**。

24.8 *项目窗口的项目工期*

项目窗口和作业窗口的项目工期都是基于项目默认日历计算的。

项目窗口分组带的汇总工期从企业(**N**)，日历(**C**)...，默认日历计算。

24.9 *为什么有些数据项为灰色且不能被编辑？*

如果你无法进行数据的编辑，那么考虑以下几点：

* 你可能没有权限，与你的管理员讨论你的权限问题。
* 有些数据，比如说项目**状态**，需要在编辑前打开项目。
* 计算得到的项，比如**实际工期**是不能被编辑的。

24.10 *汇总项目*

在**项目**和**跟踪窗口**显示的数据，比如工期、日期等等，可能会不正确，除非项目通过选择**工具(T)**，**汇总(Z)**进行了汇总。**项目窗口**的**设置**标签页指定了数据汇总到的等级并标明上次汇总的时间。

一个大型数据库的汇总需要大量的时间，可使用计划任务进行自动汇总。

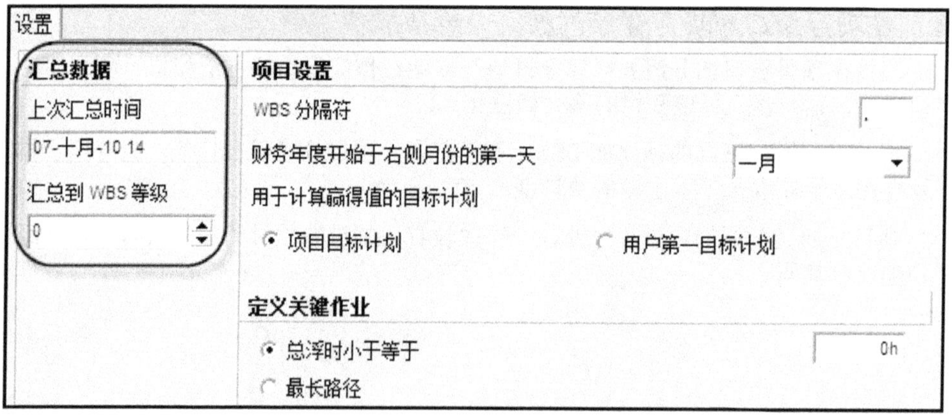

上图中，选择**汇总到 WBS 等级**为零，这样 WBS 的所有等级都会被汇总。

24.11 计划任务

计划任务的设定可选择**工具(T)，计划任务(J)**...打开**计划任务**小窗口，可在一个或多个所选项目或 EPS 节点上执行以下功能：

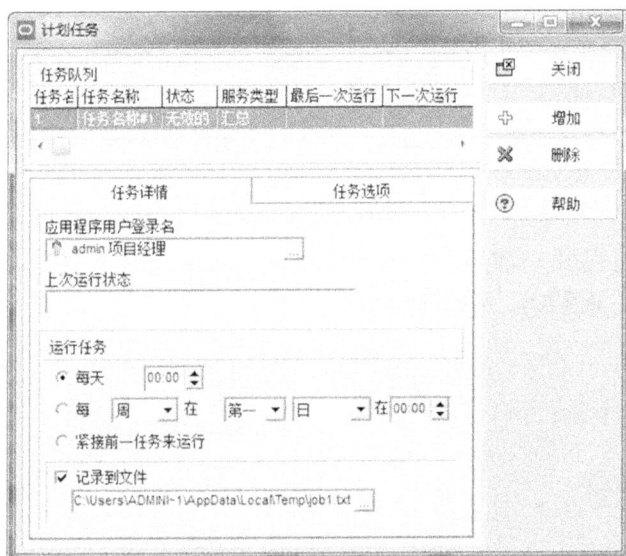

可选客户端的网络用户可选择**管理员，全局计划服务**。

● 当使用工时单时对项目应用**本期进度更新**。

● **批次报表**。在**报表窗口**，一个**批次**的创建可通过选择**工具(T)，报表(P)，批次报表(B)**...打开**批次报表**小窗口。在这里可以同时创建一个或多个报表。一个批次可使用计划任务定期运行：

● 定期**导出**一个或多个项目，或

● 定期对一个或多个项目**计算进度**。

● **汇总**项目。

24.12 *跟踪窗口*

跟踪视图用于多个项目的资源、费用和进度分析。这一部分介绍了其概念但不会详解此功能的细节。你应该练习使用分组、排序和过滤的可用选项，所有的功能与其他窗口都类似。

- 这些视图一般显示汇总到 EPS 或项目及 WBS 节点层级的数据。数据必须使用**工具(T)，汇总(Z)**进行汇总或使用**计划任务**以显示最新的当前数据。
- 如需查看某个项目上次汇总的时间，同时选择**项目窗口**底部窗格的**设置**标签页及数据汇总至的 WBS 层次。

跟踪视图有四种类型，一个新视图的创建通过：

- 保存一个已有视图，保存为一个新名称并进行编辑，或
- 选择**显示(V)，视图(O)，新建视图...**可打开**新视图**小窗口：

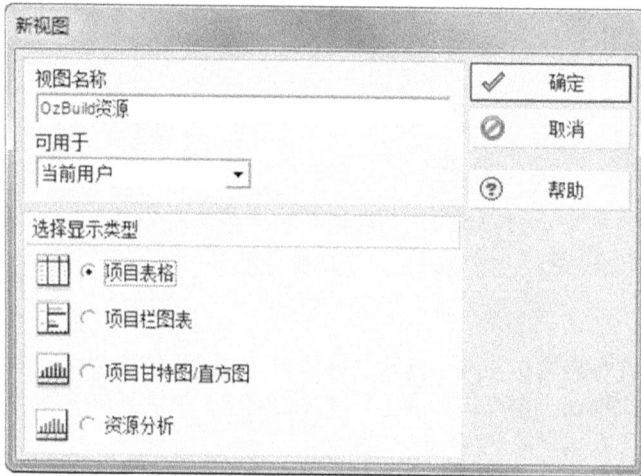

下图显示了**跟踪视图**可以显示的数据类型：

- **项目表格**显示所选项目或 WBS 节点的数据栏位：

- **项目栏图表**可在水平栏上显示所选 WBS 节点的项目数据：

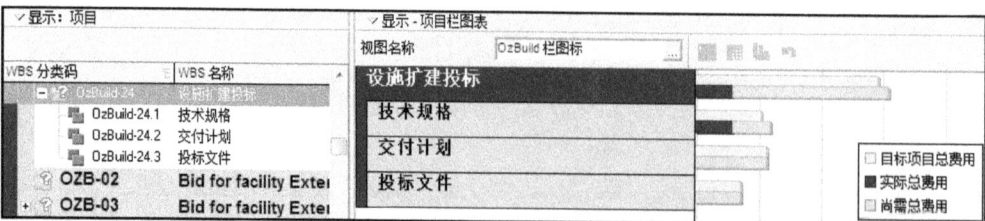

- **项目甘特图/直方图**显示三个窗格，右上方窗格有栏，底部窗格可为表格或一个直方图。

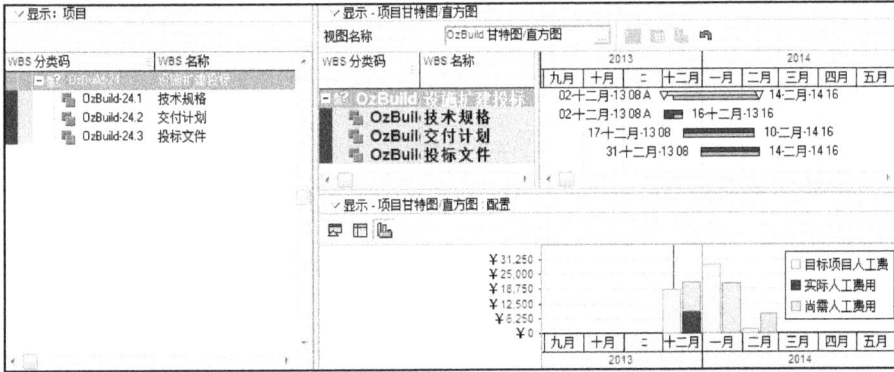

- **资源分析**显示四个窗口：
  - ➤ 左上的窗格选择需要分析的项目，
  - ➤ 需要分析的资源在左下的窗格选择，
  - ➤ 栏、资源直方图或资源表格可在右上窗格显示，
  - ➤ 右下的窗格可显示资源直方图或资源表格：

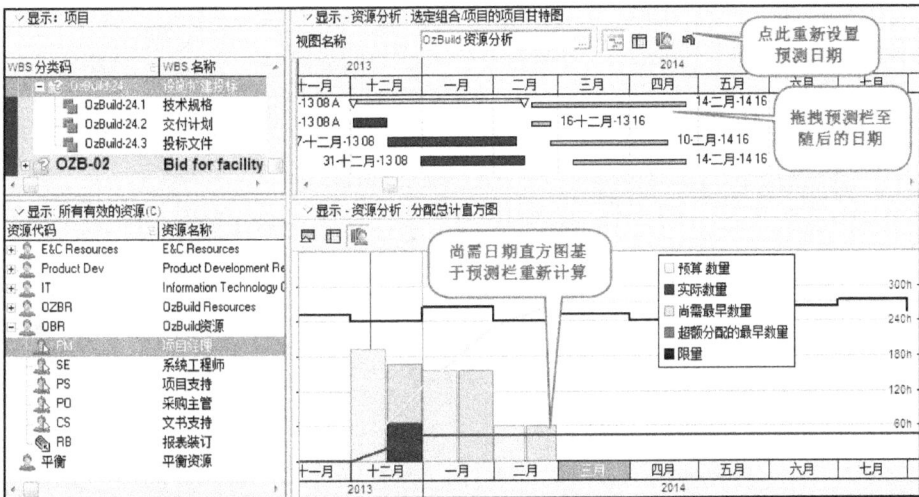

  - ➤ 选择**显示(V)，视图(O)**，或点击右上窗格的□图标，可在**打开视图**小窗口可以看到已有的视图。
  - ➤ **预测栏**已拖拽至新位置，**编辑(E)，用户设置(R)**，资源分析，随时间分布的数据选项设定为**预测日期**允许**资源尚需最早数量/费用**基于**预测日期**重新计算。
  - ➤ 跟踪视图的底部窗格可以隐藏，这与其他窗口一样。
  - ➤ 你应该试着在所有窗格点击右键以查看所有的显示选项。

25 计算多个项目进度

25.1 一个 *Primavera* 项目中的多个项目

当需要管理很多小项目时，为每个项目创建一个 Primavera 项目是很合理的。

另一方面，也应当考虑把一些小项目放入一个 Primavera 项目中，以第一层级的 WBS 节点或其他编码，比如作业分类码或项目阶段/WBS 类别进行项目的识别。这在有许多仅有少量作业的项目或当一个公司仅认可在最后那些已完成的项目的效益时就会尤其显得实用。这个选项在一个进度人员管理所有的小型项目时也是很实用的。唯一的问题是 P6 不允许为局部项目创建目标计划。

25.2 多个 *P6 Primavera* 项目代表一个项目

通常来说，每个公司的多个项目会创建一个 Primavera 项目。可能有需要分解一个项目为子项目，这样做的原因为：

- 此项目足够大以至于需要很多进度人员，因此为每个进度人员创建一个 Primavera 项目可为每个进度人员的责任范围区域划定界限。

  i 两个或多个进度人员可打开一个项目且权限可分配至 WBS 节点，但是必须设置用户存取以允许他们可以进行进度的计算，他们不能与其他 WBS 节点相连。

  也可能会有需要保证某个公司财务信息的保密性，处于安全角度考虑，权限在项目级别设置，一个项目的信息可能对特定的用户隐藏。这个情况在有两个或多个承包商计算一个项目的部分进度时可能会存在，他们需要他们的费用对其他承包商保密。

- 一个项目可能会有各自的部分或多个客户，但分开报告项目部分是很必要的，同时可允许在项目范围内进行资源的管理。项目的每个独立部分都可能创建一个 Primavera 项目。在这种情况下，每个用户可能会被给予仅一个**资源节点**的权限，这可在**管理员(A)，用户**小窗口的**全局权限**标签页进行设置。

- 为了对敏感财务信息进行保护，一个子项目可能会创建为一个 Primavera 项目。可在财务子项目为资源分配费用，并给予特定个人权限。财务子项目的作业可能为配合作业（Level of Effort），使作业可以跨越至其他非费用型子项目。这个方法通常适用于高级别费用规划和管理，同时允许在一个非费用型子项目内进行一个项目的详细规划，而不会有管理费用的负担。

当为每个子项目创建一个 Primavera 项目时，符合逻辑的做法是把所有的 Primavera 项目放置在一个"项目" EPS 节点下，并分配一个单一的项目分类码。所有的 Primavera 项目可在同时打开，并通过选择 EPS 节点计算进度和产生报表。

分解一个项目为两个或多个 Primavera 项目的决定必须基于一个坚实的基础且经过深思熟虑。所选的环境应经过很好的试用和测试以确保可以从软件得到所期望的结果。规划和进度计划软件的使用在没有创建多个项目的负担下已经很难，在不使用多个项目的情况下可完成大量的分析。可使用过滤器隔离项目的部分并有多种方法可以产出子网络的关键路径，比如使用**计算多个路径**功能。你必须确保使用独立 Primavera 项目分解一个项目为子项目的的需求是建立在坚实基础上的。

有些人建议子承包商应当在总进度内运行他们自己的子项目。我的经验为较小或新建的资承包一般在进度计划上没有什么经验，很多人不知道进度计划的基础。因此期望子承包商使用陌生及复杂的进度计划软件并正确的使用是即不合理又十分冒险

的。有些行业在管理复杂软件方面做得更好，这些技能很可能在诸如 IT 的行业发现，但不太可能在与建设相关的领域。

我的经验也表明最好减少一个项目进度上的进度人员数量，以把管理一个项目的不必要需要减至最小。在大型复杂项目中，这些人需要进行软件使用的培训，已达到有经验的合理操作软件（或在一个有经验的人指导下工作），且在一套商定并记录的指导方针下控制进度。

管理包含子承包商的进度总会出现问题，联盟（Alliance）更易于帮助解决这个问题，这是因为进度会成为共同的责任。

25.3 *设置 Primavera 项目为子项目*

当准备涉及这个方面时有很多问题需要考虑，注意 Primavera 没有如其他产品的子项目选项。比如有 EPS 作业分类码但没有 EPS 过滤器、视图、资源或进度计算选项，且 WBS 不能与多个 P6 项目共享。同样也没有内置的"P3 项目分组"计算选项，这可能会由于项目内逻辑关系而导致一些奇怪的浮时计算。这一部分会解释一些变通方法。

25.3.1 打开一个或多个项目

企业和项目数据可在**项目窗口**进行存取。如需存取项目作业信息，例如作业、资源及逻辑关系，一个项目必须先被打开并显示**作业窗口**。一个或多个项目的打开方式可通过选择一个或多个项目和/或选择一个或多个 EPS 层级并：

- 点击右键选择**打开项目(O)**，
- 按下 **Ctrl+O**，
- 选择**文件(F)**，**打开(O)**...打开**打开项目小窗口**：

    打开项目小窗口可选择打开为**独占**、**共享**或**只读**。

⚠ **独占**（意为仅当前用户可进行编辑）项目只可以通过使用**打开项目**小窗口打开。所有其他的方法将会导致项目打开为**共享**模式，且同时所有有此项目权限的用户都可以打开并进行编辑。**共享**模式可能会导致一个用户的编辑覆盖了另一个用户的编辑，这取决于谁在什么时候保存了什么。此外，在**共享**模式下打开可能会造成不同的用户看见不同的值，比如作业、WBS 节点，以及如果用户有不同的**用户设置 时间单位**时，以天或时间记录的项目工期。

25.3.2 默认项目

当打开多个项目时：

- 当同时打开两个或多个项目时，系统会选择**默认项目**。

- **默认项目进度计算选项**用于计算所有的打开项目。

- 选择**项目(P)，设置默认项目(P)...**打开**设置默认项目**小窗口，这里你可以改变默认项目：

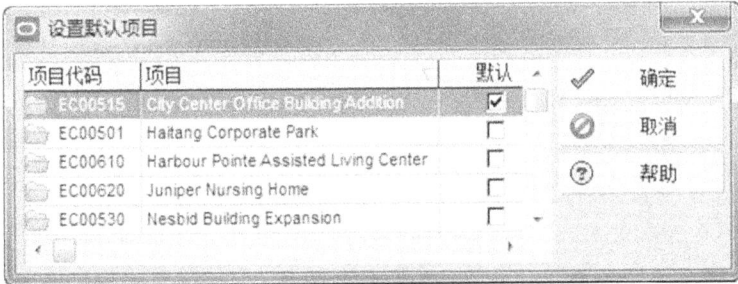

- 所有打开的项目在计算进度之后都**将**会设置它们的**进度计算选项**与**默认项目**一样。

帮助文件表明**默认项目**的进度计算和资源平衡设置用于计算项目的进度。当项目没有按 WBS 分组时，新数据也会是默认项目比如作业或问题。

> ⚠️ **注释：**当同时有多个 Primavera 项目打开且每个项目有不同的进度计算选项时，非默认项目的进度计算选项会变为与默认项目的一样，并且不会进行提示。这些非默认项目在与其他项目打开时可能会有不同的计算方式。此外，下一次当独立打开一个非默认项目时，它可能与上次独立打开时的计算方式有很大的区别。为了避免这种情况的发生，每个数据库内的所有项目都必须有相同的进度计算选项，或严格控制对项目的存取，也可规定用户每次只能打开一个项目。

下图给出了一个当每个项目有不同的选项时默认项目的变化。第一个有维持逻辑关系选项而第二个是进展跨越方式。作业 PG3-2 在时间上前移，这是因为在最开始使用维持逻辑关系进行进度的计算后，现在使用了进展跨越方式计算了进度。这种类型的出乎意料的变化会很大程度上的影响你的进度，这在有两个或多个项目，每个有不同的进度计算选项在同时打开的时候可能会发生。

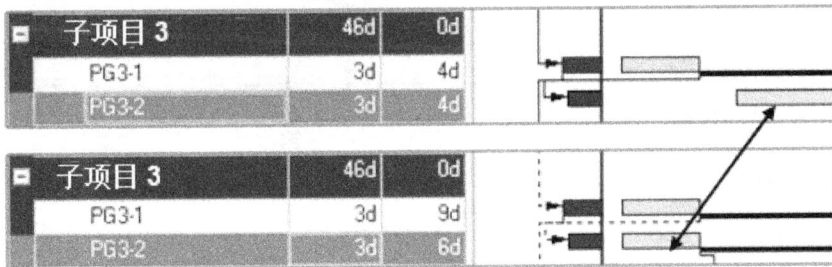

25.3.3 设置项目数据日期

默认项目不会为所项目设定数据日期，在下面的例子中：

- 默认项目为子项目 1，数据日期设定为六月 21 号，
- 子项目 2 数据日期为六月 18 号，
- 子项目 3 数据日期为六月 15 号。

当计算进度时，将会弹出以下信息框：

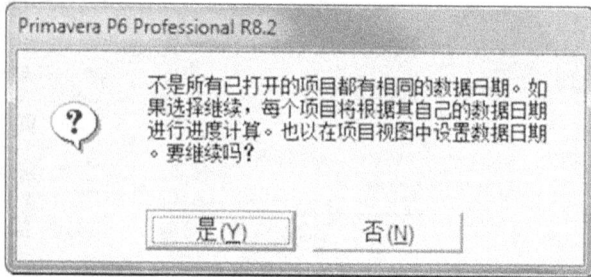

未连接的作业，，PG1-6，PG2-6 和 PG3-4 被添加至每个项目，你可以得到如下图所示：

- 所有的项目都根据他们各自的数据日期进行进度的计算，
- 数据日期线显示为最早的项目数据日期。

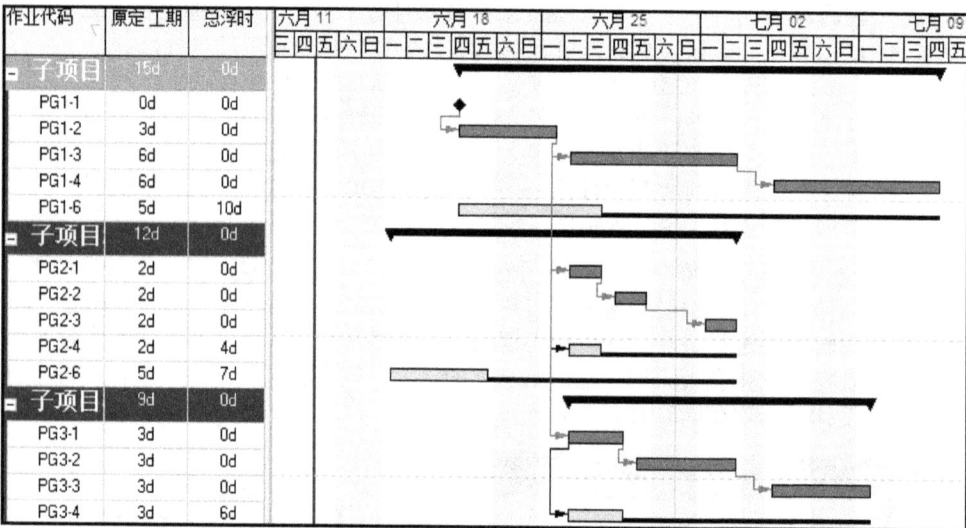

多个项目的**数据日期**可使用**项目窗口**的栏位及利用**向下填充**功能进行设定。

25.3.4 总浮时的计算

在 P6.1 及早期版本中，每个项目的总浮时计算至每个独立项目进度的最后一个作业；Primavera 6.2 的新功能，选择**工具(T)，进度计算(S)...，选项**中的**根据下列项的完成日期来计算浮时**解决了这个问题。见 15.2.10 章节获取更多关于这个功能工作方式的详细内容。

25.4 *刷新数据和提交修改*

文件(F)，**刷新数据(R)**选项用于当有两个或多个人员在同一个项目上工作的情况下。它可以保证显示最新的数据，可使一个用户看见另一个用户做出的最新的编辑。这包括如果另一个用户改变全局日历时，对其进行重置。

文件(F)，**提交修改(M)**选项用于为软件写入任意进度修改。

25.5 *谁打开了项目？*

当使用**文件(F)**，**打开(O)**...选项打开了一个 Primavera 项目时，**打开项目**小窗口有三个存取模式选项，可打开项目为**独占**、**共享**或**只读**。

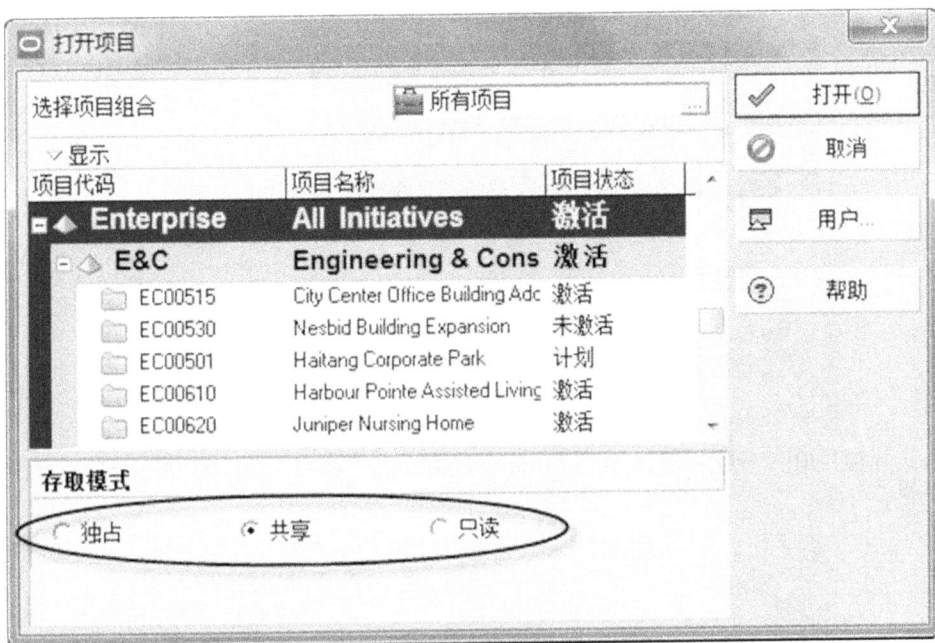

选择 [用户...] 打开**项目用户**小窗口可以看见还有谁打开了项目。

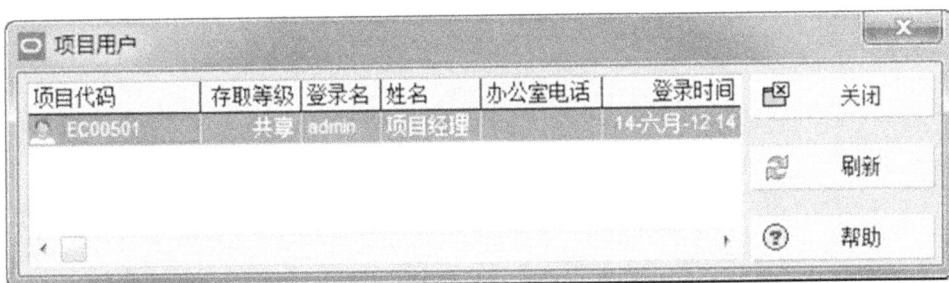

默认选项为**共享**，就是说任何没有通过**打开项目**小窗口打开的项目都会以共享打开。任何有权限的人也可打开此项目，使用他们的**用户设置**计算和显示，在同一时间报表同一个项目的不同数据。

25.6 为多个项目设置目标计划

目标计划可使用**维护目标计划**小窗口（当多个项目打开时）及**分配目标计划**小窗口为所有项目进行设定。下图显示了设置多项目目标计划的过程：

- 选择**项目(P)**，**维护目标计划...**打开**维护目标计划**小窗口。

  ➢ 可选择所有的项目并同时设置所有项目的副本为目标计划，或

  ➢ 每次从数据库转换一个当前的项目。

- 选择 [✚ 增加] 打开**增加新目标计划**小窗口并创建新的目标计划，

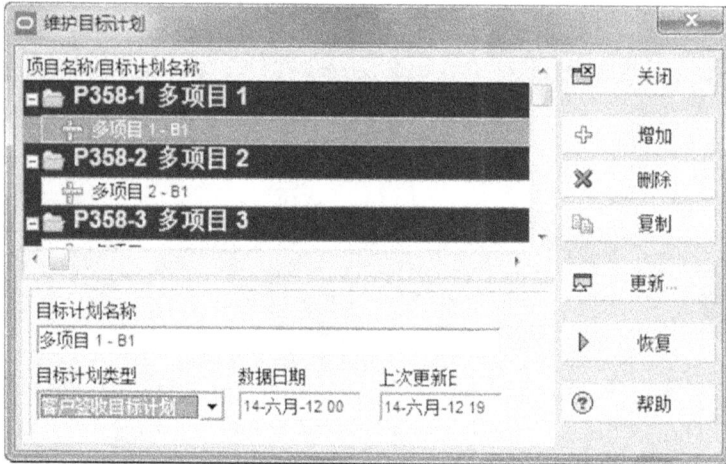

- 选择**项目(P)**，**分配目标计划...**打开**分配目标计划**小窗口，每次选择一个项目分配目标计划。

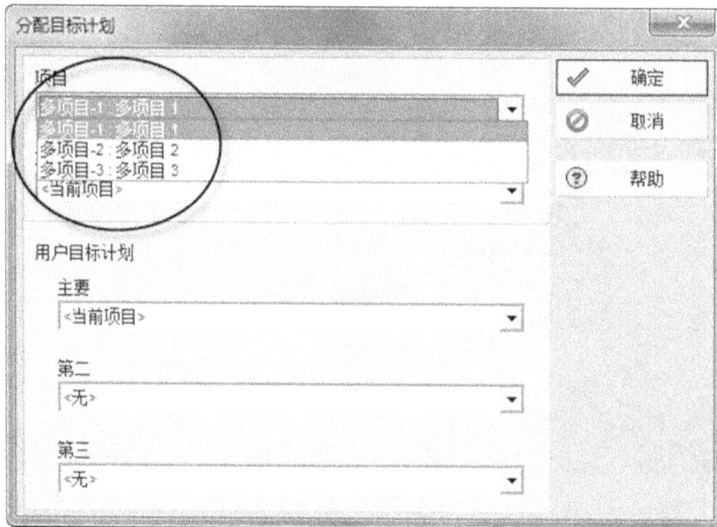

⚠️ 记住，一个用户设置的用户目标计划在另一个用户打开项目时将不会显示。当前项目的**<当前项目>目标计划**会显示**计划日期**，但会显示为一个目标计划。

25.7 *多个项目的目标计划的恢复*

上一页介绍的过程在目标计划恢复时会产生一个有趣的问题。软件会创建不存在的逻辑关系及外部日期，两者都必须竭尽全力避免，因为会有当多个项目的目标计划恢复时，目标计划和当前项目都无法正确计算的风险存在。

下面的例子解释了当三个简单的项目同时有目标计划时的会发生的问题。

- 三个项目同时打开，分配了目标计划并进行了恢复：

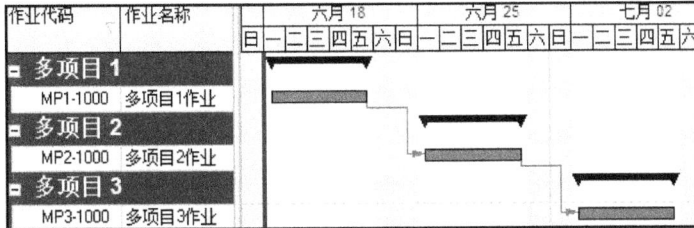

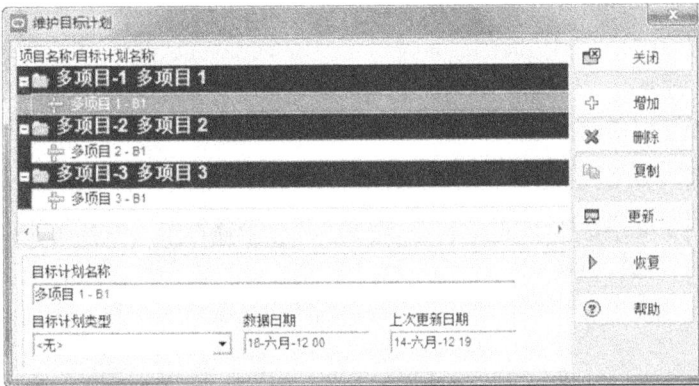

- 当打开当前和目标计划项目时，在当前和目标计划项目间，系统没有任何提示而添加了逻辑关系。

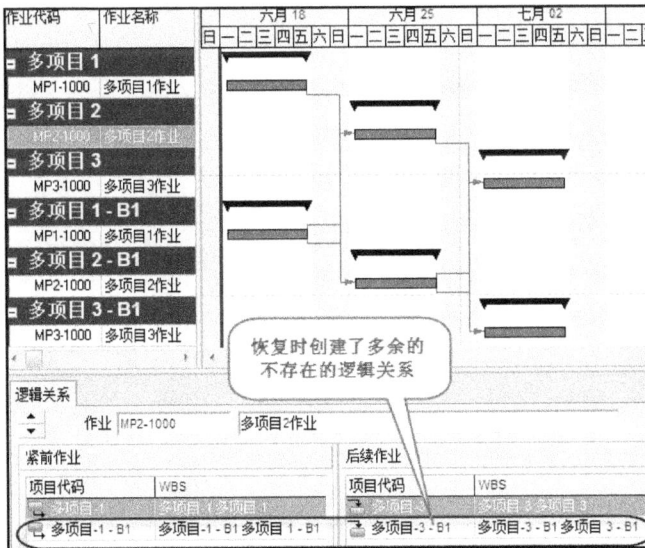

- 当打开当前项目时并缩短作业工期时，你会发现进度没有正确的计算：

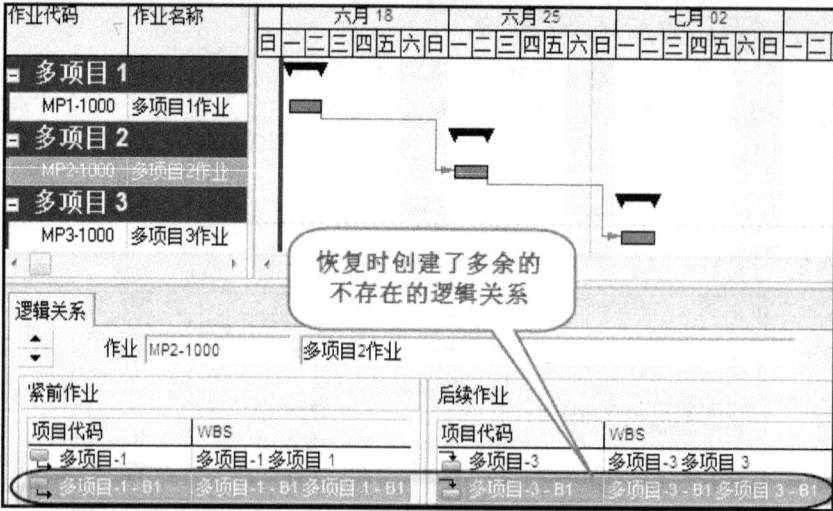

因此如果你希望你的目标计划项目与其他有目标计划的项目仅当它们同时分配目标计划时可以维持它们之间的逻辑关系，而又不会创建于其他当前项目的逻辑关系，那么你必须：

- 打开**项目窗口**，

- 在此复制多个项目，

- 接着使用**维护目标计划**小窗口的**转换另外一个项目作为当前项目的新目标计划**选项设置目标计划。

现在如果恢复目标计划的项目，那么它们的逻辑关系将会与正确的其他目标计划相关。

26 实用工具

26.1 *反馈项目*

Primavera 6.0 版本创建了反馈项目功能，反馈为一个项目的"模拟分析"的备份，可进行编辑并合并入源项目中去。需要保留的修改可以并入源项目，而不需要的就可以忽略。

反馈项目可与更多的需要查看和对项目进行修改的人员共享。**反馈项目**可导出并发送给需要对其进行修改的客户并随后再导入回数据库。

如需创建一个反馈：

- 在**项目窗口**点选项目并点击右键，
- 选择**创建反馈项目(R)...**。

反馈项目会有一个新的代码并在其名称中加入反馈。 如需合并一个已编辑的反馈项目：

- 打开反馈项目，
- 点选反馈项目并点击右键，
- 选择**合并反馈项目到源项目中(K)...**，
- 这将会打开一个小窗口，可在此选择保留那些修改：

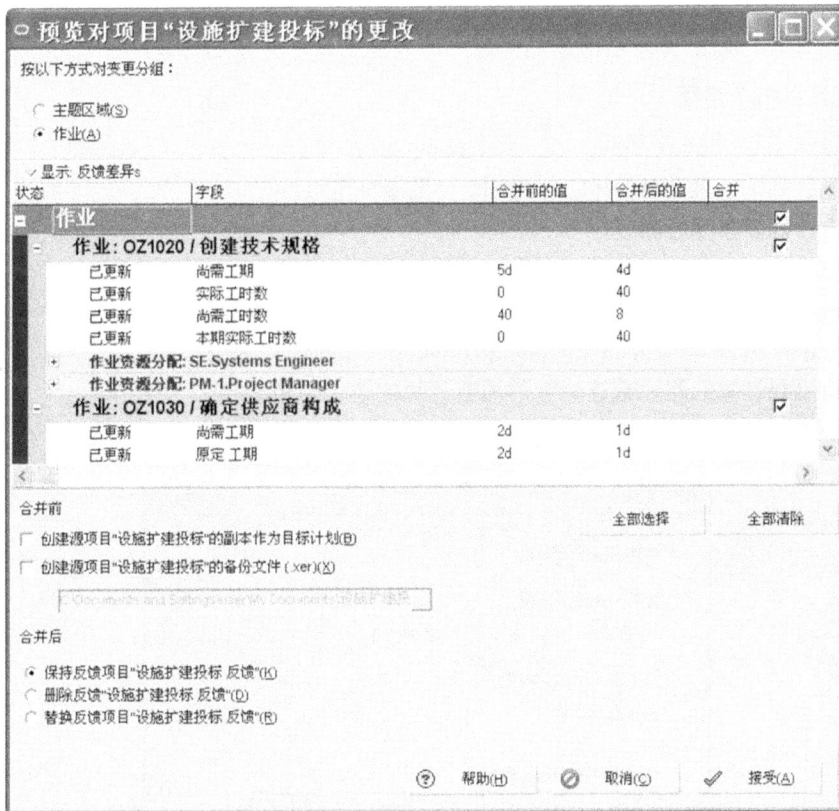

26.2 高级进度计算选项

Primavera 5.0 版本的新选项可使各自的关键路径如下图所示进行分组，这在分析有多于一个关键路径的大型项目时尤其有用。这与按总浮时分组类似但此功能会为路径进行命名且每个路径包含连接的作业，而按总浮时分组可能会分组未连接的作业。

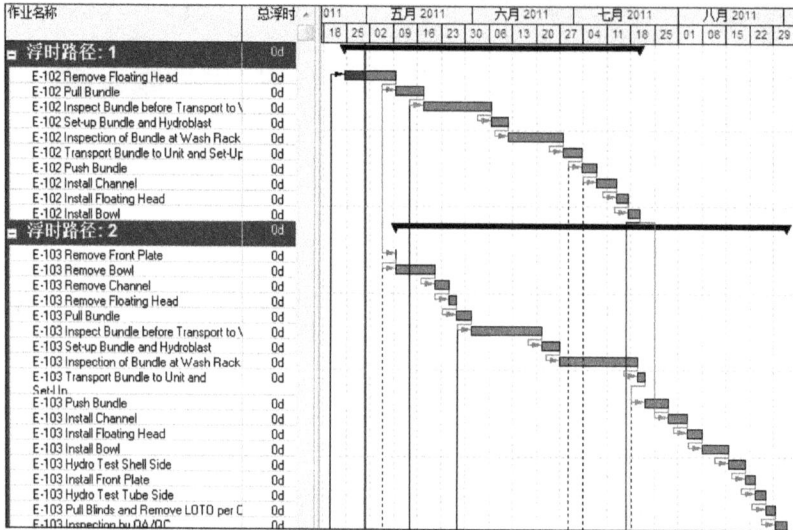

这包括两个步骤，首先计算多个路径，接下来显示多个路径：

26.2.1 计算多个路径

如需计算多个关键路径：

- 选择**工具(T)，进度计算(S)...，选项...，高级**标签页，
- 点击**计算多条浮时路径，**
- 选择你希望软件使用**总浮时**或**自由浮时**来计算多个路径。
- **显示以下面作业结束的多条浮时路径**用于选择在进度中间的某个作业并计算此作业的驱控路径。
- 在**指定要计算的路径数**选择软件需要计算的路径数量。
- 选择 [关闭] 并计算项目的进度。

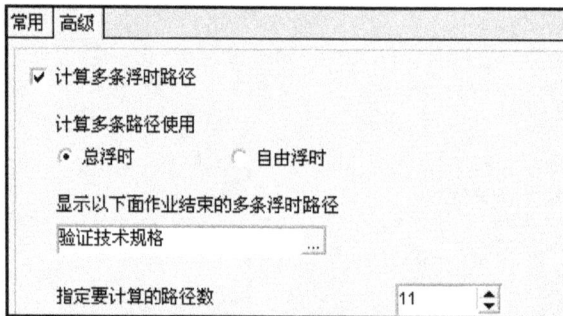

26.2.2 显示多个路径

在这个过程会出现两项：

- **浮时路径**，和
- **总浮时顺序**

可选择多个浮时路径视图（全局视图下的 Multiple Float Paths）或创建一个视图按**浮时路径**分组并按**浮时路径顺序**排序，如下面的例子所示的分组前后的变化：

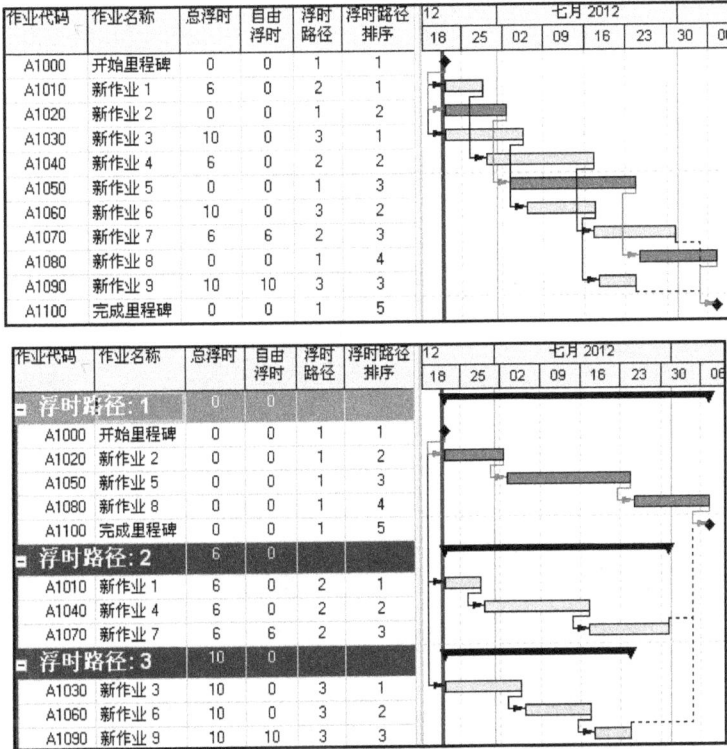

作业代码	作业名称	总浮时	自由浮时	浮时路径	浮时路径排序	12 七月 2012
A1000	开始里程碑	0	0	1	1	
A1010	新作业 1	6	0	2	1	
A1020	新作业 2	0	0	1	2	
A1030	新作业 3	10	0	3	1	
A1040	新作业 4	6	0	2	2	
A1050	新作业 5	0	0	1	3	
A1060	新作业 6	10	0	3	2	
A1070	新作业 7	6	6	2	3	
A1080	新作业 8	0	0	1	4	
A1090	新作业 9	10	10	3	3	
A1100	完成里程碑	0	0	1	5	

作业代码	作业名称	总浮时	自由浮时	浮时路径	浮时路径排序	12 七月 2012
浮时路径: 1		0	0			
A1000	开始里程碑	0	0	1	1	
A1020	新作业 2	0	0	1	2	
A1050	新作业 5	0	0	1	3	
A1080	新作业 8	0	0	1	4	
A1100	完成里程碑	0	0	1	5	
浮时路径: 2		6	0			
A1010	新作业 1	6	0	2	1	
A1040	新作业 4	6	0	2	2	
A1070	新作业 7	6	6	2	3	
浮时路径: 3		10				
A1030	新作业 3	10	0	3	1	
A1060	新作业 6	10	0	3	2	
A1090	新作业 9	10	10	3	3	

读者可能需要查看帮助文件或使用软件进行试验来得到所需结果。

26.3 审计线索栏位

Primavera 5.0 版本引入了四个可在作业窗口显示的基本审计线索栏位，这显示了日期、增加作业的用户是谁、最后是谁在什么时候进行的修改：

- **增加者** – 增加作业的用户是谁，
- **增加日期** – 作业的增加日期，
- **最后修改者** – 最后对作业进行修改的用户是谁，及
- **上次修改日期** – 上一次修改作业的日期。

Primavera 6.0 版本引入了两个新的资源分配项，在**作业窗口**，**作业详情**的**资源**标签页：

- **分配者**，和
- **分配日期**。

26.4 Excel 导入和导出工具

Primavera 的内置功能可使下面的数据导入或导出 Excel，用户必须分配一个 Superuser 安全配置：

- 作业
- 逻辑关系
- 资源
- 资源分配，及
- 其他费用。

如需对 Excel 导入或导出数据，选择**文件(F)**，**导入(I)**...或**导出(E)**...并遵循向导的指示。可能会创建**导出模板**并在以后重新使用。

导出时会创建以下表格且这些表格名称不可更改：

- **TASK** 包含作业数据
- **TASKPRED** 包含作业逻辑关系数据
- **PROJCOST** 包含其他费用数据
- **RSRC** 包含资源数据
- **TASKRSRC** 包含资源分配数据
- **USERDATA** 包含不应该更改的用户数据。

这些模板可使用户指定导入和导出的数据，下面为一个示例：

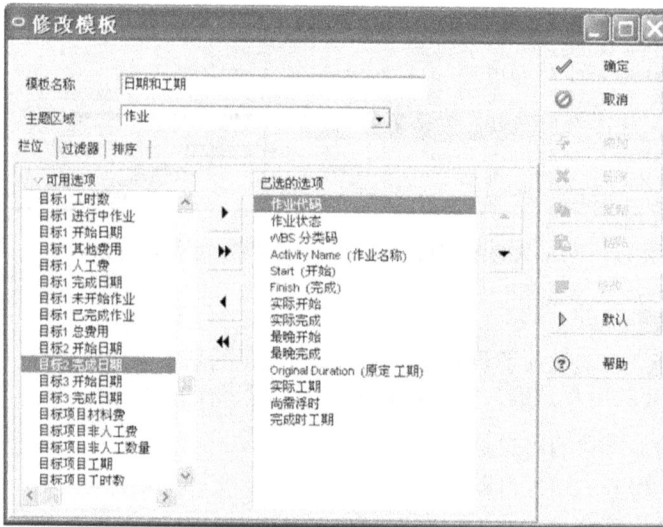

26.4.1 导出的注意事项和/或限制

在使用 Primavera Excel 导入功能时需要注意的是：

- 下列为导出时所创建的表格，绝不要对这些表格的名称进行更改：

  - ➤ **TASK** 包含作业数据
  - ➤ **TASKPRED** 包含作业逻辑关系数据
  - ➤ **PROJCOST** 包含其他费用数据
  - ➤ **RSRC** 包含资源数据
  - ➤ **TASKRSRC** 包含资源分配数据
  - ➤ **USERDATA** 包含不应该更改的用户数据.

- 不要在导入和导出中更改语言。
- 导出的每个表格的第一行数据包含数据库项的名称，绝不要修改第一行否则数据将不能导入。
- 表格的第二行包含一个在表格导入时会被删除的**标题**，通过表格右边栏位的 **Delete This Row** 条目进行设定。此条目可复制至项目需要删除的任意一行数据。
- 作业分类码之类的词典型数据在导入前必须已经存在。
- 只有作业分类码可以导入，如果你希望导入作业分类码说明，你必须使用软件扩展包（SDK）。
- 导出的最大数据栏位为 200。
- 时间**子单位**是不被支持的，**编辑(E)**，**用户设置(R)**，**时间单位(U)**...标签页的子单位项不应该被选择。
- **完成百分比**的值必须在 0 到 100 之间。
- 以项出现的都可以被导出。
- 用户设置将会影响你的数据的导出方式，资源的值也可能会不同。

26.4.2 导入的注意事项和/或限制

当尝试使用这一类型的工具导入数据时，有一些适用于许多应用程序的准则，这不仅限于 Primavera 的工具：

- 创建一个测试项目并在实际项目中使用这个功能前在此进行足够的试验。
- 首先导出一些数据，因为这会导出正确的栏位标题和表格名称。
- 在导出的表格中修改或增加数据，再把新数据导入测试项目中。接着查看数据的导入是否正确，进度是否如预期进行计算。
- 在导入进一个实际项目前创建一个实际项目的备份。
- 通常最好导入至用户定义字段以确保数据进入数据库，再使用全局更新放至理想的位置。
- 作业数据必须有作业代码和 WBS 分类码，这两个为数据库内每个作业的独特标识。
- Excel 表格最右边的 **delete_record_flag** 栏位，可使第二行名为 **Delete this row** 的命令在导入时删除第二行使其不以作业形式导入。
- **Delete This Row** 可放至表格的任意行，将在导入时删除此作业。

计算项不可被导入并会有一个(*)标记，见下图：

	A	B	C	D	E	F	G
1	task_code	status_code	wbs_id	task_name	start_date	end_date	act_start_date
2	作业代码	作业状态	WBS 分类码	Activity Name	(*)Start	(*)Finish	实际开始
3	OZ1000	已完成	OzBuild-23.1	批准控诉	2/12/2013 8:00:00		2/12/2013 8:00:00
4	OZ1010	已完成	OzBuild-23.1		2/12/2013 8:00:00	4/12/2013 16:00:00	2/12/2013 8:00:00
5	OZ1030	未开始	OzBuild-23.1		11/12/2013 8:00:00	12/12/2013 16:00:00	
6	OZ1040	未开始	OzBuild-23.1		13/12/2013 8:00:00	16/12/2013 16:00:00	
7	OZ1020	进行中	OzBuild-23.1		4/12/2013 8:00:00	10/12/2013 16:00:00	4/12/2013 8:00:00

（图中标注：这些不能被导入）

- 如需查看你希望导入的数据项是否被导入，导出此项并检查其在作业表的第二行说明是否有一个(*)。不可被导入的项包括但不限于：

  ➢ 除开实际开始和实际完成的大部分日期

  ➢ 期望完成

  ➢ 实际、尚需及完成时工期

- 因此如果你希望在不导入原定工期的情况下导入日期以创建未开始的作业，那么你必须导入带有**实际开始**和**实际完成**日期的作业至所需位置并使用全局更新移除实际日期：

	A	B	C	D	E	F	G
1	task_code	wbs_id	task_name	act_start_date	act_end_date	delete_record_flag	
2	作业代码	WBS 分类码	Activity Name	实际开始	实际完成	Delete This Row	
3	OZ1140	OzBuild-23.1	新作业	2/01/2014 8:00	17/01/2014 16:00		

则	参数	是	参数/值	运算符	参数/值
	原定 工期	=	实际工期		
与	第一限制条件	=	开始于		
与	第一限制条件日期	=	实际开始		
与	实际开始	=			
与	实际完成	=			

- 当偶尔需要导出一些数据时，直接复制并粘贴数据至 Excel 表格可能会更加简便。在帮助文件**参考，导入和导出数据**下有更多关于这方面的信息。

i 作业分类码和其他数据可以通过加载软件扩展包（SDK）并使用 Oracle Primavera 知识库的工作表进行导入。你将需要在 Oracle 网站创建一个支持登录名。

在 **www.primavera.com.au** 或 **www.eh.com.au** 的 Technical Papers（技术文件）下有详细介绍如何使用 SDK 的文章。

如果你希望导入日期至数据库，那么你需要使用 API。这已经从 P6 第 8 版专业客户端移除但可在 P6 第 8 版 EPPM（网络）版使用。

26.5 项目导入和导出

项目数据可以用以下的格式导入或导出：

- **XER**，此为 Primavera 专有格式，用于在 Primavera 6.0 版数据库间进行项目的交换，无论项目被创建的数据库类型。

- **Project (*.mpp)**，此为 Microsoft Project 用于创建并保存文件的默认文件格式。

- **Project (*.XML)**，此为 Microsoft Project 现在推荐的用于其他譬如 Primavera 之类软件的导入和导出的文件格式。8.3 版本的此功能有一定程度的增强，这在新内容章节的 28.18 段落进行了概述。

- **MPX (*.mpx)**，此为 Microsoft Project 98 及早期版本创建的文本格式数据文件。MPX 格式的文件可被许多其他项目计划软件包导入和导出。

- **Primavera 项目计划程序 P3** 和 **SureTrak** 文件以 **P3** 格式保存。SureTrak 的项目在导入前应以 Concentric（P3）格式进行保存。

- Primavera 6.0 改进了 P3 文件的导入：

  - ➢ 一个或多个独立子项目可以被导入了，

  - ➢ 可指定导入的 EPS 位置，每个子项目都可能会不同。

  选择**文件(F)**，**导入(I)**...或**导出(E)**...打开所需小窗口。

- **Primavera PM – (XML)** 为 Primavera 6.0 版本引入的新格式，此为行业标准且仅可导出单个项目的大部分数据。

- Primavera 6.0 版打开的项目可以 XER 格式导出并导入至 **Primavera Contractor**，但在兼容性和外部日期上会有一些问题。

> 当项目导入或导出至其他进度计划软件时，由于每个软件的计算方法不同可能会有不一样的计算。不要期待从 Microsoft Project 或其他软件导入的项目会在计算进度时得到一样的日期。在 **www.primavera.com.au** 和 **www.eh.com.au** 上有一些解释了这些问题的文章。

从别的 Primavera 数据库导入文件也会得到不同的结果，这取决于所用的数据库及每个数据库的用户设置，这些都需要仔细的检查。

导入项目至工作中的 P6 数据库必须仔细以确保现有项目不会被导入数据影响，并完全理解导入向导中的可用选项。更新或覆盖已有数据可能会影响已有的进度。

最好的办法是使用一个可丢弃的数据库查看子承包商递交的进度，这样不会破坏你自己的工作数据库。

26.6 *签入和签出*

签入和签出功能与 P3 和 SureTrak 的同名功能类似，可从数据库复制项目，可在远程位置比如客户的数据库工作，并在随后的日期签入回源数据库且使用这些更改更新源进度。

- 从**项目窗口**，**常用**标签页，**文件(F)**，**签出(K)**...签出一个项目：

常用		
项目代码	项目名称	
PROJ001	已签出项目	
状态	责任人	项目平衡优先级
激活	🙎 Enterprise	10
签出状态	签出者	签出日期
已签出	admin	22-六月-12 13

- 项目 XER 文件可接着发送至另一个人或公司，导入至其他数据库并编辑。

- 在导入至其他数据库时，**外部日期**会在源数据库内存在项目间逻辑关系时被创建。

> ⚠ 这些**外部日期**类似最早开始和最晚完成限制条件且会影响进度的计算。你在导入一个项目时应注意总是检查**外部日期**。见章节 15.2 的外部日期的示例。

已签出文件的文件格式与项目以 XER 格式导出时一样，但是签出文件会使项目变为**只读**，它可以被打开但是不能被编辑。

如需移除项目的**只读**可以：

- 选择**文件(F)**，**签入(H)**...以签入项目，或
- 在**项目窗口**的**常用**标签页选择签出状态为**已签入**。

常用		
项目代码	项目名称	
PROJ001	已签出项目	
状态	责任人	项目平衡优先级
激活	🙎 Enterprise	10
签出状态	签出者	签出日期
已签入(&H)...		
已签入(&H)		
已签出		🖼 调用...

> ℹ 同时在重新导入一个已签出项目时，确保你检查任何原始外部逻辑关系的变化。

- 原始的项目间逻辑关系在导入时通常会断开连接，
- 那么当你签入了一个已签出的包含外部日期和不同的计算日期的项目时，你的项目可能会有计算上的不同。

26.7 *UN/CEFACT XML 格式*

P6 8.3 版本支持 UN/CEFACT XML 格式，可从**文件(F)，导出(E)**...菜单进行导出。很多美国政府机构专门使用这种格式。

26.8 *联机帮助*

8.3 版本的帮助菜单有一个名为**联机帮助**的新菜单选项，可以 HTLM 格式显示信息从而帮助有障碍的用户使用额外的浏览器功能。

管理设置，选项(O)标签页有一个新的 P6 联机帮助功能，可设置 F1 键的默认，URL 设置为甲骨文技术中心网络（Oracle Technology Network）（OTN）：

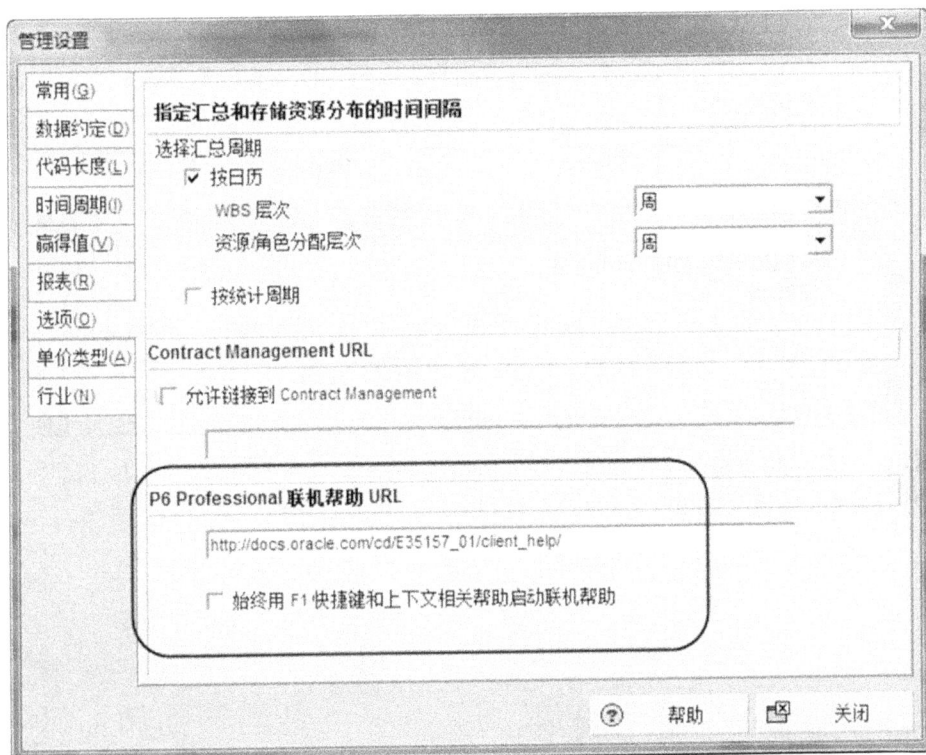

26.9 *作业讨论功能*

P6 8.3 版本中的**作业窗口**下增加一个名为**讨论**新的标签页，可使：

- 用户为每个作业创建一个讨论主题
- 每次发言内容，日期及用户名称都会被保存，从而记录全部的主题使有 P6 使用权限的用户互相之间进行讨论。

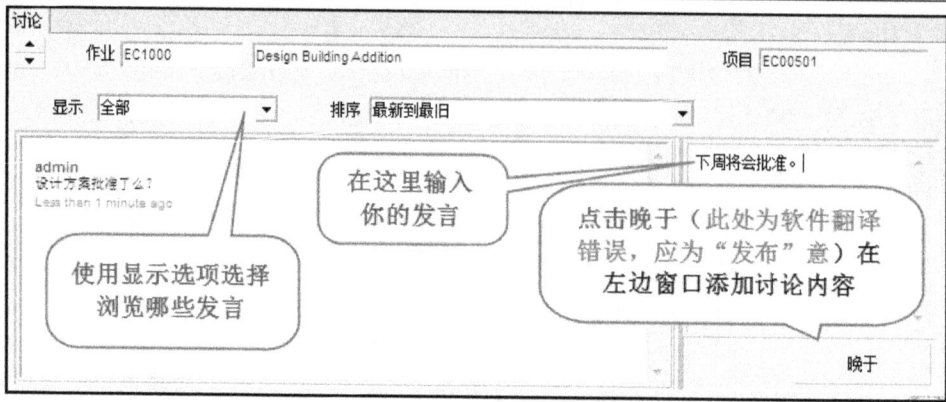

- 增加了名为**未读备注**的项可使用户查看哪些作业有新的讨论发言。此功能可在 Team Member 网络版，iPhone 客户端及 P6 上使用。

此功能在仅有项目规划人员使用 P6 的情况下没有太大的用处。

27 P6 的赢得值管理

本章不会教授赢得值 – 挣值（Primavera 称其为赢得值，以下皆用赢得值），但会解释 P6 赢得值功能的运算方式。因此，在你阅读本章之前，你将需要对赢得值绩效评估及相关术语有很好的了解。如果你不具备你应当考虑阅读以下文件：

- 目前的一些赢得值管理（Earned Value Management – EVM）的标准：
  - ➢ AS 4817 Project performance using Earned Value 2006
  - ➢ ANSI/EIA-748-B-2007 赢利值管理系统
  - ➢ PMI 挣值管理实践标准
- 其他材料：
  - ➢ Earned Value Management APM Guidelines
  - ➢ Earned Value Project Management – Quentin W. Fleming and Joel M. Koppelman

更主要的是，读者需要对以下主题有透彻的理解及相关的经验：

- 资源相关的 P6 选项及设置，
- 更新有资源的进度。

本章将概括：

- P6 可用于 EVM 的功能，
- 这些计算中使用的 P6 设置是什么，
- 可用的选项及 P6 中如何进行赢得值的计算，
- 如何报告这些信息。

赢得值管理使用的主要曲线为：

- **绩效评估目标计划**（Performance Measurement Baseline – PMB），为时间阶段的完成时预算（Budget at Completion - BAC）
- **计划值**（Planned Value – PV），或已进度工作的预算费用（Budgeted Cost of Work Scheduled – BCWS），为从 PMB 得到的某个时间点的计划工作的价值。
- **赢得值**（Earned Value – EV），或已执行工作的预算费用（Budgeted Cost of Work Performed – BCWP），为某个时间点已完成工作的值。
- **实际费用**（Actual Costs – AC），或已执行工作的实际费用（Actual Cost of Work Performed – ACWP），为某个时间点完成工作的支出。
- **尚需完成值**（Estimate to Complete – ETC），为尚需工作的修订后的预估。

一些要点：

- 不可在 WBS 级别保留费用或资源数据。所有的费用、资源和其他费用数据都在作业级别保留并在 WBS 节点汇总。
- 如果在 WBS 级别收集实际费用和实际数量，那么比较适合使用 WBS 或 LOE 作业来保存这些信息在此创建更详细的时间作业。
- P6 很容易创建计划和赢得值。
- 如果使用 P6 记录实际值，那么你的公司将需要一些很成熟的系统以便从其他企业系统（会计、采购、工时单及合同管理）导入实际值，从而防止进度人员变为数据输入人员。

⚠️ 用户应使用 P6 设计并测试他们的系统以确保在进行实际项目的操作前会产出所期望的结果。

27.1 绩效评估目标计划

Primavera 中的 PMB 可从目标计划项目的预算或完成时值得到。

- 在项目的开始，绩效评估目标计划（PMB）一般从目标计划项目预算值得出，通常等于完成时值。

- 当项目在中期从一个已进展项目重新设定目标计划时，在这个时间点一些作业已经有了进展且完成时值一般都会与预算值不同。

ℹ️ 这里应当慎重考虑使用哪个目标计划的设置以确保正确的报告 PMB 的值。

P6 决定设定哪个值为绩效评估目标计划的功能：

- **项目(P)，分配目标计划...**小窗口可选择**项目目标计划**和**主要用户目标计划**的目标计划项目：

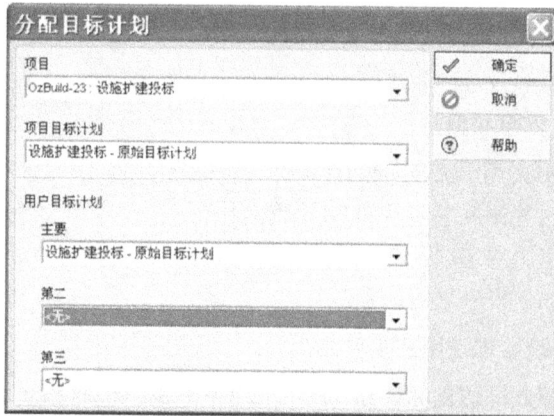

- **项目窗口，设置**标签页的**用于计算赢得值的目标计划**可选择用于 P6 计划值的是**项目目标计划**还是**用户第一目标计划**：

管理员(A)，管理设置(P)...，赢得值(V)标签页的**赢得值计算**部分，当**根据目标计划计算赢得值时使用**，你应当选择：

  ➢ **完成时值与当前日期**，或

  ➢ **预算值与当前日期**。

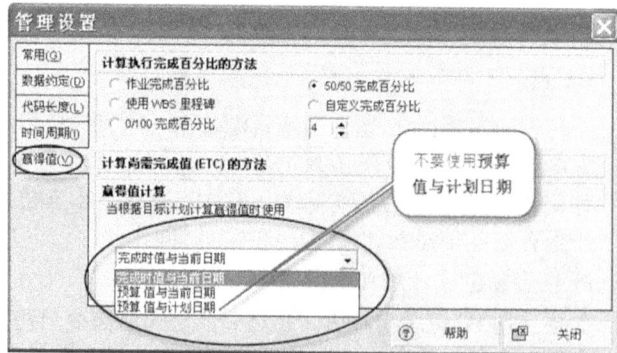

⚠️ 建议你不要选择或使用**预算值与计划日期**，见章节 15.1.5 关于 P6 计划日期问题的详细内容。

27.2 *计划值*

计划值为某个时间点的之前计划需要完成工作的值，通常由**当前数据日期**计算的值表示。

在 P6 中有几个选项用于显示计划日期所以容易造成混淆，这些是：

- **计划值费用**和**计划值数量**从上一段概述的绩效评估目标计划设置得出：
  - ➤ 这些值认可**管理设置**的用于计算赢得值的目标计划，也认可
  - ➤ **项目设置**的用于计算赢得值的目标计划。
- **目标项目**及**目标 1** 可显示**其他费用、人工费、非人工费、材料费**及**总费用**或**工时数**和**非人工数量**。（**其他费用数量**或**材料数**一般不可用）。
  - ➤ 这些值都认可**管理设置**的用于计算赢得值的目标计划，但
  - ➤ 它们不认可**项目设置**的用于计算赢得值的目标计划，且分别读取**项目目标计划**及**主要用户目标计划**。
- **预算其他费用、预算人工费、预算非人工费、预算材料费用、预算工时数**及**预算非人工数量**（**预算其他费用数量**或**预算材料数量**一般不可用）不如你预计般从目标计划进度读取，而是从**当前进度预算**及**当前进度计划日期**。

⚠️ 所有的**预算**值都必须小心使用因为它们经常从当前进度目标计划和计划日期读取。

计划值可显示为：

- **列表数据**可在：
  - ➤ **作业使用剖析表**
- **图形数据**可在：
  - ➤ **作业使用直方图**
  - ➤ **跟踪窗口**通过创建一个**项目甘特图/直方图**。
- **栏位数据**可在：
  - ➤ **跟踪窗口**通过创建一个**项目表格**，
  - ➤ **作业窗口**使用**计划费用**或**计划工时数**：

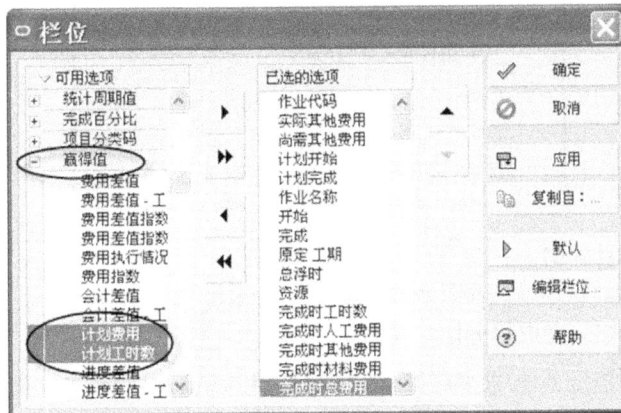

> **ⓘ** 已进展进度无法选择和显示的选项如下：
>
> - **最晚预算**值为一个标准选项。许多人喜欢显示最早和最晚目标计划曲线以标出进展应在的区域。
> - **计划材料数量**
> - **计划其他费用数量**
>
>   下列窗口或窗格的计划数据显示了从**当前进度计划**日期和**当前进度预算**值得出的预算项的值，应谨慎使用：
>
> - **资源使用剖析表**
> - **资源直方图**
> - **资源分配**

27.3 *赢得值*

赢得值为以预算表示的已完成工作的值，一般的计算方法为**赢得值 = 预算 X 完成百分比**。

27.3.1 执行完成百分比

P6 有一个名为**执行完成百分比**的项用于计算每个作业的**赢得值**。这在甘特图上显示为一个栏位或一个栏。

P6 中有一些计算每个 **WBS 节点**所有作业的**执行完成百分比**的选项，反过来也用于计算**赢得值**。

- 默认值在**管理员(A)**，**管理设置(P)...**，**赢得值(V)**标签页进行设置，
- 这些选项在 WBS 节点值对所有分配至 WBS 节点的作业进行管理，且每个 WBS 节点可能会有不同的值。
- 打开 **WBS 窗口**，**赢得值**标签页查看这些大都一目了然的选项：

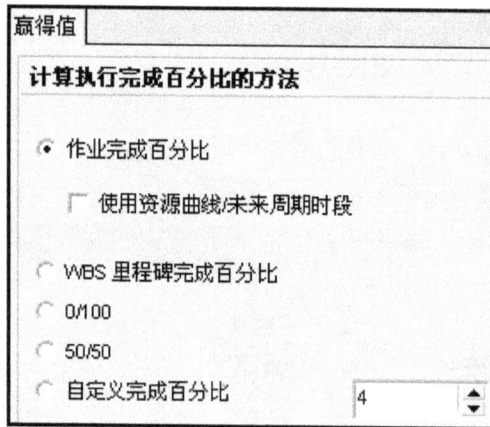

27.3.2 作业完成百分比

上图使用分配至作业的**作业完成百分比**。如果使用了**步骤**，那么**作业完成百分比**将必须设置为**实际完成百分比**，见章节 21.6。

需选择**使用资源曲线/未来周期时段**以允许使用**资源曲线**或**未来周期时段**来计算赢得值。

27.3.3 WBS 里程碑完成百分比

WBS 里程碑可在 **WBS 窗口**的 **WBS 里程碑**标签页进行创建，这可用一个已定义的方法与所有分配至 WBS 节点的工作进行进展的评估。

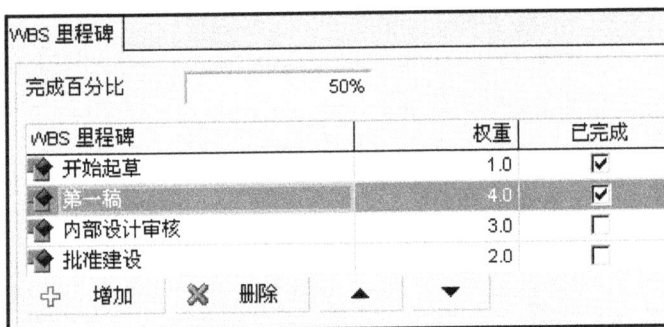

27.3.4 0/100

0/100 选项会为进行中作业分配一个为零的值，而当作业完成时分配 100%。

27.3.5 50/50

50/50 选项会为进行中作业分配一个 50%的值，而当作业完成时分配 100%。

27.3.6 自定义完成百分比

自定义完成百分比可在其他不符合你要求的情况下提供更多的完成百分比选项。

27.3.7 计算赢得值的示例

下面的示例显示了：

- 5 个有说明的 WBS 节点来指出**计算执行完成百分比的方法**几个选项的区别，即是计算赢得值的方法，
- 5 个作业，每个 WBS 节点有一个，每个在工期、小时和费用的进展都为 50%，
- 完成百分比栏显示了**执行完成百分比**。

27.4 实际费用

这些为在执行工作中产生的实际费用，通常计算为已付款总额加上权责发生额（Accruals）。Primavera 中可记录实际费用和实际数量并以两种方法显示：

- 至今总数，或
- 当保存周期值时从**统计周期**值计算得出。

27.4.1 至今总数

当选择至今总数时，总费用或数量会分配至每个资源或其他费用且会以线性从作业的**实际开始**日期到**数据日期**分布。

一旦输入了至今总数就不需要再采取任何措施了。

27.4.2 统计周期

更精确的选项是使用**统计周期**值以查看每个周期花费的实际情况。

使用**统计周期**的决定必须提早做出，这是因为周期值必须在每次进度更新时保存。

这个过程会占用大量的时间，应有一个相应的流程和准侧以便于工作人员遵循从而避免工作上的失误。

Primavera 5.0 版的这个新功能可：

- 创建用户定义的周几周期，比如每月或每周，及
- 为每个周期记录实际和赢得费用和数量的能力。

因此，跨越超过一个过去周期的实际费用和数量会在所有报表里的每个周期里如实的反映出来。如果没有使用**保存本期完成值**那么实际费用或数量会均匀分布于作业的实际工期，可能不能如实反映工作是何时执行及每周期具体完成了什么。

这些周期应用于数据库内的所有项目。

如果一个项目需要以月为统计周期，另一个以周，那么最好考虑设置两个数据库，每个项目设置一个。

这个功能与 **P3 保存本期完成值**功能类似。

如需显示**统计周期数据**，那么需要两个步骤：

- **统计周期**的设置必须使用**管理员(A)**，**统计周期(F)**...，且
- 周期数据在每次进度更新后保存使用**工具(T)**，**保存本期完成值(O)**。

保存本期完成值所需的步骤为：

- 保证用户有必要的特权以在需要编辑过去实际值时编辑**统计周期日期，保存本期完成值**及**编辑本期完成值**。

- 创建**统计周期：**

  ➢ 在专业版下选择**管理员(A)，统计周期(F)...**，这会打开**统计周期**小窗口：

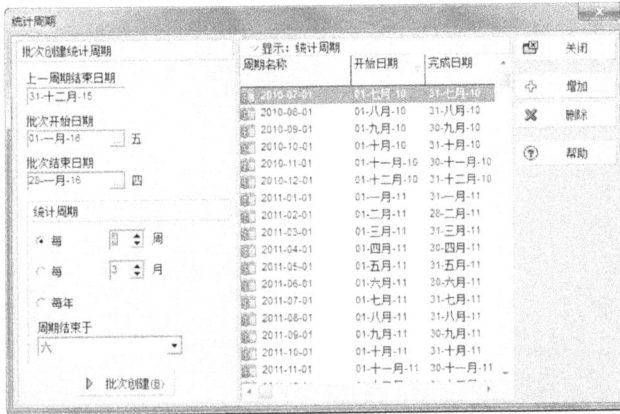

  ➢ 在可选客户端从网络使用管理员，企业数据，周期数据菜单。

- 打开合适的项目，选择**项目窗口**底部窗格的**计算**标签页，并确认选择**关联累计实际和本期实际的数量和费用**。这个选项在项目没有打开时是呈灰色的：

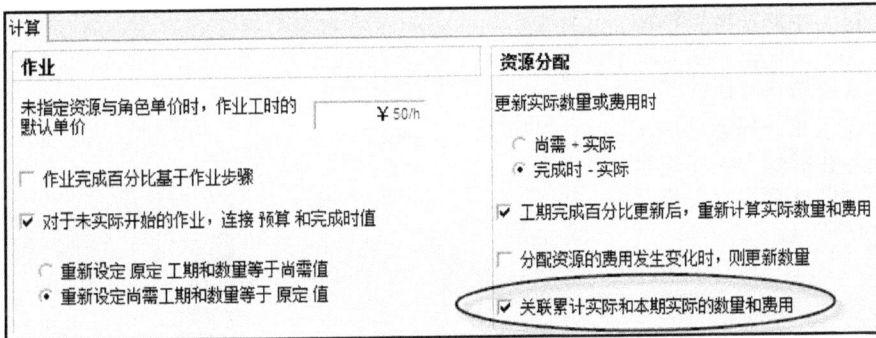

- 如需保存周期完成值选择**工具(T)，保存本期完成值(O)**打开**保存周期执行情况**小窗口，选择需要保存的项目并点击 立即保存 图标

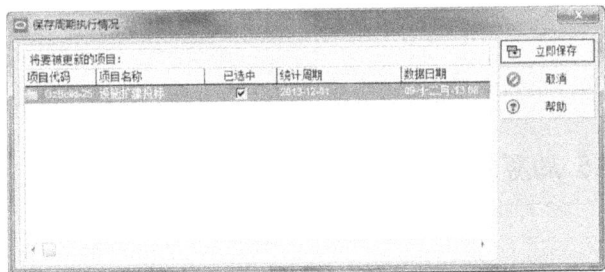

- 编辑(E)，用户设置(R)，应用程序(A)图标的**栏位部分，选择要在栏位中显示的统计周期**可使用户限制显在小窗口中的栏位数量，比如**栏位**小窗口，因而减少了需要找寻特定栏位所花费的时间：

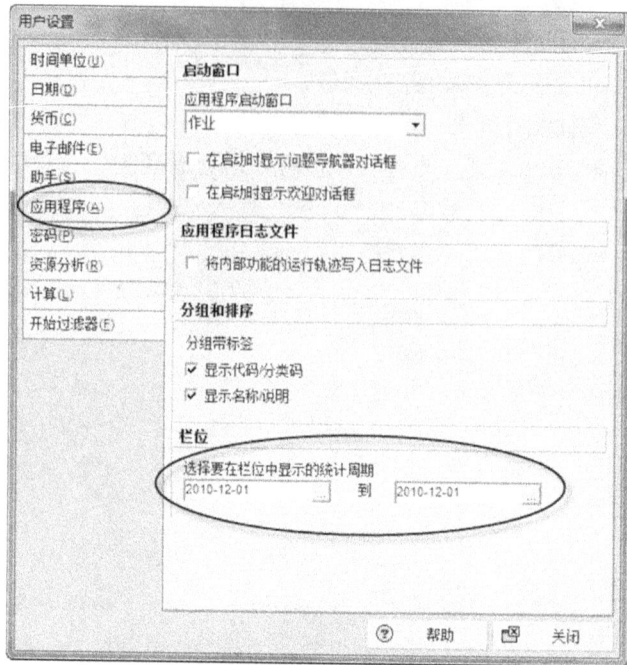

- 最终这些结果的查看和编辑在**资源分配窗口，作业详情资源**标签页，**作业表格**的**过去周期实际值**等等。

- 显示**统计周期**值的选项在类似**作业使用直方图选项**小窗口十分的明显：

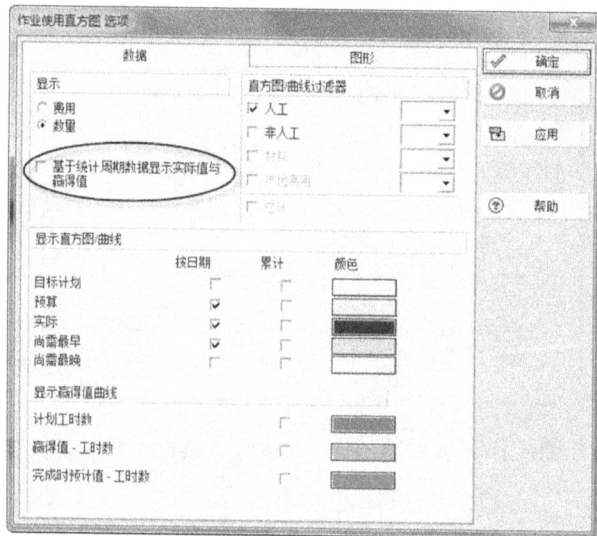

27.5 *尚需完成值*

P6 有两个独立计算的尚需完成值项：

- 资源和其他费用数量及费用的尚需完成值，通常称为**尚需费用**或**尚需数量**。
- P6 赢得值计算的尚需完成值，称为**尚需完成值**（费用）或**尚需完成工时数**。

i 用户理解这两项的区别并知道使用及显示的是哪个是十分重要的。

27.5.1 资源数据的尚需完成值

这个值直接用作业资源分配及其他费用尚需费用和数量，计算得出。

- **尚需费用**和**尚需数量**栏位从资源和费用值获得：

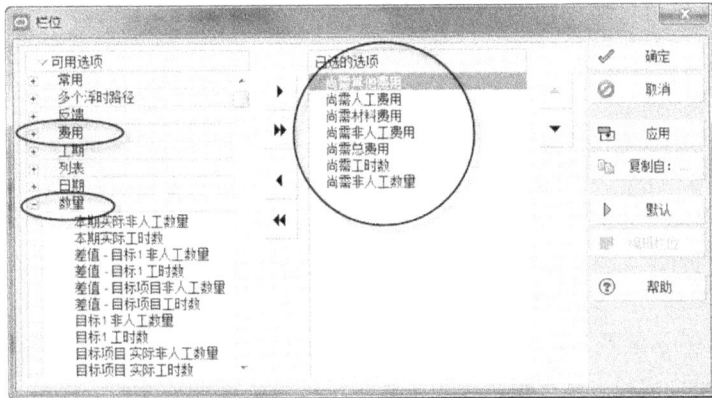

27.5.2 P6 赢得值计算的尚需完成值

- 赢得值**尚需完成值 ETC**（费用）和**尚需完成工时数**：

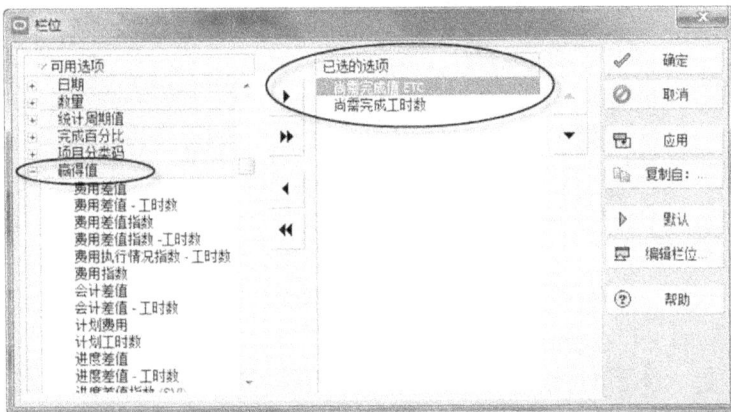

这些值从 **WBS 窗口**的**赢得值**标签页，**计算尚需完成值（ETC）的方法**选项获得，如果你了解赢得值的话大都很好理解。**PF** 代表**执行情况因子**。

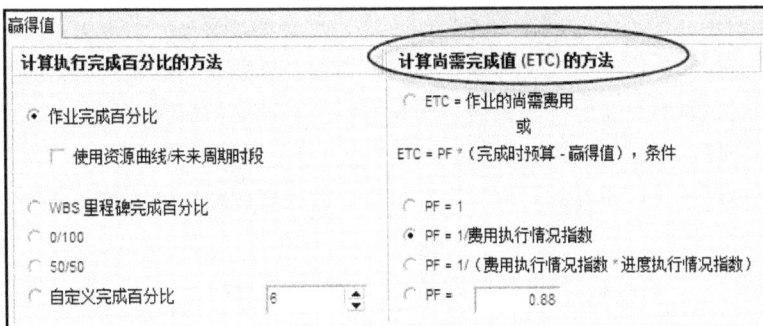

27.6 *作业使用 S 曲线*

这一部分将使用一些示例来介绍 P6 的图形能力。

用户必须花费大量的时间练习使用软件，这样才可以确信软件按他们所预料的进行工作。应使用一个可预见结果的小进度以增强使用软件的信心。

接着记下一些流程并每次更新时遵循这些流程。

27.6.1 作业使用直方图栏和曲线

作业使用栏通常称为**直方图，作业使用曲线**通常称为 **S 曲线**。作业使用直方图选项在下图显示：

- **显示**及**直方图/曲线过滤器**都简单明了。**材料数量**及**其他费用数量**不可以进行选择，这很大程度上限值了报表的内容。

- **显示直方图/曲线**及**显示赢得值曲线**并不是很好理解，下面会进行解释：
  - ➢ **按日期**将会显示**直方图，**
  - ➢ **累计**将会显示 **S 曲线**，这与直方图的颜色一样，所以在两个数据都显示的时候会很难看出来。

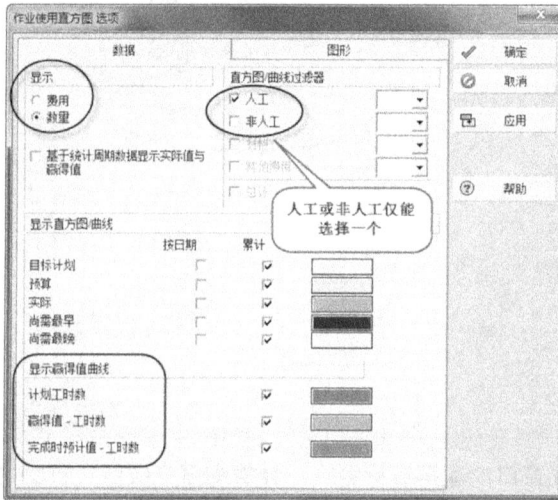

显示直方图/曲线

- **目标计划**使用目标计划数据，这在**管理员(A)，管理设置(P)...，赢得值(V)**标签页的**赢得值计算**部分设定。这仅为最早曲线，从**项目目标计划**日期得出。

- **预算**使用当前进度计划日期和当前进度预算，而不是如预期般使用目标计划日期和预算。建议这一项不显示。

- **实际**使用实际费用和数量，此曲线将在使用**统计周期**和**保存本期完成值**时改变形状。

- **尚需最早**使用当前进度日期和尚需费用，但是从 Y 轴的零值开始画，因而对创建传统 S 曲线仅有有限的价值，因为应当从实际曲线的末端开始画。

- **尚需最晚**使用当前进度日期和尚需费用，但是从 Y 轴的零值开始画，因而对创建传统 S 曲线仅有有限的价值，因为应当从实际值的末端开始画。

27.6.2 显示赢得值曲线

- **计划值费用**由两个功能的组合决定:

  ➢ **项目窗口,设置标签页**的**项目设置**部分用于计算赢得值的**目标计划**选项可以选择读取的是哪一个目标计划。这个曲线在选择**项目目标计划**时通常是与**目标计划**曲线一样的,但是如果在默认选项更改为**用户第一目标计划**时会读取不同的值,如下图所示:

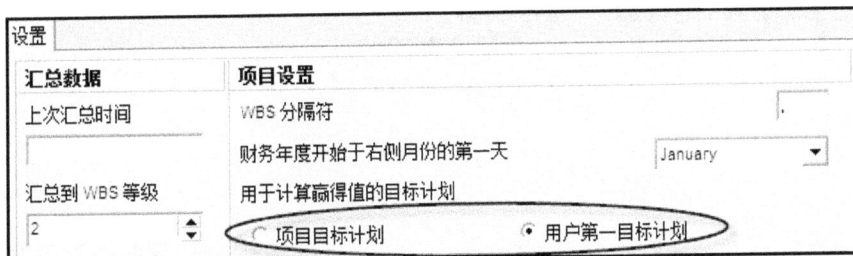

  ➢ 目标计划日期和费用的选择在**用于计算赢得值的目标计划**部分,其设定在**管理员(A),管理设置(P)...,赢得值(V)**标签页的**赢得值计算**部分,可谓以下选项的其中一个:

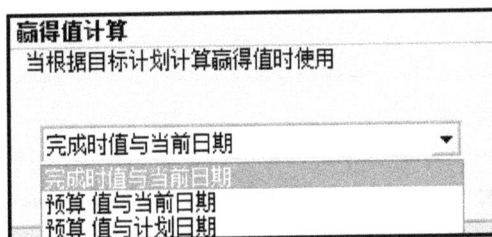

- 当**显示**选项选择**数量**时,**显示赢得值曲线**的说明会变为工时数。

  > ⚠ 因此,除了其他费用数量和材料数量外,**非人工数量**也不能在**作业使用直方图**中以 P6 的**赢得值曲线**显示。

图形显示的限值

如果你在最开始就明白系统限值的话会使赢得值系统的设计变得简单,在设计你的系统时需要考虑以下的限值:

- 多个直方图是不能从用户界面创建的。
- 从目标计划读取的最晚计划数据是被限制的,用户界面是很难绘制出最晚曲线的。
- 时间阶段性材料资源数量仅在资源分配窗口不使用赢得值数据时可用。因此,在加工行业使用的传统的基于商品的赢得值曲线很难使用材料资源产出。在这种情况下,用户只能使用非人工资源来代表材料。
- 栏和曲线功能有一些格式调整上的限值,比如对垂直线、颜色和分隔线的格式只有很有限的调整。

27.7 曲线图形示例

下图从 City Center Office Building Addition 项目创建得出，这在软件安装时就在演示数据库中：

- 下图的曲线显示了从零点而不是从**实际**曲线末端起绘制的**尚需**和**最晚尚需**曲线：

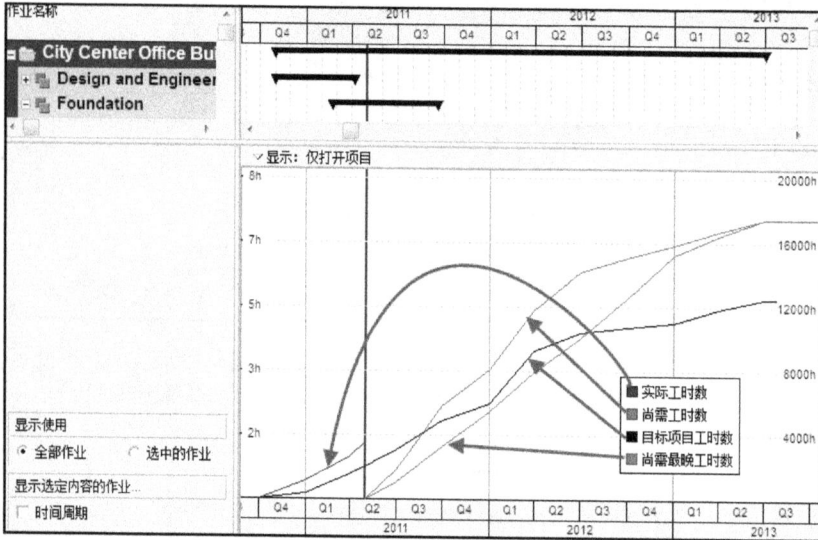

- 下图显示了传统的赢得值曲线。

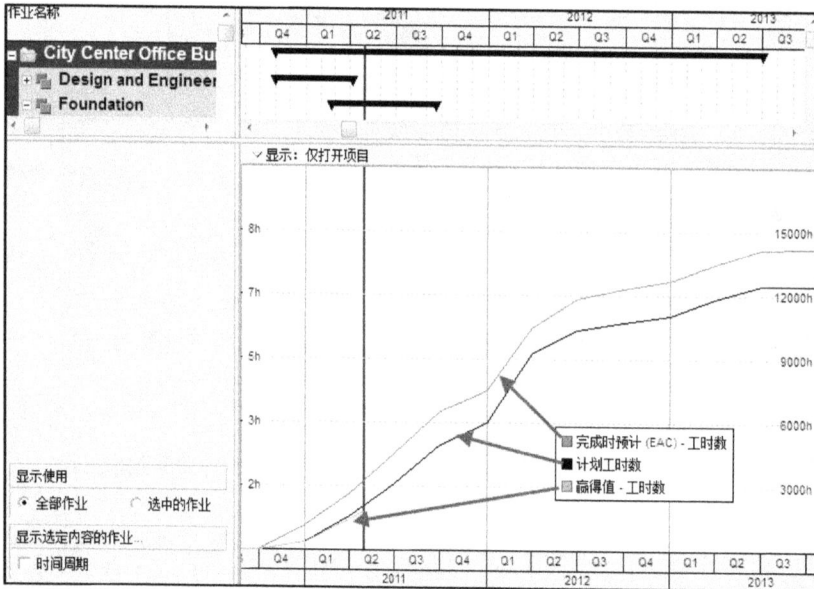

28 P6 8.1 至 15.1 版本的新内容

P6 专业客户端和 P6 可选客户端有一些功能上的不同。

28.1 *用户界面的升级*

客户端的用户界面重新修订以允许用户自定义工具栏及菜单：

28.1.1 新的可自定义的工具栏

所有的旧的 P6 工具栏都被移除，新的工具栏的操作方式与 Mircrosoft Office 2003 类似。许多工具栏的图标都发生了变化。

工具栏不会进行详细的介绍但是确保常用功能在工具栏上会极大地提高效率。

- Primavera P6 由很多自带的工具栏，其显示或隐藏通过：

  ➢ 使用命令**显示(V)**，**工具栏(T)**或在工具栏区域点击右键并勾选或不勾选框体以显示或隐藏工具栏，或

  ➢ 使用命令使用命令**显示(V)**，**工具栏(T)**，**自定义(C)**...，**工具栏**标签页再选择所选框体以显示或隐藏工具栏。

- 工具栏图标的默认重置可选择**显示(V)**，**工具栏(T)**，**自定义(C)**...，**工具栏**标签并点击 重置(R)... 。

- 图标可添加至一个工具栏，通过选择使用命令使用命令**显示(V)**，**工具栏(T)**，**自定义(C)**...，**命令**标签页。**工具栏图标**可从对话框进行选择并拖拽任意工具栏。

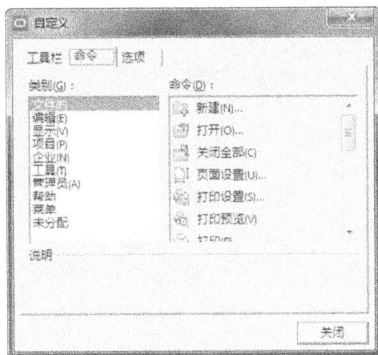

- 图标也可在**自定义**（工具栏）小窗口打开时从工具栏移除，在图标上点击鼠标左键并拖拽出工具栏。

- 图标在工具栏拖拽至窗口中时也可以进行增加或删除，一个编辑图标的额外菜单将会出现：

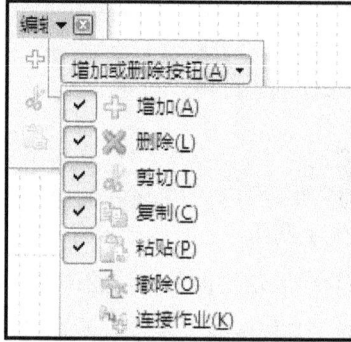

- 图标也可通过点击每个工具栏右端的向下箭头进行增加或移除：

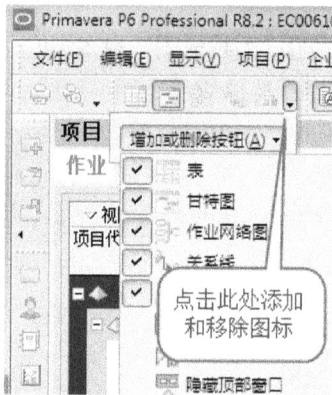

- 所有工具栏图标的默认重置可选择**显示(V)**，**重置所有工具栏**。
- 工具栏也可以进行锁定而防止拖拽，选择**显示(V)**，**锁定所有工具栏**。
- 其他的工具栏显示选项在**显示(V)**，**工具栏(T)**，**自定义(C)**...并选择**选项**标签页。

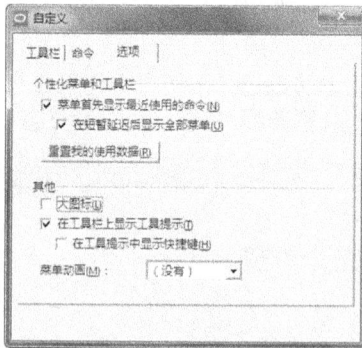

ℹ️ 建议不选择在**显示(V)**，**工具栏(T)**，**自定义(C)**...，**选项**标签页，**个性化菜单和工具栏**下的选项以确保总是显示全部菜单。这会节省等待所需菜单显示的时间。

28.1.2 可自定义的菜单

菜单也可以进行编辑：

- 打开**自定义**小窗口，

- 在**自定义**小窗口打开时，移动鼠标至屏幕左上角的菜单，

- 右键点击一个菜单标题会出现一个菜单：

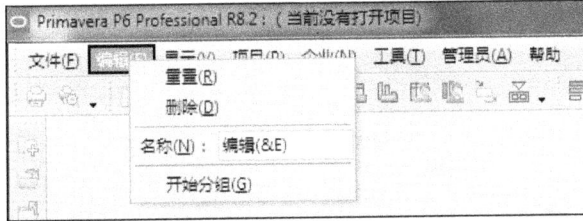

- 右键点击菜单项可编辑或拖拽命令的上下排列顺序：

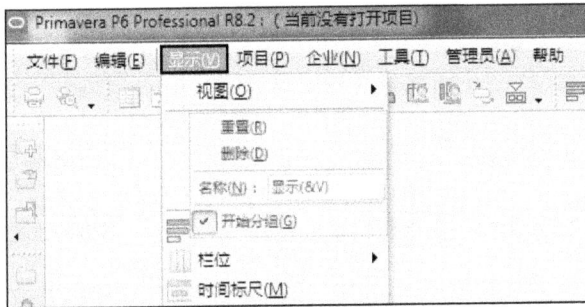

28.2 *管理设置 – 设置行业类型*

行业类型决定了在某些字段应用的术语，在早期的版本中随着软件加载而自动设置。在 P6 专业版中可通过选择**管理员(A)**，**管理设置(P)...**，**行业(N)**标签来进行设置：

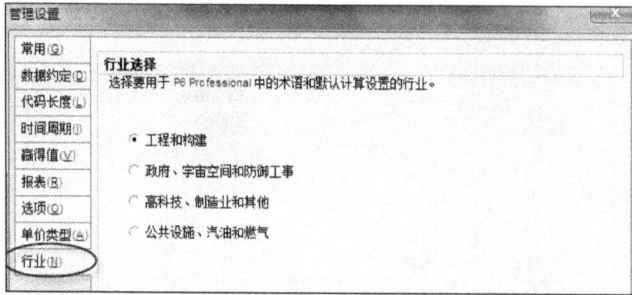

下表显示了不同的术语类别

行业类型	术语	项目比较工具名称
工程和构建	预算数量和费用 原定工期	Claim Digger
政府、宇宙空间和防御工事	计划数量和费用 计划工期	Schedule Comparison
高科技、制造业和其他	计划数量和费用 计划工期	Schedule Comparison
公共设施、汽油和燃气	预算数量和费用 原定工期	Claim Digger
其他行业	计划数量和费用 计划工期	Schedule Comparison

工程和构建：

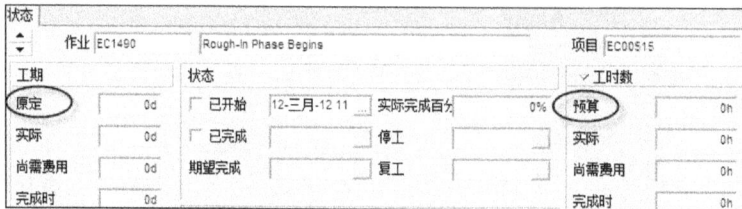

政府、宇宙空间和防御工事：

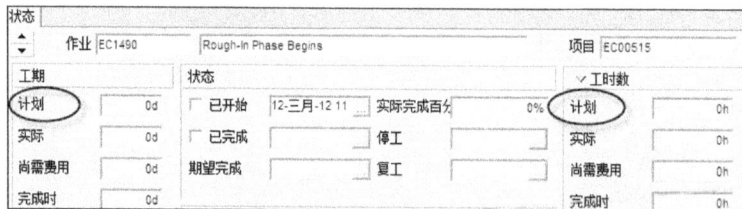

如果选择其他的行业类型，需要重启 P6 才能生效。

28.3 标签式窗口显示

窗口打开时会以标签页显示，下图显示了好几个标签页。

- 标签页可点击鼠标并左右拖拽：

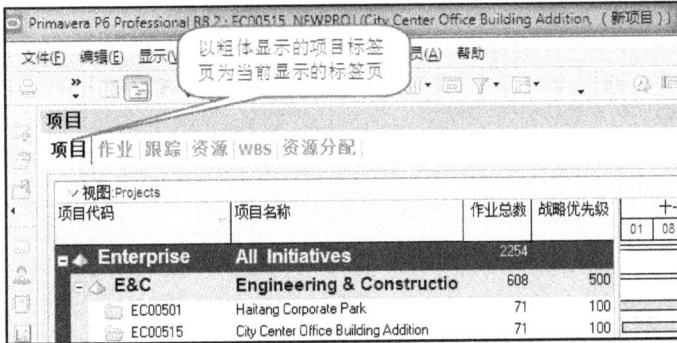

28.4 平铺窗口

窗口可垂直或水平平铺：

- 选择**显示(V)**，**页面组**并选择水平或垂直。
- 上方窗口的标签页可拖拽至下方窗口，
- 多个窗口可垂直及水平如下图所示：

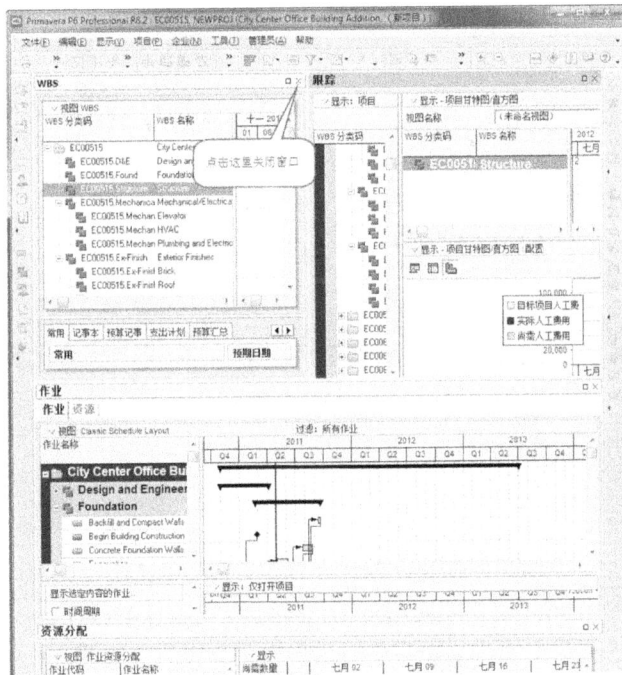

- **显示(V)**，**页面组**并选择**合并所有页面组**，
- 点击窗口右上角的 X 关闭它。

28.5 个人及共享资源日历

现在有两种类型的资源日历：**个人**，Primavera 8.1 版的新功能，及**共享**，与早期的资源日历相同。

28.5.1 个人资源日历

可从**日历**小窗口进行创建：

- 选择**企业(N)**，**日历(C)**...，

- 点击**个人资源日历**，

- 点击 [增加] 打开**选择资源**小窗口以选择分配至日历的资源，并

- 点击 [修改...] 并按正常方式修改日历。

或从**资源窗口**通过：或从**资源窗口**

- 打开**资源窗口**，**详情**标签页，

- 选择资源，

- 点击 [创建个人日历] 图标打开**资源日历**小窗口并按正常方式编辑日历。

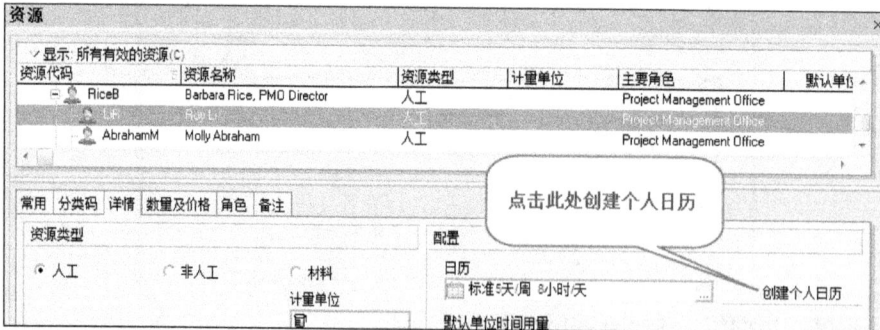

28.5.2 共享资源日历

这些操作方式与早期的资源日历相同并可分配至多个资源。

28.6 *自动重组*

这个功能在一个作业的属性改变时会基于当前**分组并排序**顺序重组数据。

例如：当作业详情窗格的作业 WBS 分类码重新分配，那么这个作业将会自动移至新分配的 WBS 分组带，选择这个选项时作业将按 WBS 进行分组。

此功能早期版本称为**自动重组**（Reorganize Automatically），可在每个用户的**用户选项**进行设置。

现在移至菜单且可打开或关闭，且对每个窗口分别设定。如需激活和关闭这个功能：

- 选择**工具(T)**，**禁用自动重组**，或

- 点击**工具**工具栏的 图标。

> *i* 这个图标有黑框说明功能关闭了，菜单上的命令为错误的因为它显示**禁用自动重组**，实际上说明点击即可**启用自动重组**。
>
> 当应用新的视图或过滤器时，数据也会自动重组

28.7 *在分组并排序小窗口设置分页符*

在 P6 的早期版本中，分页符仅设置**分组并排序**小窗口的第一个分组带，从**页面设置**，**选项**标签页。P6 8.1 版被修改为可以在任一层次设置分页符。

选择**显示(V)**，**分组和排序条件(G)**，**自定义**或点击 图标选择**自定义**打开**分组并排序**小窗口：

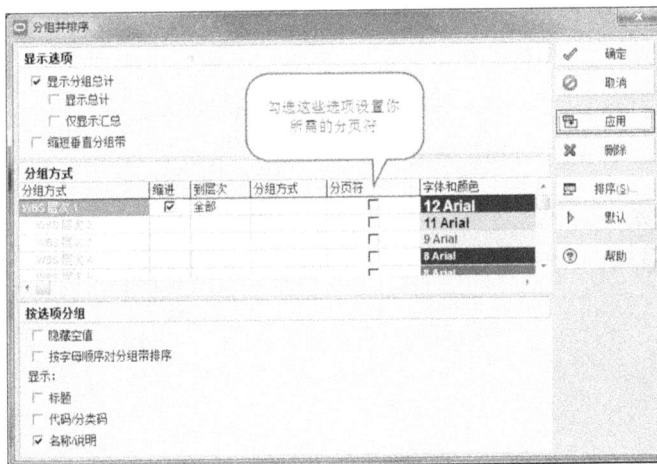

28.8 *HTML 编辑器*

新的 HTML 编辑器提供了更多的格式调整的选项，在诸如记事本标签页、步骤标签页和很多其他详情标签页的小窗口处都可看出来。

28.9 *打印报表或批次报表时发送邮件*

当打印报表或批次报表时，你可以选择自动以附件形式发送报表的邮件。见打印报表和批次报表。

28.10 *时间标尺型逻辑图表*

时间标尺逻辑图表从作业窗口导出打开项目至 Primavera 时间标尺逻辑图表程序并在一个独立的程序中创建一个时间标尺逻辑图表。这在 8.3 版本中被 Visualizer 所取代了。

选择**工具(T)，时间标尺逻辑图表**以运行这个功能。

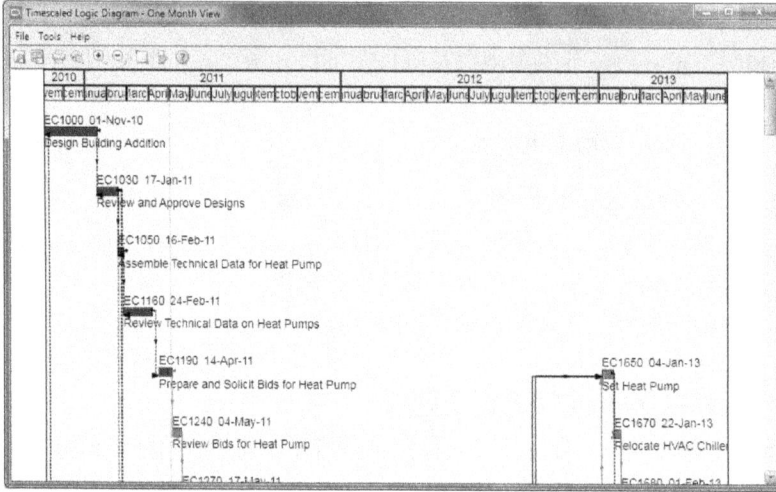

8.2 版引入了以下功能：

- 过滤器的保存，

- 辅助线的显示和格式调整功能，

- 分配作业分类码颜色至栏，

- 可与其他用户共享的时间标尺型逻辑图表的模板，及

- 在用户定义字段下分组作业。

28.11 *移除的项*

下列项被移除：

- 审核完成，

- 审核状态，

- 综合项目，

- 预估权重。

28.12 *从命令行导出项目或运行一个批次报表*

现在可以从窗口的命令行运行导出项目和批次报表了，这使用 XML 编辑器创建命令。

28.13 *作业详情反馈标签页*

加强了**作业窗口，详情反馈**标签页以允许输入更多的信息。

28.14风险模块的改动

风险模块重新进行了修改以便更符合国际公认的标准。

ⓘ 风险模块对使用**可选客户端**的用户不可用。

⚠ 当使用**可选客户端**的用户复制和粘贴一个作业时，此操作也会同时复制和粘贴任意已分配的风险值所复制作业，用户并不知道风险也会被复制。

28.15行号

8.2版引入了 Microsoft Project 样式的**行号**。选择**显示(V)**，**行号**可显示或隐藏行号

#	作业代码	作业名称
1	设施扩建投标	
2	技术规格	
3	OZ1000	批准投标
4	OZ1010	决定安装要求
5	OZ1020	创建技术规格
6	OZ1030	确定供应商构成
7	OZ1040	验证技术规格
8	交付计划	
9	OZ1050	文件交付方式
10	OZ1060	从供应商获取报价
11	OZ1070	计算投标估价
12	OZ1080	创建项目进度
13	OZ1090	审核交付计划
14	投标文件	
15	OZ1100	创建投标文件草稿
16	OZ1110	审核投标文件

ⓘ 这是十分有用的功能，例如在审查进度的会议上可确保每个人都在看同一个作业

但在 Microsoft Project 里，这是一个顺序，如果进度重新排序的话数字也会变化

28.16Visualizer

Visualizer （视图器）是 P6 8.3 版本的新功能，是对 8.2 版本的**时间标尺逻辑图表**模块的升级，它增加了一款比作业窗口更高级别自定义甘特图的软件。

它可以从 P6 打开，也可以从 Windows 的开始菜单打开；并且允许创建时间标尺逻辑图表 (TSLD) 且有以下功能：

- 打开从 P6 导入的视图及创建新的 Visualizer 视图
- 记事本主题及步骤可在作业表格里显示为项，或显示为栏标签
- 可在甘特图中重叠栏位及使用自动换行
- 可在 TSLD 中一行显示多个作业，减少了行数
- 调整项及标签的格式
- 使用例如显示目标计划，过滤器，分组并排序等功能
- 作业分类码的颜色可在**企业，作业分类码**小窗口进行选择。这些颜色可以在 Visualizer 里分配至栏，栏开始和完成点；但是作业窗口、栏小窗口内的栏并不能使用这些颜色。
- 有更多栏的形状及其他格式的选择
- 使用例如 Windows Scheduler 之类的软件运行批次报表。

理解 Visualizer 是如何运行的：

- 它不能在 P6 中打开的项目上进行操作
- 它不能用于修改数据，仅用于数据的显示
- 用户在选择需要显示的项目前要选择一个已有的视图或创建一个新的视图，视图可为甘特图或 TSLD
- 接着选择需要显示的项目，并
- 调整视图的格式，如有需要进行保存
- Visualizer 的视图在 Windows 客户端下可进行创建并保存为全局，项目或用户视图
- Visualizer 使用 P6 管理设置的日历设置显示每周起始日，及联机帮助设置。

本节将概述 Visualizer 如何运行的几个要点，运行 Visualizer 可选择：

- **工具(T)**，**Visualizer**，或
- 可不打开 P6 从 Windows 开始菜单打开软件
- 从窗口最上方的按钮选择你所需要的视图类型：

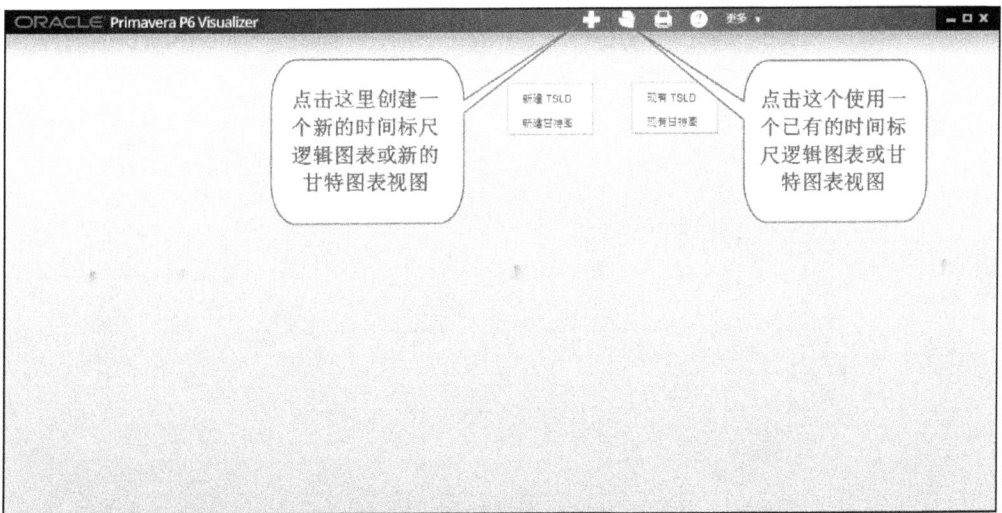

点击这里创建一个新的时间标尺逻辑图表或新的甘特图表视图

新建 TSLD
新建甘特图

现有 TSLD
现有甘特图

点击这个使用一个已有的时间标尺逻辑图表或甘特图表视图

- 你可以接下来选择需要显示的项目，下图为创建一个新的 TSLD 时的可用选项：

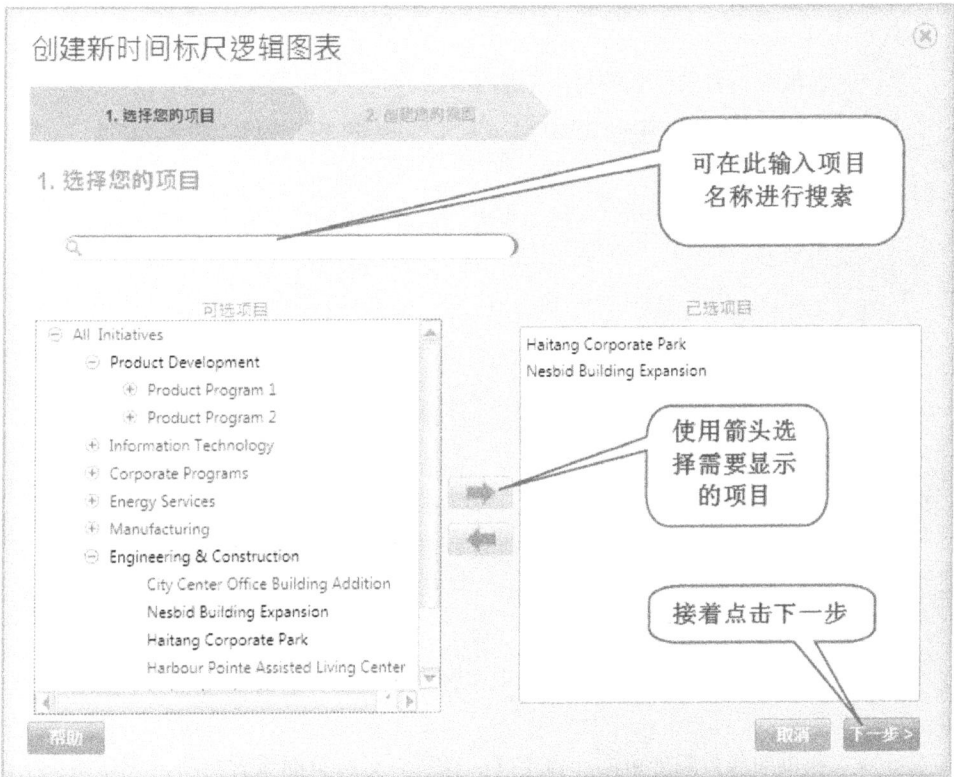

项目列表中并**没有**显示项目代码，因此你需要确保所有的项目名称都是唯一的。

- 命名此视图：

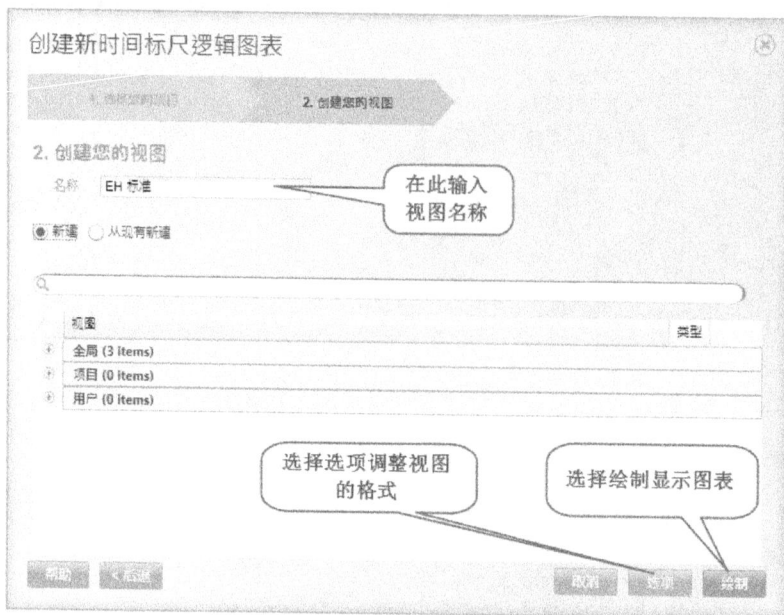

- **选项**表格有大量调整格式的选项：

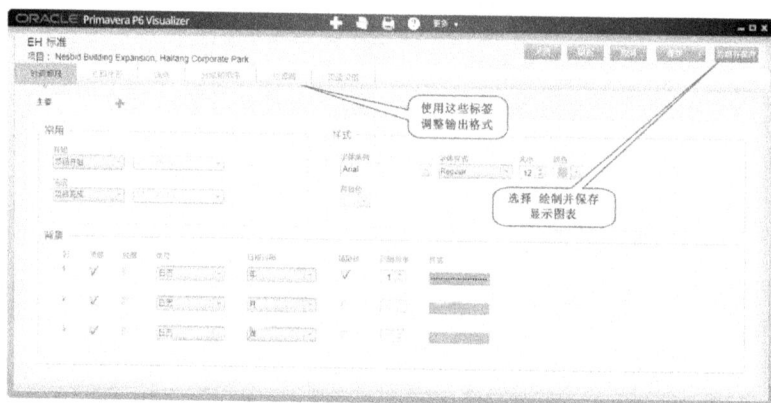

大部分标签选项都通俗易懂，甘特图的视图功能都类似，这里就不再单独讲述。

8.4 版本引入了一些新功能：

- 以**日期间隔**显示**班次**。这可以在**时间表尺**窗口的**日期间隔**列表处进行调整；

- 在页眉和页脚处可添加自定义的图例。可在**页面设置**窗口，**标题块**标签页进行设置。

- 可在**管理视图**小窗口选择多个视图并移置其他的分组。

- 栏设置现在可随视图一起复制。这个功能可在**栏和标签**标签页，**可用栏**处找到。

15.1 版本的 Visualizer 可以单独打开了，可使用户打开 P6 专业版或（及）P6 Visualizer。

28.17 作业讨论功能

P6 8.3 版本中的**作业窗口**下增加一个名为**讨论**新的标签页，可使：

- 用户为每个作业创建一个讨论主题

- 每次发言内容，日期及用户名称都会被保存，从而记录全部的主题使有 P6 使用权限的用户互相之间进行讨论。

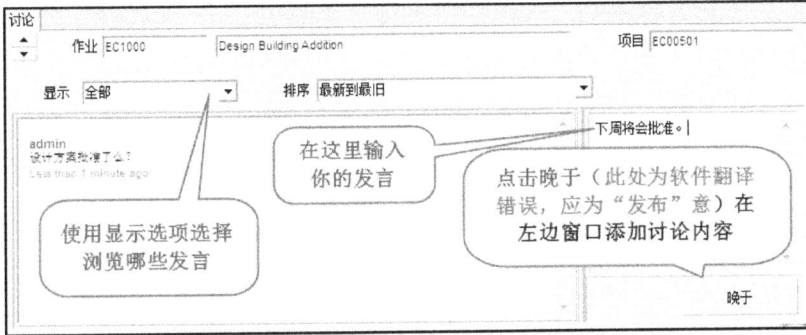

- 增加了名为**未读备注**的项可使用户查看哪些作业有新的讨论发言。此功能可在 Team Member 网络版，iPhone 客户端及 P6 上使用。

> 此功能在仅有项目规划人员使用 P6 的情况下没有太大的用处。

28.18 XML 导入/导出的强化

8.3 版本中改进了 XML 的导入/导出功能：

- XML 文件可在 Primavera 6.2 服务包 4 及之后版本进行数据交换

- 现在在导入时支持以下功能：

  - 为外部逻辑关系添加限制条件；
  - 资源分配中的单价；
  - 过去周期实际值；
  - 多个项目可在同一个文件中；
  - 在导入数据之前使用新的导入选项窗口查看诸如日历、分类码、资源及用户定义字段（UDFs）等要导入的数据；
  - 在数据库文件需要导入的已有项处导入数据的功能。这会解决很多现在存在的，由于在数据库中导入项目而造成的，用户选择项的数据匹配及项重命名时产生的数据损坏的问题。

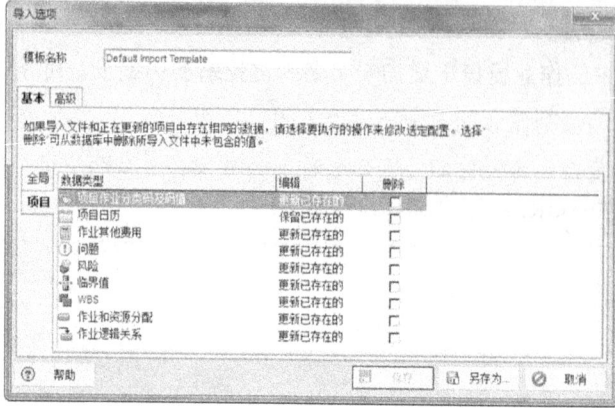

28.19 15.1 版本导入及导出 XML 目标计划

15.1 版本导入及导出 XML 的功能得到了改善，现在可导入和导出目标计划项目了。之前版本中目标计划项目在导出之前必须先进行恢复。

导入及导出窗口的新项目：

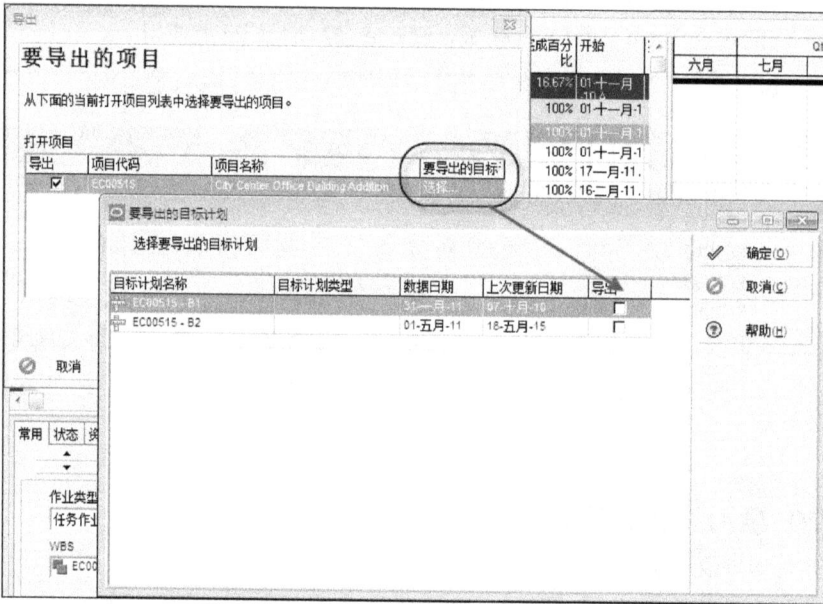

28.20 UN/CEFACT XML 格式

P6 8.3 版本支持 UN/CEFACT XML 格式，可从**文件(F)**，**导出(E)**...菜单进行导出。很多美国政府机构专门使用这种格式。

15.1 版增加了支持 UN/CEFACT XML 格式 6 的额外功能。

28.21 在打开时载入源汇总数据

P6 8.3 版本**用户设置(R)**，**开始过滤器(F)**标签页有一个名为**源汇总数据（Resource Summary Data – 资源汇总数据**）的选择项，可使用户选择是否在打开时载入此数据。这可能会减慢软件打开的速度，且会在项目汇总时影响资源和角色数据选项的使用。

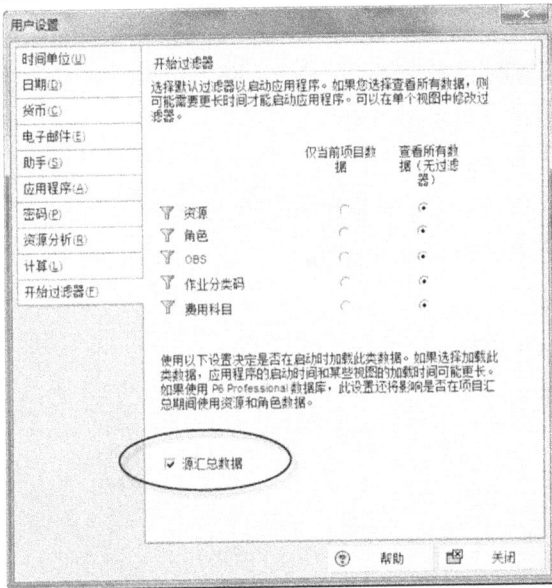

28.22 SQLite 数据库可独立安装

独立安装下，SQLite 数据库替代了 Oracle XE 数据库，这应该会使 P6 的独立版本的安装相对简单些。

以下功能现在不可用了：

➢ 用户和安全配置下只有一个用户了；

➢ 选择所有用户和其他用户的选项；

➢ 项目的邮件通知；

➢ XML 导入的高级设置；

➢ 项目签入和签出；

➢ 计划任务；

➢ 更新目标计划；

➢ 风险分析；

➢ Claim Digger

➢ 在共享模式下打开项目。

28.23 计划任务的加强 – 8.4 版本的加强

28.23.1 管理目标计划

现在在 8.4 版本中，可以使用计划任务更新、复制或添加目标计划。在此操作完成后你将会收到一个通知，这样可使用户在此操作过程中持续工作。此功能可从维护目标计划小窗口进行设置，但不可在独立安装下使用。

28.23.2 XML 文件的导入

在 8.4 版本中，P6 和 Microsoft Project 的 XML 文件可以计划任务的形式导入，此功能也不可在独立安装下使用。

此功能可通过**文件，导入**进行操作。

28.24 Primavera Unifier 和 Primavera Prime 的集成

Primavera Unifier 是 Oracle 的一款管理项目费用的软件，意在替代 Contract Manger。

Primavera Prime Capital Plan Management 是 Oracle 的一款管理项目及项目组合的软件，可使高级管理人员计划、选择、执行并监控项目。Prime 界面可在 P6 和 Prime Scope Management 及**风险分析**模块之间交换数据。

• 风险数据必须在网络界面下输入，Prime 下**风险分析**中的修改日期也可在 P6 中显示。

• Primavera 中的作业费用可映射到 Prime Work Packages，可在费用和范围数据之间进行交换。

28.25 15.1 *版本管理菜单的更改*

原先，当 P6 专业版连接到 EPPM 数据库时，很多企业管理功能都没有了，这些功能必须使用网络功能进行操作。P6 专业版原先在打开 EPPM 数据库时被称作"P6 可选客户端"。以下 8.1 版本中丢失的企业功能在 15.1 版本中连接到 EPPM 数据库时都得到了恢复，即原先的可选客户端模式：

- 企业项目结构（EPS）
- 组织分解结构（OBS）
- 项目分类码
- 作业步骤模板
- 费用科目
- 资金来源

所有版本下打开 PPM 数据库

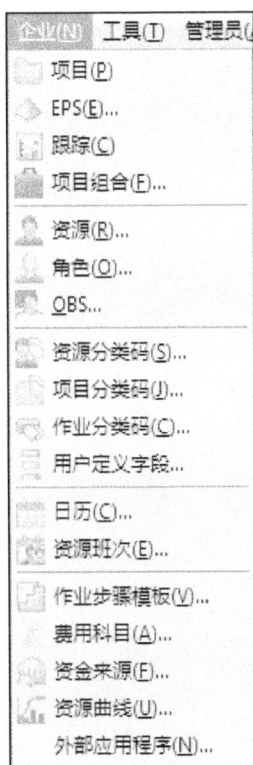

8.1 至 8.3 版本下打开 EPPM 数据库

**8.1 至 8.3 版本下打开 EPPM 数据库
时消失的菜单选项：**

企业项目结构（EPS）

组织分解结构（OBS）

项目分类码

作业步骤模板

费用科目

资源来源

30 本书不涉及的内容

以下为本书不涉及的内容：

- 预算，包括
  - ➢ 预算汇总
  - ➢ 预算记事
  - ➢ 资金
  - ➢ 开销计划
- 临界值
- 事项
- 风险和风险计算
- 外部应用程序
- 工时单
- 工时单日期管理
- Claim Digger

31 索引

保存
目标计划, 192
保存周期绩效, 229
保存周期执行情况小窗口, 385
保留现有分配的数量、工期和单位时间
数量, 225, 226
报表, 163, 169
发布至 Web 网站, 170
批次, 170
全局更新, 335
向导, 170
组, 169
报表编辑器, 170
报表标签页, 232
报表窗口, 169
报表的页眉和页脚小窗口, 232
报表工具栏, 170
备注标签页, 247
本期进度更新, 317, 357
本期实际, 310
必须完成日期, 43, 47, 133
边距 - 打印, 166
编辑
工作日, 57
栏位标题窗口, 117
栏位窗口, 101
栏位小窗口, 100
逻辑关系窗口, 113
逻辑关系小窗口, 116
数据库连接小窗口, 23
资源使用剖析表, 280
编辑工具栏, 69, 123, 124
标签
数据日期, 98
折叠栏, 98
标签式窗口显示, 395
标签页
Progress Reporter（进展报表）, 230
报表, 232
备注, 247
常用, 230
代码长度, 230
单价类型, 232
电子邮件, 223
分类码, 324, 355
工时单, 230

货币, 222
计算, 225, 257, 259, 268
角色, 247
开始过滤器, 226
密码, 224
日期, 222
时间单位, 221
时间周期, 231
数据约定, 230
讨论, 377, 403
详情反馈, 398
选项, 232
赢得值, 231
应用程序, 223
助手, 223
状态, 209, 316
资源, 255, 316
资源分析, 224
作业状态, 132
标注表, 204, 308
步骤, 83, 309, 311, 313
材料资源, 244
菜单
自定义, 393
参数过滤器, 157
插入挂接, 104
常用标签页, 230
撤销, 85
除外, 59
除外时段, 59
窗格 顶部 和 底部, 27
窗口
WBS, 68
报表, 169
编辑栏位, 101
编辑栏位标题, 117
编辑逻辑关系, 113
分配角色, 266
分配紧前作业, 113
跟踪, 71, 224
管理员, 227
紧前作业, 117
进度, 119
进度计算选项, 115
逻辑关系, 124
启动, 223
项目, 24

32 Primavera P6 术语

术语	P6 8.4	项目管理知识体系指南(PMBOK® Guide)	解释
Earned Value	赢得值	挣值	挣值管理（EVM）是一种常用的绩效测量方法，可采用多种形式。它综合考虑项目范围、成本与进度指标，帮助项目管理团队评估与测量项目绩效和进展。
Activity	作业	活动（Task）	
Elapsed Duration	无	无	实耗工期，即为实际的时间，作业基于每天 24 小时每周 7 天的日历进行计算。
Constraint	限制条件	制约因素	
Relationship	逻辑关系	关系	
Baseline	目标计划	基准	目标计划（基准）是原定方案的一份备份，
Leads	负延时	时间提前	延时为作用于依赖关系的一段时间，可使后续作业的开始或完成时间提前或者推后。
Lags	延时	时间滞后	
Total Float	总浮时	总浮动时间	总浮时是作业在不推迟项目完成日期的情况下，可以延长的时间量。
Free Float	自由浮时	自由浮动时间	自由浮时是在不推迟另一作业的情况下，一个作业可以延长的时间量。

www.ingramcontent.com/pod-product-compliance
Lightning Source LLC
Chambersburg PA
CBHW081759200326
41597CB00023B/4085